服装知识入门

邢声远　主　编
马雅芳　邢宇新　副主编

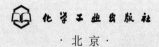

化学工业出版社

·北京·

内容简介

本书从知识性、实用性和可操作性出发，贯彻理论联系实际，叙述深入浅出的原则，简要介绍了服装面料与服装发展简史以及服装功能，重点介绍了服装面料、服装辅料、服装服饰的选用与维护保养等内容，目的是普及服装服饰的知识，提高人们对服装服饰的感性和理性认识，了解服装的功能，并科学地选择这些功能，使其穿出健康和时尚。

本书可供服装设计师、管理人员及纺织服装院校师生参考，也适合于纺织服装企业和商贸职工及广大消费者阅读参考。

图书在版编目（CIP）数据

服装知识入门/邢声远主编. —北京：化学工业出版社，2021.8
ISBN 978-7-122-39369-2

Ⅰ．①服… Ⅱ．①邢… Ⅲ．①服装学 Ⅳ．①TS941.1

中国版本图书馆 CIP 数据核字（2021）第 120034 号

责任编辑：徐　娟　　　　　　　文字编辑：林　丹　沙　静
责任校对：宋　夏　　　　　　　装帧设计：刘丽华

出版发行：化学工业出版社（北京市东城区青年湖南街 13 号　邮政编码 100011）
印　　装：三河市双峰印刷装订有限公司
787mm×1092mm　1/16　印张 15¾　字数 409 千字　2022 年 1 月北京第 1 版第 1 次印刷

购书咨询：010-64518888　　　　　售后服务：010-64518899
网　　址：http://www.cip.com.cn
凡购买本书，如有缺损质量问题，本社销售中心负责调换。

定　　价：78.00 元

前　言

　　服装是指穿于人体而起保护和装饰作用的制品，又称衣裳。广义的服装还包括帽子、围巾、领带、领结、手套、鞋、袜以及装饰品等，是人们的生活必需品。它具有保护性、美饰性、遮盖性、调节性、卫生性、舒适性和标志性功能。因此，它不仅有遮体、护体、御寒、防暑等作用，而且还有美化人们生活的作用。它是反映民族和时代的政治、经济、科学、文化、教育水平的重要标志，也能够体现出一个国家是否繁荣昌盛。

　　服装是各个时期呈现的特殊载体，在长期的发展过程中形成了具有历史和人文内涵的服装服饰文化。中国服装服饰文化如同中国其他文化一样，是各民族相互渗透及相互影响而形成的。自唐汉以来，特别是到近代以后，大量吸纳与融合了世界各国文化的精髓，才逐渐演化成整体的以汉族为主体的中国服装服饰文化。

　　服装服饰是人类特有的劳动成果，它既是物质文明的结晶，又具有精神文明的丰富内涵。服装服饰的作用不仅仅限于遮身暖体，更具有美饰的功能。从服装出现的那天起，人们就将其生活习俗、审美情趣、色彩爱好以及种种文化心态、宗教观念都融合于服装服饰之中，构成了服装服饰文化的丰富内涵。

　　在科学技术高度发达、人民生活水平不断提高的今天，如何开发适应现代社会的服装服饰，丰富人们的衣着，并且使人们穿得健康，穿得美丽和时尚，要求我们首先普及服装服饰方面的有关知识，加深对服装服饰的理性认识，使从事服装服饰设计、生产、管理和贸易的人员以及广大消费者能较全面、系统地了解这些知识，为此，我们编写了这本《服装知识入门》，以飨广大读者。

　　本书由邢声远担任主编，马雅芳、邢宇新担任副主编，参加编写的人员还有邢宇东、赵翰生、耿小刚、耿铭源、殷娜、蒋娇丽等。本书编写的目的是普及服装服饰的知识，提高人们对服装服饰的感性和理性认识，了解服装的功能，并科学地选择这些功能，从而穿出健康和美丽。本书的编写本着理论联系实际、叙述深入浅出的原则，内容涉及服装面料、辅料，服装服饰的选用与维护保养等，集科学性、系统性、知识性、实用性与可操作性于一体，使读者看得懂、会操作、易实践。

　　由于本书涉及的内容广泛，加上作者水平和经验有限，难免有疏漏和不足之处，恳请业内专家、学者和读者批评指正，不胜感激！

编者　邢声远

2021 年 6 月

目录

CONTENTS

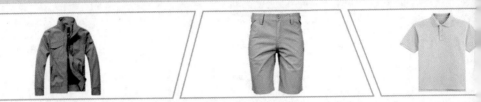

第五篇　服饰篇　　　/ 143

附录 / 232

参考文献 / 244

FUZHUANG

第一篇 概述篇

中国是世界闻名的古国之一。我们的祖先在长期的劳动实践中创造了璀璨的中国文化。服装文化是中华文化的重要组成部分，是华夏大地各民族之间相互渗透及相互影响而形成的，它既是物质文明的结晶，又具有精神文明的丰富内涵。回顾历史，人类的祖先从采用兽皮、草茎、树叶等系缚、悬挂、围裹身体，到形成遮风挡雨、护身暖体的服装，经历了难以计数的日日夜夜，终于迈进了文明时代的门槛，并由此创造出了一个物质文明的世界。爱美之心，人皆有之，服饰的作用不仅仅限于遮身暖体，更具有美饰的功能。于是，从服饰起源的那天起，人们就将生活习俗、审美情趣、色彩爱好以及种种文化心态、宗教观念都融合在服饰之中，构筑成了服饰文化的精神文明内涵。

1. 中国服装面料简史

衣、食、住、行是人们生活的四大要素，其中衣占有重要地位。自古以来，除了裘、革之外，几乎所有的衣料都是纺织品。在人们的生活领域里，纺织品用途甚广，除了用来制作御寒遮体的衣着之外，也供包装等用。在现代，还用于家庭装饰、工农业生产、医疗、国防等方面。

中国是世界文明古国，也是世界上最早生产纺织品的国家之一。纺织业在中国古代文化发展中做出了重要贡献。早在原始社会，人们已经开始采集野生的葛、麻、蚕丝等，并且利用猎获的鸟兽毛羽，搓、绩、编、织成粗陋的衣服，用以取代遮体的草叶和兽皮。

在原始社会后期，随着农、牧业的发展，人们逐步学会了种麻索缕、养羊取毛和育蚕抽丝等人工生产纺织原料的方法，并且利用了较多的简单纺织工具，使劳动生产率有了较大的提高。那时的纺织品已出现花纹，并施以色彩。

夏代后期直到春秋战国时期，中国的纺织生产无论在数量上还是质量上都有了很大的发展。纺织工具经过长期改进演变成原始的缫车、纺车、织机等手工纺织机器。有一部分纺织生产者逐渐专业化，手艺日益精湛，缫、纺、织、染工艺逐步配套，而且产品也逐步从粗陋改为细致。商、周两代，丝织技术发展迅速。西周初期，已能生产精细彩色的毛织品。到了春秋战国时期，丝织品已经十分精美，多样化的织纹加上丰富的色彩，使丝织品成为高贵的衣料，其品种已有绡（采用桑蚕丝为原料，以平纹或变化平纹织成的轻薄透明的丝织物）、纱（全部或部分采用由经纱扭绞形成均匀分布孔眼的纱组织的丝织物）、纺（质地轻薄坚韧、表面光洁的平纹丝织物，又称纺绸）、縠（古称，指质地轻薄纤细透亮、表面起皱纹的平纹丝织物）、缟（古称本色精细生坯织物为缟）、纨（古称精细有光、单色丝织物为纨）、罗（全部或部分采用条形绞经罗组织的丝织物）、绮（古称平纹土地、起斜纹花的单色丝织物为绮）、锦（中国传统高级多彩提花丝织物，古代有"织采为文，其价如金"之说）等，有的还加上刺绣。在这些纺织品中，锦和绣已经达到非常精美的程度，从此，"锦绣"便成为美好事物的形容词。

在春秋战国时期，缫车、纺车、脚踏斜织机等手工机器以及腰机挑花、多综提花等织花方法均已出现。丝、麻的脱胶与精练以及矿物、植物染料染色也已出现，并产生了涂染、揉染、浸染和媒染等不同的染色方法，色谱齐全，还用五色雉的羽毛作为染色的色泽标准。布（用手工把半脱胶的苎麻撕劈成细丝状，再头尾捻绩成纱，然后织成狭幅的苎麻布）、葛（质地比较厚实并有明显横菱纹的丝织物，采用平纹、经重平或急斜纹组织织造，经丝细而纬丝粗，经丝密度高而纬丝密度低）、帛（在战国以前称丝织物为帛，秦汉以后，又称缯）从周代起已规定标准幅宽 2.2 尺（合今 0.5m），匹长 4 丈（合今 9m）。这是世界上最早的纺织标准。

秦汉时期，中国的丝、麻、毛纺织技术都达到了很高的水平。缫车、纺车、络纱、整经工具以及脚踏斜织机等手工纺织机器已被广泛采用。多综多蹑（踏板）织机已相当完善，束综提花机已诞生并能织出大型花纹织物，且已出现多色套版印花。从隋唐到宋代，织物组织由变化斜纹演变出缎纹，使"三原组织（平纹、斜纹、缎纹）"趋向完整。束综提花方法和多综多蹑机相结合，逐步推广，纬线显花的织物大量涌现。

在南宋后期，棉花的种植技术有了突破，棉花逐渐普及，促进了棉纺织生产的飞速发展。到了明代，棉纺织超过麻纺织而居于主导地位。当时，还出现了适用于工场手工业的麻纺大纺车和水转大纺车。工艺美术织物，如南宋的缂丝、元代的织金锦、明代的绒织物等，精品层出不穷。其中，缂丝是以生丝作经线，用各色熟丝作纬线，用通经回纬方法织造的中国传统工艺美术品。缂是指缂丝采用平纹组织，先把图稿描绘在经线上，再用多把小梭子按图案色彩分别挖织。这种特殊的织法使得产品的花纹与素地、色与色之间呈现一些断痕和小孔，有"承空观之，如雕镂之象"的效果。织金锦是织有彩色花纹的缎子，即一种织有图画且像刺绣似的丝织品，有彩色的，也有单色的。绒织物是采用桑蚕丝织造的起绒丝织物，丝绒表面有耸立或平排的紧密绒毛或绒圈，色泽鲜艳光亮，外观类似天鹅绒毛，因此也称天鹅绒，是一种高级的丝织品。

由于受到欧洲工业革命的影响，中国的手工纺织业逐渐被机器纺织工业所代替。近代中国的机器纺织工业始于 1873 年广东侨商陈启源在广东南海创办的继昌隆缫丝厂。1876 年，清朝陕甘总督左宗棠在兰州创办了甘肃织呢总局。1890 年，洋务派重要代表人物之一的李鸿章在上海开办机器织布局，这是中国第一家棉纺织工厂，全厂分为纺纱和织布两部分，有纺纱机 3.5 万锭，织布机 530 台。1893 年 9 月，因清花车间起火，全厂被焚。李鸿章指派盛宣怀等人筹资于 1894 年重建，改称华盛纺织总厂，有纺纱机 6.5 万锭，织布机 750 台。在此期间，全国相继办起的棉纺织厂有两湖总督张之洞在武汉创办的湖北织布官局，以及上海候补道唐松岩等创办的上海华新、裕源、裕晋、大纯等纺织厂。到 1895 年年底，全国共有纺纱机 17.5 万锭，织布机 1800 台。直到中华人民共和国成立前夕，由于帝国主义的掠夺，中国的纺织工业发展十分缓慢。

1949 年中华人民共和国成立后，在中国共产党的领导下，人民政府改造了官僚资本纺织企业，使其成为全民所有制企业。随之，对具有半殖民地半封建经济特点的旧中国纺织工业进行了广泛而深刻的民主改革和生产改革；接着，又稳步地对民族资本纺织企业和手工纺织业进行了社会主义改造。在此基础上，迅速地展开了大规模的生产建设，有力地促进了纺织工业的发展。各类纺织品在产量大幅度增长的同时，产品质量不断提高，中高档产品的比例逐步增大，品种花色日益丰富多样，不仅满足了国内人民衣着的需要，而且还可供大量出口，发展对外贸易。

目前，随着科学技术的飞速发展，现代纺织品种类繁多，用途十分广泛。现在，纺织品不但用作外护人们的肢体，而且还可以内补脏腑（人工血管、人工肾脏），既能上飞重霄（宇航服），又能下铺地面（路基布）；有的薄如蝉翼（乔其纱），有的轻如鸿毛（丙纶织物）；坚者超过铁石（碳纤维制品），柔者胜似橡胶（氨纶制品）；可以面壁饰墙（挂毯），不怕赴汤蹈火（石棉布、消防布）；可还翁妪以童颜（演员化妆面纱），可为战士添羽翼（降落伞），可护火箭之头（芳纶织物），可作防弹之衣；足以滤毒（功能纤维织物）；何惧电击（带电作业服用的均压绸）。美有锦、绣，奇有缂丝。由此可见，纺织品在现代人们生活中的重要作用，实难一言以蔽之。

2. 中国服装简史

中国服装历史悠久，款式面料绚丽多彩，是中国民族文化艺术宝库的珍品之一。根据史料和出土文物记载，真正意义上的服装产生距今有 6000 年以上的历史了。但从距今已有十万余年的北京周口店猿人洞穴中发现有比较精细的骨针实物，可以合乎情理地认为那时已有了缝纫，于是，服装的历史又可追溯到十多万年前。在甘肃新店出土的一个新石器时期的彩陶上，出现了当时人穿的服装式样——类似长袍束腰带。一般来说，如同其他任何事物的诞生一样，服装的产生也是从无到有、由简单到繁杂的不断完善与精细的过程。从人类发展的历史看，起初是经历古猿人的树叶兽皮御寒、蔽体遮身阶段，然后是早期的氏族公社时期用骨针简单缝纫，初具服装轮廓，最后到了距今六七千年前的新石器时代，在繁荣的氏族社会中，河姆渡人和大汶口人都已广泛开始种麻、养蚕，纺织、缝纫初兴，衣裳初步形成。比较原始的服装是无袖、无领、无裤、无袋的裙衣式。

随着社会的发展，以及纺织品和手工艺的不断发展，中国各个朝代逐步形成各有特色的服装，出现了开始讲究的商代服装、服饰齐全的战国服装、分类定名的汉代服装、工艺精湛的唐代服装、品目繁多的宋元服装、等级严明的明清服装、品种齐全且绚丽多彩的现代服装等。

商代服装从面料上看，已有组织、穿线（穿丝）、提线（提花）等图案，并有织帛、制裘、缝纫的甲骨文记载。奴隶主贵族的服装上有花纹、装饰、镶边，衣服有袖、有襟、有束腰带，而且在领口、袖口、下摆、衣带上已有菱形等复杂花纹的装饰。

随着纺织、缝纫等手工业的逐步发展，春秋后期，人们已开始使用铁针缝制衣服，战国时，服装已发展到衣着齐全，有冠、带、衣、履四大类服饰，故有"冠带衣履天下"之称，亦即人从头到脚都穿戴上了纺织品。当时的时兴款式为长、大、宽，即王侯贵族都穿长大袖、大下摆直到拖地的长袍，武将们也穿上了铠甲服；普通平民百姓的穿着虽然简陋，但也较之前有了很大的进步。

随着纺织业和刺绣业的空前发展，有力地推动了汉代服装的发展，开始从质朴发展到华丽，各种服装面料名称已基本齐全。当时，贵族们"衣必锦绣，锦必珠玉"的奢侈风气甚为浓厚。汉代，由于养蚕、织帛、缝衣等手工业十分发达，已开始使用提花机织制衣料。从西汉马王堆出土的文物中可以清楚地看出，丝织品的锦、绣、绢、纱等衣料非常精细，不但可以织制出薄如蝉翼、质量不足 50g 的禅衣，而且贵族还把金缕玉衣等高级服装作为殉葬品。宫廷中还专门设立"服官"，负责制造衮龙纹绣等礼服。中上等人家的服装也较考究，如《孔雀东南飞》中所说："著我绣夹裙，事事四五通。足下蹑丝履，头上玳瑁光。腰若流纨素，耳著明月珰。"那时，一般的服装也有了固定的名称，如袍、衫、襦、裙等。当时的女性喜欢穿长裙，而上襦则逐渐变短，配之以梳妆好的高髻，更加突出了妇女的苗条和美丽。现在朝鲜族女性穿的裙子便是汉代服装流传下来的一种款式。

唐代是中国封建统治最兴盛的时代，当时的政治、经济、文化、艺术等都很发达，同时与外国艺术的交流极为频繁。因此，唐代是我国服饰发展的一个高峰，中式服装在唐代日趋完善，于是唐代服装就成为中式服装的别称。唐代服装不仅品种繁多，而且工艺精湛，尤其是宫廷服饰更为考究，有朝服、公服（官吏服）、章服（有服饰等级标志的官服）、皇后服等。盛唐时期安乐公主的一条裙子，采用百鸟羽毛织成，色彩各异，裙饰百鸟飞翔图，栩栩如生，形象逼真，正、反、昼、夜看去，光彩各异，华贵绚丽，充分显示了唐代服装的高超技艺。唐代服装成为中国服装业兴旺发达的重要标志之一。

宋代服装在唐代服装的基础上又有了进一步的发展，特别是丝织纹样发展更为迅速，仅绵的品种就多达一百余种。当时的女装很讲究衣边上的装饰和刺绣花纹，类别众多，分为公服、礼服和常服三种。所谓公服是指有公职使命的妇女穿着的服装，上至皇后、贵妃，下至各级命妇。礼服是一般人穿着的服装，款式较庄重，常为节日和遇大事时所穿，它又可分为吉服和凶服（丧服）两种。常服就是平常的服装，品种繁多，适用的范围也较广泛，没有统一规定的款式，常因人而异，自由变化。

元代服装的主要特点是服饰名目繁多而细。如男服有深衣、袄子、罗衫、毡衫等；女服名目不仅多，而且还有南北之分，如南有霞帔、大衣、长裙、背子、袄子，北有团衫、大系腰、长袄儿、鹤袖袄儿、裤裙等。

明代服装恢复了汉代、唐代、宋代的式样。当时妇女普遍穿着长衫百褶裙，腰系宽带，半宽袖，开始使用扣子。出现了僧、道服装，其式样与现代的僧、道服装基本相似，只是在色泽上有所区别，一般僧主穿枣红袍白边，僧仆穿黑袍白边，而道穿蓝袍白边留发。

清代服装有两个最大特点：一是完全用纽扣代替了带子；二是服装等级严明。按照冠服制度的规定，皇帝服用端罩、朝服、龙袍、常服褂、行褂等；戎服用胄甲；皇后服用朝褂、朝袍、龙袍、龙褂、朝裙等；皇子、亲王、贝勒和妃、嫔、福晋等皇亲国戚的服饰均各不相同；群臣服用端罩、补服、朝服、蟒袍等也显示着等级。而且在袍服上的"补子"，以中间的飞禽走兽图案来划分严明的等级，通常是文官服绣飞禽，武官服绣走兽，使人一目了然。士兵穿对襟小袄、绒扣，前后身有圆谱子，中间有"勇"或"兵"字，在上袄的外面穿有四方开衩的长褂。而庶民改穿长袍、短褂、氅衣、马褂、旗袍等。同时，背心、坎肩、短袄、钗裙广为流行。

现代服装是指从清末的鸦片战争开始到现在的服装。在这一百多年的历史中，由于社会变革大，因此服装的变化也大，主要特点是向短装发展。这一时期，清代传统服装逐渐没落，现代中式服装逐步兴起，同时，西式服装也开始在中国出现，形成了中、西式服装相应并列的局面。在这一时期中，又可以分为三个阶段。第一个阶段是自 1840 年鸦片战争开始到 1919 年"五四运动"前夕，这一阶段清代服装仍占主要地位，但自 1911 年帝制被推翻，西式服装和现代化的中式服装逐步兴起。第二个阶段是自 1919 年"五四运动"至 1949 年中华人民共和国成立前夕，这是现代化中式服装和西式服装同时并存的阶段。第三个阶段是自中华人民共和国成立到现在，这一阶段随着社会制度和经济结构，特别是经济体制改革后，服装发生了巨大的变化，已创造并形成了许多具有中国特色的、中西结合的、丰富多彩的服装式样，人们的服饰焕然一新，形成了中国服装史上的一次大变革。虽然传统的中式服装已从主要服装式样退居到了次要的和点缀的地位，但是一些民族固有的服装形式仍一直流行不衰，如特点显著的便服、单褂、夹袄、棉袄等。其中便服上衣缝制得十分得体，穿起来既方便又舒适。中式裤子可以两面穿，不会集中磨损膝部和臀部；妇女穿的旗袍，不仅可以突出女性的姿态美，而且对衣料又绝无苛求，即便是粗布，也同样有美观、大方、朴素、文静、典雅的效果。这些都是西式服装所不及的。

总之，中国服装的式样并非是一朝一夕形成的，它是随着社会生产力的不断发展、社会分工的不断明确、社会成员的生活水平不断提高而逐步发展起来的。当然，随着对外开放的逐步深入，对服装的发展也有一定的影响。作为具有较高工艺性的人民生活必需品的服装，不仅反映了人们的精神面貌，而且反映了一个国家的政治、经济、科学、文化和教育水平。因此，服装在社会主义物质文明和精神文明建设方面起着重要的作用。

3. 浅议服装的构成、功用及发展趋势

（1）服装的构成　服装通常由部件、色彩、材料、款式等组合而成。

部件，也称结构部件，指构成服装的零件。如上衣的前后衣片、领、袖、襟等，裤子的裤腰、裤管等。此外，还包括衬里、衬垫物等。

色彩，是形成服装颜色感觉的重要原因。服装一般是通过色彩给人以色觉印象，从而形成美感。

材料，是构成服装的素材，是服装的物质成分。

款式，即服装的式样。它是服装的存在形式，也是区别服装品种的主要标识。服装款式追求的是实用性、多样性、艺术性和前卫性，只有不断创作出新颖别致的新款式，才能吸引消费者的眼球，满足消费者的需求，提高人们的衣着水平。

（2）服装的功用　服装的主要功用有以下几种。

① 保护性。保护性主要是指保护人体皮肤的清洁，防污杂，防护身体免遭机械损伤和有害化学药物、热辐射烧伤等的护体功能。从保护人体的角度来说，服装是人类的"外壳护甲"。

② 美饰性。美饰性主要是指构成服装的款式、面料、花型、颜色、缝制加工质量五个方面，形成服装的美感。就广义而言，还应包括服装穿着者本人。因此，服装的美饰性是通过款式、面料、花型、颜色、缝制加工质量等，再配合人们的合理选用和科学穿着而显现出来的，即人与服装和谐，才能给人以美感。

③ 遮盖性。服装的遮盖性表现不尽相同，如有的服装遮掩严实，有的服装大面积敞开暴露。它与人类的审美观念、道德伦理、社会风俗等密切相关，现代服装还注重遮羞功能与美化装饰功能巧妙融合，以达到相辅相成的境界。

④ 调节性。调节性是指通过服装来保持人体热湿恒定的特性。服装的温度调节性是由服装材料的保湿性、导热性、抗热辐射性、透气性等决定的。

⑤ 舒适性。舒适性主要是指日常穿用的便服、工作服、运动服、礼服等对人体活动的舒适程度。实际上，服装的舒适性常常表现为服装的质量和适应体型变化的伸缩性。

⑥ 标志性。标志性是指通过服装的颜色、材料、款式以及装饰件来表明穿着者的身份、地位或所从事的职业。法院、工商部门、税务部门、医院、铁路、邮政局、航空公司、饮食卫生企业、

银行等机构工作的人员，都穿用标识明显的职业服。

（3）**服装的发展趋势**　目前，服装发展有几大趋势：成衣化，服装由单件来料加工的方式逐步转变为以批量生产成衣为主的方式；时装化，日常生活服装的造型和装饰将更加突出艺术性和时代风貌，以充分显示人们通过衣着追求时装美的生活情趣和审美理念；多样化，服装的造型、品种、款式、质量和档次将向多样化方向发展；针织化，随着针织科技的发展、生活简约化的需求以及人们对穿着舒适性的追求，针织服装所占的比重越来越大；生态化，随着人们环保意识的不断加强，由环保材料加工制成的服装受到越来越多人的喜爱。

4. 浅议衣服、服装、时装和服饰的区别

在人类文明史上，衣与人的关系非常紧密，它既是人类为了生存而创造的必不可少的物质条件，又是人类在社会性生存活动中所依赖的重要的精神表现要素，并与人的身心形成一体，成为人的"第二皮肤"。从历史进程来看，人类的这个"第二皮肤"，是随着社会的演进和社会生产力的发展而演变发展的，是沿着由低级向高级发展的轨迹进行的，是与社会制度、意识形态和科学技术发展水平密切相连的。迄今，"衣"在中国服饰文化中衍生出了一系列基本概念，出现了衣服、服装、时装和服饰等名词。有些人对这些概念性名词缺乏足够的了解，甚至出现了一些误解，所以有必要对此进行简单的说明。

衣服本意是指穿在身上遮蔽身体的御寒的东西，今泛指身上穿的各种衣裳服饰。在中国古代，称上为衣，下为裳。因上衣下裳为中国最早的服装形制之一，故衣服又称衣裳。近代又有"成衣"一词出现，这是指按一定规格和型号成批量生产的成品服装，它是相对于在裁缝店里定做的衣服和自己家里自行制作的衣服而出现的一个概念。因其是工业化生产的产品，成本较量身定做的衣服低很多。

服装是衣服、鞋、帽的总称，狭义的服装指人们穿着的各种衣服；广义的服装指衣服、鞋、帽，有时也包括各种装饰物。其内涵可从以下两方面来理解。一是等同于衣服、成衣。因现在人们接触的衣着用品都是成品，与其他衣物的专业词汇相比，服装一词在我国使用广泛和频繁，能够被普通老百姓所接受和使用。在很多人的头脑里，服装就是衣服，是衣服的现代名称。二是从美学角度看，服装是一种状态美，衣服美是一种物的美。服装的美包含着装者这个重要因素，它是指着装者与服装之间、与环境之间的一种精神上的交流与统一，由这种和谐的统一体所体现出来的状态美。因此，服装是一种带有工艺性的生活必需品，而且在一定程度上反映了国家、民族和时代的政治、经济、科学、文化、教育水平以及社会风尚面貌。中国改革开放以来所取得的伟大成就，一般都从衣、食、住、行等方面进行展示，有力地说明"衣着"在社会生活和文化中占有重要的位置。服装的文化表现正如郭沫若所说"衣裳是文化的表征，衣裳是思想的形象"。

什么是时装呢？它并不只是指架在模特身上的服装，而是指在某一时期和范围内人们喜欢穿着的新式服装，是指采用合适的面料、合适的颜色和合适的图案制成合适的款式且符合当时当地政治、经济、文化、艺术发展趋势的服装，再配上合适的配件，如纽扣、花边、拉链等，让着装者感到合适、舒服，观者悦目。时装是目前使用最广泛、最流行的一个概念，也可以理解为时兴的、时髦的、富有时代感和生活气息的服装，它是相对于历史服装和已定型于生活中的衣装形式而言的。一般而言，时装最具时代感，有发生、发展和消失的过程，这一过程有长有短，普通服装可能在 8 年、10 年或更长的时间后又成为时装，中国旗袍就是一例。它常常通过款式、色彩、纹样、面料以及配套服饰的组合和变化，形成一种风格各异、丰富多彩的新潮时装。时装的最大

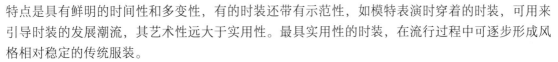

特点是具有鲜明的时间性和多变性，有的时装还带有示范性，如模特表演时穿着的时装，可用来引导时装的发展潮流，其艺术性远大于实用性。最具实用性的时装，在流行过程中可逐步形成风格相对稳定的传统服装。

由此可见，时装可分成三种。一是高级时装，一般是指高级时装店里由专门的设计师设计的、由专门雇佣的裁缝师在设计师的监督指导下制作的、带有一定尝试性的、流行的先驱作品，其特点是审美性大于实用性，针对个人设计，不考虑成本。模特表演服大多属于此种。二是流行时装，是指成衣厂商从高级时装中选择认为能代表时代精神、能引起流行的款式，或是根据这种趋向进行再设计，进行批量生产，面对大众，具有审美性和实用性。流行时装是主流，还包括能引起流行的高级成衣。三是普通时装，它是流行时装经过一个时期的流行后，以一般的形式固定下来的普及定型的成衣。因此，时装成为服装行业的窗口，是社会经济、文化生活的产物；反映社会审美意识，体现人的素质、风度、仪表和风貌，可起到美化生活、引导消费的作用，是人类衣着最为活跃、最为敏感的组成部分。

服饰则是装饰人体的物品总称。它包含的内容十分广泛，主要包括三方面。其一是用于修饰人体的全部手段，如服装、发型、妆容、佩戴的饰物等。其二在整体装扮中与服装合用的饰物，如鞋、帽、手套、围巾、领带、领花、腰带、手包、雨伞等。其三是服装上的饰物，如纽扣、胸花、光片、标志等。实际上服饰是一种文化表现，包含着许多的科学道理和美学知识，是国家繁荣昌盛的标志，是时代发展的信息，是人们心灵的窗口，是社会物质文明和精神文明的象征。

5. 何谓织物的服用性能？它包括哪些内容？影响服用性能的因素有哪些？

所谓织物的服用性能是指织物形成服装后在穿着、使用、洗涤、保管过程中所表现出来的一系列性能，有时也将缝纫性能包括在内，即指衣着用织物适于穿着和加工性能的总称，它包括以下内容。

（1）外观保持性 指外观表现性和外观保持性两方面。外观表现性是指服装面料的审美效果，当然与设计师的设计意图、服装的款式造型是否能得以正确体现及设计制作等多方面有关，更与服装面料本身的软硬度（硬挺度及柔软度）、粗滑感（布面触感粗糙或光滑）、轻重感（轻薄或厚重）、冷热感（颜色和质感带给人的暖和或凉爽）、悬垂性以及透明或不透明等有关；外观保持性是指服装面料在穿着过程中的稳定性，与服装面料的抗皱性（抵抗由于揉搓或使用过程中引起弯曲而变形的能力）、免烫性（经洗涤后，不需熨烫而保持平整状态）、收缩性（使用过程中发生的收缩）、染色牢度（在加工和使用过程中能保持原有的颜色和光泽）、起毛起球、起拱变形、褶裥保持性等有关。织物外观保持性在服用过程中的表现越来越被人们所关注，所谓穿出靓丽、个性无不通过外观来体现。

（2）机械耐久性能 指织物抵抗外力的作用能力和耐加工与应用的性能。包括拉伸强度、撕裂强度、顶（胀）破强度、耐磨强度（平磨、曲磨、折边磨和翻滚磨）、耐疲劳性、耐燃、抗勾丝、抗脱散等。它表现为织物的使用寿命。

（3）尺寸稳定性 即织物保持形状的能力，如拉伸变形、压缩变形、收缩变形（如缩水）、剪切变形、胀缩变形、塑性伸长、弹性等。它表现为织物的形态稳定性能。

（4）感官性能（风格与手感） 所谓织物的风格是指织物本身固有的物理性能作用于人的感官（触觉、视觉等）所产生的效应，亦即人们通过视觉和触觉对织物所做出的综合评价。包括光泽的柔和性、颜色的鲜艳度、花型的美观程度、呢面的平整和边道的平直特性以及悬垂美观、飘逸感等。它是织物外观特征和内在质量的综合反映。织物手感是织物作用于人的手和肌肤时产生的触觉效应。包括织物刚硬挺括感、滑爽柔糯感、冷热感、蓬松丰满感、活络感或硬板感、糙涩感或油润感、保形回弹能力以及丝鸣感等。它与织物的外观特征密切相关，是织物品质评定的重要内容。

（5）卫生保健性与防护性　即织物穿着的舒适卫生性和安全防护性。卫生保健性包括透气性、透湿性、吸湿性、保温性、透热性、热湿舒适性；防护性包括防霉、防菌、防蛀、防雨、弹性（运动防护性）等。

（6）物理化学性能　包括耐热性、耐光性、耐气候性、耐汗性、耐化学药品性、抗静电性、导电性、阻燃性、染色性等。

（7）功能性　织物通过整理可以获得某种功能，包括防紫外线、防辐射、抗菌防臭、防电磁波、耐高温、高吸湿、高保水、变色、防油抗污等。

（8）其他功能　指服装面料便于整理加工、缝纫加工、保管和特殊性能，如可缝性、熨烫性、阻燃性、防弹性等。

影响服装面料服用性能的主要因素如下。

（1）纤维的结构和性能　纤维的结构和性能对面料服用性能起着至关重要的作用，这是面料最根本的特性，包括机械、物理、化学和生物等方面。对面料的大部分物理机械性能，如强伸性、耐磨性、吸湿性、易干性、热性能、电性能等，纤维的影响是主要的。面料的化学性能如耐酸、耐碱、耐化学药品，以及防霉、防蛀等生物性能几乎完全取决于纤维。面料外观方面的性能，如悬垂性、抗皱性、挺括性、尺寸稳定性、色泽、光泽、质感等，与纤维的细度、断面形状和表面反射效应等因素有密切的关系。

（2）纱线的结构和性能　相同原料的纱线，由于细度、均匀度、捻度、混纺比等结构因素不同，其在服用性能上也有差异。如高支高捻度纱线的织物光洁、滑爽、硬挺，而低支低捻度纱线的织物则蓬松、温暖、柔软。短纤维纱与长丝纱结构不同，则面料的服用性能也有较大的差异，短纤维纱的面料有温暖感，强度不是很大，易起毛起球；光滑型长丝面料则有凉爽感，强度大，不易起毛起球，但易勾丝；而变形长丝面料的服用性能则介于上述两类面料之间。可以通过改变纱线的结构、性能、花色，还可以通过混合、复合以及各种纤维不同的混纺比来改善或提高面料的服用性能。

（3）织物组织结构　在织物组织循环内，经纬纱的交织次数影响到织物的光泽、手感和耐磨性等。如平纹组织交织次数最多，耐磨性好；缎纹组织浮线长而多，其光滑、明亮、柔软、不易褶皱，但耐磨性较差，易擦伤、破损；双层组织和起毛组织，质地厚实丰满，含有大量静止空气，保暖性好。织物的经纬密度可改善织物的透气性、防风性。如冬季服装要求防风保暖或硬挺的服装一般密度要大些，而夏季服装要求透气凉爽或柔软的服装一般密度比较小。当然，密度过大过小都会影响到织物的坚牢度。

（4）织物后整理　后整理中的印染加工对产品花色及服用性能的影响是众所周知的，可在一定程度上改善和提高其服用性能，如一块形如麻袋片的呢坯经过整理之后，变得柔软、蓬松、有弹性、光洁，令人爱不释手。另外，现代化新型后整理，如碱减量整理，牛仔布的酶-石洗整理，树脂整理，桃皮绒效果整理，阻燃、防缩、防水、防霉、抗皱整理等，不仅可以使织物的外观大为改善，而且可以赋予其高性能、多功能和特殊功能，进一步提高其服用性能和附加值。如采用微胶囊技术可使面料散发出香味，遇到温度变化时可改变面料的颜色以及赋予面料卫生保健等方面的功能。

6. 什么是时装?

所谓时装，是指在一定时间、地域内为相当一部分人所接受的新颖入时的流行服装。它是时代感和时效性鲜明的新颖服装，是流行风潮在服装上的一种表现形式。一般而言，时装的形态变化、流行更替较快。按照接受范围、造型款式、工艺精细程度和价值，时装可分为高级时装和一般时装两类。

根据时装的定义，广义的时装存在三种形态。一是时髦装。时装多为名师、名店、名牌显示崭新着装理念的原创设计，属潮流前卫，其中也包括某些在艺术探索方面的实验性作品。二是流行装。是指在吸取时尚特点的基础上的成衣化再创制，并被相当一部分人接受而盛行一时，社会生活越是多样化，时装流行的频度越高。时装讲究装饰性，在款式、造型、色彩、纹样、缀饰等方面有变化创新，标新立异，迎合人们一个时期的审美心理，使服装丰富多彩，这是时装领域的主体部分，亦即狭义时装。三是风格装。是指流行后被保留下来的精华部分加以风格化而再度演绎的新颖服装。随着时装的发展，时装已由女性专用产品发展成为男女均有的广义时装。

现代时装一般认为起源于西方宫廷服装，故现代的时装设计师在设计时装时，一般可以参考国际流行的款式，还要注意销售地区人民的风俗习惯、环境、生活条件以及款式流行变化等趋势，同时，时装还应采用新面料、新辅料和新工艺加工，并对织物结构、质地、色彩、花型等也有较高的要求。

时装与普通服装的不同点是时装的传播与流行同生并存，传播推动流行，流行扩大传播。时装的传播方式也与普通服装不同，一般有三种方式。一是由上向下传播。时装由社会名流人物穿着开始，然后广大公众模仿追随，如时装在国外一开始由皇室成员、"第一夫人"等开始穿着。这种传播方式大都发生在 20 世纪以前。二是平行传播。进入 20 世纪以后，开始由对名流的仿效追随转变为平行之间的模仿，如对社会名流、著名演员和歌星等穿着打扮的模仿，这种传播方式的传播速度之快、规模之大是空前的。三是向上传播。自 60 年代以后，开始出现了广大公众流行的穿着打扮向社会高层传播的方式，这种传播方式出现的概率较小。

时装的另一个特点是具有一定的流行周期。时装的流行周期一般可分为 3 个阶段。第一个阶段称为上升期或导入期。这一时期出现的时装是潮流的先驱或称前卫，通常是被少数追求时髦服饰的年轻人所采用。第二个阶段称为高峰期或追随期。由导入期出现的为少数人接受的时装变为被众多消费者所接受，达到时装流行的高峰。第三个阶段称为衰退期或下降期。时装在高峰期流行一段时间后，逐渐被新的流行时装所取代，该时装流行周期的流行过程逐渐完结和消失。由于时装受到来自各种因素和作用的影响，它被接受的程度与范围有大有小。时髦的流行周期有长有短，是不以人的意志为转移的，常会出现不可控制的状况。

7. 浅议服装流行色

流行色是一个外来名词，它的英文名称为"fashion colour"，意即合乎时代风尚的、时髦的、时兴的色彩；也有称为"fresh living colour"，意即新鲜的生活用色。它是在一定时期和地区内，产品中特别受到消费者普遍欢迎的几种或几组色彩和色相，成为风靡一时的主销色。它存在于纺织、食品、家具、城市建筑、室内装饰等各方面的产品中。但是，其中反应最为敏感的首推纺织产品和服装，它们的流行周期最短暂，变化也最快。流行色的出现是与常用色相对而言的。各国和各民族，由于种种原因，都有自己爱好的传统色彩，长时间相对稳定不变。但这些常用色有时也会转变，上升为流行色。而某些流行色经人们使用后，在一定时期内也有可能变为常用色、习惯色。从人的视觉生理和心理的角度来看，长期重复地看单一色彩，会使人产生腻烦、厌倦的情绪，只有不断地变换与更新色彩，才能达到心理上的愉悦。

1963 年，英国、奥地利、比利时、保加利亚、法国、匈牙利、波兰、罗马尼亚、瑞士、捷克、荷兰、西班牙、德国、日本等十多个国家联合成立了国际流行色委员会，总部设在法国巴黎。该组织每年举行两次会议，确定第二年春夏季和秋冬季的流行色。然后，各国根据本国的情况采用、修订、发布本国的流行色。欧美有些国家的色彩研究机构、时装研究机构、染化料生产集团还联合起来，共同发布流行色，染化料厂商根据流行色谱生产染料，时装设计师根据流行色设计新款时装，同时通过媒体广泛宣传推广，介绍给消费者。1982 年，中国流行色协会成立并加入国际流行色委员会。

流行色具有许多特点，其中最主要的特点是时间性、空间性、规律性和局限性。

时间性包括两方面的内容。一是指"大时间"，即时代性。不同的时代，人们有着不同的精神面貌，对色彩有着不同的追求。色彩同其他艺术一样，是时代的一面镜子，能照出时代的特点。流行性有国际性、国家性、地区性和民族性，在国际可以流行的色彩，代表着国际的一个时代，在一个国家、一个地区、一个民族范围内可以流行的色彩，则代表着一个国家、一个地区、一个民族的一个时代，因此，流行色是时代的产物。二是指"小时间"，即季节性。每年发布的流行色预测，是以春夏季和秋冬季区分的。这是从色彩的科学性、心理联系及自然景色等因素考虑的。春季，大地回春，万物复苏，常流行浅而活泼的色调。夏季，气候炎热，人们希望凉爽，常流行白、浅色调。秋季，天高气爽，一片金黄，常流行沉着的暖色调。冬季，气候变冷，人们希望有暖感，常流行深色调。

空间性也包括两方面。一是指地区性，这与环境有关。如北京建筑雄伟、华丽，四季分明，街道宽敞、干净，常流行较为庄重的色彩并比较统一；而上海建筑参差不齐，街道拥挤，流行色华贵而复杂。二是指民族性，不同的国家和民族，由于历史传统、经济基础、文化素质、生活条件和地区环境的不同，对色彩的理解和要求也有所不同。如西欧传统的喜好色被形象地理解为"牛奶加咖啡"，包括乳白、本白、浅米黄、奶黄、黄灰以及不同深浅的棕、褐、黄绿、藏青等。这些色彩同西欧的发色、肤色接近，又同该地区的建筑色彩及室内装饰色彩调和。

规律性是指流行色随时间、地区、民族等条件变化。流行色循环的大致规律是：明色调—暗色调—明色调，暖色调—冷色调—暖色调，一般要经过萌芽、盛行、衰落三个阶段。

局限性是因为流行色变化的时间跨度太小，仅适用于一些使用寿命短、相对比较便宜的服装，如 T 恤衫、花布裙等。而对于一些比较贵重、使用寿命比较长的服装，如裘皮大衣、高档西装、羊绒服装等，则没有必要考虑流行色，在服装设计时也很少考虑采用流行色，一般以基本色为主。由于人的衣着由多件构成，其色彩也可由基本色和流行色共同组成，以流行色来点缀基本色，采用流行色作为整个着装的点缀色，以取得画龙点睛、相得益彰的奇妙效果。

流行色都有一定的流行周期，而这个周期一般在 7 年左右。研究表明，蓝色与红色常常同时流行，蓝色与红色搭配容易取得悦目的效果。蓝的补色为橙，红的补色为绿，当蓝和红流行时，橙、绿就不流行，反之亦然。橙、绿为一个波度，一个波度约 3 年半，合起来为一个周期约 7 年，这就是常说的流行周期。所以，一种流行色的萌芽、成熟、衰退是具有延续性的。衰退只是势头减弱，不再成为时髦而被其他色所代替。当橙、绿流行后，蓝、红也仍有一定的地位，只是不时髦了。色彩会新陈代谢，周而复始。

消费者既是流行色的流，又是源。因此，流行色款式设计、色彩搭配及选材不仅彰显在新时代潮流服装和服饰上，具有独特的气质和品位，更要以潮流、创新及多元化为前提，将简约、个性、绚丽多彩融合为一体。

服装对流行色具有特别敏感的作用，人们在选购服装时，首先注意的是面料的色彩，其次是款式、质地与花式恰如其分地结合。流行色在服装上的应用，应该从整体着眼，服装和领带、头饰、帽子以及其他附属的装饰品一起构成统一的色彩效果。在服装的整体设计中，最引人注目的还是色彩的搭配和变化，因为色彩对人们的视觉和心理感受的影响是最大的，服装可以由色彩去形成一定的意境，引起人们回味和联想。近年来，服装流行色的运用侧重于对大自然色彩的追求，反映了现代人向往大自然的返璞归真的心理，如沉静透明的"海洋色"、富有生气的"野生花卉植物色"、甜美明丽的"水果色"等，都表现出不同的现代人情调。现代服装还十分重视时代感，而流行色恰恰是体现时代感的重要因素。流行色在服装上的应用，一定要抓住色彩的情调，充分体现它的个性、感情与气氛。特别是现代服装，趋向单纯、简练，常以明快的轮廓和流畅的线条代替烦琐的装饰，使美丽与实用相融合，这无疑给流行色的运用提供了方便。

8. 服装标签上"号"与"型"的含义

我国人口众多，随着国民经济的发展和人们物质生活水平的提高，为满足人们对穿着舒适、美观大方的要求，国家制订了服装号型系列规格。服装的规格体系分为一般体型的服装号型系列、少年儿童的服装号型系列和中老年人的服装号型系列。

(1) **一般体型的服装号型系列** 它是以我国正常人体的主要部位尺寸为依据，对我国人体体型规律进行科学的研究分析，经过数年实践后所制定的国家标准。根据该标准，只要知道身高和胸围的尺寸就可买到一件合身贴体的上衣，只要知道身高和腰围的尺寸就可买到一条合体的裤子。因此，只要记住身高、胸围和腰围三个尺寸，一般体型的人都能买到合身的服装。

什么是服装的号型呢？所谓"号"就是服装的长短，而"型"就是服装的肥瘦。"号"是按人的总体高来计算的，而"型"是按人的胸围和腰围来计算的。一般而言，在人体各主要部位中，身高、胸围、腰围三个部位最有代表性，有了身高与胸围尺寸，大体上就有了上衣的长短和肥瘦的尺寸；而有了身高与腰围尺寸，大体上就有了裤子或裙子的长短和肥瘦尺寸。例如，某人身高为 1.65m，胸围 84cm，腰围 72cm，则他的上衣号型为 165 号 84 型，下装号型为 165 号 72 型。为了便于表示，号与型在服装上用一斜线隔开，上述上衣号型标为"165/84"，下装号型标为"165/72"。

为了使服装与体型能较好地相符，要求测量结果准确，亦即要求测量方法符合标准要求。测量时，被测者应以端正姿势站立，测量以下部位：总体高（号）从头顶量到脚跟；胸围（型）从人的腋下最丰满处用皮尺水平量一周（垫一个手指，皮尺不宜过紧或过松，贴在身上容易转动即可），要求被测者呼吸正常，两臂垂直；腰围（型）在被测人单裤外，放松裤带，从腰围最细处水平量一周（垫一个手指）。

有时身体的实际尺寸与号型档次并非相合。例如，男上衣的"号"一般每隔 5cm 为一档，从150cm 起分为 8 档；"型"每隔 4cm 为一档，由 80cm 起分档。靠档的规律一般是：儿童宜长不宜短，青年宜小不宜大，老年宜大不宜小，瘦高宜肥不宜长，矮胖宜长不宜肥。

实际上，号型是服装的标志，而系列则是分档。全国各地区的具体号型系列设置（即因分档距离不同而形成的不同系列），因各地情况不同而不尽相同。现有号型系列分类如下：5.4系列（应读成"五四系列"，下同），高以 5cm 分档，胸围、腰围以 4cm 分档：5.3系列，高以 5cm 分档，胸围、腰围以 3cm 分档；5.2 系列，高以 5cm 分档，胸围、腰围以 2cm 分档；3.2 系列，高以 3cm 分档，胸围、腰围以 2cm 分档。

（2）少年儿童的服装号型系列 少年儿童处于长身体阶段，而且每年增长的幅度都比较大。因此，童装的号型系列规格设置虽与成人服装基本相似，但分档距离因儿童生长的特点而有所不同。童装的"号"在 81～130cm 之间是以 7cm 分档的，在 130～160cm 之间（女童到 150cm）是以 5cm 分档的；"型"在 50～58cm 之间的上衣是以 2cm 分档的，在 58～76cm（女童到 73cm）之间的上衣是以 3cm 分档的，"型"在 50～66cm（女童到 62cm）之间的下装则都是以 2cm 分档的。为了便于"型"的衔接，男童"号"150cm、155cm、160cm 和女童"号"140cm、145cm、150cm 与成人的号是交叉的。

（3）中老年人的服装号型系列 人的一生一般要经过三个时期，即 25 岁以前的生长发育期，26～43 岁的生理稳定期，44 岁以后的更年期。在第三个时期，人的代谢减慢，脂肪沉积，体型变化较大。在一般情况下，身高越高的人，其他部位的尺寸也越大，反之则小些。但是，中老年人的体型却有其复杂性和特殊性，具体表现为：中老年人各部位的变化是不成比例的，围度部位的变化率要比长度部位大，女性尤为突出，这一点表现在腰、腹、臀三个部位上。女性在 45～55 岁之间体重普遍增加，也有些女性 35 岁左右就开始发胖了；身高在降低，一般降低 1～3cm。

有关部门在深入调查研究的基础上，得出中老年男子 17 个部位、女子 19 个部位的平均值，每个部位的平均值反映了该部位的平均水平，而由平均水平数值构成的体型就是中间标准体型。以此为基础，国家制订了中老年人的服装规格系列。中老年人号型的设置和命名，也是采用总体高为"号"，上衣用基本胸围（即人体净胸围）为"型"，裤子则用基本腰围（即人体净腰围）为"型"，亦即"号"表示服装的长短，"型"表示服装的胖瘦。中老年人服装一般采用 5.4 系列号型，即总体高以 5cm 为一档，而胸围或腰围以 4cm 为一档。为了与成年人服装号型标志的单斜线区别，中老年人号型标志的方法是在号与型之间用双斜线分开。现举例说明如下：上衣号型为 155//90，说明该号型适合于高 155cm、基本胸围（净胸围）90cm 范围的中老年人穿着。但也有些中老年人特别肥胖，体型特殊，上述介绍的中老年人服装规格系列对这些特殊体型的人未必适用，为了满足他（她）们的特殊需求，可以采取定做的方法来解决。

FUZHUANG

第二篇　服装面料篇

面料是指用来制作服装的材料。作为服装三要素之一的面料，不仅可以诠释服装的风格和特性，而且直接左右服装色彩、造型的表现效果。在服装大千世界里，服装的面料五花八门，日新月异。但是，从总体上来讲，凡是优质、高档的面料，大都具有穿着舒适、吸汗透气、悬垂挺括，视觉高贵典雅，触觉柔软滑糯等几个方面的特点。并且，面料必须具有实用、舒适、卫生、装饰等基本功能，能够满足人们生活、工作、休息、运动等多方面的需要，能保护人体适应气候变化和便于肢体活动。

9. 何谓衣料？包括哪些种类？

衣料是服装面料和辅料的总称。服装面料主要由纺织品和部分非纺织品构成。辅料主要是指加工缝制服装所用的线、带、衬、里、扣等。

（1）纺织品　纺织品是由纺织纤维经过纺纱、织造（包括针织）和染整而形成的织物（机织物和针织物）。纺织纤维因其来源的不同又可分为天然纤维和化学纤维两大类，形成的织物相应地有棉及其混纺织物、毛及其混纺织物、丝及其交织物、麻及其混纺织物、化纤及其混纺织物等。

① 天然纤维织物

a. 棉布类，分为白布类、色布类、花布类、色织布类、绒织布类和针织物等。

b. 毛呢类，分为粗纺织物类、精纺织物类、长毛绒类、驼绒类和毛针织物等。

c. 丝绸类，分为绡、纺、绉、绸、缎、锦、绢、绫、罗、纱、葛、绨、绒、呢等。

d. 麻布类，分为苎麻织物、亚麻织物、黄麻织物等。

e. 石棉布类，如防火用布。

② 化学纤维织物

a. 人造纤维织物

ⅰ. 黏胶纤维织物，主要有黏纤色布、富纤织物、混纺织物等。

ⅱ. 铜氨纤维织物，主要有各种色织物及其混纺织物等。

ⅲ. 醋酯纤维织物，有色织物、混纺织物等。

b. 合成纤维织物

ⅰ. 锦纶（尼龙）织物，有锦纶绸、锦纶混纺织物等。

ⅱ. 涤纶（聚酯、特丽纶）织物，有纯涤纶织物、涤纶混纺织物等。

ⅲ. 腈纶（聚丙烯腈、奥纶）织物，有纯腈纶织物、腈纶混纺织物、腈纶针织物等。

ⅳ. 维纶（聚乙烯醇、维尼纶）织物，有纯维纶织物、维涤混纺织物、棉维混纺织物等。

ⅴ. 丙纶（聚烯烃）织物，有纯丙纶织物、丙纶混纺织物等。

ⅵ. 氯纶（聚氯乙烯）织物，有纯氯纶织物、氯纶针织物、氯纶混纺织物等。

ⅶ. 氨纶（聚氨基甲酸酯、贝纶）织物，有氨纶混纺织物等。

ⅷ. 复合纤维（即由两种或两种以上纤维复合成一种纤维）织物、涂层织物、异形纤维织物。

ⅸ. 其他，包括氟纶织物、聚甲酯纤维织物、玻璃纤维织物、石墨纤维织物、金属纤维织物等，这些织物一般只用于特殊服装和工业用织物。

(2) 非纺织品

① 皮毛（裘皮）。从毛的外观形态上看，有长毛、短毛、直毛和卷毛之分；按生长皮毛的动物分，有羊皮、兔皮、豹皮、貂皮、狐皮、水獭皮等。皮毛还有高档、中档和低档之分。

② 皮革。皮革种类很多，主要有牛皮革、羊皮革、马皮革、鹿皮革、兔皮革、猪皮革、驼皮革、鳄鱼皮革等。

③ 人造革。人造革的品种也很多，如泡沫人造革、合成人造革、光面人造革、绒面人造革、仿麂皮等。

(3) 服装的辅料

① 线类。有各种棉线、腊线、丝线、麻线、尼龙线、涤纶线、绣饰线等。

② 带类。有弹性带、袜带、管状带、松紧带、装饰带、尼龙搭扣带等。

③ 衬布类。有平布衬、麻布衬、马鬃衬（黑炭衬）、马尾衬、聚酯衬、树脂衬、塑料膜衬、无纺衬等。

④ 纽扣。有金属扣、贝壳扣、有机玻璃扣、假宝石扣、珐琅扣、牛角扣、香木扣、象牙扣，还有珍贵的玛瑙扣、翡翠扣、珍珠扣、钻石扣等，也有皮扣、布扣、皮包扣、带包扣等。

⑤ 其他。主要有里子、拉链、绣饰等。

10. 舒适保暖的棉质面料

我国是世界上棉纺织生产发达的国家之一，棉花、棉纱和棉布的产量均居世界之冠，据历史考证，我国的南部、东南部和西北部边疆是世界上植棉和棉纺织技术发展较早的地区。从宋代以后，棉纺织品逐渐成为人们衣着的主要原料，很长一段时间内棉纺织业在国民经济中的地位仅次于农业。棉质面料是指以棉花为主要原料，经纺织工艺生产的面料。一般棉纤维含量在 60%～70%，其他纤维（天然纤维或化学纤维）含量在 40%以下，在棉纺织机械上进行纺织加工的面料，均称为棉质面料，其中含棉量为 100%的称为纯棉面料。

（1）纯棉面料的特点

① 吸湿性好。棉纤维具有较好的吸湿性，在正常情况下，棉纤维可从周围的大气中吸收水分，其含水率可高达 8%～10%，所以纯棉面料接触人体皮肤时，使人感觉到柔软、不僵硬。如果棉布中湿度大，周围温度又较高，则纤维中所含的水分会全部蒸发掉，使织物保持平衡状态，使人感觉舒适。

② 保暖性强。由于棉纤维是热和电的不良导体，热传导系数极低，又因为棉纤维本身具有多孔性和高弹性的特点，在纤维之间能积存大量的空气，而空气又是热和电的不良导体，所以棉织物具有良好的保暖性，人们穿着纯棉织物服装时会感觉到很温暖。

③ 耐热性好。纯棉织物的耐热性很好，在 110℃以下时，只会引起织物中的水分蒸发，不会损伤纤维，所以纯棉织物在常温下穿着、使用、洗涤、印染等对织物的性能不会产生影响，因而提高了纯棉织物耐穿、耐洗的服用性能。

④ 耐碱性好。棉纤维对碱的抵抗能力较强，棉纤维在碱溶液中不受损伤，这一性能有利于服装的穿后洗涤、消毒、除杂质，也有利于纯棉织物的染色、印花及各种工艺加工，以生产更多的棉织新产品。

⑤ 卫生性好。棉纤维是天然纤维，其主要成分是纤维素，虽含有少量的蜡状物质、含氮物和果胶质，但这些物质对人体皮肤无任何刺激和负面作用，久穿有益无害，卫生性良好。

⑥ 纯棉面料也有一些缺点，主要是易皱，缩水率较高（2%～5%），易变形，但与合成纤维（尤其是涤纶）混纺的织物可以弥补这些缺点，通过特殊的化学整理后也可取得良好的效果。

（2）棉织物的分类　棉织物是由互相垂直排列的经纬两组纱线按一定规律交织而成，可有多种分类方法。

① 按织物花色可分为原色布、色布、印花布和色织布。原色布是指用原色棉纱织成而未经过漂染、印花和染色加工的布。包括坯布和白布两种：供印染加工的原色布称为坯布；供应市场销售的称为白布。品种有标准市布、普通市布、细布、粗布、斜纹布及其他原色布等。色布是指各种不同组织规格的原色布经过漂白或染色加工后的布。品种有硫化元布、硫化灰布、硫化蓝布、深士林蓝布、浅士林蓝布、士林灰布、凡拉明蓝布、海昌蓝布、各色线哔叽、各色线直贡、各色线卡其、各色华达呢、各色纱哔叽、各色纱直贡、各色纱卡其、各色斜纹布、红布、酱布、漂布、各色府绸、各色灯芯绒、其他色布等。印花布是指用各种坯布经过印花加工，印上各种各样花型的布。品种有花哔叽、花直贡、印花斜纹布、深色花布、浅色花布、印花府绸、其他印花布等。色织布是指先把纱线经过漂白或染色，然后织出来的布。品种有线呢、绒布、条格布、被单布及其他色织布等。

② 按织物组织可分为平纹布、斜纹布和缎纹布。平纹布品种有粗布、市布、细布、标准布、府绸、帆布等。其特点是质地坚牢，表面平整均匀，无正反面之分，但手感较硬，缺乏弹性，光泽不佳。斜纹布品种有斜纹布、哔叽、卡其、华达呢等。斜向纹路自右下方朝左上方倾斜的叫作左斜纹；斜向纹路自左下方朝右上方倾斜的叫作右斜纹。其特点是织物表面浮线长，光泽和柔软度较平纹织物好，在经纬纱线密度（支数）和织物密度相同的条件下，其强力比平纹织物差，可用增加经纬密度的办法来增加织物的强力。缎纹布品种有纱直贡、半线直贡、横贡等。其特点是织物表面光滑而富有光泽，手感柔软。缺点是不太牢固，不耐磨，表面容易起毛。

③ 按印染整理加工方法可分为漂白棉布、染色棉布和印花棉布。漂白棉布是指以本色棉布为坯布，经过漂白加工而成的各类棉布，如漂白平布、漂白府绸、漂白纱卡、漂白直贡等。染色棉布是指以本色棉布为坯布，经过漂练后进行轧染染色、精元染色、卷染染色等加工而成的各类棉布，如卷染染色纱哔叽、卷染染色半线卡其、精元染色纱府绸等。印花棉布是指以本色棉布为坯布，经过漂白或染色后，再进行印花加工使布面获得不同色彩和花纹的各类棉布，如印花细平布、印花纱斜纹布、精元印花纱直贡等。

④ 按其他方法分类。按棉布品质可分为高档产品和低档产品。高档产品是指经纬纱支采用细支纱或股线，经纬密度比较紧密，质地较细洁坚实的棉布，品种有府绸、卡其、灯芯绒、高档男女线呢等；低档产品是指经纬纱支品质一般，密度比较稀松的品种，如硫化布、杂色布等。

按所用纱线可分为纱制品和线制品。纱制品是指经纬纱都用单纱织造而成的棉布，如市布、斜纹布、浅花布等；线制品是指经纬纱都用股线，或者经纱用股线、纬纱用单纱的品种，如线卡其、线府绸等。

按用途可分为衣着用布、家具装饰用布、复制工业用布、工业用布和交通运输用布。衣着用布是指用作服装、服饰的各种棉布，具有穿着舒适、美观大方、坚牢耐用、经济实惠等特点，品种有府绸、卡其、华达呢、哔叽、线呢、灯芯绒、色织布、绒布等。家具装饰用布是指用作沙发、椅子和家用机具的面料或罩套的装饰织物，具有装饰和保护家具的作用。品种有粗平布、细帆布、各种提花布、印花布、色织布、涤棉混纺布等。复制工业用布是指用于制作床上用品、手帕、台布等织物，具有布面平整光洁、手感柔软、耐磨等特点。品种有白粗布、白市布、漂白布、哔叽、色直贡、横贡缎、罗布、漂白粗斜布、泡泡纱、手帕布等。工业用布是指根据各种工业生产技术上的特殊要求而专门生产的棉织物。如帆布、人造革底布、帘子布、篷盖布、白市布、白细布、平绒、打包布、印花衬布、印刷等。交通运输用布是指用于汽车、飞机、轮船等交通运输工具起美化装饰作用的实用性棉织物。

11. 棉织物是如何编号的？

棉布是用棉纤维纯纺或用棉纤维与其他纤维混纺或交织的织物，具有保暖、吸湿、不导电（不带静电）、较耐碱性等优点。棉织物的价格较低廉，是服装中的大宗面料。棉纤维的密度为 1.54mg/mm^3，对无机酸较敏感，在强无机酸的作用下易水解，用烧碱（20%）处理，可以产生丝光作用。

在商业经营中，棉织物的分类编号如表 2-1 所示。

根据国家标准，现将棉织物的统一编号说明如下。

(1) 本色棉布的编号用三位数字表示 第一位数字表示品种类别。其中，1 代表平布；2 代表府绸；3 代表斜纹布；4 代表哔叽；5 代表华达呢；6 代表卡其；7 代表直贡及横贡；8 代表麻纱；9 代表绒布坯。第二、三位数字表示顺序号。例如，纱府绸编号为 201、202、…、214；半线府绸编号为 231、232；全线府绸编号为 251、252、…、255。其中，第一位数字 2 即表示府绸类，01、02 等即表示纱府绸的各种不同规格品种的顺序号，其余类推。

表 2-1　棉织物的分类编号

分类	编号	品种	分类	编号	品种
原色布类	0100	标准市布	色布类	2100	各色纱卡其
	0200	普通市布		2200	各色斜纹布
	0300	细布		2300	红布
	0400	粗布		2400	酱布
	0500	斜纹布		2500	漂布
	0600	其他原色布		2600	各色府绸
色布类	0700	硫化元布		2700	各色灯芯绒
	0800	硫化灰布		2800	其他色布类
	0900	硫化蓝布	花布类	2900	花哔叽
	1000	深士林蓝布		3000	花直贡
	1100	浅士林蓝布		3100	印花斜纹
	1200	士林灰布		3200	深色花布
	1300	凡拉明蓝布		3300	浅色花布
	1400	海昌蓝布		3400	印花府绸
	1500	各色线哔叽		3500	其他印花布
	1600	各色线直贡	色织布类	3600	线呢
	1700	各色线卡其		3700	绒布
	1800	各色华达呢		3800	条格布
	1900	各色纱哔叽		3900	被单布
	2000	各色纱直贡		4000	其他色织布

（2）印染棉布的编号用四位数字表示　第一位数字表示加工类别。其中，1 代表漂白布类；2 代表卷染染色布类；3 代表轧染染色布类；4 代表精元染色布类；5 代表硫化染色布类；6 代表印花布类；7 代表精元底色印花布类；8 代表精元印花布类；9 代表本光漂色布类。第二、三、四各位数字为本色棉布的编号。例如，印花纱直贡编号为 8702，其中，第一位数字 8 表示印花布类，第二、三、四位数字 702 表示采用了直贡呢品种的 02 序号坯布。

12. 麻织物是如何分类与编号的?

目前对麻织物尚无统一的标准分类方法。一般可根据组成麻布的原料、麻布的加工方法和麻布的外观色泽来分类与编号。

（1）麻织物的分类

① 按原料分。有苎麻织物（以苎麻纤维为主要原料织制的麻织物，是麻类织物中最优良的夏季服用织物。除纯纺苎麻织物外，还包括与涤纶等混纺的苎麻织物）、亚麻织物（以亚麻纤维为主要原料织制的麻织物，大多为粗犷风格的面料或材料，也包括与涤纶等纤维混纺的亚麻织物）、大麻织物（以大麻纤维为主要原料的麻织物，以混纺织物为主）、黄麻织物（含洋麻、荷麻等织物，以黄麻纤维为主要原料，因纤维较粗，不易纺制成细特纱线，故大多用于包装用布、麻袋、绳索、地毯底布等）。

② 按加工方法分。有手工麻织物（也称为夏布，是一种手工纺纱织造的粗犷型麻织物）、机织麻织物（以各种麻纤维为原料，经纺纱、机织加工的麻织物）。

③ 按外观色泽分。有原色麻织物（未经漂白加工、具有天然原色的麻织物）、漂白与染色麻织物（坯布经漂练加工或再经素色匹染的麻织物）、印花麻织物（坯布经漂练后再印花加工的麻织物，有手工印花、机器印花、蜡染、扎染等织物）、色织麻织物（纱线经漂练、染色后再织制的麻织物，可织成彩条、彩格、提花等各种图案）。

(2) 麻织物的编号　麻织物品种较多，各类编号既不统一也不规范。

① 亚麻织物的编号。亚麻织物的编号由三位阿拉伯数字组成：第一位数字表示亚麻织物的类别，第二、三位数字表示同一类别中不同技术条件的顺序号。如 101 表示根据第 1 种技术条件生产的纯亚麻原色酸洗平布；102 表示根据第 2 种技术条件生产的纯亚麻原色酸洗平布。另外，在编号后可以附加半字线及表示染整加工特性的两位数字，如 705-03 表示根据第 5 种技术条件生产的染色斜纹亚麻布。亚麻布的类别见表 2-2，亚麻布染整加工特征代号见表 2-3。

表 2-2　亚麻布的类别

代号	类别	代号	类别
1	纯亚麻酸洗平布	5	棉麻交织帆布
2	纯亚麻漂白平布	6	不经过染整加工的亚麻原布
3	棉麻交织布	7	斜纹亚麻布
4	纯亚麻帆布	8	提花与变化组织亚麻布

表 2-3　亚麻布染整加工特征代号

代号	亚麻布染整加工特征	代号	亚麻布染整加工特征
-01	丝光布	-61	经不同化学加工的帆布
-02	色纱布	-81	印花布
-03	染色布		

② 苎麻织物的编号。苎麻织物品种较多，编号及名称也极不统一。产品编号通常由英文字母与数字组成，英文字母代表织物的原料特征（见表 2-4），冠在编号的前面。不经印染加工的苎麻织物，编号由三位阿拉伯数字组成（见表 2-5），第一位表示产品的类别，第二、三位表示产品的序号；需经印染加工的苎麻织物，编号由四位阿拉伯数字组成（见表 2-6），第一位表示印染类别，第二、三、四位为原坯布的三位编号。如 TR101 表示产品序号为 1 的涤麻单纱平纹织物；TR3101 表示产品序号为 1 的印花涤麻单纱平纹织物。

表 2-4　苎麻织物编号中英文字母的含义

字母	含义	字母	含义
R	纯苎麻织物或棉麻交织物	RC	棉麻混纺织物
TR	涤麻混纺织物	RW	麻毛混纺织物

表 2-5　苎麻织物的类别代号

代号	类别	代号	类别
1	单纱平纹织物	4	股线提花织物或斜纹织物
2	股线平纹织物	5	单纱交织织物
3	单纱提花织物或斜纹织物	6	股线交织织物

表 2-6　苎麻织物的印染类别代号

代号	类别	代号	类别
1	漂白类	3	印花类
2	染色类		

　　此外，产地不同，苎麻织物的命名方式也各异。如四川省以总经数作为织物的代号，如 600 夏布、750 夏布、925 夏布等；广东省以织物幅宽作为织物的代号，如 18 寸（1 寸=3.3cm，下同）抽绣夏布、24 寸抽绣夏布等；而湖南、江西等省又常以产地作为织物的代号，如浏阳夏布、萍乡夏布、宜春夏布等。

13.　非麻恰似麻的仿麻面料

　　仿麻面料是指用非麻纤维纺纱织成的具有麻织物风格的产品，使用织物组织、纱支粗细以及后整理技术的配合，织成显现麻织物外观的织物。所用原料主要为棉纱线、中长化纤纱线、合成纤维中的仿麻异形截面丝或仿麻变形丝，也有采用纯毛、涤纶长丝及涤黏、涤腈和毛涤混纺纱等。以平纹或平纹变化组织或绉组织嵌以经纬重平、变化重平及透孔组织等进行不规则的组合。也有用粗细疙瘩纱、竹节纱和花饰线点缀其间。在粗特纱与细特纱结合使用时，粗细纱的排列比为 1∶2，可增加仿麻感，使织物挺括、朴素、粗犷等。现在的仿麻面料大多是一种 100%涤纶的面料，在服装和球鞋制造业中得到了广泛的应用，成为新的时尚潮流元素，在织物外观上与麻织物十分相像，在手感上二者差异也不大，但在透气性和吸汗性方面还远不如麻织物。

　　根据不同的原料，采用不同的后整理，尤其是坯布经树脂整理，可增加织物的身骨，使其富有真麻织物的风格。

　　仿麻织物除少数匹染外，多为印花和色织产品。色彩常用彩度较低的中浅色，主要有浅米色、糙米色、浅豆灰色、浅棕灰色、淡粉绿色、浅橄榄灰色、浅粉红色、浅奶黄色以及近似苎麻原色的浅玉米色等。仿麻面料常用作夏、春、秋季服装面料，以及窗帘、沙发等室内装饰织物。

14.　柔软挺括的毛质面料

　　毛质面料是指在面料中的原料主要是羊毛或毛纤维，其中含毛量在 95%以上的称为纯毛面料或全毛面料，含毛量在 70%以上，其余在 30%以下为非毛天然纤维或是化学纤维的面料称为毛混纺面料。毛质面料中的毛是指动物毛，主要是羊毛，其他还有山羊绒、牦牛绒、马海毛、驼绒、兔毛等。含有 100%羊毛成分的毛质面料，具有手感柔软而富有弹性、身骨挺括、不板不烂、膘光足、颜色纯正、光泽自然柔和等优点。毛质面料可分为精纺和粗纺两大类：精纺类面料大多为薄型和中型织物，表面光洁平整，质地精致细腻，纹路清晰，悬垂性较好；粗纺类面料大多为中厚型和厚型织物，呢面丰满，质地或蓬松或致密，手感温暖丰厚。纯羊毛面料用手紧握、抓捏松开后基本上无褶皱，即使有轻微的折痕也可在短时间内褪去，能很快恢复平整。其优点是保暖性优良，手感柔软，弹性好，隔热性强；缺点是易起毛、起球，易毡缩，易霉变和虫蛀，缩水率较大。

羊毛与化纤混纺的面料质感特征介于纯羊毛面料与化纤仿毛面料之间，并根据混纺的比例不同和仿毛加工的程度而有相应的区别。例如，羊毛与涤纶混纺面料（毛涤混纺面料）的光泽缺乏柔和感，手感介于纯羊毛面料与涤纶仿毛面料之间，布面挺括、悬垂，身骨有些生硬，这些性能随着涤纶含量（比例）的增加而有明显的变化，但抗皱性要比纯羊毛面料为好。羊毛与腈纶混纺的面料毛型感较强，呢面丰满，质地轻柔，抗皱性一般，悬垂性较差。羊毛与锦纶混纺面料的手感有些板硬，毛型感不如毛腈混纺面料，抗皱性较好。羊毛与黏胶纤维混纺的面料光泽比较暗淡，回弹性较差，易褶皱。精纺类毛黏混纺面料有类似棉布的软塌感；粗纺类面料较软散，不够挺括。

毛质面料分类如下。

按原料可分为国毛呢绒、外毛或改良毛呢绒、混纺及交织呢绒、纯化纤呢绒（仿毛织物）。国毛呢绒采用国产上品羊毛为主要原料织制。这类羊毛质地比较粗硬，粗细不匀，卷曲少，纺织性能较差。成品的呢面粗硬，不够匀净、平整、美观，但价格低廉。外毛或改良毛呢绒采用外毛或改良毛织制。我国所产的改良毛的质量不亚于进口毛，但产量尚不能完全满足毛纺织工业的需要，因此，精纺呢绒所用的原料，进口毛尚占有一定的比例。进口羊毛一般由澳大利亚输入（也有少量从新西兰等国家输入），因此，习惯上称进口毛为"澳毛"。特点是呢面柔软而富有弹性，表面光洁、平挺，光泽好。混纺及交织呢绒采用混纺及交织的方法织成。由羊毛与其他纤维（主要是化学纤维）混纺织制的呢绒称为混纺呢绒；用羊毛纱线与其他纤维纱线各为经纬织成的织物则称为交织呢绒，在经营习惯上也把它列入混纺呢绒。该类织物的特点是质地能与纯毛织物相媲美，而且还可赋予织物某些优良性能，如强力高、耐磨、挺括、易洗、快干、免烫等。纯化纤呢绒（仿毛织物）采用一种或一种以上的化学纤维织成。它具有毛织物的特点，通常比纯毛织物坚牢，耐穿用，抗皱免烫性能好；成衣挺括，易洗快干。但手感、自然光泽、吸湿性、保暖性一般比纯毛织物差些。价格较低，常用作中、低档毛织物服装面料。

按商业习惯可分为精纺毛织物（精纺呢绒）、粗纺毛织物（粗纺呢绒）、长毛绒、驼绒、毛毯。精纺呢绒采用精梳毛纱织制。品种有哔叽类、啥味呢类、华达呢类、中厚花呢类（中厚凉爽呢）、凡立丁类（派力司）、女衣呢类、贡呢类（直贡、横贡、马裤呢、巧克丁）、薄花呢类（薄型凉爽呢）、旗纱等。精纺呢绒的特点是呢面细密柔软，平整光滑，色泽鲜艳，质地紧密，织纹清晰，密度较大，挺括，富有弹性，经久耐穿用。粗纺呢绒一般用级数毛为主要原料，另外掺入一定数量的精梳短毛或下脚毛，但高档织物选用部分支数毛，纺成较低支数的粗梳毛纱。品种有麦尔登类、大衣呢类（平厚、立绒、顺毛、拷花）、制服呢类（海军呢）、海力斯类、女式呢类（平素、立绒、顺毛、松结构）、法兰绒类、粗花呢类（纹面、绒面）、大众呢类（学生呢）等。粗纺呢绒的特点是质地厚实，不露纹面，手感柔软，富有弹性，正反面覆盖一层丰满的绒毛，保暖性好。长毛绒用棉股线作地经地纬，毛股线作毛经，采用双层组织织制。品种有服装用长毛绒、工业用长毛绒、家具用长毛绒。其特点是背面是棉股线织成的地布，正面耸立平整的长毛绒，保暖性好。驼绒用粗纺毛纱作绒面纱，棉纱作地纱，用针织机编成。其特点是正面的绒纱经拉毛后具有浓密松软而平坦的绒毛，保暖性好。毛毯品种有素毯（棉×毛、毛×毛）、道毯（毛×毛）、提花毯（棉×毛）、印花毯、格子毯、特别加工毯。

15. 毛织物是如何分类与编号的?

　　毛织物是指由羊毛或特种动物绒毛织制，或由羊毛与其他纤维混纺或交织的织物，或由化纤纯纺及化纤混纺的仿毛织物。用于服装的毛织物，根据其加工系统及外观特征或按商业习惯可分为精纺毛织物（精纺呢绒）、粗纺毛织物（粗纺呢绒）、长毛绒和驼绒织物等。按使用的原料可分为国毛呢绒、外毛或改良毛呢绒、混纺及交织呢绒和纯化纤呢绒等。精纺毛织物的编号由5位阿拉伯数字组成（见表2-7）。左起第一位数字代表织物所用的原料，如"2"为纯毛，"3"为混纺，"4"为纯化纤。第二位数字用1~9分别代表品种，其中"1"表示哔叽和啥味呢，"2"表示华达呢，"3""4"表示中厚花呢，"5"表示凡立丁和派力司，"6"表示女衣呢，"7"表示贡呢、马裤呢、巧克丁，"8"表示薄花呢，"9"表示其他类品种。第三、四、五位数字是生产厂的内部编号。如果生产规格较多，五位数字不够用时，可在编号后用括号加"2"字，如果企业纯毛哔叽已生产999个规格，即编号已由21001编到21500，可再由21001（2）重新开始，如21002（2）、21003（2）、…如果（2）字又用到500个规格，可用（3）字顺序继续编下去。如果一个品种有几个不同花型，可在编号后加半字线及花型的拖号，如21001-2、21001-3、21001（2）-2、21001（2）-3。混纺产品系指羊毛与化纤混纺或交织，如毛涤纶等。纯化纤产品系指一种化纤或多种不同类型化纤的纯纺、混纺或交织（如黏胶锦纶、黏胶涤纶等）的产品。

表2-7　毛织物的国家标准统一编号

类别	品种	品号			备注
		纯毛	混纺	纯化纤	
精纺毛织物	哔叽类	21001~21500	31001~31500	41001~41500	
	啥味呢类	21501~21999	31501~31999	41501~41999	
	华达呢类	22001~22999	32001~32999	42001~42999	包括中厚型凉爽呢
	中厚花呢类	23001~24999	33001~34999	43001~44999	包括派力司
	凡立丁类	25001~25999	35001~35999	45001~45999	
	女衣呢类	26001~26999	36001~36999	46001~46999	
	贡呢类	27001~27999	37001~37999	47001~47999	包括直贡、横贡、马裤呢、巧克丁
	薄花呢类	28001~28999	38001~38999	48001~48999	包括薄型凉爽呢
	其他类	29501~29999	39501~39999	49501~49999	
旗纱	旗纱	88001~88999	89001~89999		
粗纺毛织物	麦尔登类	01001~01999	11001~11999	71001~71999	
	大衣呢类	02001~02999	12001~12999	72001~72999	包括平厚、立线、顺毛、拷花
	制服呢类	03001~03999	13001~13999	73001~73999	
	海力斯类	04001~04999	14001~14999	74001~74999	
	女式呢类	05001~05999	15001~15999	75001~75999	包括平素、立绒、顺毛、松结构
	法兰绒类	06001~06999	16001~16999	76001~76999	
	粗花呢类	07001~07999	17001~17999	77001~77999	包括纹面、绒面
	大众呢类	08001~08999	18001~18999	78001~78999	包括学生呢
	其他类	09001~09999	19001~19999	79001~79999	

类别	品种	品号			备注
		纯毛	混纺	纯化纤	
长毛绒	服装用长毛绒	51001～51999	51401～51699	51701～51999	第一位数字"5"代表长毛绒产品
	衣里绒	52001～52399	52401～52699	52701～52999	第二位数字代表用途
	工业用长毛绒	53001～53399	53401～53699	53701～53999	第三位数字代表原料性质
	家具用长毛绒	54001～54399	54401～54699	54701～54999	0—纯毛，4—混纺，7—化纤
驼绒	花素驼绒	9101～9199	9401～9499	9701～9799	
	美素驼绒	9201～9299	9501～9599	9801～9899	
	条子驼绒	9301～9399	9601～9699	9901～9999	
毛毯	素毯（棉×毛）	610××～613××	614××～616××	617××～619××	
	素毯（毛×毛）	620××～623××	624××～626××	627××～629××	
	道毯（棉×毛）	630××～633××	634××～636××	637××～639××	
	道毯（毛×毛）	640××～643××	644××～646××	647××～649××	
	提花毯（棉毛）	650××～653××	654××～656××	657××～659××	
	印花毯	670××～673××	674××～676××	677××～679××	
	格子毯	680××～683××	684××～686××	687××～689××	
	特别加工毯	690××～693××	694××～696××	697××～699××	

　　粗纺毛织物的编号也由 5 位阿拉伯数字组成。左起第一位数字表示织物所用的原料，如"0"为纯毛，"1"为混纺，"7"为纯化纤。第二位数字用 1～9 分别代表品种，其中"1"表示麦尔登，"2"表示大衣呢，"3"表示制服呢和海军呢，"4"表示海力斯，"5"表示女式呢，"6"表示法兰绒，"7"表示粗花呢，"8"表示大众呢，"9"表示其他品种。第三、四、五位数字是生产厂的内部编号。

　　长毛绒的编号由 5 位阿拉伯数字组成。左起第一位数字"5"代表长毛绒品种，第二位数字代表用途，第三位数字代表原料，0～3 为纯毛，4～6 为混纺，7～9 为纯化纤。第四、五位数字是生产厂的内部编号。

　　驼绒的编号由 4 位阿拉伯数字组成。左起第一位数字"9"代表驼绒产品，第二位数字代表品种和原料，"1"为纯毛花素产品，"2"为纯毛美素产品，"3"为纯毛条子产品，"4"为混纺花素产品，"5"为混纺美素产品，"6"为混纺条子产品，"7"为纯化纤花素产品，"8"为纯化纤美素产品，"9"为纯化纤条子产品。第三、四位数字是生产厂的内部编号。

　　毛毯的编号由 4～5 位数字组成。左起第一位数字"6"代表毛毯，第二位数字代表产品类别，第三位数字代表原料，0～3 为纯毛，4～6 为混纺，7～9 为纯化纤。第四、五位数字是生产厂的内部编号。

　　对于外销产品，应在产品品名前冠以生产厂家的代号，代号用两个拼音字母表示，第一个字母表示生产厂所在的地区，第二个字母代表厂家。如"SA"为上海第二毛纺织厂，"BA"为北京毛纺织厂，"TA"为天津第二毛纺织厂等。

16. 特性鲜明的仿毛面料

仿毛面料又称中长化纤面料，俗称"快巴"，是采用中等长度的化学纤维混纺纱织制的仿毛织物。中长化学纤维是指介于毛型与棉型化学短纤维之间的一种纤维，它并非化学纤维的新品种，可由各种化学纤维加工而成，其长度和细度均介于棉纤维和羊毛之间(中长化纤的长度一般为51～76mm，纤度为 2～3den)，品种有黏胶中长纤维、富强中长纤维以及涤纶、锦纶、腈纶、丙纶、氯纶等中长纤维。中长化纤织物大多能利用棉纺织厂现有设备进行生产，工艺简单，产量高，成本低。采用的纺纱、织造、染整工艺应与所用化纤原料和产品要求相适应。在染整加工中采用全松式染整工艺，织物需经烧毛、湿蒸、定型处理和树脂整理，以提高织物的仿毛风格和服用性能。织物经特定的染整工艺加工后有毛型风格，手感丰满，弹性好，穿着时不易起皱；织物挺括，经多次洗涤后仍能保持平整如新，抗皱性与免烫性好；有滑爽感，缩水率较低，成衣后不易变形。缺点是布面较毛糙，染色牢度较差。

中长化纤面料的花色品种较多，主要有涤腈、涤黏的混纺织物以及三合一的混纺面料。

涤腈中长化纤织物，混纺比例常用 50/50，也有 60/40、55/45、65/35，如涤腈混纺中长隐条呢，是中档春秋外套选择的理想面料。该织物的优点是有良好的抗皱性和免烫性，缺点是布面较毛糙，染色牢度较差。

涤黏中长化纤织物，混纺比例常用 55/45，也有用 65/35、60/40 的，如涤黏混纺中长平纹呢，是深受广大消费者喜欢的一种仿毛型产品，常用于制作春秋外衣、裤。该织物的优点是毛型感与弹性好，吸湿性好，缺点是免烫性差。

三合一中长化纤面料，采用最多的是涤纶、腈纶、黏胶三种纤维混纺而成，混纺比例有多种，面料兼备三种纤维的特点，且价格适中，适合做套装、夹克衫、西裤等。

除此之外，还有其他中长纤维混纺面料的品种，如白织匹染的平纹呢、隐条呢、隐格呢、华达呢和各种色织、提花花呢等。

中长化纤织物的仿毛感主要取决于选用的原料、织物组织和染整加工工艺。为了增加织物的毛型感，也有用不同纤维细度和长度的纤维或异形纤维（如三角形纤维等）进行混纺。近年来，也有用有色涤纶混纺成纱，织制派力司等织物。中长化纤织物的组织多为平纹或斜纹组织，也有经纱用两种不同捻向的股线，按一定规律排列，织制成隐条织物。

中长化纤织物主要品种有涤黏平纹呢（涤 65/黏 35）、涤黏哗叽（涤 65/黏 35）、涤黏隐条呢（涤 65/黏 35）、涤黏凡立丁（涤 65/黏 35）、涤黏华达呢（涤 65/黏 35）、涤腈隐条呢（涤 50/腈 50）等。

17. 高雅华丽的丝质面料

丝质面料其实就是真丝面料，俗称丝绸、绸缎、丝织物。主要是由桑蚕丝织制而成，也有少量是由柞蚕丝、蓖麻蚕丝、木薯蚕丝和绢纺纱织制的。真丝是高级纺织原料，有"丝绸皇后""健康纤维""保健纤维"的美称。蚕丝是人类利用最早的动物纤维之一。中国是蚕丝的发源地，是世界上最早植桑、养蚕、缫丝、织绸的国家，迄今已有 7000 多年的历史，利用柞蚕丝织造也有3000 余年的历史。中国的丝绸业在世界上享有盛誉，远在汉唐时期，丝绸产品就畅销于中亚、西亚和欧洲各国，开创了闻名世界的"丝绸之路"。

蚕丝是高级纺织原料，它具有较高的强伸度，纤维纤细而柔软，平滑而富有弹性，吸湿性强，富有光泽，而且光泽柔和自然。由蚕丝加工制成的丝质面料具有以下特性。

① 蚕丝由丝胶和丝素组成，由 18 种氨基酸按不同的比例和空间组合而成，是一种蛋白质纤维，经脱胶后，丝素结构紧密，光泽自然而柔和，具有珍珠般的光彩。

② 表面平整，手感柔软、滑爽、厚实、丰满，弹性好。

③ 由于蚕丝是一种多孔纤维，因此，丝质面料具有良好的保温性、吸湿散湿性和透气性，服用性能优良，对皮肤有一定的保健作用。

④ 丝质面料是由蛋白质纤维构成的，与人体有良好的生物相容性，面料不仅对皮肤无刺激作用，而且还可感受到独特的舒适感。

⑤ 丝质面料中的丝蛋白色氨酸、酪氨酸能有效地吸收紫外线，可防止紫外线对人体的伤害。

⑥ 蚕丝比较娇嫩，应精心护理，应避免重力磨损扭绞或在粗糙的地方拖拉，以免纤维受损伤。

丝织物的分类　丝织物的分类方法有多种。按商业习惯分类，可分为桑蚕丝织物、柞蚕丝织物、绢纺丝织物、人造丝织物、交织丝织物（不同的纤维交织）和合纤丝织物。按照用途分类，可分为衣着用、装饰用、工业用、国防用。按照织物组织形态分类，可分为纺、绉、绸、缎、锦、罗、纱、绫、绢、绡、呢、绒、绨、葛 14 大类。

① 纺。纺又称纺绸，是丝织物中的重要大类品种。它质地轻薄，绸面平整细洁，坚韧滑细，色泽以平素为主，也有条格和印花产品。通常经纬丝不加捻，其产品有电力纺、杭纺、湖纺等。它主要用于制作女装、衬衫、裙料、家具装饰用品等，也用于工业和国防。

② 绉。绉类丝绸是运用织物组织和工艺条件的变化而使绸面发生皱缩效果的。凡是丝绸表面具有均匀皱缩的丝织物，统称为绉类丝绸，简称为绉。绉类丝绸光泽柔和，手感柔软，弹性好，抗皱性能强。其产品有广东绉、工农绉、人绢交织绉、双绉、碧绉、壁绉等。主要用于制作衬衫、连衣裙、晚礼服、女装、浴衣、头巾、装饰用品等。

③ 绸。绸是丝织物中的重要大类，质地紧密。其品种很多，绸可以分为生（白）织和熟（色）织，如生织的疙瘩绸和熟织的领带绸；又可以分为不提花的素绸和提花的花绸。除上述品种外，还有四新绸、高花绸等。绸类丝织物因轻重厚薄不同，后整理工艺也不同，轻薄型绸质地柔软，富有弹性，常用作衬衫、裙料等；中厚型绸绸面层次丰富，质地平挺厚实，适宜做西服、礼服，或供室内装饰之用。

④ 缎。缎又称缎子，是丝织物中的重要品种，缎类品种很多，缎类是丝织物中加工技术较复杂、织物外观绚丽多彩、工艺水平与花型图案的艺术水平均较高的丝绸品种。缎面的图案有花卉、山水、禽兽、人物等，生动逼真，栩栩如生，光彩夺目，具有很高的艺术价值。因此，缎类不仅可以用于制作衬衫、裙料、头巾、艺装，而且可以做高级礼服、旗袍、袄面、床罩、被面及装饰用品，也是重要的工艺品种。

⑤ 锦。锦是我国传统的高档提花丝织物。织物紧密，质地坚挺，纹路清晰，图案优美，色彩绚丽悦目，艺术性强，富有诗情画意和鲜明的民族特色，具有很高的艺术欣赏价值。锦的主要用途是制作领带、腰带、艺装、西装、女装、民族装、旗袍、台毯、靠垫、床罩、被面、室内装饰用品等。

⑥ 罗。罗是指丝织物中应用纱罗组织，使丝织物表面具有纱孔的花素织物的统称。绞纱孔分布明显并沿经向排列者称为直罗；绞纱孔沿纬向排列者称为横罗。罗类丝织物的品种主要有横罗、

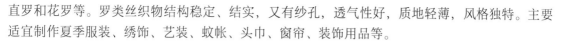

直罗和花罗等。罗类丝织物结构稳定、结实，又有纱孔，透气性好，质地轻薄，风格独特。主要适宜制作夏季服装、绣饰、艺装、蚊帐、头巾、窗帘、装饰用品等。

⑦ 纱。纱是指采用纱组织构成地组织或花组织的全部或一部分，使织物呈现纱孔的花素丝织物。纱的特点是轻薄透气，结构稳定，风格独特。纱的主要用途是制作夏装、艺装、礼服以及刺绣和装饰品等。

⑧ 绫。绫是用各种经面斜纹组织为地纹的花素丝织物，绫一般分为花绫和素绫两种。花绫一般是斜纹地组织上起斜纹花的单层暗花丝绸；素绫则多采用单一的斜纹或变化斜纹组织。其主要用途是制作衬衫、睡衣、裙料、服装里料以及用于书画裱糊等。

⑨ 绢。绢是平纹或重平组织织制的色织或色织套染的熟货丝织物。绢的主要特点是绢面细密挺爽、平整光洁，光泽自然柔和，手感柔软。其主要用途是制作套装、袄面以及装饰品、书画、扇面、彩灯、工业用品等。

⑩ 绡。绡是用桑蚕丝或人造丝、合纤丝为原料以平纹或变化平纹组织织制的轻薄透明的丝织物。织物经精练、印染整理后，由于丝线收缩弯曲，使绡面结构疏松，并具有纱孔，形成轻薄透明的绡类质地。绡的主要用途是制作女装、晚礼服、裙料、艺装、披纱、头巾以及装饰、工业用品等。

⑪ 呢。呢是丝绸织物中采用基本组织、变化组织织制的丝织物，其表面呈现毛型织物的外观，较粗犷，光泽自然柔和，手感活络丰厚，弹性好，抗皱性能强。呢类丝织物的表面有光面和毛面之分。一般成品质地丰厚，耐穿用，色泽以平素色为主，也有印花和色织品种。它主要用于制作各类男女服装、罩衣、袄面以及装饰用品等。

⑫ 绒。绒又称丝绒，是指用纯丝或纯丝与化纤长丝交织的起绒丝织物。丝织物表面耸立或平排紧密的绒毛或绒圈，色泽鲜艳光亮，外观类似天鹅绒毛，因此，通常也称为天鹅绒，是一种高级的丝织品，手感柔软舒适，保暖性好，弹性突出，质地坚牢，耐磨等。适宜做高级礼服、外套、大衣、艺装、窗帘、帷幕、装饰用品、工艺美术品等。

⑬ 绨。绨是用黏胶人造丝作经丝，棉纱、蜡线或其他低级原料作纬丝，以平纹组织（也有部分产品用斜纹变化组织）织制的质地比较粗厚紧密的花素交织丝绸，绸面花纹光泽好，配以吉祥、美丽的花纹图案。织物比较坚牢耐用，可以洗涤，但不宜重搓，也不宜刷洗或用力拧绞，洗涤后应带水晾干并熨平，主要用于制作男女中式衣料、袄面、罩衣、被面等。

⑭ 葛。葛是用平纹、经重平或急斜纹组织织制的质地比较厚实，并有明显横向凸纹的花素丝织物。其品种按花色分，有不起花的素织葛和提花葛两类。葛的主要用途是制作中式服装、袄面以及沙发面、装饰用品等。

18. 丝绸是如何分类与编号的？

丝绸是用蚕丝、人造丝和合纤丝等为原料织成的各种纯纺、混纺和交织织物，其分类方法很多，按商业习惯可分为桑蚕丝织物、柞蚕丝织物、绢纺丝织物、人造丝织物、交织丝织物、合纤丝织物和被面 7 种；按织物组织形态可分为绡、纺、绉、绸、缎、锦、绢、绫、罗、纱、葛、绨、绒、呢 14 种；按用途可分为衣着用、装饰用、工业用、国防军工用 4 种。一般按外销丝织物和内销丝织物两类编号（如表 2-8、表 2-9 所示）。

表 2-8　外销丝织物的编号

第一位数字		第二或第二、三位数字		第四、五或第三、四、五位数字
代号	意义	代号	意义	意义
1	桑蚕丝：包括桑丝、桑绢丝、蓖麻绢丝、双宫丝等及含量50%以上桑柞交织物	00～09	绢类	代表具体规格
		10～19	纺类	
2	合纤丝：合成纤维长丝，合纤长丝与合纤短纤纱线（包括合纤短纤与黏胶、棉混纺纱线）交织物	20～29	绉类	
		30～39	绸类	
3	绢纺丝：天然丝短纤与其他短纤混纺的纱线	40～47	缎类	
4	柞蚕丝：柞丝类（含柞丝、柞绢丝）及柞丝50%以上与桑丝交织物	48～49	锦类	
		50～54	绢类	
5	人造丝：黏胶或醋纤长丝，或与其他短纤交织物	55～59	绫类	
		60～64	罗类	
6	交织丝：上述1、2、4、5以外的经纬由两种或两种以上原料交织的交织物。如含量95%以上（绢90%以上）列入本原料类	65～69	纱类	
		70～74	葛类	
		75～79	绨类	
		80～89	绒类	
7	被面	90～99	呢类	

表 2-9　内销丝织物的编号

第一位数字		第二位数字		第三位数字				第四、五位数字
代号	意义	代号	意义	平纹组织	变化组织	斜纹组织	缎纹组织	规格
8	衣着用丝织物	4	黏胶丝纯织	0～2	3～5	6～7	8～9	50～99
		5	黏胶丝纯织	0～2	3～5	6～7	8～9	50～99
		7	蚕丝纯织	0	1～2	3	4	01～99
			蚕丝纯织	5	6～7	8	9	01～99
		9	合纤丝交织	0	1～2	3	4	01～99
			合纤丝交织	5	6～7	8	9	01～99
9	被面及装饰用丝织物	1	绨被面	0～9				01～99
		2	黏胶丝交织被面	0～5				
		2	黏胶丝交织被面	6～9				01～99
		7	蚕丝交织	0～5				01～99
			蚕丝交织	6～9				01～99
		9	装饰绸、广播绸	0～9				01～99
		3	印花被面	0～9				01～99

　　外销丝绸编号由五位数字组成。第一位数字代表原料，第二位数字（有时第二、三位在一起）代表大类，第三、四、五位数字（有时只有第四、五位）代表具体规格。例如，11560 电力纺中的

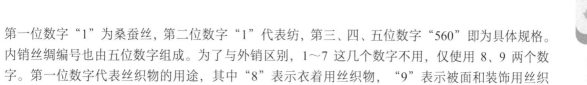

第一位数字"1"为桑蚕丝，第二位数字"1"代表纺，第三、四、五位数字"560"即为具体规格。内销丝绸编号也由五位数字组成。为了与外销区别，1～7 这几个数字不用，仅使用 8、9 两个数字。第一位数字代表丝织物的用途，其中"8"表示衣着用丝织物，"9"表示被面和装饰用丝织物。第二位数字代表原料属性，第三位数字代表织物组织结构，第四、五位数字代表规格序号。

19. 轻薄挺括的仿真丝面料

顾名思义，仿真丝面料是指采用涤纶长丝，通过织造、印染整理等工序，生产出风格接近真丝的一种仿真丝面料。具体来说，主要是利用涤纶长丝来织造轻薄织物，然后通过印染工艺中碱减量的方法进行处理，将涤纶长丝的表面腐蚀出一些凹凸不平的小坑穴，以此来增强织物的透气效果，弥补普通涤纶织物闷热、不透气的缺点。然后通过柔软整理和抗静电整理，使面料的吸水性增强，从而使其接近真丝绸的感觉。从质感上看，仿真丝面料非常接近真丝面料，但价格要比真丝面料便宜 2/3 左右。仿真丝面料所用原料主要是涤纶长丝，早期采用的原料是黏胶纤维和醋酯纤维长丝，现在也有采用锦纶长丝等。仿真丝面料所用纤维最好是异形截面纤维，且纵向有微波屈曲，可提高织物的仿真丝效果。

仿真丝面料比较轻薄，手感挺括，但不如真丝绸柔软、滑爽和细腻；舒适性和悬垂性好，透气，易洗涤，抗皱性强；强力较真丝绸高，面料既可染色、印花，又可绣花、烫金、褶皱等；光泽自然，但不如真丝面料柔和，比较刺目。

仿真丝面料品种较多，如尼丝纺、涤丝纺、涤丝绸、闪光提花缎、塔夫绸、烂花乔其绉、双绉、乔其纱和烂花绡等。随着科学技术的不断进步，比较有名的十大仿真丝面料是雪纺纱、色丁、乔其纱、顺纡绉、奥丽纱、福乐纱、阳离子乔其纱、阳离子伊丽纱、佐帧麻和条纹麻。仿真丝面料一般用于制作睡衣、家居服以及内衣和内裤等。

20. 物美价廉的化纤面料

化纤面料是近代发展起来的新型服装面料，种类较多。这里的化纤面料是指由化学纤维加工纺制成的纯纺、混纺或交织物，也就是指由纯化学纤维纱线织成的织物，不包括与天然纤维间的混纺、交织物，化纤面料的特性由组成它的化学纤维本身的特性所决定。

（1）化纤面料的特点

① 结实耐穿用，因为化纤面料为高分子纤维织物，所以面料的密度大，相对强度较高。

② 易打理，抗皱免烫。

③ 生产成本低，可以进行工业化大规模生产，而且原料价格相对天然纤维原料更低。

④ 仿真性好，虽然化纤的吸湿性、舒适性和手感不如天然纤维，但是通过对化纤进行仿真改造，完全可以克服这些不足。例如，对涤纶进行碱减量法处理，使涤纶仿丝织物从外观上看与真丝绸极其相似；又如，采用超细纤维工艺纺丝，使涤纶仿真丝织物的手感也和真丝绸一致。再如，通过运用等离子技术和激光技术，可使涤纶面料在摩擦时也能发出真丝一样的"丝鸣声"。进一步使涤纶仿真技术向超真技术发展，通过纤维表面沟槽的形成，使化纤比天然纤维的吸湿性更好；通过采用纤维接枝共聚的方法，把涤纶本身的吸湿性提高几百倍，甚至超过了棉和真丝等天然纤维。

⑤ 更具个性，采用现代先进的纺织加工技术，可使化纤面料具有难燃、耐高温、耐辐射、耐磨、高弹性、抗菌等特性。

(2) 几种主要化纤面料及其用途

① 黏胶纤维织物的主要品种及其用途。在化纤织物中，黏胶纤维织物是较早出现的织物。它有纯黏胶纤维织物和与其他天然纤维或化学纤维混纺或交织物。

纯纺织物的主要品种有：杂色、印花人造棉织物（黏胶纤维 100%）；人造毛哔叽、华达呢等人造毛织物；无光纺、印花人造丝纺、人造丝被面等人造丝织物；富纤印花布、色布及绸缎等织物。

混纺织物的主要品种有：黏棉平布（黏胶 63%、棉 37%）、黏棉华达呢（黏胶 63%、棉 37%）、棉黏平布（黏胶 50%、棉 50%）等；毛黏华达呢（羊毛 70%、人造毛 30%）、毛黏凡立丁（羊毛 55%、人造毛 45%）等；此外，还有与锦纶、涤纶、维纶、腈纶等合成纤维混纺的织物。

黏胶纤维织物的主要特点是：织物质地柔软，手感滑爽，穿着舒适，色泽鲜艳美丽；仿丝型织物有丝绸感，仿毛型织物有毛型感；吸湿性强，但湿强力较低，潮湿时发硬，缩水率大；身骨差，易下垂飘荡，不挺括，耐磨性差，经摩擦后易起毛。

该类织物主要用于制作洗涤或使用摩擦机会较少的衣物（如棉衣、被面、窗帘等）或装饰用品等。

② 涤纶织物的主要品种及其用途。纯纺产品主要有棉型、毛型、中长型、长丝的纯涤纶织物，如各色没印花的平布、府绸、华达呢、哔叽、线呢、各种花呢、涤纶绸等。

混纺产品有涤纶与棉混纺的"棉涤纶"或"的确良"，一般采用 65%涤纶和 35%棉混纺的各种卡其、华达呢、府绸、细布、麻纱等品种；涤纶与羊毛混纺的"毛涤纶"或"毛的确良"，混纺比例一般是 55%涤纶，45%羊毛，主要品种有凡立丁、薄花呢、凉爽呢、派力司等；涤纶与黏胶纤维混纺的"快巴"，一般采用 65%涤纶、35%黏胶（人造毛），主要品种有花呢、凡立丁等；涤纶长丝与蚕丝交织而成的"丝的确良"，以及与其他各种纤维混纺织成的"三合一""四合一""五合一"等；涤纶与黏纤混纺的"中长纤维"，一般采用 65%涤纶中长纤维，35%黏胶中长纤维，主要品种有隐条、隐格呢、花呢、华达呢、哔叽等。

涤纶织物的主要特点是坚牢耐穿，平整挺括，抗皱性能强，手感滑爽，富有弹性，色泽鲜艳，具有光泽，仿毛感强，易洗快干，但吸湿性能差，易吸灰尘等。混纺织物的强力和耐磨性很高，坚牢耐穿，改善了织物的吸湿性和透气性能，织物易起毛、起球，易吸尘，不耐脏等。

该类织物主要用于制作男女各类服装、童装、工作服、窗帘、家具及装饰用布等。

③ 锦纶织物的主要品种及其用途。纯纺品种有锦丝绢、锦丝绸等。

混纺品种有：锦纶与黏胶混纺织物有黏/锦哔叽（锦纶 15%、黏胶 85%）、黏/锦华达呢（锦纶 25%～40%、黏胶 60%～75%）、黏/锦凡立丁（锦纶 25%、黏纤 75%）、黏/锦花呢（锦纶 40%、黏胶 60%）等；锦纶与羊毛混纺织物有毛/锦哔叽（羊毛 50%、锦纶 50%）、毛/锦华达呢（羊毛 80%、锦纶 20%）等；锦纶与羊毛黏胶混纺织物有黏毛锦的三合一花呢（黏胶 60%、羊毛 20%、锦纶 20%）等。还有"四合一""五合一"以及锦纶与维纶混纺织物等。

锦纶纤维织物的主要特点是强力高，耐磨性好，光亮，较柔软，吸湿性差，耐晒，但抗皱性能差，耐热性差。

该类织物主要用于制作西装、中山服、套装、两用衫、大衣、裤、裙、装饰用布等。

④ 维纶织物的主要品种及其用途。维纶纯纺织物主要是工业用布。

混纺品种有：用 70%棉、30%维纶混纺的织物有原色布、细布、府绸、凡立丁、哔叽、被单布、绒布等；用 70%黏胶、30%维纶混纺的织物主要有黏/维平布、黏/维府绸、黏/维灯芯绒等；还有维/棉平布（棉 67%、维纶 33%或棉 50%、维纶 50%）、维/棉华达呢（维纶 33%、棉 67%或维纶 50%、棉 50%）、维/黏东风呢（维纶 50%、黏胶 50%）、维/黏平纹呢（维纶 70%、黏胶 30%）、维/黏凡立丁（维纶 50%、黏胶 50%）等。

维纶织物的主要特点是吸湿性好，穿着舒适，坚牢，耐磨性好。但抗皱性能差，柔软欠挺括，

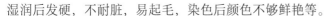

湿润后发硬，不耐脏，易起毛，染色后颜色不够鲜艳等。

该类织物主要用于制作工作服、衬衫、棉袄面、家具用布和装饰用布等。

⑤ 腈纶织物的主要品种及其用途。纯纺产品有女式呢（50Nm/2×50Nm/2，50Nm/2×58Nm/2）等。

混纺产品有：用 50%腈纶与 50%羊毛混纺的织物有哔叽、华达呢、凡立丁、派力司、啥味呢等；用 50%腈纶与 50%黏胶混纺的织物有花呢、啥味呢、华达呢、凡立丁；还有腈/黏哔叽（腈纶 50%、黏胶 50%）、腈/黏凡立丁（腈纶 70%、黏胶 30%）、腈/黏平布（腈纶 50%、黏胶 50%）等。

腈纶织物的主要特点是仿毛型织物轻盈柔软，染色性能好，颜色鲜艳美丽，日晒牢度好，耐气候性能强，缩水率低，不易变形，洗后易干，但弹性较差，耐磨性差等。

该类织物主要用于制作西装、大衣及棉袄面、运动服、工作服、夹克、装饰用布等。

⑥ 其他合成纤维织物的主要品种及其用途

a. 丙纶织物。主要品种有：用 50%棉与 50%丙纶混纺的织物有棉/丙细布、灰布、深灰布和花布等；用 65%丙纶与 35%棉混纺的织物有丙/棉深灰布；用 50%丙纶与 50%黏胶混纺的织物有丙/黏凡立丁，以及丙/富纤、丙/腈的细布、府绸、卡其、罗缎、双经布等。该类织物的特点是轻盈，坚牢耐用，缩水率小，保暖性能好，较挺括。但染色性能差，耐热性能差，不耐晒，不宜熨烫等。这类织物主要用于工业上（如渔网、滤布、工作服等）、医药上（如消毒纱布、消毒棉絮等）、军事上（如军用雨衣、蚊帐、毛毯以及军用棉絮等）等。

b. 氯纶织物。主要品种有：用 50%棉与 50%氯纶混纺的棉/氯平布、线哔叽；用 70%黏胶与30%氯纶混纺的黏/氯凡立丁等。该类织物的耐磨性、保暖性、耐日光性较好，化学稳定性好，耐强酸强碱。但耐热性差，不易染色，吸湿性差。氯纶织物主要用于制作内衣和化工用的过滤布、工作服、地毯等。

21. 化纤织物是如何分类与编号的?

随着化学纤维的迅速发展，制衣业的衣料大量使用各种化学纤维纯纺或混纺织物。化学纤维织物简称化纤织物，包括再生纤维织物、合成纤维织物及化纤混纺织物。

(1) 化纤织物的分类　化纤织物有两种分类方法：一是按原料品种分，可分为黏胶纤维织物、富强纤维织物、涤纶织物、锦纶织物、腈纶织物、丙纶织物、维纶织物等几大类；二是按纤维长度分，可分为棉型化纤织物（与棉纤维长度、细度相近的化纤纱织制的织物）、毛型化纤织物（与毛纤维长度、细度相近的化纤纱织制的织物）、中长型化纤织物（纤维长度介于棉纤维和毛纤维之间的化纤纱织制的织物）和长丝化纤织物（化纤长丝织制的织物）。

(2) 化纤织物的命名与编号

① 命名。黏胶纤维命名为"纤"；合成纤维命名为"纶"；长丝则在末尾加"丝"或末尾字改为"丝"。如黏胶短纤维称为黏纤，其织物称为黏纤织物；黏胶长丝称为黏胶丝或黏丝，其织物称为黏胶丝织物。涤纶短纤维称为涤纶，其织物称为涤纶织物；涤纶长丝称为涤纶丝或涤丝，其织物称为涤纶丝织物。

② 编号。化纤织物的编号由四位阿拉伯数字组成，如表 2-10 所示。第一位数字表示织物的原料类别，用 6、7、8、9 四个数字表示。第二位数字表示具体原料品种。第三位数字表示织物印染类型。第四位数字表示纯纺和混纺。另外，中长纤维织物在编号前加字母"C"以示区别。例如：7112 表示涤纶与棉混纺的染色布；8132 表示涤黏混纺的色织布；C8132 表示中长涤黏混纺的色织布。

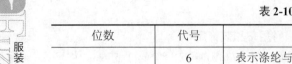

表 2-10　化纤织物的编号

位数	代号	意　　义
第一位数字	6	表示涤纶与其他合成纤维混纺的织物
	7	表示化学纤维与棉纤维混纺的织物
	8	表示合成纤维纯纺织物，或合成纤维与黏胶纤维混纺的织物
	9	表示人造棉织物
第二位数字	1	表示涤纶
	2	表示维纶
	3	表示锦纶
	4	表示腈纶
	5	表示其他
	6	表示丙纶
	9	表示黏胶
第三位数字	0	表示白布
	1	表示染色布
	2	表示印花布
	3	表示色织布
	4	表示帆布
第四位数字	1	表示纯纺
	2	表示混纺

22. 吸湿透气的针织面料

针织面料是指利用织针将纱线弯曲成圈并相互串套而形成的织物。它与梭（机）织面料的不同之处在于纱线在织物中的形成不同，并由此形成二者的不同风格和服用性能。针织面料可分为纬编针织面料和经编针织面料两大类。随着科学技术的进步，针织面料的应用越来越广，与梭织面料处于并驾齐驱的局面。

由于针织面料是由线圈相互串套连接而形成的织物，因此，它具有较好的弹性、吸湿透气、柔软贴肤、舒适保暖的服用性能，是童装和内衣使用最广泛的面料，使用的原料广泛，除棉、毛、丝、麻等天然纤维外，也有黏胶纤维、大豆蛋白纤维、莫代尔、涤纶、锦纶、腈纶、氯纶、氨纶等化学纤维，品种繁多，外观各具特点。如今，随着针织业的发展以及新型整理工艺的诞生，针织物的服用性能大为改观，在服装中应用越来越广泛。

（1）纬编针织面料　纬编针织面料常以低弹涤纶丝或异形涤纶丝、锦纶丝、棉纱、毛纱等为原料，采用平针组织、变化平针组织、罗纹组织、双罗纹组织、提花组织、毛圈组织等，在各种纬编针织机上编织成各种面料及产品。纬编针织物一般具有良好的弹性和延伸性，织物柔软，服用性能优良。其主要品种有涤纶色织面料、涤纶针织劳动服面料、涤纶针织灯芯绒面料、涤盖棉针织面料、人造毛皮针织面料、天鹅绒针织面料、港型针织呢绒等。

① 涤纶色织面料。这种面料性能优异，色泽鲜艳、美观、配色调和，质地紧密厚实，织纹清晰，毛型感强，具有类似毛织物中花呢的风格。主要用作男女上装、套装、裙子、背心、童装、棉袄面料及风衣等。

② 涤纶针织劳动服面料。这种面料紧密厚实，坚牢耐磨，挺括而又富有弹性。若采用氨纶包芯纱，则可织成针织牛仔服面料，弹性更佳，主要用于男女上装和长裤。

③ 涤纶针织灯芯绒面料。这种面料表面凹凸分明，手感厚实而丰满，弹性足，保暖性好。主要用于制作男女上装、套装、童装和风衣等。

④ 涤盖棉针织面料。这种面料挺括抗皱，坚牢耐磨，吸湿透气，穿着柔软舒适。坯布经染色可用作衬衫、夹克衫和运动服等面料。

⑤ 人造毛皮针织面料。这种面料的特点是厚实而柔软，保暖性好。根据品种的不同，主要用于制作大衣面料、服装衬里、衣领和帽子等。人造毛皮也可用经编方法织制。

⑥ 天鹅绒针织面料。这种面料的主要特点是手感柔软而厚实、坚牢耐磨、绒毛浓密耸立、色光柔和等。主要用于制作外衣面料、衣领或帽子等。该面料也可用经编方法织造，如经编毛圈剪绒织物。

⑦ 港型针织呢绒。这种面料既有羊绒织物滑糯、柔软、蓬松的手感，又有丝织物光泽柔和、悬垂性好、不缩水、透气性好的性能。主要用作春、秋、冬季的时装面料。

(2) 经编针织面料 通常以涤纶、维纶、丙纶等合纤长丝为原料，也有用棉、毛、丝、麻、化纤及其混纺纱作原料织制的。其特点是纵向尺寸稳定性好，织物挺括，脱散性小，不会卷边，透气性好等，而横向延伸性、弹性和柔软性不如纬编针织物。经编针织面料的主要品种有涤纶经编面料、经编起绒织物、经编网眼织物、经编丝绒织物、经编毛圈织物。

① 涤纶经编面料。其特点是布面平整而挺括，色泽鲜艳。品种有厚、薄两种：薄型的主要用作衬衫和裙子面料；中厚型的则主要用作男女上衣、上装、套装、长裤、风衣等面料。

② 经编起绒织物。其特点是悬垂性好、易洗、快干、免烫，但在使用中易产生静电、易吸附灰尘。主要用作冬季男女大衣、风衣、西裤等面料。

③ 经编网眼织物。其特点是质地轻薄，手感滑爽柔挺，弹性和透气性好。主要用作夏季男女衬衫面料。

④ 经编丝绒织物。其特点是织物表面绒毛浓密耸立，手感厚实而丰满、柔软，富有弹性，保暖性好。主要用作冬季服装和童装面料。

⑤ 经编毛圈织物。其特点是织物厚实而丰满，布身坚牢耐磨，吸湿性强，弹性和保暖性良好，毛圈结构稳定，具有良好的服用性能。主要用作运动服、翻领 T 恤衫、童装和睡衣裤等的面料。

针织物既可以先织成坯布，经染整或直接经裁剪、缝制而成各种针织品，也可以直接织成全成形或部分成形产品，如袜子、手套等。针织物除作内衣、外衣、袜子、手套、帽子、床单、窗帘、蚊帐、地毯、花边等衣着、生活和装饰用布外，在工业、农业和医疗卫生等领域也得到了广泛的应用。

23. 何谓非织造布？有何特点？

所谓非织造布，是指一种不经过传统的织布方法，而用有方向性的或杂乱的纤维网制造成的布状材料，它是应用纤维间的摩擦力或者自身的黏合力和外加黏合剂的黏着力，或者两种以上的力而使纤维结合在一起的方法，即通过摩擦加固、抱合加固或黏合加固的方法制成的纤维制品。

非织造布又称非织布、非织造织物、无纺织布、无纺织物或无纺布，是一种崭新的纤维制品，也是纺织工业中最年轻而又最有发展前途的一种产业，被人们誉为纺织工业中的"朝阳工业"，是"一个激动人心的、潜力巨大"的新型领域，具有无限的发展前景。它综合了纺织、化工、塑料、化纤、造纸、染整等工业技术，充分利用了现代物理学、化学、力学等学科的有关理论与基础知识，成为从纺织工业中派生出来的一门新兴的边缘科学。根据最终产品的使用要求，经过科学的、合理的结构设计和工艺设计，能生产出服装用、装饰用和产业用各种非织造布产品，将逐步替代传统的纺织品。其发展速度大大超过纺织工业的平均水平，大有后起之秀争艳、方兴未艾之势。

非织造布之所以能获得如此高的发展速度和得到这样广泛的应用，与它以下的突出优点是分不开的。

(1) 工艺流程短，劳动生产率高　非织造布的生产工艺流程短，一般可在一条连续生产线上进行，有利于实现生产的连续化、自动化。可利用计算机对非织造布生产进行全过程的自动控制，为无人化工厂奠定了基础。非织造布生产由于工艺流程短，大大缩短了生产周期，提高了劳动生产率。特别是采用纺织成网法，实现了从聚合物到布的连续化生产，工艺流程更短。来自化工厂的聚合物切片投入进料仓，数小时后便可得到非织造布的成品，极大地提高了劳动生产率。

(2) 生产速度快，产量高　若以自动有梭织机的平均生产率 [5m/（台·h）] 作为1，则缝编法为90，针刺法为125～360，黏合法为600，热轧黏合法为1800，纺织成网法为2000，湿法为2300～10000，其产量相应提高90～10000倍。非织造布的宽度是机织物的数倍，实际产量（按平均米计算）则更高，这是所有现代化织机所望尘莫及的。

(3) 可应用的纤维范围广　几乎每一种已知的纺织纤维原料都可应用于非织造布的生产。无论是天然纤维、化学纤维以及它们的下脚纤维，还是难以用传统纺织方法加工的石棉纤维、玻璃纤维、碳素纤维、石墨纤维、金属纤维或是耐高温的芳香族聚酰胺纤维、涂硅中空聚酯纤维、超细纤维、异形截面纤维等，都可在非织造布的设备上加工，而且纤维的长度、细度不受限制。

(4) 工艺变化多，产品使用范围广　目前，非织造布的主要生产方法已有十余种，每一种方法又有许多工艺变化的可能性，例如缝编法非织造布就有10种以上的缝编工艺变化。而每一种非织造布的生产方法又可与其他方法组合应用，如针刺与缝编、针刺与黏合等。非织造布的前加工（成网），也有许多变化形式，有杂乱成网，有纤维平行排列的单层纤维网或交叉折叠的多层纤维网等。非织造布的后整理加工也同样有许多变化的可能性，如印花、染色、涂层、叠层、轧花等。因此，通过对纤维原料、成网方式、纤维网加固方式、后整理方法等的适当选择与组合，就可得到变化无穷的非织造布生产工艺，制造出各种各样的非织造布产品。非织造布的种类繁多，用途也日新月异，深入到国民经济的各个部门，渗透到每个人的日常生活。

非织造布的分类有多种方法，按产品定量可分为薄型和厚型；按产品用途可分为服装用、装饰用和产业用；按纤维网形成方法可分为干法、湿法和聚合物挤压成网（布）法。图2-1即为非织造布三种纤维网形成方法。

在三种成网非织造布中，干法成网是非织造布生产中应用范围最广、发展历史最久的一种生产方法，它是采用短纤维在干燥状态下经过机械、气流、力学、静电或它们的结合方式形成单向的、二维的或三维的纤维网，然后用机械、化学或热的方法加固而成的非织造布生产工艺。它可以应用多种加固方法、加工多种纤维，生产各种产品，并且有投资小、建厂快、市场适应性强等优点，因此被广为采用，其产量约占非织造布总产量的70%。

采用聚合物挤压法生产非织造布的方法，可分为纺丝成网法、熔喷法和膜裂法三类。纺丝成网法又称纺粘法，是聚合物挤压法生产非织造布中最重要、应用最广泛的一种方法。它利用化学纤维纺丝的方法，将聚合物纺丝、牵伸、铺叠成网，再经自身黏合或机械、化学、热加固而成非织造布。目前该方法成为发展速度最快的一种非织造布生产方法。第一，由于它的生产工艺流程短、产量高，取消了成网前的各道准备工序，由纺丝直接成网。纺丝机的高速化连续生产，一条生产线年产量可达1000～10000t。第二，由于纺丝成网法非织造布中的每一根纤维都是无限长

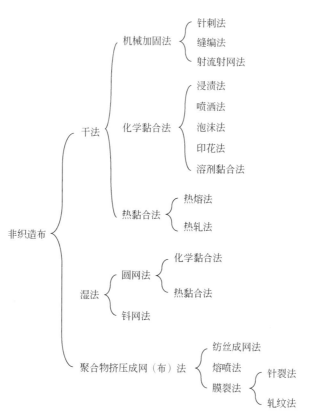

图 2-1　非织造布的三种纤维网形成方法

的长丝，因此，产品具有较高的断裂强度和较大的断裂伸长率，产品的机械性能好。第三，产品的适用面广，单位面积质量在 8.5～2000g/m² ，适合于各个领域。

湿法非织造布又称为造纸法非织造布，是指纤维在水中悬浮的湿态下，采用造纸的方法成网，再用化学黏合或热黏合的方法加固而制成的非织造布。它是非织造布中生产速度最快的一种，先进生产线的工作幅度宽达 4m，生产速度高达 400m/min。湿法生产非织造布具有产量高、成本低、使用原料无限制等优点，产品在轻定量、高均匀度、蓬松度好等方面具有很大的优势，是"用即弃"非织造布的主要生产方法。

非织造布的应用范围很广，上到天文，下至地理，无所不包，渗透到国民经济的各个领域和人民日常生活的方方面面。在服装用方面，有服装衬里、内衣、外衬、保暖絮片和服装标签；在装饰用方面，有室内装饰用贴墙布、针刺壁毯、台布、窗帘和帷幔、家用包覆布、地毯、铺地材料和地毯底布等；在产业用方面，有卫生保健和医疗用的包扎性和与非包扎性非织造布，以及卫生用（尿布、卫生巾、揩擦布等）非织造布，建筑用（土建、建筑防水漏与隔声）、过滤用、绝缘材料用、工业抛光材料用、合成革用、汽车制造工业用、纺织与造纸工业用、黏合带与包装材料用、农业以及其他用途（绒布、专用"纸"、香烟过滤嘴、叠成材料、军用）等非织造布。也就是说，凡是传统纺织品使用的领域都有非织造布的足迹，且在某些方面，如成本、产量、价格和使用的原料都具有较强的竞争力优势，所以说它是"朝阳产业"并非言过其实。

非织造布自 20 世纪 40 年代问世以来，其技术进步和发展速度令世人瞩目，特别从 80 年代开始，每年以 7%～10% 的速度发展着。目前非织造布还在不断的发展之中，其发展的总趋势如下。

① 非织造布技术发展和设备更新的速度加快，各种工艺和设备的技术水平日新月异，设备更

新的周期已缩短到 5 年左右。其性能、效率、速度、精度、在线检测和自动化程度等方面都有显著的提高，不断出现新的组合工艺和技术。

② 新的原料不断出现，并向专用化的方向发展，加上新技术、新工艺和新设备的应用，不断提高非织造布的产品质量和产品档次，拓宽其应用领域。

③ 新技术、新设备和专用纤维结合新的黏合剂、各种新型助剂和涂层、层压等复合技术以及后整理技术的应用，使其产品具有独特而优良的性能，以至成为满足高技术要求的新型功能材料。

④ 随着科学技术的快速发展和非织造布生产技术的不断完善与提高，非织造布技术与经济正在向国际市场化方向发展，展开优胜劣汰的强烈竞争，从而促进世界范围内非织造布技术水平的均衡发展。

24. 什么是远红外织物？

所谓远红外织物，是对具有远红外线放射性能织物的简称，是人们十分青睐的一种可以保暖、保健的织物。随着社会的进步和人民生活质量的不断提高，保健成为人们追求的时尚。远红外线放射性物质的存在构成织物的保健机理。远红外织物所使用的远红外线放射性物质主要是陶瓷物质，其中以氧化铬、氧化镁、氧化锆等金属氧化物性能最佳，当人们穿着和使用这种织物时，可以吸收太阳光等的远红外线并转换成热能，也可将人体的热量反射而获得保暖效果，这种远红外线放射性物质在人体体温的作用下，能高效率地放射出波长为 $8\sim14\mu m$ 的远红外线，除可用作保温材料外，还具有抑菌、防臭、促进血液循环等功能，是一种理想的保健纺织品。

众所周知，远红外线是人和动物生存与生长所必需的，这一波段的远红外线极易被人体吸收，人体吸收后，不仅使皮肤的表层产生热效应，而且还通过分子产生共振作用，引起皮肤的深部组织自身发热，这种作用的产生可刺激细胞活性，促进人体的新陈代谢，进而改善血液的微循环，提高机体的免疫能力，起到一系列的医疗保健效果：①使服装内的温度比普通织物高，具有保暖功能；②穿用由这种织物制成的服装，有一种轻松舒适的感觉，具有消除疲劳、恢复体力的功能；③对神经痛、肌肉痛等疼痛症状具有缓解的功能；④对关节炎、肩周炎、气管炎、前列腺炎等炎症具有一定的消炎功能；⑤对肿瘤、冠心病、糖尿病、心脑血管疾病等常见病具有一定的辅助医疗功能；⑥具有抗菌、防臭和美容的功能。由于远红外织物具有上述这些医疗保健功能，所以常用于制作绒衣绒裤、内衣内裤、护颈、护肩、护腹、护膝、袜子、坐垫、被褥、床罩等，对于体弱多病、气虚畏寒的老人和患病者，对于衣着轻便、在冬季训练的运动员，对于部队官兵和在寒冷的室外或野外工作的人员等，无疑是一个福音。即使是对普通人，也可起到保健的作用。

25. 如何识别天然毛皮和人造毛皮？

随着人们环境保护意识的增强和科技的进步，各种各样的人造毛皮（仿裘皮）服装以其具有天然毛皮的外观和良好的服用性、易于保存及物美价廉，已成为极好的裘皮代用品。人造毛皮是仿兽皮保暖材料的总称。一般人造毛皮都是利用针织或梭织的方法生产的，即在利用纱线织布的同时加进纤维束，使之在织物表面形成绒毛来仿制天然毛被。形成毛绒的纤维一般有羊毛、黏胶纤维、腈纶、改性腈纶及氯纶等，形成底布用的纤维有腈纶、棉和涤纶纱线等。人造毛皮张幅较大，可以染成各种明亮的色彩，可以具有动物毛皮的外观，而且各种野生和养殖动物的毛皮种类都可以仿制。其优点是毛皮质量轻，光滑柔软，蓬松保暖，仿真皮性强，而且结实耐穿，色彩丰富，耐晒，不霉、不蛀、易保管，可湿洗，价格低廉。缺点是带静电、易沾尘，洗涤后仿真效果变差。人造毛皮可分为针织人造毛皮、梭织人造毛皮和黏胶人造短毛皮三类。针织人造毛皮采用的原料有羊毛、腈纶、黏胶纤维作毛纱，涤纶、腈纶、棉作底纱编织成针织长毛绒组织的坯布，再经后整理而成；梭织人造毛皮采用双层结构的经起毛组织织制成坯布，再经后整理而成，其中毛绒纱（经纱）采用羊毛、腈纶、氯纶、黏胶纤维等纺制的低捻纱，纬纱采用毛纱或棉纱在长毛绒织机上织制而成；黏胶人造短毛皮是采用黏胶纤维或腈纶制造卷毛，通过胶黏合在基布上，再经过加热、滚压、修饰成为人造卷毛皮。

目前，人造毛皮仿天然裘皮效果逼真，完全达到以假乱真的程度，仅从外观上观察对天然毛皮和人造毛皮很难进行识别，一般的识别方法如下。

（1）识别裘皮毛绒的根部（底布）形态　真裘皮的底布是皮板，而人造毛皮（仿裘皮）的底布是针织布或梭织布，即观察仿裘皮的反面或正面毛绒的根部，可以看到针织物的线圈或梭织物的经纬纱。

（2）识别毛皮的毛根和毛尖　人造毛皮的毛被是采用各种纤维形成，纤维各部段的细度相同，所以毛根和毛尖粗细相同；而天然毛皮的毛根粗于毛尖。

（3）手感识别　天然毛皮手感活络、弹性好，人造毛皮的手感不如天然毛皮，且人造毛皮比天然毛皮要轻。

（4）燃烧识别　天然毛皮在燃烧时会放出烧毛发的气味，而人造毛皮在燃烧时放出的气味根据使用纤维的情况而不同，但不会放出烧毛发的气味。

26. 什么是织物的风格及影响因素？

所谓织物风格是指织物本身固有的物理机械性能作用于人的感觉器官（触觉、视觉等）所产生的综合效应，是织物外观特征和内在质量的综合反应，它是人的感觉器官对织物所做的综合评价。或者说是指人们对织物的内在物理性能及外在表现特点的感觉和直观印象，是一种受物理、生理和心理因素共同作用而得到的评价结果。触觉效应即织物的"手感"，视觉效应主要涉及光泽的柔和性、颜色的鲜艳度、花型的美观程度以及悬垂美感、飘逸感等。风格可分为广义风格和狭义风格两种。当依靠人的触觉、视觉及听觉等方面对织物做风格评价时称为广义风格（目前可以用专门的仪器进行测试评价，也称客观评价）；仅以手感来评价织物风格则称为狭义风格（也称主观评价）。

（1）织物风格分类及其表征的指标

① 视觉风格。表征的指标有：如毛、如丝、如麻、如棉、如皮等。

② 触觉风格。表征的指标有：刚柔、粗细、滑爽、滑挺、滑糯、身骨、冷暖、丰厚等。

③ 外形风格。表征的指标有：轻飘、细洁、粗犷、光亮、漂亮、时髦、立体感、厚实感等。

④ 材质风格。表征的指标有：轻重感、软硬感、厚薄感、光滑感、粗细感、凹凸感、透明感、蓬松感等。

⑤ 艺术风格。表征的指标有：现代、民族、经典、超现实主义等。

⑥ 时代风格。即风格的时代性，不同的时代则表现为不同的艺术风格。

由于织物风格涉及物理、生理和心理等方面的许多特性，其内容比较复杂，概念比较模糊，评价方法不一样，至今还没有一个统一的、公认的标准。例如，材料的轻重感、软硬感等，并不是简单的轻重、软硬，除了物理上的实际轻重、软硬外，还有心理上的因素，如色彩、花型、造型、式样等方面的影响。有些风格则是复合性的，而且内容错综复杂，很难用确切的语言来表达。

大多数人在选购服装和面料时，首先是通过眼睛的观看（外观），如光泽明亮或暗淡、柔和或刺眼；颜色是否鲜艳、纯正、匀净，是流行还是过时；织物表面纹路清晰或模糊、平整与凹凸、有无杂疵等，这样可产生第一印象。然后，用手触摸织物的感觉（手感），对织物做进一步评价，如织物风格（弹挺性）的挺括或松弛；织物表面的光滑或粗糙（表面特征）；织物的柔软或坚挺（软硬度）；织物的薄或厚（体积感）；织物的温暖或阴凉（冷暖感）及织物对皮肤刺激或无刺激的感觉。最后，通过判断织物的风格特征，分析是否符合穿着和使用要求，再决定是否购买。

（2）影响织物风格特征的主要因素

① 光泽感。光泽感是指由织物表面的反射光形成的视觉效果，它取决于织物的颜色、光洁度、纱线性质、组织结构、后整理和使用条件等。长丝、缎纹、细密的精纺织物等光泽较好。表征指标有柔光、膘光、金属光、电光、极光。

② 色感。色感指织物颜色形成的视觉效果，与纤维种类、染料、染整加工和穿着条件等有关。色感对服装的整体效果起着重要的作用。表征指标有冷暖、明暗、轻重，收缩或扩张，远或近，和谐或杂乱，宁静或热烈，快乐或烦躁的感觉。

③ 质感。质感是指织物外观形象和手感质地的综合效果，取决于纤维的性质、组织的纹路和后整理加工。如蚕丝大多柔软、滑爽，麻则比较硬挺、粗犷；提花组织、绉组织立体感强，缎纹组织光滑感强；起绒、起毛、水洗、仿丝等整理均可以改变织物的质感特征。表征指标有粗、细、厚、薄、滑、糯、弹、挺、细腻、粗犷、平面感、立体感及光滑、起皱等织纹效应。

④ 立体感。立体感指织物的形体感觉，通过多方面因素的作用使衣料表面呈现出起皱、凹凸不平、褶裥等立体视觉形态，反映出织物的造型能力。表征指标有悬垂性、飘逸感、成裥能力、线条表现能力等。

⑤ 舒适感。舒适感是指由织物的光泽感、色感、质感、立体感带给人的心理、生理舒适感觉。表征指标有冷、暖、闷、爽、涩、黏感等。

织物风格的内涵极为丰富，不同品种的织物要求具有不同的风格，如毛织物要求手感柔软、挺括、富有弹性、身骨良好、丰满、滑糯、不板不烂、呢面匀净、花型大方、表面富有立体感、颜色鲜明悦目、光泽自然柔和而有膘光、织物的边道要求平直、不易变形、边字清晰美观等。丝织物要求轻盈柔软、色彩鲜艳、光洁美观、手感滑爽等。又如漂白麻织物要求具有丝状光泽、手感平滑挺爽、条干均匀、布面匀净等。织物的用途不同，对其风格的要求也是不同的。例如，外衣类织物要求有毛型感，内衣类织物则要求有柔软、吸湿的棉型感；又如夏季服装用织物要求有轻薄滑爽的丝绸感或挺括凉爽的仿麻感，冬季服装用织物则要求丰满厚实的蓬松感等。

（3）织物风格的分类与基本要求

① 棉型风格。棉型风格一般要求纱支条干均匀，棉结杂质小而少，布面匀净，色泽莹润。其中，薄型织物布身应细洁柔软，质地轻薄，手感滑爽，色泽浅淡。中厚型织物质地要坚实，布身厚实而不硬，手感柔韧而丰满，弹性较好。其中各品种又有不同的风格要求，例如府绸风格要求布面均匀洁净，粒纹清晰，色泽莹润，光滑似绸，布身薄爽柔软。平纹织物风格要求平整光洁，均匀丰满，手感柔实，布边平直。斜纹卡其织物风格要求光洁匀整，条干均匀，纹路清晰，紧密厚实，富有光泽，弹性较强。麻纱织物风格要求纹路清晰，轻薄挺括，凉爽透气，匀整光洁，手感如麻。贡缎织物风格要求表面光洁，条干均匀，光泽柔和，丰满柔滑，具有弹性。灯芯绒织物风格要求绒面整齐，绒毛圆润丰满如灯芯草，绒条清晰，柔软厚实，光泽较好。涤/棉（棉的确良）织物风格要求纱支细洁，布面平挺，质地轻薄，手感滑爽。目前，棉型织物在保持自己风格的基础上，正向多元化风格方向发展，如利用粗节纱仿麻风格，一些高端品种还要求丝型或毛型风格

化。此外，还有机织物仿针织风格、针织仿机织风格、色织仿印花风格、印花仿色织风格等。

②　毛型风格。毛型风格包括呢面、光泽、手感和品种特征四个方面。光面毛织物的呢面要求织纹清晰细致，平整光洁，经纬平直，条干均匀，花型颜色雅致大方，色彩鲜明，配色调和悦目，素色地匀净滋润，混色地均匀，色相分明。绒面毛织物的呢面要求茸毛均匀细密，紧贴呢面，织纹隐约不露，不起毛，不起球。毛织物的光泽要求色光明亮，自然柔和，鲜艳滋润，膘光足，不暗呆，不沾色，不陈旧，显现羊毛自然光泽。毛织物的手感要求柔润丰满，身骨结实，弹性丰富，滑糯活络，捏放自如，握在手中具有满手羊毛感，无粗糙，呆板感，不黏滞涩手，更不能松烂。夏令衣料以薄、滑、挺、爽为主，冬令衣料则以温暖、丰厚、滑糯为主。毛织物的各品种花型、织纹、颜色要配合衬托不同品种所必须具备的特征或者称为标准风格。一般来说，毛织物的呢面、光泽和品种的风格特征是直接的，可以通过观察对比判断其优劣，但其手感则非常微妙、复杂，这不仅是因为它是原料性能、毛纱结构、织物组织、经纬密度以及染整工艺等多种因素综合而表现出来的整体效果，而且还因为它涉及人的偏爱。

③　丝型风格。丝型风格的大类要求布面平整、细致、光洁、染色色泽匀净、鲜艳，印花花纹图案完整清晰，色光柔和，布边平整，手感柔软滑爽或滑润，弹性足。其中，薄型织物质地轻薄、飘逸；中厚型织物质地厚实、丰满。纺类风格要求外观平整细密光洁，质地轻薄、柔软，平挺滑爽，色泽柔和。绉类风格要求表面绉纹细小均匀，质地轻柔，滑爽，富有弹性，色光柔和，雅致。纱类风格要求质地轻薄透明，状似蝉翼，透气爽滑，富有弹性，表面呈现细微均匀纱孔。锦类风格要求花纹精细，色彩瑰丽，豪华富丽，灿烂夺目或古香古色，庄重优雅，质地紧密、厚实，平滑光亮。缎类风格要求外观光耀夺目，手感平滑柔软，质地较紧密、坚韧，色彩鲜艳，花型大方。绸类风格要求绸面色光柔和、优美，正面花纹明亮，质地较紧密，比纺类厚重，手感柔软、挺滑。绢类风格要求表面细密，平整挺括，质地轻薄。绡类风格要求质地细薄，透明。罗类风格要求表面有横条状或直条状罗纹，孔眼透气，质地紧密、坚实，手感滑爽、柔软。绫类风格要求表面有明显的细斜纹纹路，质地较轻，手感较滑爽、厚实。呢类风格要求质地丰满、厚实，没有一般丝型光泽，毛型感强。绒类风格要求表面绒毛浓密，或顺向倾斜或直立，光彩和顺，庄重华贵，手感柔软、丰满。葛类风格要求正面呈现明显的横向凸纹，地纹表面光泽弱，质地坚牢、厚实，手感柔和滑爽。绨类风格要求正面呈现亮点小花，质地较厚实、坚韧，布身挺括、滑爽。

④　麻型风格。麻型风格要求布身光滑、细洁、平整、纱支匀净、手感滑爽、挺括、质地坚牢、富有弹性，印花织物色泽鲜艳，花色新颖，配色调和，织物有浓郁的朴素感、粗犷感、豪放感。麻型织物的色调宜采用彩度较低的中淡色，主色调宜用淡米色、糙米色、浅豆沙、浅棕色、淡蓝、淡粉绿、浅橄灰、浅粉红、浅奶黄或麻原色。若采用五彩缤纷的颜色，就会冲淡麻型风格。

27.　服装面料是如何命名的?

纯纺产品的命名比较简单，主要是根据所用纤维原料的名称命名，如纯棉织物、纯麻织物、纯竹原纤维织物、纯毛织物、纯羊绒织物、纯牦牛绒织物、纯丝织物、纯黏胶纤维织物、纯涤纶织物、纯维纶织物等。

混纺产品的命名比较复杂，必须按照我国纺织行业标准《纺织品纤维含量的标识》（GB/T 29862—2013）的规范进行命名。混纺产品是指包括两种或两种以上纤维组分的混纺产品或交织产品，应列出每一种纤维的名称，并在名称的前面或后面列出对应的纤维含量。可按纤维含量递减的顺序列出，也可按先天然纤维后化学纤维的顺序列出。不同天然纤维的混纺或交织产品，按绒（山羊绒、牦牛绒、骆驼绒、羊驼绒)、羊毛、马海毛、兔毛、丝(桑蚕丝、柞蚕丝等)、竹原纤维、麻(亚麻、苎麻、黄麻、大麻、罗布麻等)、棉等顺序排列。不同化学纤维的混纺或交织产品,一般按涤纶、锦纶、腈纶、黏胶纤维、氨纶、丙纶、铜氨纤维、醋酯纤维等顺序排列。

此外,也有其他命名方法,例如,以创织人的名字命名的如麦尔登(Melton)等;以重大历史事件命名的如亚马逊呢(Amunzen)等;以商品名称命名的如维也纳(Vigell)等;以外文音译、意译命名的如派力司(Palace)、凡立丁(Tropical)等;以地名命名的如克莱文特呢(Cravenette)、海力斯粗花呢(Harris Tweed)等;以织物的用途命名的如海军呢(Navy Cloth)等;以织物特征命名的如泡泡呢(Bliseex Cloth)等;以原料产地命名的如塘斯呢(Downs)等;以原料名称命名的如啥味呢(Flannel)等;以加工方法命名的如扎染花布(tie-dyed fabric)、扎染棉布(tie-dyed cotton cloth)、蜡染花布(batik)、蜡染服装(batik garment)等。

28. 如何界定纯纺与混纺产品?

纯纺织物是指机织物的经纬纱线或针织物的纱线都是采用同一种纤维原料构成的织物,如棉织物、麻织物、竹原纤维织物、毛织物、丝织物、化纤织物等。天然纤维的纯纺织物,各有自己的生产特点和风格特征。例如,棉织物具有品种繁多、染色性和吸色性良好、穿着舒适、洗涤方便、价格低廉等特点,为量大面广的服装面料。苎麻、亚麻、大麻纤维吸湿、散湿速度快,断裂强度高,断裂伸长率小,纤维细长,可加工成精细的织物,穿着时凉快,黄麻织物一般用作包装材料。竹原纤维可加工成各种机织面料和针织内衣、T恤衫、袜子等,吸湿、散湿速度快,断裂强度高,断裂伸长率小,具有较优的抑菌和保健性能。毛织物外观光泽自然,色调匀润,手感丰满,制作的衣服挺括,并且具有良好的弹性、保暖性、吸湿性和拒水性,不易褶皱,耐磨和耐脏。丝织物富有光泽,具有独特的丝鸣感,手感滑爽,穿着舒适,高雅华丽,可薄如纱,华如锦,产品有纱、罗、绫、绢、纺、绡、绉、锦、缎、绨、葛、呢、绒、绸14大类,是高档服装面料和装饰用品。化学纤维纯纺织物各有特点,一般都具有强度高、电绝缘性好、弹性恢复好、不易被虫蛀等性能,有些高性能化纤织物还具有耐高温或特别高的弹性模量和强度等。

在界定纯纺产品时,根据纤维种类和产品的品种,纤维含量允许偏差做了如下规定。①棉纤维含量为100%的产品,标记为100%棉或纯棉。②麻纤维含量为100%的产品,标记为100%麻或纯麻(应标明麻纤维的种类)。③竹原纤维含量为100%的产品,标记为100%竹原纤维或纯竹原纤维。④蚕丝纤维含量为100%的产品,标记为100%蚕丝或纯蚕丝(应标明蚕丝种类)。⑤羊毛纤维含量为100%的产品,标记为100%羊毛。在精梳产品中,羊毛纤维含量为95%及以上,其余加固纤维为锦纶、涤纶时,可标记为纯毛(其中绒线、20.8tex以上的针织绒线和毛针织品不允许含有非毛纤维);有可见的、起装饰作用纤维的产品,羊毛纤维含量为93%及以上时,可标为纯毛。在粗纺产品中,锦纶、涤纶加固纤维和可见的、起装饰作用的非毛纤维的总含量不超过7%,羊毛纤维含量为93%及以上时,可标为纯毛(其中毛毯除经纱外,驼绒除地纱外不允许含有非毛纤维),羊绒纤维含量为100%的产品,标记为100%羊绒;由于山羊绒纤维中的形态变异及非人为混入羊毛的因素,羊绒纤维含量达95%及以上的产品,可标记为100%羊绒。化学纤维含量为100%的产品,标记为100%化纤或纯化纤(应注明化学纤维名称)。

混纺织物(机织物或针织物)是指用混纺纱线织成的织物。例如,涤/棉织物其经纬纱线由涤、棉混纺纱线织制,涤/毛/黏织物其经纬纱线由涤、毛、黏纤混纺纱线织制等。混纺织物按所用纤维的成分有两成分混纺织物、多成分混纺织物,后者在毛纺织物中用得较多。

29.　何谓纯纺织物、混纺织物、交织物和交并织物？各有什么特点？

在梭织物中，按照织物经纬纱线使用原料情况的不同，可分为纯纺织物、混纺织物、交织物和交并织物，现将它们之间的主要区别和特点分述如下。

(1) 纯纺织物　织物的经纬纱线是由单一的纯纺纱线构成的，如棉织物、麻织物、丝织物及纯化纤织物（如黏胶人造丝绸、人造棉、涤纶绸、锦纶绸、维尼纶布等）。其特点是主要体现了所用纤维的基本性能。

(2) 混纺织物　织物的经纬纱线由两种或两种以上纤维混纺成的纱线而织成的织物，如麻/棉、毛/棉、毛/麻/绢等天然纤维混纺的各种织物，以及涤/棉、涤/毛、黏/毛、毛/腈、涤/麻、涤/黏等天然纤维与化学纤维混纺的各种织物。其特点是体现所组成原料中各种纤维优势互补，用以提高织物的服用性能。

(3) 交织物　织物的经纱和纬纱原料不同，或者经纬纱中一组为长丝纱，一组为短纤维纱交织而成的织物，如丝毛交织物（经纱为真丝，纬纱为毛纱）、丝棉交织物（如线绨，经纱为人造丝，纬纱为棉纱）。其特点是由不同种类的纱线决定的，一般具有经纬向各异的性能。

(4) 交并织物　织物的经纱和纬纱采用同一种交并纱（以不同纤维的单纱或长丝经捻合或并合）织成，如棉毛交并、棉麻交并。其特点是兼具两种原料的外观风格和服用性能。

30.　如何识别织物的正反面？

织物是由经纱和纬纱交织而形成的，由于经纬纱的线密度、经纬密度和织物组织的不同，常导致织物的正反面光泽、纹路、风格等不同，因此，在裁剪服装前必须准确地识别织物的正反面。面料正反面的确定一般是依据其不同的外观效应加以判断的，但是在实际使用中，有些面料的正反面是很难确定的，稍不注意就会造成剪裁和缝制的错误，影响服装成品的外观。常用的识别织物正反面的方法有以下几种。

(1) 按织物的组织结构识别　一般织物，花纹和色泽较清晰悦目，线条明显，层次分明，颜色较深，且羽毛较少而短的一面为织物的正面；素色平纹织物正反面无明显区别，一般正面比较平整光洁，色泽匀净鲜艳；斜纹类织物，单面斜纹的织物正面纹路明显、清晰，反面纹路则模糊不清；双面斜纹的织物正反面纹路都比较明显、饱满、清晰。线斜纹织物的斜纹由左下斜向右上者为正面，斜纹的倾斜角为 $45°\sim65°$；纱斜纹织物的斜纹由右下斜向左上者为正面，纹路的倾斜角为 $65°\sim73°$；缎纹织物平整、光滑、明亮、浮线长而多的一面为正面，反面组织不清晰、光泽较暗，不如正面光滑。经面缎纹的正面布满经浮长线，纬面缎纹的正面布满纬浮长线（绉缎除外）。经密度大时，经组织点多的一面为正面；纬密度大时，纬组织点多的一面为正面。

(2) 按织物的外观效应识别　双面起毛织物，以绒毛丰满、整齐、匀净的一面为正面；单面起毛织物，一般以绒面为正面；印花起绒织物，应根据印花图案清晰度和方向性及绒面效果决定正反面，花型清晰，色泽较鲜艳的一面为正面；毛圈织物，一般以毛圈紧密、丰满面为正面；轧花、轧纹、轧光织物，以光泽好、花纹清晰面为正面；烂花、植绒织物，以花型饱满、轮廓清晰面为正面。

(3) 按花纹图案与光泽识别　提花、凸条、凸格、凹凸花纹的正面，织物紧密细腻，突出饱满，一般浮线较少；反面略粗，花纹不清晰，有较长的浮线；各类织物一般正面光泽较好，颜色匀净，反面质地不如正面光洁，疵点、杂质、纱结等多留在反面；印花织物的正面花纹图案清晰明显，立体感强，反面则模糊不清，缺乏层次感和光泽（个别织物反面花纹较正面别致）。

（4）按织物的毛绒结构识别　绒类织物分单面起绒织物和双面起绒织物。单面起绒织物如灯芯绒、平绒等正面有绒毛，反面无绒毛；双面起绒织物如双面绒布、粗纺毛织物等正面绒毛较紧密、整齐、光洁，反面光泽较差。

（5）按布边特征识别　一般织物的布边，正面较平整、光洁；反面稍粗些，有纬纱纱头的毛边，且边缘稍向里卷曲。有些织物布边织有或印有文字、号码，字迹清晰、突出的一面为正面。若布边有针眼，则针眼突出的一面为正面。

（6）按织物上的商标和印章识别　整匹织物在出厂前的检验中，一般粘贴产品商标纸或说明书于反面；每匹、每段织物的两端盖有出厂日期和检验印章的是反面。外销产品则相反，商标和印章均贴在正面。

（7）按包装形式识别　各种整理好的织物在成匹包装时，每匹布头朝外的一面为反面，双幅呢绒织物大多对折包装，里层为正面，外层为反面。

（8）其他识别方法　纱罗织物，纹路较清晰，绞经较突出的一面为正面；毛巾织物，毛圈密度较大的一面为正面；双层、多层及多重织物，如正反面的经纬密度不同时，则一般结构较紧密或纱线品质较好的一面为正面；色织物，花型清晰，色泽较鲜艳，组织浮线短的一面为正面。

31．如何识别织物的经纬向？

随着科学技术的发展和纺织工业的进步，以及各种新型织机的出现，布幅越来越宽，因此，如何识别衣料的经纬向对服装加工是非常重要的。它不仅影响到服装加工和用料，而且也是款式设计与造型、色彩、服装质量的基本保证。判断错误会造成服装企业的经济损失和损害消费者的利益。一般可采用下述方法来识别织物的经纬向。

（1）按布幅的边缘情况识别　整幅布十分容易识别其经纬向，与布边平行的方向为经向，这一方向的纱线为经纱，是成衣时与人体长度方向一致的；与布边垂直的方向为纬向，成衣时与人体宽度方向一致。

（2）按织物的经纬密度识别　对不同经纬密度的织物而言，多数织物的经密度大于纬密度（横贡缎类织物除外）。

（3）按纱线上浆情况识别　上浆的为经向，不上浆的为纬向。

（4）按筘痕的方向识别　筘痕明显的织物，其筘痕方向为织物经向，与其垂直的方向为纬向。

（5）按组成织物的原料识别　对不同原料的交织物而言，如棉/毛、棉/麻交织物，棉纱方向为经向；毛/丝、毛/棉交织物，则以丝和棉纱方向为经向；丝/人造丝、丝/绢丝交织物，是以丝的方向为经向。

（6）按面料的伸缩性识别　一般面料经向伸缩性较小，手拉时紧而不易变形；纬向伸缩性稍大，手拉时略松而有变形，斜向伸缩性最大，极易变形。

（7）按纱线的粗细识别　若面料经纬纱粗细不同时，一般细者为经纱（经向），粗者为纬纱（纬向）；若一个系统有粗细两种纱相间排列，另一个系统是相同粗细纱线，则前者为经向，后者为纬向；若一个系统为股线，另一个系统为单纱，则股线一方为经向，另一方为纬向。

（8）按经纬纱的捻度识别　有些传统产品两个系统的纱线的捻度是不同的，一般捻度多的一

方为经向，捻度少的一方为纬向（少数面料例外，如碧绉、双绉等）。

（9）**按经纬纱的捻向识别**　一般 Z 捻为经向，S 捻为纬向。

（10）**按面料外观识别**　条纹外观面料，顺条为经向；长方形格子外观面料，一般沿长边方向为经向（正方形格子可用其他方法识别）。

（11）**按面料中纱线的平行度识别**　一般经向平行度好于纬向。

（12）**按纱线条干均匀度识别**　若两个系统纱的条干均匀度不同，则纱线条干均匀、光泽好的一般为经向。若面料中有竹节纱，则有竹节的一方为纬向。

（13）**按面料类型识别**　毛圈面料，有毛圈的一方为经向；纱面料，有扭绞的是经向；绒条面料，一般沿绒条方向为经向（纬起毛）；花式线织物，一般花式线多用于纬向。

（14）**纬编针织物面料纵横向（经纬向）的识别**　针织物的线圈依次沿纵行穿套，横向连接，线圈纵行方向为纵向（即梭织物的经向），纬编针织物面料横向延伸性优于纵向。

（15）**经编针织物面料和横机织制的片状面料纵横向的识别**　沿布边方向为纵向。

32. 如何识别织物的倒顺方向？

起绒织物由于其组织结构、工艺等原因，绒毛不能完全与地垂直，会略倒向一边，因而倒毛顺毛方向不同，表现出织物表面的光泽不同。在服装制作过程中，如果不注意倒毛顺毛的配置就会造成服装表面的色差明显，外观质感不一致，最终影响到服装的协调统一性和质量。带有方向性图案的面料也存在类似的问题。服装在制作过程中，一般应保持整件服装的裁片上毛绒、格子、图案等一致，以免产生色差、反光不均匀、格子对不齐等现象。所以对织物倒顺方向的识别很重要，具体方法如下。

（1）**起绒面料**　平绒、灯芯绒、金丝绒、乔其绒、长毛绒和顺毛呢绒倒顺方向明显。通常用手抚摸织物表面，毛头倒伏、顺滑且阻力小的方向为顺毛，顺毛光泽亮，颜色浅淡；用手抚摸织物表面，毛头撑起、顶逆而阻力大的方向为倒毛，倒毛光泽暗，颜色深。立绒类织物，绒毛直立无倒顺。

（2）**带方向性图案的织物**　有些印花图案和格子织物是不对称的，具有方向性，按其头尾、上下来分倒顺。有些闪光织物，在各个方向闪光效果不同，要注意倒顺方向光泽的差别，使衣片连接处光泽一致。

在通常情况下，灯芯绒、平绒采用倒毛制作，而顺毛类呢绒则采用顺毛制作。凡有倒毛顺毛的织物都应采用单片裁剪，主副件及各衣片要倒顺一致，当然也可以进行巧妙的搭配，使服装整体光泽一致或明暗错落有序。

33. 如何正确掌握各种面料的缩水率？

缩水率是指面料经水浸或洗涤后，织物发生收缩的百分率。它与构成面料的纤维特性、织物的组织结构和生产加工工艺过程有着相当密切的关系。

各种纤维的吸湿性是不一样的，凡是吸湿性大的纤维，缩水率较大；反之，缩水率就小。如黏胶纤维（人造棉、人造丝和人造毛）、棉、维纶等，由于吸湿性大，缩水率较大；涤纶、丙纶等吸湿性很小，织物的缩水率也较小。织物组织结构的紧密、稀松也会影响其缩水率的大小。稀松结构的面料缩水率要比紧密的面料大。各种织物在生产加工过程中，要受到一系列的机械拉伸作用，这种机械拉伸张力使织物伸长后有一个自然收缩的过程。由于加工工艺流程以及使用的设备不同，因此各类织物的缩水率有大有小，在成衣裁剪前如不进行预缩处理，则会影响到缝线处的平整度并产生皱缩，从而引起尺寸的不稳定。未经预缩处理的织物做成衣服后，经过几次洗涤会变小或因收缩而不合身，影响到服装的使用。

因此，在选购服装面料时，除了对织物的质量、色泽、花型进行认真挑选外，对织物的缩水率也应有所了解，以免造成不必要的损失。一件衣服在穿着期间，能否始终保持合身、不变形、平挺、美观大方、耐穿耐用，其关键是对衣料的缩水率是否准确掌握，在裁剪和缝制时是否采取预缩处理。

各种织物的缩水率是不一样的，按产品的质量标准，国家有统一的标准。但由于各种因素的影响，织物的缩水率有时也会产生偏差，有时低于标准，有时稍高于标准。所以在选购衣料时必须考虑到织物的缩水率，应适当多购一些，并在裁剪前最好先进行预缩处理。

各种衣料的缩水率列于表 2-11～表 2-15 中，以供参考。

表 2-11　印染棉布的缩水率参考

棉布品种		缩水率/%		棉布品种		缩水率/%	
		经向	纬向			经向	纬向
丝光布	平布（粗支、中支、细支）	3.5	3.5	本光布	平布（粗支、中支、细支）	6	2.5
	斜纹、哔叽、贡呢	4	3		纱卡其、纱华达呢、纱斜纹	6.5	2
	府绸	4.5	2	经过防缩整理	各类印染布	1～2	1～2
	纱卡其、纱华达呢	5	2				
	线卡其、线华达呢	5.5	2				

表 2-12　色织棉布的缩水率参考

色织棉布品种	缩水率/%		色织棉布品种	缩水率/%	
	经向	纬向		经向	纬向
男女线呢	8	8	劳动布（预缩）	5	5
条格府绸	5	2	二六元贡（礼服呢）	11	5
被单布	9	5			

表 2-13　呢绒的缩水率参考

呢绒品种			缩水率/%	
			经向	纬向
精纺呢绒	纯毛或羊毛含量在 70%以上		3.5	3
	一般织物		4	3.5
粗纺呢绒	呢面或紧密的露纹织物	羊毛含量在 60%以上	3.5	3.5
		羊毛含量在 60%以下及交织物	4	4
	绒面织物	羊毛含量在 60%以上	4.5	4.5
		羊毛含量在 60%以下	5	5
	组织结构比较稀松的织物		>5	>5

表 2-14　丝绸的缩水率参考

丝绸品种	缩水率/%		丝绸品种	缩水率/%	
	经向	纬向		经向	纬向
桑蚕丝织物（真丝）	5	2	绉线织物和绞纱织物	10	3
桑蚕丝与其他纤维交织物	5	3			

表 2-15　化纤织物的缩水率参考

化纤织物品种		缩水率/%	
		经向	纬向
黏胶纤维织物		10	8
涤/棉混纺织物	平布、细纺、府绸	1	1
	卡其、华达呢	1.5	1.2
涤/黏、涤/富混纺织物（涤纶含量 65%）		2.5	2.5
富/涤混纺织物（富纤含量 65%）		3	3
棉/维混纺织物（维纶含量 50%）	卡其、华达呢	5.5	2
	府绸	4.5	2
	平布	3.5	3.5
涤/腈混纺织物（中长化纤织物，涤纶含量 50%）		1	1
涤/黏混纺织物（中长化纤织物，涤纶含量 65%）		3	3
棉/丙混纺织物（丙纶含量 50%）		3	3
粗纺羊毛化纤混纺呢绒	化纤含量在 40%以下	3.5	4.5
	化纤含量在 40%以上	4	5
精纺羊毛化纤混纺呢线（涤纶含量在 45%以上）		1	1
精纺化纤织物	涤纶含量在 40%以上	2	1.5
	锦纶含量在 40%以上或腈纶含量在 50%以上，涤纶、锦纶、腈纶混合含量在 50%以上	3.5	3
	其他织物	4.5	4
化纤丝绸织物	醋纤织物	5	3
	纯人造丝织物及各种交织物	8	3
	涤纶长丝织物	2	2
	涤/黏/绢混纺织物（涤 65%，黏 25%，绢 10%）	3	3

FUZHUANG

第三篇　服装辅料篇

　　辅料是指人们穿着的服装上，除面料以外的辅助材料，它起着连接、装饰、功能等作用。辅料是随着服装史的发展一起成长变化的。在中国古代服装中，辅料应用较少，主要是绳带，自明、清开始，服装上才开始使用辅料，这主要是由于人们对服装的装饰效果追求繁复和精美。自近代开始，随着西洋服装传入中国，辅料才变得丰富多彩，人们开始广泛将纽扣运用到服装上。在 20 世纪初，拉链的发明成为辅料史上最重要的一件大事，时至今日仍不失为服装最主要的辅料之一。随着时代的发展，由于人们对装饰效果的追求，使辅料已从以功能为核心转变为以装饰效果为核心，例如各种装饰扣、烫钻、珠片、花边、铆钉、皮标等都用作装饰的辅料。目前，在我国随着服装制造业的迅速发展，辅料已发展成为一个行业，规模迅速扩大，花色品种越来越多。服装辅料一般可分为七大类：里料、衬料、填料、线带类材料、紧扣类材料、装饰材料、其他材料。

34. 造型和保形的衬布

　　衬布又称衬料。服装衬布是服装辅料的一大种类，它用于面料和里料之间，附着或黏合在衣料上，在服装上起骨架保形、支撑、平挺和加固的作用。通过衬布的造型、补强、保形作用，服装才能形成形形色色的款式。衬布是以机织物、针织物和非织造布等为基布，采用（或不采用）热塑性高分子化合物，经专门机械进行特殊整理加工，用于服装或鞋帽等内层，起补强、挺括等作用的，与面料黏合（或非黏合）的专用性服装辅料。具体来讲，衬布有以下几方面的作用：赋予服装美观的曲线和形体；增强服装的挺括性、弹性和立体感；可以大大改善服装的悬垂性和面料的手感，增强服装的舒适性；增强服装的厚实感、丰满度和保暖性；可以防止服装变形，即使在洗涤后仍能保持原有的造型；对服装某些局部部位具有加固、补强的作用。

衬布的分类方法很多，按基布的种类及加工方法大致可分为七大类，如图 3-1 所示。

现代衬布可分为四大系列：机织树脂黑炭衬布、机织树脂衬布、机织（含针织）热熔黏合衬布和非织造热熔黏合衬布。热熔黏合衬布又可分为机织有纺衬布、衬纬经编衬布和非织造衬布三个系列。此外，还有多种其他衬布及配套产品，如领带衬、麻衬、腰衬及腰里、嵌条衬及子母带、口袋衬、鞋帽衬等。在现代服装生产过程中，使用量较大的是黏合衬布、非织造衬布、树脂衬布和黑炭衬布。

（1）黑炭衬布　黑炭衬布又称毛衬，是用动物性纤维（牦牛毛、山羊毛、人发、马毛、骆驼毛等）或毛混纺纱为纬纱、棉或棉混纺纱为经纱加工成基布，再经树脂整理加工而成。因产品呈灰黑色，故名黑炭衬布，约定俗成沿用至今，其实它与"黑炭"两字并无关系。其特点是织物表面爽洁硬挺、粗糙、平整，富有自然弹性，不缩水（缩水率低于 1%），色泽多为混杂有黑色或深棕色的浅青灰色。黑炭衬布主要用于西服、大衣、中山装等外衣的前身、肩、袖等部位，使服装的外廓饱满、线条挺而持久，具有挺括、丰满的效果，是一种能创造服装美好形体和穿着舒适贴体的传统衬布。黑炭衬布是服装的骨架，好的衬布更是服装的精髓，能使服装造型和缝制工艺得到意想不到的效果。

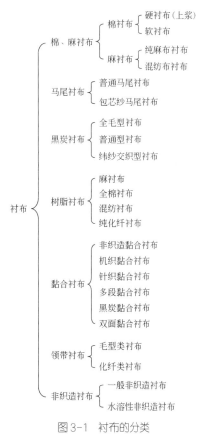

图 3-1　衬布的分类

黑炭衬布有三种分类方法：按基布经纬组分可分为全毛型（经向和纬向都含有人发、牦牛毛、骆驼毛、羊毛中的一种或多种的纱线）和普通型（仅纬向含有人发、牦牛毛、骆驼毛、羊毛中的一种或多种的纱线）。按织物质量可分为超薄型（150g/m² 及以下）、轻薄型（150～180g/m²）、中厚型（180～230g/m²）、超厚型（230g/m² 以上）。按使用部位可分为大身衬（主胸衬）、挺胸衬、挺肩衬、弹袖衬（袖窿衬）。

在选用黑炭衬布时应考虑的因素或原则如下：面料的厚薄、克重、成分、组织以及纱线细度；服装的风格和设计要求；服装的档次。在选用衬布时既要考虑面料，又要考虑服装的款式和使用部位。

（2）马尾衬布　马尾衬布是用尾毛作纬纱、棉或涤棉混纺纱作经纱织成基布，再经定型和树脂整理加工而成。其特点是爽洁、硬挺、刺手，富有自然弹性。传统马尾衬布主要用作西服的盖肩衬和女装的胸衬，而包芯纱马尾衬布则可有黑炭衬布同样的用途，但因其价格较贵，仅用在高档西服上。

马尾衬布的用途很广泛，普通马尾衬布主要用于上衣的局部位置，如男西装的盖肩衬和女装的胸衬；马尾工艺衬布是将马尾衬织成提花或染成各种颜色（需要白马尾），一般用于手袋、箱包、高级沙发靠背等装饰用布，制作高级服装配件。

（3）树脂衬布　树脂衬布是以棉、化纤及混纺的机织物或针织物为底布，经过漂白或染色等其他整理，并经过树脂整理加工制成一种传统衬布。是继织物衬布、浆料衬布之后的第三代衬布，具有防缩性和弹性优良、缩水率低、软硬适度、抗皱免烫等特点。

树脂衬布按底布纤维规格分类，可分为纯棉树脂衬布、混纺树脂衬布、纯化纤树脂衬布。按树脂衬布加工特点分类，可分为本白树脂衬布、半漂树脂衬布、漂白树脂衬布、染色树脂衬布。

树脂衬布的质量包括内在质量和外观质量两方面。内在质量是指各项物理性能和服用性能的指标。如纬纱密度、断裂强力、手感、弹性、水洗尺寸变化、吸氯泛黄、游离甲醛含量、染色牢度等。外观质量是指衬布的局部性疵点和散布性疵点。由于树脂衬布通常用作服装的衬里，所以衬布的内在质量比较重要。树脂衬布的手感和弹性主要由衬布的用途来决定，不同的服装和不同的用途对衬布的手感要求是不同的，一般可分为软、中、硬三种手感，而且每种手感弹性要好，并且有持久性和保持性，即使在环境温度、湿度发生变化时或衬布经水洗后，手感和弹性也不会发生较大的变化。

树脂衬布的游离甲醛含量对人体健康带来很大的危害，随着服装卫生要求的不断提高，各国对纺织品甲醛含量的要求越来越严格，如日本规定了各类纺织品的控制标准如下，并颁布了相应的法律：外衣类，甲醛含量低于 1000mg/kg；中衣类，甲醛含量低于 300mg/kg；内衣类，甲醛含量低于 75mg/kg；儿童服装，无甲醛。

(4) 黏合衬布　黏合衬布由于以黏代缝，简化了服装加工工艺，提高了缝制工效，同时由于使用黏合衬布，对服装起到造型和保形作用，使服装更加美观、轻盈、舒适，大大提高了服装的服用性能和使用价值。黏合衬布的生产和应用是一门新的工艺技术，它涉及纺织、染整、化工、服装和机械等几个工业部门，它是在底布上经热塑性热熔胶涂布加工后制成的衬布。使用时，将其裁剪成需要的形状，然后将其涂有热熔胶的一面与其他纺织材料（面料）的背面相黏合，具有一定的黏合强度。

黏合衬布在服装上的作用可归纳为以下四个方面：服装缝制合理化、省力化；形成服装优美的外形，衬布与面料黏合后，增强了面料的尺寸稳定性和弹性，增强服装立体感和舒适感，改善了服装的悬垂性和面料的手感，可充分体现人体的线条美，在服装上起造型和保形作用；可防止穿着的变形，黏合衬布可把面料的活动控制在合理的范围内，防止织物的伸长，强化织物收缩，防止织物松散，消除省尖窝形，改善明线皱缩，加固补强，防止因穿着和洗涤而变形，使衣服长时间保持高品质，在服装上起保形作用；改善面料和服装的服用性，现代服装向轻、薄、软、挺、穿着舒适和尺寸稳定性方向发展，黏合衬布可以弥补面料所不足的性能，增强服装厚实感、丰满感和保暖性，改善服装的服用性能。

黏合衬布虽然用作服装的衬里，但其质量要求在某些方面甚至要高于服装面料，因此，黏合衬布着重于其内在质量和服用性能的要求，以保证制成服装的使用价值。

(5) 非织造衬布　非织造衬布具有许多优良的性能，除具备黏合衬布的性能外，还具有质量轻、裁前后切口不脱散、保形性和回弹性好、洗涤后不回缩、透气性和保暖性好、对方向性的要求较低、价格低廉等特点。因此，在服装生产行业得到了普遍应用。

作为服装的重要辅助材料，非织造衬布的作用如下：赋予服装美观的造型，使其形体产生曲线美；改善服装的悬垂性和面料手感，提高服装的硬挺度和弹性，增强服装穿着的舒适性；用作填料时，可增强服装的厚实感、丰满感和保温性；用于针织服装衬布时，可增强针织服装的稳定性和保形性；对服装局部部位具有加固补强作用；可简化服装加工工艺，提高缝制效率。

水溶性非织造衬布可在一定温度的热水中迅速溶解而消失，主要用于绣花服装和水溶性花边的底衬，又称绣花衬。这种衬布的主要原料为聚乙烯醇纤维，衬布的单位面积质量为 20～40g/m²，

衬布的幅宽为 120cm、140cm、158cm。

根据衬布的用途和要求，黏合型非织造衬布又可分为永久黏合型、暂时黏合型和双面黏合型三种。该类衬布种类较多，现就服装和服饰专用的各类本色、有色非织造热熔黏合衬布的质量要求做简要的介绍。非织造热熔黏合衬布的质量要求主要包括单位面积质量、水洗尺寸变化、干热尺寸变化、剥离强力、耐洗色牢度、黏合后洗涤外观变化、黏合后热熔胶渗料、游离甲醛含量、染色牢度，优等品还需增加涂布均匀性、横向断裂强力、手感等。

目前，虽然机织衬布的品种非常丰富，但非织造衬布仍以其独特的风格而被大量使用，经久不衰。非织造衬布性能与面料性能的匹配性是选用非织造衬布的重要因素。面料的物理性能包括面料厚度、面料弹性、面料悬垂性、面料耐热性等。因此，在选用非织造衬布时应掌握的原则如下：面料的厚度与非织造衬布的厚度之间应成正比关系；面料弹力与非织造衬布弹力之间应成正比关系；面料悬垂性与衬布之间的联系，主要表现在柔和、飘逸的服装造型和夸张、几何轮廓突出的服装造型，前者选用相对柔软、轻薄的非织造衬布，后者选用硬挺、厚实的非织造衬布；面料耐热性与非织造衬布烫固温度存在联系，耐热性强的面料应选用烫固温度高的非织造衬布，反之亦然，另外，应根据面料适当调整衬布烫固所需的压力、整烫的时间；根据服装的用途，合理地选用衬布。如有些需经过水洗的服装应选择耐水洗的衬料，并考虑衬料的洗涤与熨烫尺寸的稳定性；针织物作为服装材料，一方面富有伸缩性、柔软性和活动性，另一方面单纯的针织衣料又有保形性差的缺陷，因此，用于针织衣料的衬布要求既不破坏面料的各种特性，同时又能赋予服装面料不可或缺的稳定性和保形性等特性。而且非织造衬布一般不具有方向性，是针织服装较理想的衬布。

35. 里表合一的里料

服装里料是指服装最里层用来覆盖服装里面的材料。通常用于中高档的呢绒服装、有填充料的服装、需要加强支撑面料的服装和一些比较精致、高档的服装中。一般而言，服装的面料、档次、品牌不同，选用的里料也不相同。

里料可以起到使整件服装表里合一、相映生辉的衬托作用，从而提升服装的档次和附加值。里料可覆盖服装缝头和不需要暴露在外的其他辅料，不仅使服装里外显得光滑而丰满，而且还可获得良好的保形性，使服装穿着舒适、穿脱方便，即使人体活动时服装也不会因摩擦而随之扭动，可保护服装平整挺括的自然状态。里料还可增加服装的厚度，起到保暖的作用。同时，里料对服装面料尤其是呢绒类面料具有保护作用，能防止面料（反面）因摩擦而起毛。

外衣型服装通常使用里料，而内衣型服装一般不用里料。里料的选配应注意里料与面料色泽要相似，且色泽不能深于面料，染色牢度要好，以防搭色。里料质量对服装的影响不可忽视。里料是服装的重要辅料，应光滑、耐用，要选择易导电或经防静电处理的里料。除外观要求外，目前国内外一些高档服装厂商越来越重视里料的物理机械性能指标，否则，不仅会影响到服装的穿着和使用，而且也会影响到衣服的整洁与保养，从而破坏了服装的整体效果和性能，降低了服装的质量和档次。

里料品种很多，有各种分类方法，具体的分类方法及其特性列于表 3-1 中。

服装厂在选购里料时，主要是根据里料的悬垂性能、服用性能、颜色、摩擦性能和缝线是否容易脱线等项进行选择。

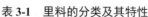

表 3-1　里料的分类及其特性

分类方法	名称	特　性
按织造组织分	平纹里料	正反面有同样的结构和外形。由于纬纱和经纱上下交织的次数多，纱线的交织点多，因而织物的强度就相对增大，织物较为坚牢。同时，由于经纬纱交叉的次数多，纱线不能互相挤紧，因而织物的透气性也较好。其缺点是手感比其他组织硬，花纹也较单调
	斜纹里料	正反面不相同。如果正面是纬面斜纹，则反面是经面斜纹，而且斜纹的倾斜方向也相反。由于斜纹组织的组织点比平纹少，所以单位面积内所能应用经纬纱的根数比较多，组成的织物细密而有光泽，柔软而有弹性。在经纬纱线密度和经纬密度相同的情况下，斜纹织物的断裂强度比平纹差，故在织造斜纹织物时，应增加经纬密度来提高织物的强度
	缎纹里料	织物的组织点不连续，以平均距离散布在织物中。在一个完全组织中，经纬纱的交叉数极少，经纬纱常浮在织物的表面，好像全由经纱或纬纱组成似的。经面缎纹织物的表面为经纱所覆盖，纬面缎纹织物表面为纬纱所覆盖。缎纹组织循环比斜纹大，因而织物表面光滑，手感柔软，富有弹性。但由于经纬浮线较长，组织点少，容易磨损。所以，缎纹组织主要用于丝织物
	提花里料	提花组织又称大花纹组织或大提花组织。提花组织循环的经纱数可多达数千根，大多是由一种组织为地部，另一种组织显出花纹图案。也有用不同的表里组织、不同颜色或原料的经纱和纬纱，使之在织物上显出彩色的大花纹，构成各种几何图形、风景、花卉等
按后整理分	染色里料	纺织品中的绝大部分都要经过染色与整理，以美化织物的外观，提高织物的服用性能，满足消费者的需要。由于织物所用的纤维材料不同，所采用的染料也不同。棉、毛、丝织物应用的染料较为广泛，色谱齐全，合成纤维因其本身结构性能特点，采用的染料种类有一定的局限性
	印花里料	常用的印花工艺有直接印花、防染印花、携染印花和喷墨印花等，指用染料或颜料在织物上印出具有一定染色牢度的花纹图案的加工过程。通常是先在织物上印上用染料或颜料等调制的色浆并烘干，再根据染料或颜料的性质进行蒸化、显色等后续处理，使染料或颜料染着或固着于纤维上，最后进行皂洗、水洗，以除去浮色和色浆中的糊料、化学药剂等
	压花里料	压花的加工方法是把经印染加工的织物浸轧树脂溶液，经预烘后，用轧纹机轧压，再经松式焙烘固着，即成为具有凹凸花纹的压花织物。如在轧压同时印上涂料，可产生着色轧纹效果，花纹富有立体感，有一定耐洗性，穿着舒适
	防水涂层里料	在织物表面涂覆或黏合一层高分子材料，使其具有独特的功能。涂层加工剂具有一定的黏附力，并可形成连续薄膜。如在涂层高分子材料中加入羟乙基纤维素、聚乙烯醇等材料，可获得既透湿又防水的效果，即为防水涂层
	防静电里料	合成纤维的吸湿性很低，表面电阻率高，因而容易积聚静电。防静电整理就是为了改变这种情况，通常采用亲水性物质进行处理，可提高纤维表面的吸湿性，降低表面电阻率

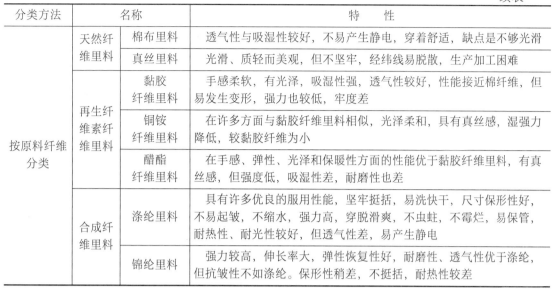

分类方法	名称		特　性
按原料纤维分类	天然纤维里料	棉布里料	透气性与吸湿性较好，不易产生静电，穿着舒适，缺点是不够光滑
		真丝里料	光滑、质轻而美观，但不坚牢，经纬线易脱散，生产加工困难
	再生纤维素纤维里料	黏胶纤维里料	手感柔软，有光泽，吸湿性强，透气性较好，性能接近棉纤维，但易发生变形，强力也较低，牢度差
		铜铵纤维里料	在许多方面与黏胶纤维里料相似，光泽柔和，具有真丝感，湿强力降低，较黏胶纤维为小
		醋酯纤维里料	在手感、弹性、光泽和保暖性方面的性能优于黏胶纤维里料，有真丝感，但强度低，吸湿性差，耐磨性也差
	合成纤维里料	涤纶里料	具有许多优良的服用性能，坚牢挺括，易洗快干，尺寸保形性好，不易起皱，不缩水，强力高，穿脱滑爽，不虫蛀，不霉烂，易保管，耐热性、耐光性较好，但透气性差，易产生静电
		锦纶里料	强力较高，伸长率大，弹性恢复性好，耐磨性、透气性优于涤纶，但抗皱性不如涤纶。保形性稍差，不挺括，耐热性较差

36. 冬服的"暖源"——保暖絮片

所谓保暖絮片是指构成保暖絮料的原材料，常以絮料或絮片的形式用于服装、褥垫、睡袋等，其最大的特点是轻而蓬松、保暖。在新型保暖絮料的纤维原料中，一般都含有中空或高卷曲涤纶、腈纶短纤维，先制成纤维网，再进行加固而制成。保暖材料的作用是御寒保暖，在各种环境中，人体通过服装、褥垫、睡袋等与环境进行热交换，从而达到热的舒适感。热舒适最基本的条件是维持人体的热平衡，即人体自身产生的热量和向环境散失人体的热量之间的能量交换达到相对平衡。人体产生的热量取决于体内的生理生化过程，人体散热的主要方式是通过对流、传导、辐射及体液蒸发等途径进行的。保暖材料的作用就是使散热途径得到加强或减弱，从而使能量交换达到相对平衡，使人体产生温暖舒适感。

保暖材料的品种较多，分类比较复杂，因材料、应用对象、加工方式的不同而有不同的方法。按原材料的质地可分为棉花、丝绵、毛皮、驼毛、羊绒棉、腈纶棉等。按材料的用途可分为：服装面料类保暖材料（如裘皮、羊绒等）；服装填充用里料类保暖材料（如棉絮和各类絮片等）；装饰用保暖材料（如制鞋用各种皮革、絮料等）；卧具用保暖材料（如传统的棉絮、毡、毯和腈纶棉等）。按材料的加工方法可分为热熔棉、针刺棉、喷胶棉、南极棉、定型棉、热分棉（无胶棉）、仿丝绵等。

作为保暖材料，絮片是一种由纺织纤维构成的蓬松柔软而富有弹性的片状材料，属于非织造布类。絮片具有原材料丰富、规格参数容易控制、易裁剪、易缝制、易保养且物美价廉等特点。根据国家标准，可将目前常用的保暖絮片分类如下：热熔絮片、喷胶棉絮片、金属镀膜复合絮片、毛型复合絮片、远红外棉复合絮片。

（1）热熔絮片　热熔絮片是热熔黏合涤纶絮片的简称，是一种以涤纶为主，用热熔黏合工艺加工而成的絮片。热熔絮片的产品规格常见的有幅宽(144 ± 20)cm，单位面积质量200g/m²、150g/m²，每卷长(40 ± 2)m。

（2）喷胶棉絮片　喷胶棉又称喷浆絮棉，是以涤纶短纤维为主要原料，经梳理成网，然后将黏合剂喷洒在蓬松的纤维层的两面，由于在喷淋时有一定的压力以及下部真空吸液时的吸力，所以在纤维层的内部也能渗入黏合剂，喷洒黏合剂后的纤维层，再经过烘燥、固化，使纤维间的交接点被黏结，而未被黏结的纤维仍有相当大的自由度。在纤维的黏结状态中，交叉点接触的较多，而由黏合剂架桥结块的较少，使喷胶棉能够保持松软。同时，在三维网状结构中仍保留有许多容有空气的空隙。因此，纤维层具有多孔性、高蓬松性的保暖作用。另外，喷胶棉还可用于制作防寒服、床罩、床垫、床褥、沙发坐垫、太空棉等。它具有许多优点：一是蓬松程度好，保暖性能优于棉花；二是质量很轻，一条重0.75kg喷胶棉被胎的保暖性就相当于2.5～3kg的棉花被胎；三是具有防腐性，不霉、不蛀、不烂；四是不受潮，可以整体洗涤衣被。

(3) 金属镀膜复合絮片 金属镀膜复合絮片俗称太空棉、宇宙棉、金属棉等，就是以纤维絮片、金属镀（涂）膜（包括载体）为主要原料，经复合加工而成的复合絮片，是一种超轻、超薄、高效保温材料，在防寒、保温、抗热等性能方面远远超过传统的棉、毛、羽绒、裘皮、丝绵等材料，透气性和舒适性也较蓬松棉为优。如用于服装，它更具有轻、薄、软、挺、美、牢等优点，可直接加工，无须再整理及绗线，并可直接洗涤，是冬季抗寒的理想产品，也是抗热、防辐射不可多得的产品。制成的服装在洗衣机内采用标准洗涤速度洗涤25min，再经甩干，连续几十次也不会变形和损伤。金属镀膜复合絮片可以用于制作各种服装（包括夹克衫、滑雪服、紧身背心、风衣、大衣、童装、睡袋等）和特种职业装（如炼钢、采煤、地质勘探等行业的工作服），还可用于制作鞋、帽、床上用品、帐篷及门窗帘等。但由于其透湿性能较差而使穿着时有闷热感，因而还不能大面积地推广应用。

金属镀膜复合絮片由五层构成，基层是涤纶弹力绒絮片，金属膜表层由非织造布、聚乙烯塑料薄膜、铝钛合金反射层和保护层四部分组成。金属膜表层与絮片基层用针刺法复合在一起。利用人体热辐射和反射原理达到保温作用，具有良好的隔热作用。复合絮片采用的非织造布系采用黏合法和针刺法加工制造。铝钛合金喷涂到塑料薄膜上以后，一般还应喷洒防老化剂，以防止铝钛合金被氧化，保持常年金属光泽。必须选用性能稳定、效果良好的防老化剂，这样既能保证穿着的舒适性，又有利于保持铝钛合金涂层，延长使用寿命。

(4) 毛型复合絮片 毛型复合絮片是以毛或毛与其他纤维混合材料为絮层原料，以单层或多层薄型材料为复合基，经针刺等复合加工而成。其产品分类按结构组成，可根据絮层纤维、复合基和结构形式等分类；按用途可分为服装用、被褥用及其他填充等。常见的产品规格有：幅宽100cm、150cm、180cm、200cm、220cm，单位面积质量 $60g/m^2$、$80g/m^2$、$100g/m^2$、$120g/m^2$、$160g/m^2$、$200g/m^2$、$250g/m^2$、$300g/m^2$、$350g/m^2$、$400g/m^2$ 等。

(5) 远红外棉复合絮片 远红外棉复合絮片除具有毛型复合絮片的特性外，还具有抗菌除臭作用和一定的保健功能，是一种多功能高科技产品，其原料是远红外纤维。远红外纤维是由能吸收远红外线的陶瓷和成纤高聚物组成的纤维。能吸收远红外线的陶瓷粉末常为金属氧化物或碳化物（一种或几种），粉末粒径最好小于 $1\mu m$；成纤高聚物可用聚酯类、聚酰胺类、聚丙烯醇类、黏胶纤维等。加工方法有两种：一种是将陶瓷粉末均匀地分散于高聚物熔体或溶液中，再采用常规方法纺丝；另一种是将陶瓷粉末分散在水或有机溶剂中，然后均匀涂布在纤维或织物上，经干燥、热处理而成。远红外纤维可吸收太阳光等中的远红外线并转换成热能；也可将人体的热量反射而获得保温效果。它能高效地发射出人体最佳吸收的 $4\sim14\mu m$ 波长的远红外线，发射率达到80%左右。在红外线波谱中，波长 $4\sim14\mu m$ 的远红外线对人体健康最有益，最易被人体吸收，它与人体的细胞分子、原子间的振动频率一致，其能量可以被细胞吸收，引起共鸣共振，活化组织细胞，加速人体的微循环，促进人体的血液循环，增进新陈代谢，加强免疫力。此外，远红外纤维还具有高吸收、透湿、透气等特性，因而是一种极具开发前景的新型保暖材料，应用领域十分广泛。

（6）**保暖絮片的应用**　冬季防寒服装需要使用大量的各类保暖絮片，如何科学合理地采用种类繁多的保温絮料，使保温絮料的性能和价格与防寒服相匹配等问题，成为冬季服装设计、生产和消费过程中需要解决的问题。

我国幅员辽阔，地跨热带、亚热带、温带、寒带和高寒带五个气候区，各气候区冬服对总保温量的要求是按该区 1 月份综合温度的下限值来配置的。根据大量的调查研究、实地考察和实验研究，各气候区所需的服装配套及其总保温量列于表 3-2 中。

表 3-2　各气候区服装配套及其总保暖量举例

气候区	区界标志	服装配套	总保暖量 /clo
1	福州以南	外套、200g/m² 絮片紧身棉上衣、绒裤、衬衣裤	3.2
2	郑州（不含）以南	外套、300g/m² 絮片棉衣裤、200g/m² 絮片棉背心、衬衣裤	4.3
3	张家口（不含）以南	300g/m² 絮片短大衣、外套、300g/m² 絮片棉衣裤、200g/m² 絮片棉背心、衬衣裤	5.2
4	哈尔滨以南	300g/m² 絮片短大衣、外套、400g/m² 絮片紧身棉衣裤、衬衣裤	6.2
5	哈尔滨（不含）以北	400g/m² 絮片齐膝短大衣、外套、450g/m² 絮片棉衣裤、200g/m² 絮片紧身棉衣裤、衬衣裤	6.8

由表 3-2 可以看出，规格在 100～450g/m² 之间的各种保暖絮片可用于各类防寒服、防寒靴以及各类卧具等，设计师可根据穿用者的不同要求来选用不同的规格，也可根据各种保暖絮片的性能特点以及价格来科学合理地选用。现将各类保暖絮片性能比较列于表 3-3 中。

表 3-3　不同种类的保暖絮片性能比较

保暖絮片	保暖性	透湿性	透气性	强力	耐洗性	耐磨性	缩水性	应用范围	原料来源	价格
热熔絮片	较好	好	好	一般	差	差	差	少	多	低
喷胶棉絮片	较好	好	好	一般	一般	差	差	少	多	稍低
毛型复合絮片	好	一般	一般	好	差	较好	差	多	较少	贵
远红外棉复合絮片	好	好	好	好	好	好	好	多	少	稍贵
太空棉絮片	较好	差	差	好	较好	好	好	少	较少	稍贵

由表 3-3 的初步比较分析可以看出，热熔絮片、喷胶棉絮片性能较好，原料来源丰富，加工工艺简单，价格便宜，适合制作棉衣、卧具等产品，用途比较广泛，是普及型的保暖材料，广为消费者所选用；毛型复合絮片和远红外棉复合絮片的保暖性能效果好，穿着舒适，物理机械性能优越，可制成各类产品，如保暖衬衫、棉衣、防寒服、卧具等，但价格较贵，一般消费者难以接受，而远红外棉复合絮片除保暖性能优越外，还具有一定的保健功能，因而是极具发展前景的新型保暖絮片；太空棉絮片因透湿性、透气性等性能较差，穿着有闷热感，不能满足人们对舒适性的要求，难以得到普遍推广应用，但它良好的保暖性能和防风性能，可以作为帐篷用保暖材料。

37. 纽扣虽小作用大

纽扣又称扣子,是服装辅料之一。最初是作为专用于服装开口处连接的扣件,随着社会的进步和科学技术的发展,今天的纽扣除了具有原始的连接功能外,更多地体现出它的装饰与美化的功能,对服装起点缀作用。在众多的时装上,人们常常可以看到如珠似宝、如金似钻、千姿百态的装饰纽扣,为时装的美化增添了新的风采和韵味。

图3-2 纽扣

在中国真正用于服装的纽扣最早可追溯到1800年前,最初使用的纽扣是石纽扣、木纽扣和贝壳纽扣,后来才发展到用布料制成的带纽扣、盘结纽扣,其中盘结纽扣在中国服装发展史中起到了很大的作用,由最初的功能扣件向装饰扣件过渡。特别值得一提的是中式盘扣,它是中国传统服装的纽扣形式,其造型优美,做工精巧,犹如千姿百态的工艺品,是中国服饰文化中独树一帜的奇葩。唐代在中国历史上是经济、文化繁荣的鼎盛时期,在当时的圆领上广泛使用了纽襻扣,一般都使用三对,是后来服装上使用排扣的起源。自唐代以后,纽扣的形制越来越多,明代服装上主要使用金属材料纽扣,清代以后纽扣成为衣服上最主要的系结物。

随着纽扣装饰功能的增加,形形色色的纽扣不断出现。纽扣的花色品种很多,有方形纽扣、圆形纽扣、菱形纽扣、椭圆形纽扣、叶形纽扣,以及凸花纽扣、凹花纽扣、镶花纽扣、镶嵌纽扣、包边纽扣、涂料纽扣等,如图3-2所示。按照取材特点可分为合成材料纽扣、金属材料纽扣、天然材料纽扣和其他材料纽扣四大类。纽扣的分类列于表3-4中。

表3-4　纽扣的分类

纽扣分类			材料
合成材料	酪素纽扣		酪素树脂
	热塑性树脂纽扣	尼龙纽扣	聚酰胺树脂
		有机玻璃纽扣	丙烯酸树脂
		ABS纽扣	ABS树脂
		醋酸纽扣	醋酸纤维素树脂
	热固性树脂纽扣	树脂纽扣	不饱和树脂
		密胺纽扣	密胺树脂
		尿素纽扣	脲醛树脂
		环氧树脂纽扣	环氧树脂
	可以电镀的纽扣(ABS纽扣、树脂扣、尿素扣)		
金属材料	铜纽扣		铜或黄铜
	锌合金纽扣		锌合金
	锡合金纽扣		锡合金
	铝合金纽扣		铝合金
天然材料	真贝纽扣、真皮纽扣、坚果纽扣、椰子壳纽扣、石头纽扣、木材纽扣、毛竹纽扣、骨头纽扣、真牛角纽扣		
其他材料	玻璃纽扣、珍珠纽扣(喷涂)、陶瓷纽扣、景泰蓝纽扣、编织纽扣、包布纽扣、组合纽扣		

合成材料纽扣是目前世界纽扣市场上数量最大、品种最多、最为流行的一种。这类纽扣的特点是色泽鲜艳，造型丰富而美观，价廉物美，深受广大消费者的喜爱。但耐高温性较差，而且容易污染环境，这是美中不足之处。属于这类材料的纽扣有树脂纽扣（包括板材纽扣、棒材纽扣、瓷白纽扣、云花仿贝纽扣、曼哈顿纽扣、仿牛角纽扣、工艺纽扣、刻字纽扣、平面珠光纽扣、玻璃珠光纽扣、裙带扣和扣环等）、ABS 注塑及电镀纽扣（包括镀金纽扣、镀银纽扣、仿金纽扣、镀黄铜纽扣、镀铬纽扣、红铜色纽扣、仿古色纽扣等）、脲醛树脂纽扣、尼龙纽扣、仿皮纽扣、有机玻璃纽扣、透明注塑纽扣（包括透明聚苯乙烯纽扣、聚碳酸酯纽扣、丙烯酸树脂纽扣等）、不透明注塑纽扣、酪素纽扣等。

天然材料纽扣是以自然界的天然材料制成的纽扣，这是一类最古老的纽扣，也是对人体无不良作用的绿色环保纽扣。目前，在纽扣市场上常见的天然材料纽扣有真贝纽扣、木材纽扣、毛竹纽扣、椰子壳纽扣、坚果纽扣、石头纽扣、宝石纽扣、骨头纽扣、蜜蜡纽扣、真皮纽扣等。这些纽扣都有各自的特点，人们之所以喜爱这类纽扣的主要原因是它取材于大自然，与人们的生活比较贴近，这在一定程度上迎合了现代人回归大自然的心理要求，满足了部分人追求自然的审美观。当然，从理化性能考虑，它们又都具有自身的优点。例如，海产企鹅贝纽扣，色泽如珍珠，质地坚硬如石，纹理自然、高雅、华贵，品质极为精良上乘，是纽扣中的上品。又如，某些宝石纽扣及水晶纽扣，不仅自身品质高贵，装饰性和美饰性极强，而且材质硬度高，耐高温性和耐化学清洗性好。这些材质的纽扣精致而华丽，是任何合成材质的纽扣所不及的，是纽扣中的佳品。

组合纽扣是一类较新的纽扣品种。由于各类组组都各有自己的优点与不足，可将不同的纽扣的优点结合在一起进行优化组合，克服各自的不足，以达到完美的境地。因此，组合纽扣就是将两种或两种以上不同的材料通过一定的方式组合而成的纽扣，一般是将两种或两种以上的材料用黏合剂进行黏合，由此产生的组合纽扣的种类十分繁多，举不胜举。目前，在国际上流行数量最大、影响面最广的组合纽扣有 ABS 电镀-尼龙件组合纽扣、ABS 电镀-金属件组合纽扣、ABS 电镀-树脂件组合纽扣、金属-环氧树脂件组合纽扣等。这些组合纽扣若与单一材料纽扣相比，其特点是功能更全面，装饰性更强，并在很大程度上满足了人们对色彩斑斓、极富个性化服装的追求。必须指出，纽扣的成本是很低的，但对提高服装的档次贡献不小。纽扣是服装的眼睛，若纽扣选择得当，可以起到画龙点睛的作用。通过纽扣的各种巧妙的不同组合，可使服装产生不同的视觉效果，甚至变成一种新款在服装的肩、领、袖、袋口、门襟等处合理地点缀一些装饰纽扣，可使服装变得更美丽时髦，更具个性化，更有表现力。

纽扣的种类繁多，性能各异，如何正确而合理地选配纽扣呢？首先，要根据衣料的颜色来选配。纯色衣料宜选用外形简单的纽扣；浅色衣料宜配较深的同色调纽扣。也可采用对比色，利用衣料与纽扣色彩的强烈反差造成引人注目的效果。其次，要选用合适颜色的纽扣。鲜艳颜色的纽扣可以给人活泼年轻的感觉；暗色调的纽扣则给人以沉稳安定感。选配时，可根据理想形象以及服装的外观效果需要来确定。再次，纽扣的选配要和服装的风格特点相协调。对于装饰性强的女装而言，应选配富有特色、耐人寻味的纽扣，而对税务、工商、军队、公检法等职业人员的服装来说，则应具有明显的行业特征，端庄、严肃、规范，而不应太花哨。

38．方便实用的拉链和尼龙搭扣

拉链又称拉锁，是由两条能互为啮合的柔性牙链带及其可使重复进行拉开、拉合的拉头等部件组成的连接件。常用的拉链有尼龙拉链、金属拉链和注塑拉链三种，其中尼龙拉链的用途最为广泛，是服装、鞋、帽、睡袋以及各类包、夹、箱子等物品上作扣合用的辅料。

拉链的结构如图 3-3 所示，由链牙、布带、拉头（包括拉片、拉头本体、帽盖）上止、下止、插管、插座等部分组成。

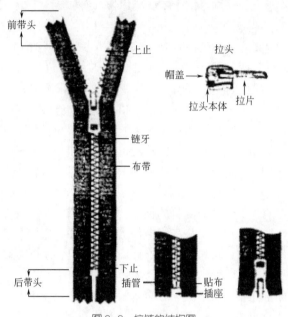

图 3-3　拉链的结构图

拉链有普通拉链和特殊拉链之分。前者固定链牙的带是纺织纱带；后者固定链牙的带是橡胶带。一般可按材料类别、功能类别和加工工艺类别进行分类（见表 3-5）。

表 3-5　拉链的分类

分类	拉链名称		
按拉链材质分类	金属拉链	铜拉链	
		铝拉链	
		铸锌拉链	
	树脂拉链	注塑拉链（材料为聚甲醛）	
		强化拉链（材料为尼龙 6）	
	涤纶拉链	螺旋拉链	螺旋拉链
			隐形拉链
			编织拉链
		双骨拉链	
按使用功能分类	条装拉链（支装）	闭尾拉链	单头闭尾拉链
			双头闭尾拉链
		开尾拉链	单头开尾拉链
			双头开尾拉链
	码装拉链（链带和拉头）	以(100±0.5) yd 为一条，市场上还沿用英制码（yd）装，即(100±0.5) yd，约合(91.44±0.45) m	

分类	拉链名称	
按拉链的加工工艺分类	冲压排米拉链	铜拉链、铝拉链等
	注塑拉链	注塑拉链等
	加热挤压拉链	强化拉链等
	加热缠绕拉链	螺旋拉链、隐形拉链、编织拉链、双骨拉链等
	熔化压铸拉链	铸锌拉链等
	其他	根据链牙与纱带连接的工艺不同，在涤纶拉链中，可分为用缝线缝合连接的螺旋拉链、双骨拉链、隐形拉链等及链牙与纱线同时编织在一起的有编织拉链等
其他分类	还有按拉链的强度性能、型号和用途分类的，我国是按拉链的规格和型号进行分类的	

拉链的规格是指牙链即两个链牙啮合后的宽度尺寸或尺寸范围，其计量单位是 mm，是拉链各尺寸中最有特征的重要尺寸。对应于一种规格的拉链，还有一系列相配合的、规定的许多尺寸，如链牙宽、链牙厚、纱带宽及拉头内腔口部宽、口部高等。拉链的规格是制作拉链各组件形状尺寸的依据。型号是拉链尺寸、形状、结构及性能特征的综合反映。拉链的型号，除具有拉链的规格要素外，更侧重反映拉链的性能特征。从使用者的角度看，它体现了拉链应具备的技术参数和物理性能指标，以确保拉链的使用功能。

拉链作为服装的重要辅料之一，已从过去单纯的实用品转变成为服装装饰品。全球有 90%的服装设计师在注重拉链功能性的同时，更加注重拉链的时尚性，使其为服装设计服务。因此，随着服装设计的款式、功能、审美观的多样性，与之相配套的拉链也丰富多彩、绚丽夺目。在选择拉链时，需要考虑与服装主料、款式之间的相容性、和谐性以及其装饰艺术性和经济实用性。在选择服装用的拉链时应从以下几方面进行综合考虑。

根据承受强力的大小进行选择。一般而言，拉链的规格尺寸与拉链的强力指标是相对应的，型号越大，规格尺寸也越大，承受外力的能力也越强。如果型号相同，但所使用的材料不同，制成的拉链能够承受外力的大小也是不同的。在考虑拉链承受强力性能时，主要是选择拉链的型号。

根据拉链的链牙材质进行选择。链牙是拉链的一个重要组成部分，链牙采用什么样的材质决定了拉链的形状和基本状态，特别是手感和柔软度，这也直接影响到拉链与服装的兼容性以及美观程度。注塑拉链的特点是粗犷简练，质地坚韧，耐磨损，耐腐蚀，色泽丰富多彩，所适用的范围大。此外，由于链牙的齿面面积较大，有利于在链牙平面上镶嵌人造钻石或宝石，使拉链更具美观性，增加附加值，成为一种实用型的工艺装饰品。其缺点在于链牙的块状结构齿形较大，柔软性不够，有粗涩之感，拉合时的轻滑度比同型号的其他类别的拉链稍差一些，从而使其在使用范围上受到一定的限制。注塑拉链主要适用于外套，如夹克衫、滑雪服、羽绒服、工作服等面料较厚的服装。尼龙拉链的特点是链牙柔软，表面光滑，色彩鲜艳多彩，拉动轻滑，啮合牢固，品种门类繁多。其特点是轻巧、链牙轻薄且有可挠性。此外，尼龙拉链的生产效率高，原材料价格较低，生产成本相对较低。随着链牙镀银新技术被应用，增加了拉链的装饰性。尼龙拉链被广泛地应用在各式服装和包袋上，特别是内衣和薄型面料的高档服装以及女裤等。由于尼龙拉链可挠性特点，被大量地用于可脱卸式的各类长外衣、短外衣和皮夹克内的连接内衬等。而隐形拉链、双骨拉链则是女裙、女裤的首选辅料，编织拉链因无中心线而使链牙变薄、变轻，不会使西裤门襟起拱，因而成为高档西裤的理想辅料。金属拉链有铜质、铝质和锌合金数种，其中，铜质拉链较贵重些，其特点是结实耐用，拉动轻滑、粗犷大方，与牛仔服装特别相配。缺点是链牙表面较硬，手感不柔软，后处理不好容易划伤使用者的皮肤，而且价格较高。铝合金拉链与同型号的铜质拉链相比，其强力性能略差，但经过表面处理后可达到仿铜和多色彩的装饰效果，且价格比铜质拉链低。铜质拉链主要用于高档的夹克衫、皮衣、滑雪服、羽绒服、牛仔服装等。铝质拉链主要用于中低档的夹克衫、牛仔服、休闲服、童装等。

根据服装的款式选择拉链。除了要满足服装使用中的强力要求以及服装对辅料的兼容要求以外，还必须根据穿着者的消费层次、服装使用的不同部位来合理地选用不同的拉链。例如，上衣的门襟处就应选用开尾拉链，而上衣较长需要考虑到穿着者下蹲则可选用双开尾拉链。一般而言，在衣裤的口袋、裤子门襟、女连衣裙等部位应选用闭尾拉链。有些时髦装需要正反两面都可以穿，则门襟上可选用回转式拉头、单头双片拉头及双头双片拉头的开尾拉链。女式裤及裙子面料较薄，同时考虑时尚和流行元素，则可选用隐形拉链或双骨拉链，特别是带蕾丝带的隐形拉链。在裤子的门襟上也可采用反装拉头的尼龙闭尾拉链，可起到类似隐形拉链的作用。

根据服装的颜色和装饰性选择拉链。考虑到服装设计中面料与辅料在颜色上的协调性，就需要选择与面料色泽相一致的拉链，使主料与辅料达到浑然一体的效果。有时需要使主料与辅料颜色产生强烈的对比效果，此时就应选择差异性较大的颜色。在拉链行业有通用的拉链色卡，以便于服装生产厂家选择各种颜色的拉链。

根据服装设计要求合理地选择拉链。根据服装本身的大小以及在服装不同的部位，选择适宜的拉链长度。例如，在口袋上一般选用闭尾拉链，其长度宜取允许的下偏差，不可取上偏差等。

拉链在使用时应注意三点：一是要正确地选用拉链，因为拉链的种类和品种很多，只有选择合适的拉链才能为服装增加光彩；二是要正确地检验拉链，由于拉链关系到服装的功能性，只有合格的拉链才能保证达到服装设计的要求；三是要正确地使用拉链，这涉及拉链的安装、保护和使用问题。

尼龙搭扣又称尼龙搭扣带、锦纶搭扣带、魔术贴、粘扣带等。它是由尼龙钩带和尼龙绒带两部分组成的连接用带织物，作搭扣用的带织物是由锦纶钩面带与锦纶圈面带（绒带）组成的带织物结构，如图3-4所示。

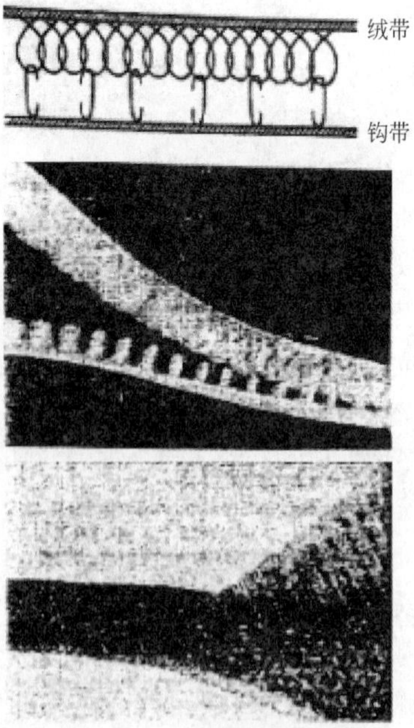

常用锦纶为原料，由平纹地组织与成圈组织织成。钩面带用0.22～0.25mm直径的锦纶单丝成圈，经热定型、涂胶、刻割成钩等处理，具有硬挺直立而不易变形的钩子。圈面带用333dtex×12f（300den×12f）锦纶复丝成圈，经热定型、涂胶磨绒处理，获得浓密柔软的圈状结构。将两根带织物的绒面与钩面贴合后轻轻挤压，毛圈则被钩住，只能从头端向外稍用力拉时才能撕开，可代替纽扣、拉链等连接配件。使用十分方便、省时、快捷，并且在缝件上柔软。主要用作服装、背包、袋子、安全装备、皮件、手套、帐篷、降落伞、垂帘、布幔、运动用具、医疗器具等的连接配件。

尼龙搭扣带的原理十分简单，它是由尼龙丝织成的带织物，一种带织物表面织有许多毛圈（简称"绒面"），另一种带织物表面织有许多均匀小钩子（简称"钩面"），只要将这两种带子对齐后轻轻挤压，毛圈就被钩住，只能从搭扣的头端向外稍用力拉时才能撕开，因此，它能起到连接作用，以代替纽扣、拉链等的连接材料，其特点是使用十分方便、省时、快捷，并且在缝件上柔软。

图3-4 尼龙搭扣带示意

39. 缝出精彩的缝纫线

缝纫线是指用于缝纫机或手工缝合纺织材料、塑料、皮革制品和缝钉书刊的多股线。缝纫线必须具备可缝性、耐用性和外观质量。通常要求强力高，条干均匀，捻度适中，结头少，润滑柔软，弹性好，以适应服装类的高速缝纫以及鞋帽、篷帆和皮革等缝料的缝制。

缝纫线品种较多，按原料分有天然纤维型（如棉线、麻线、丝线等）、化纤型（如涤纶线、锦纶线、维纶线、人造丝线等）和混合型（如涤棉混纺线、涤棉包芯线等）。按卷装形式分有绞线、木纱团、纸芯线、纸板线、线球、线圈、宝塔线等。根据用途一般分为民用和工业用两种。民用缝纫线以小卷装为主，长度为 50～1000m；工业用缝纫线多为大卷装，长度为 1000～11000m，也有数万米的。缝纫线使用的单纱一般为 7.3～64.8tex（9～80Ne）。合股数有 2 股、3 股、4 股、6 股、9 股，最高为 12 股。以捻线外接圆为基准，在通常情况下，这个圆内的纤维充实度 2 股线为 0.50，3 股线为 0.65，4 股线为 0.69，6 股线为 0.78，股数越多，充实度越高。但 3 股以上的充实度提高并不快。从经济性和合理性考虑，常用缝纫线多用 3 股结构。2 股线稳定性较差，强力不够。2 合股用于轻薄织物，4 合股以上多用于皮革、制鞋、篷帆、书刊、装订等非纺织工业。为适应服装工业缝纫机的高速缝制，在生产中必须设法减少结头，可采用大卷装生产工艺。加强缝纫线后处理润滑，是提高缝纫线质量的关键。对棉线一般是上蜡，对涤纶线、锦纶线常是上硅油乳液，常用的处理方法有接触法与浸渍法两种。

以下主要介绍棉缝纫线、蚕丝缝纫线、涤棉缝纫线、锦纶缝纫线、涤纶缝纫线、包芯缝纫线等。

(1) 棉缝纫线 俗称棉线，是由棉纱制成的缝纫线。采用品质较好的普梳纱或精梳纱（7.3～64.8tex）一次或两次合股并捻而成，不同线密度的单纱及不同捻向与不同股数可组合成不同规格的棉线。

棉缝纫线按加工工艺与外观可分为无光缝纫线、丝光缝纫线和蜡光缝纫线三种。棉线的卷装形式主要有木纱团、纸纱团和宝塔线三种。绕在木芯上的称木纱团，长度为 183～914m；绕在纸芯上的叫纸芯线或纸纱团，长度为 46～914m；绕在纸质或塑料塔筒上的是宝塔线，长度为 1000～11000m 不等，也有数万米的。木纱团和纸纱团为家庭与小批量服装生产用的小卷装形式，宝塔线为工业高速缝纫机用的大卷装形式。棉缝纫线一般具有条干均匀、强力高、色谱齐全、手感柔软等特点。可用于服装、棉针织品、毛巾、床单、皮革制品、鞋帽等的缝制，是缝纫线中应用最广的品种。

① 无光缝纫线是指不经过烧毛、丝光、上浆等处理的棉缝纫线。原纱经过并纱、捻线、络筒、漂染（或成绞漂染）、卷装，即可作为成品出厂。分为本色、漂白、染色三种。一般也做一定的柔软处理。这种棉线基本上保持了原棉纤维的特性，表面较毛，光泽暗淡，因此称为无光线或毛线。该线线质柔软，延伸性及耐疲劳性较好，通过织物时摩擦阻力较大，适用于低速缝纫或对缝纫线外观质量要求不高的场合。

② 丝光缝纫线是指经过丝光处理的棉缝纫线。常用原料为 7.5tex、10tex、12tex、14tex、15tex、16tex、20tex 棉纱，股数较多采用 2 股、3 股、4 股、6 股。在一定张力下用氢氧化钠（烧碱）溶液进行丝光处理后，再洗去碱液，棉纤维会发生物理变化，天然卷曲消失，纤维膨胀使直径增大，横截面近似于圆形，增加了对光线的有规律反射，呈现天然丝质般光泽。经丝光处理的棉线，不仅表面光滑，而且还能提高强力与对染料的吸附能力。由于纤维中分子排列紧密，强度较无光棉高，伸长率较低（约为 4%，低于无光棉），缩水率在棉线中最低（为 1.5%～2%），染色性能较好，线质柔软、美观，表面光滑，色泽鲜艳，适用于缝制中高档棉制品。丝光线可分为本色、漂白和染色三种。

③ 蜡光缝纫线是指经上浆、上蜡和刷光处理的棉缝纫线。卷装形式有绞线、宝塔线、纸纱团、木纱团、筒线、纸板线等。常用原料为 10tex、14tex、18tex、28tex、36tex 棉纱，股数为 2～6 股或 9 股。基本生产工艺流程为：无光线→上浆（施浆上蜡）→烘燥、刷光。经过蜡光处理，无光线表面的茸毛（毛羽）黏附于线的表面，有规则地倒向一边，浆料渗入线内，并在表面形成一层薄膜，从而减少了摩擦阻力，强度比无光线提高 10% 以上，这样在高速缝纫时就不易断线。线的外观光滑，耐磨性也好，有一定的硬挺感。伸长率在 5% 左右。但由于线是在张力下生产的，缩水率较大，线缝易起皱。

（2）蚕丝缝纫线　是指使用天然蚕丝制得的缝纫线。其线密度比棉、麻、毛都小，且是长丝结构，分子取向性较强，富有光泽。线质滑爽，手感柔软，光泽柔和，可缝性好。蚕丝线的干强度高于棉线而湿强度低于棉线，伸长率较大，为 15%～25%，弹性好，缝制的针迹丰满挺括，不易皱缩，但易霉变，不耐日晒，能耐弱酸，但不耐强酸，耐碱性也差。原料为桑蚕丝，单根蚕丝线密度为 2.7～3.8dtex（2.4～3.4den），经多根缫丝后获得厂丝，线密度为 22.2～24.4dtex（20～22den），多股无捻或加捻的厂丝再经过 2 股或 3 股并捻，就制得了蚕丝缝纫线。

蚕丝缝纫线的主要规格与用途列举如下：（22.2～24.4dtex）×7×2［(20～22den)×7×2］为 7 根厂丝、2 股并捻，俗称细衣线，主要供缝制各种高级丝绸服装；（22.2～24.4dtex）×11×3［(20～22den)×11×3］，俗称细纽扣线，用于机器锁纽、钉扣；（22.2～24.4dtex）×16×2［(20～22den)×16×2］，俗称粗衣线，用于缝制高级呢绒服装；（22.2～24.4dtex）×21×2［(20～22den)×21×2］，俗称粗纽扣线，用于手工锁纽、钉扣；（22.2～24.4dtex）×26×2［(20～22den)×26×2］，俗称缝被线，用于缝真丝被面等；（22.2～24.4dtex）×7×3［(20～22den)×7×3］，俗称皮革线，为皮革行业的传统用线，现逐渐被涤纶长丝线等取代。

（3）涤棉缝纫线　是指采用涤纶与棉纤维混纺制成的缝纫线。一般含涤纶 65%、棉 35%。由 8.5tex 或 10tex 或 13tex 的单纱 3 股并捻制成，捻向为 ZS 或 SZ。涤纶强度高，耐磨性好，但耐热性较差；棉却有耐热的优点。涤棉混纺线兼有二者的优点，其撕裂强度比同规格的棉线高，耐磨性好，一般可适用于转速达 4000r/min 的工业缝纫机，缝纫的针脚平挺，缩水率仅 1% 左右。由于涤纶丝的发展，涤棉线大部分为涤纶线所取代，只有少量用作拷边以代替细的棉线。卷装形式有宝塔线和线圈两种。

（4）锦纶缝纫线　又称尼龙缝纫线。采用锦纶 6 或锦纶 66 长丝为原料制作而成。锦纶线的耐磨性与干态强度均居化纤线类之冠，湿强度仅低于丙纶，伸长率为 20%～35%，耐碱而不耐酸，耐挠曲性好，圈结强力高，且耐腐蚀，几乎不受微生物的影响，不会霉变和蛀蚀。不足之处是耐热性较差，不适应高速缝纫，耐光性欠佳，长期日晒后会泛黄，强度下降。锦纶缝纫线的原料为锦纶 6 和锦纶 66 的长丝，有单丝、复丝和变形丝三种，相应生产出锦纶单丝缝纫线、锦纶复丝缝纫线和锦纶弹力缝纫线。锦纶缝纫线线质光滑，有丝质光泽，弹性较好。锦纶 6 缝纫线强力高，耐磨，可用于制鞋、皮革缝制。锦纶 66 缝纫线的熔点高于锦纶 6，耐热性近似涤纶，可用于工作服、针织外衣、西裤的缝制。变形弹力锦纶缝纫线的弹性较好，可用于针织内衣裤、长筒丝袜等弹性织物的缝制。

锦纶单丝缝纫线是一种透明的锦纶缝纫线，可适用于任何色泽的缝制物。透明线一般有无色、浅烟色与深烟色三种色泽。一般浅色织物用无色透明线，深色织物用烟色线。透明线的线质较硬，不适用于服装的缝制，故使用范围不广，但该线弹性好，耐拉耐磨，不易断裂。原料采用 133.2～699.3dtex（120～630den）的锦纶 6 或锦纶 66 单根成线。单丝透明度在 70% 左右，经处理可达 85% 以上。卷绕成菠萝锭形。

锦纶复丝缝纫线是指采用锦纶6或锦纶66复丝制得的缝纫线。使用的原料有55.5dtex（50den）、77.7dtex（70den）、99.9dtex（90den）、116.5dtex（105den）、122.1dtex（110den）、133.2dtex（120den）、155.4dtex（140den）、233.1dtex（210den）、288.6dtex（260den）等锦纶复丝线，并捻股数有3股、6股、9股等，捻度为34～40捻/10cm，常用3股，捻向为SZ。产品弹性好，有丝质光泽，手感滑爽、柔软，是锦纶缝纫线中使用广泛的一个品种。

锦纶弹力缝纫线是采用锦纶6或锦纶66的变形弹力长丝制得的缝纫线。锦纶长丝经假捻变形处理后，变得蓬松而有弹性。并捻成线后再染成各种颜色。原料通常用78dtex（70den）、122dtex（110den）等变形锦纶长丝，一般为2股并捻。主要用于使用中伸缩性较大的弹性织物，如针织物、内衣裤、泳衣、长筒袜、紧身衣裤等。

（5）涤纶缝纫线　是指以涤纶制作的缝纫线。用涤纶短纤维生产的称为涤纶短纤维缝纫线，缝纫特性与棉线接近，单纱线密度为7.5～30tex，3合股，捻向为SZ。用有光短纤生产的线光泽较好，用无光短纤生产的线光泽暗淡，也有用两种短纤混纺的。用涤纶长丝生产的称为涤纶长丝缝纫线，分为单丝线、复丝线与变形丝线，常用的长丝线密度为78dtex（70den）、83dtex（75den）、111dtex（100den）、167dtex（150den）等。用涤纶变形长丝生产的称为涤纶低弹丝缝纫线。

涤纶是一种品质优良的化学纤维，用它制成的缝纫线强力高，在各类缝纫线中仅次于锦纶线，而且湿态时不会降低强度，缩水率很低，经过适当的定型后收缩率小于1%，因此缝制的线迹能始终保持平挺美观，无皱缩。耐磨性仅次于锦纶，回潮率低，有良好的耐高温性、耐低温性、耐光性和耐水性。在-40℃低温下或120～130℃高温处理后，其强度无明显变化。耐酸不耐碱。因此，涤纶线是使用极为广泛的品种，在不少场合取代了棉线。涤纶线的缺点是耐熔融性比棉线差，在高速缝纫时，瞬时的针温要超过400℃，若不采取有效的后处理则易断头，通常是采用有机硅油或硅蜡等后处理，以适应高速缝纫的需要。硅油等的作用是在涤纶线表面形成一层薄膜，成为一种热的屏障，可改善线的耐热性，避免高速熔融断头，这层薄膜又有减摩作用，可提高线的润滑性。涤纶线用途十分广泛，可用于棉织物、化纤织物与混纺织物的服装缝制，也可用于缝制针织外衣。特制的涤纶线还是鞋帽、皮革行业的优良用线。

涤纶短纤维缝纫线是指由涤纶短纤维纺制的缝纫线。因外形与棉线相似，故又称仿棉型涤纶线。线质柔软，强力高，耐磨性好，是使用最广的一种缝纫线。卷装形式有宝塔线和线圈两种。

涤纶长丝缝纫线是指用涤纶长丝为原料制成的缝纫线，是一种仿蚕丝型的缝纫线。由束丝直接纺制而成，长丝不用切断，其强度较短纤维高。对以缝纫线强度为主要要求的产品，如缝制皮鞋等，可用长丝缝纫线，新款聚酯拉链也需要使用高强度、低伸长率的涤纶长丝缝纫线与之配套。该线具有丝质光泽、线质柔软、可缝性好、线迹挺括、物理与化学性质稳定、耐磨而不霉变等特点。涤纶长丝线可分为单丝线、复丝线与变形丝线，以适应不同品种的缝制需要。其实用性优于蚕丝线，已被我国制鞋工业列为标准用线，也可用于缝制拉链、皮制品和手套、滑雪服等强力要求高的产品。

涤纶低弹丝缝纫线是指采用涤纶变形长丝制作的缝纫线。涤纶长丝经假捻等变形加工及低弹变形处理后，具有低弹卷曲性能，伸长率为15%～40%，伸长恢复率达90%以上。制成的涤纶线经硅油处理，表面光滑，有丝一般光泽，弹性较好，能与弹性织物配套缝纫，针迹平挺美观，是一种较为理想的专用缝纫线。主要用于缝制弹性织物，如针织涤纶外衣、腈纶运动服、锦纶滑雪服等，也可代替传统的蚕丝缝纫线。

（6）包芯缝纫线　是指用包芯纱制成的缝纫线。包芯纱一般由两种纤维组成。包芯的方法有两种：一是长丝包在纤维芯纱上；二是短纤维纱包在长丝芯纱上。用作缝纫线包芯纱一般采用长丝（复丝）为芯纱，外面包以短纤维。用这种成纱结构的包芯纱制得缝纫线，可以兼备芯纱与包纱两者的

优点，从而形成一种品质极为优良的缝纫线，能适应工业高速缝纫使用，包芯线的强度主要取决于芯纱性能，而摩擦与耐热性能取决于包纱。该缝纫线条干均匀，耐磨，线质柔软，可缝性好。

包芯缝纫线的原料为化学纤维与天然纤维，可构成多个品种。用不同的原料作芯纱与包纱，可制得不同的包芯线。以涤纶复丝为芯纱，外包棉纤维、涤纶短纤维或黏胶短纤维，可纺成涤棉包芯纱、涤涤包芯纱或涤黏包芯纱。以锦纶束丝为芯纱，包以棉纤维或黏胶纤维，又可制成锦棉包芯纱与锦黏包芯纱，其中以涤棉包芯纱最为常用，一般采用 2 股并捻加工成缝纫线。主要用于缝制各类织物，如各种服装外套、衬衫、鞋帽等，尤其可用于缝制厚实材料，如衬衫硬领等。

40. 绣出精彩的绣花线

绣花线是用优质天然纤维或化学纤维经纺纱加工而成的供刺绣用的工艺装饰线，品种繁多，依原料可分为丝绣花线、毛绣花线、棉绣花线、人造丝绣花线、涤纶绣花线、腈纶绣花线等。丝绣花线是用真丝或人造丝制成的，大都用于绸缎绣花，绣品色泽鲜艳，光彩夺目，是一种装饰佳品，但强力低，不耐洗、晒。毛绣花线用羊毛或毛混纺纱线制成，一般绣于呢绒、麻织物或羊毛衫上，绣品色泽柔和，质地松软，富于立体感，俗称绒绣，但光泽较差，易褪色，不耐洗。棉绣花线是用精梳丝光棉纱制成，强力高，条干均匀，色泽鲜艳，色谱齐全，光泽好，耐洗、耐晒，不起毛，常绣于棉布、麻布、人造纤维织物上，美观大方，价格便宜，应用较为广泛。中国的棉绣花线分为细支和粗支两种：细支适宜于机绣，也可用于手绣，绣面精致美观；粗支只可手绣，绣工省，效率高，但绣面比较粗糙。人造丝绣花线质地柔软，表现滑爽，手感像天然丝线。染色性好，光亮度强，但强力低，可用于薄型织物的手绣与机绣，如枕套、裙衫、鞋面、手帕等。腈纶绣花线色泽鲜艳，手感柔软，不怕晒，日晒色牢度好，适宜用于童装和腈纶针织衣裙的刺绣。涤纶除了制成绣花线，还可加工成金银线。

丝绣花线是以蚕丝为原料制得的绣花线，常用于高档绣品，如被称为中国四大名绣的苏绣、湘绣、蜀绣、粤绣均采用蚕丝绣花线。其特点是有悦目的光泽，也易于染成各种鲜艳的色彩，制得的绣品十分华美，线质比棉绣花线更为光洁滑爽，可缝性好，但耐热性、耐洗涤性不如棉绣花线，而且易吸湿霉变，应加强保管和正确使用。丝绣花线的原料主要用桑蚕丝，去除丝胶后按线类加工要求进行生产。

用作绣花线的蚕丝必须经精练，去除丝胶、杂质及部分色素，使其有良好的白度与渗透性，便于漂染。通常是精练与漂白同时进行。对白度要求高的丝线，还可进行加白处理，以防止泛黄。宜用酸性染料或直接染料染色，并经柔软与上光处理，以增加其柔软度与光洁度。为了取得优异的刺绣效果，有时还需要采用不同粗细、不同色泽的丝线以增加其层次感与立体感。

棉绣花线是以棉纤维为原料制成的绣花线。一般为丝光棉绣花线，其光泽与蚕丝相仿，缩水率低于蚕丝线，染色性能稳定，色泽鲜艳，染色牢度优于丝线，但光洁滑爽逊于丝线。

原料主要采用精梳 19.4tex、29.2tex、64.8tex 与普梳 18.2tex 棉纱，2 股或 12 股并捻。在生产中，为了保证线体的光洁性，一般都要经过烧毛工序，以改善外观，提高刺绣（尤其是手绣）时的耐磨性。为了取得优良的丝光与染色性能，绣花线需要经过练漂，并用增白剂加白，尽可能去除天然色素，以求白线洁白与染色色泽鲜艳。丝光处理是棉绣花线最主要的工艺，根据需要，有的品种可进行两次丝光。主要规格与用途列举如下：18.2tex×2（32Ne/2），用于各种薄型织物的刺绣；18.2tex×12（32Ne/12），用于较厚织物的手绣，也可用作编织线；19.4tex×2（30Ne/2），用于各种薄型织物的刺绣；19.4tex×12（30Ne/12），用于较厚织物的手绣，也可用作编织线；64.8tex×2

（9Ne/2），用于编织、刺绣、缝制牛仔裤等。

毛绣花线是用羊毛纤维制得的绣花线，线体较粗，与一般绒线相同。毛绣花线柔软蓬松，富有弹性，毛型感强，可染成各种颜色，色谱齐全，色彩艳丽。性能与绒线相同，可在组织较粗、孔隙较大的麻布底坯上作满地绣或仿绣名画，线条粗犷厚实，具有独特的粗犷美感。原料主要采用 90.9tex 全澳毛 4 股并捻。由于澳毛富有天然卷曲性与弹性，染色后不需要进行柔软与增弹处理。线的主要规格为 90.9tex×4（11Nm/4）彩帷绒，每 500g 分成 8 绞，每绞有 122 根。在服装上用的毛绣花线大多直接采用针织绒。毛绣花线一般用于手绣。

人造丝绣花线是用人造丝加捻后制得的绣花线。其特点是质地柔软、表面滑爽，手感与天然丝相似，对染料吸收能力比棉纱强，可染成各种艳丽的颜色，光亮高于蚕丝线。缺点是强力很低，湿强度更差，仅有干强度的 60%左右，不耐磨，不耐酸碱。刺绣中容易断头，绣品不宜多洗，实用性较差。原料使用 133.2dtex 和 266.4dtex（120den 和 240den）有光黏胶长丝，2 股并捻。制线过程比棉绣花线简单，不必经过烧毛、煮练、漂白等工作，也不需上光。主要规格有：133.2tex×2（120den×2），用于薄型织物手绣与机绣；266.4tex×2（240den×2），用于中薄型织物手绣。人造丝绣花线可绣于由特丽纶、华春纺、真丝双绉等制作的服装、枕套上，也可绣于工艺鞋面、手帕上。

腈纶绣花线是用腈纶为原料制得的绣花线，大多为针织绒。该线色谱较少，不能代替羊毛绣花线使用。其缺点是吸湿性较差，不宜用于内衣绣花。腈纶绒具有较好的白度，制线时无须再漂白，可直接进行膨化，染后还需做柔软处理。生产工艺同绒线。主要用于童装及腈纶针织衣裙的刺绣。

涤纶绣花线采用 14.1～35.5tex（16～42Ne）的涤纶长丝，经染色或原液着色加工而成，多以宝塔形包装成型，长度 1100～5000m，适宜用于机绣。

41. 衬托服装之美的机织花边

机织花边是以织造的方式呈现各种花纹图案作装饰用的薄型带织物，用作服装及家用纺织品镶边的装饰带。所用的原料有棉线、蚕丝、黏胶丝、锦纶丝、涤纶丝、金银线等，个别品种还使用丝或棉的包芯氨纶线。以织造方式可分为机织花边、针织花边、编织花边和刺绣花边四类。形式多样，有平边、牙边（又分为单牙边和双牙边）、波浪边、水浪边、双梅边、鱼鳞边、蜈蚣边等。

（1）机织花边 机织花边是指由织机的提花机构控制经线与纬线相互垂直交织的花边。通常是以棉线、蚕丝、锦纶丝、人造丝、金银线、涤纶丝、腈纶丝为原料，采用平纹、斜纹、缎纹和小提花等组织在有梭或无梭织机上用色织工艺织制而成。可多条同时织制或独幅织制后用电热切割分条制成。常见品种有纯棉花边、棉腈交织花边等。机织花边具有质地紧密、色彩绚丽丰富、富有艺术感和立体感等特点，适用于各种服装与其他织物制品的边沿装饰。

纯棉花边采用染色棉线作经纬线。底经底纬采用细特纱单股线。花经花纬采用中、细特纱双股线，特殊的可用粗特纱三股线。底组织以平纹为主，也有少数运用蜂巢等小花纹组织。花组织以缎纹为主，也可采用一些特殊组织。纯棉花边质地坚牢，耐洗耐磨，色彩绚丽，有立体感。主要用于地毯、挂毯、被单、服装、鞋子、背带等的沿边装饰。

丝、纱交织的花边在中国少数民族服饰中使用较多，故又称民族花边。图案大都是吉祥如意、庆丰收等具有民族特色的内容。织造时一般采用染色人造丝 133.3～555.5dtex（120～500den）和染色棉线（18.5～7tex）×2（32Ne/2～80Ne/2）双股线。地组织以平纹为主，花组织以缎纹为主，两侧的边组织则采用缎纹或斜纹。常见品种一般以棉或低捻的 277.8～555.5dtex（250～500den）人造丝作经，用以提花（人造丝多用作花经），无捻人造丝作纬织制。该花边质地坚牢，色泽鲜艳，但不耐洗。主要用于少数民族服装的装饰，也可用于鞋帽、童装、台布、家具、盖面布的缀边及妇女的头带。

尼龙花边是以锦纶丝和弹力锦纶丝为原料，地组织采用平纹，花组织可根据花纹图案的不同要求选用斜纹或缎纹，采用 22.2～50dtex（20～45den）锦纶丝作底经或底纬，用 77.8dtex（70den）或 133.3dtex（120den）弹力锦纶丝作花纬，在提花织机上织成后经湿热定型而成。多数的边组织制成牙口状使边沿具有较活泼的线条美。产品轻薄透明，色泽艳丽，光泽柔和。用于各种服装、童袜、帽子、家具布等的装饰。

(2) 针织花边 针织花边由经编机织制，故又称经编花边。采用 33.3～77.8dtex（30～70den）的锦纶丝、涤纶丝、黏胶人造丝为原料，俗称经编尼龙花边。其制作过程是舌针使用经线成圈，导纱梳栉控制花经编织图案，经过定型加工处理开条即成花边。地组织一般采用六角网眼，独幅编织。坯布经漂白、定型后分条，分条宽度一般在 10mm 以上。也可色织成各种彩条彩格，花边上无花纹图案。这种花边的特点是质地稀疏、轻薄，网状透明，色泽柔和，但多洗易变形。主要用作服装、帽子、台布等的饰边。

爱丽纱是指狭条形棉或腈纶花边。它是经编网眼织物，一边是平的，另一边呈尖圆小牙口。采用 18tex×2（32Ne/2）棉线或腈纶线织制。带身柔软，外观漂亮。主要用于童装、内衣、枕套、玩具等作饰边。

(3) 编织花边 编织花边又称线花边，是指采用编织的方法制成的花边。编织花边分为机械编织花边和手工编织花边两种。

① 机械编织花边。机械编织花边主要采用 13.9～5.8dtex（42～100Ne）全棉漂白，色纱为经纱，纬纱采用棉、人造丝、金银线，通常以平纹、经起花、纬起花组织交织成各种色彩鲜艳的花边，一般是锭子越多，编织的花型越大，花边越宽。花边的宽度为 10～60mm 不等。花边一般是采用单色为主，造型以带状牙口边为主，以牙口边的大小、弯曲程度和间隔变化来改变花边的造型，成品多呈孔式，质地疏松，品种有较大的局限性。

② 手工编织花边。手工编织花边大多为我国传统的工艺品。一般以棉线、腈纶、涤纶、锦纶等纱线为原料。这类产品具有质地松软、多呈网状、花型繁多等特点，但花边的整齐度不如机编花边，生产效率低下。

在目前的花边品种中，编织花边属于档次较高的一类，它可作为时装、礼服、衬衫、内衣、内裤、睡衣、睡袍、童装、羊毛衫、披肩等各类服装服饰的装饰性辅料。

(4) 刺绣花边 刺绣花边主要用于嵌条、镶边等装饰，特种花边还可用作高级服装的辅料。刺绣花边可分为机绣花边、手绣花边和水溶性花边三类。

① 机绣花边。机绣花边采用自动绣花机绣制，即在提花机构控制下使坯布上获得条形花纹图案，生产效率高。各种原料的织物均可作为机绣坯布，但以薄型织物居多，尤以棉和人造棉织物效果最好。

② 手绣花边。手绣花边是中国传统手工艺品，生产效率低，绣纹常易产生不匀现象，绣品之间也会参差不齐。但是，对于花纹过于复杂、彩色较多、花回较长的花边，仍非手工莫属，而手绣花边比机绣花边更富于立体感。

③ 水溶性花边。水溶性花边是刺绣花边中的一大类，它以水溶性非织造布为底布，用黏胶长丝作绣花线，通过电脑平板刺绣在底布上，再经热水处理使水溶性非织造布溶化，留下具有立体感的花边。

服装与花边的关系，犹如红花与绿叶。常言道"红花须得绿叶衬"，服装上巧妙搭配的花边，不仅能给服装锦上添花，而且能体现服装的品质之美、艺术之美。现在时尚服装上所搭配的无外乎都是这几类机织花边。

FUZHUANG

第四篇　服装篇

　　随着我国开放的推进，西洋文化源源传入，随之而来的西式服装也传入中国，中西合璧，形成了中国现代服装。

　　服装的制作和消费涉及技术、艺术、文化、卫生、美学、心理学和市场学等众多学科。其制作过程包括设计、选择材料和加工成形三个部分。服装设计是通过艺术构思和穿着者特征来确定款式造型、选料等，并加以形态化的学科。服装材料是制作服装的重要组成部分，一般有棉、毛、麻、丝、化纤等织物以及毛皮、皮革、人造革等，这些材料应具有一定的保温、透气、吸湿等性能。服装加工工艺主要包括裁剪、缝纫、熨烫等方面的工艺。在制作过程中，还要参照有关服装的标准，如服装号型系列，以适应不同的体型。

　　现代服装品种繁多，一般有以下几种分类方法。按穿着用途分，有日常生活服装（包括时装和民族服装）和专用服装。前者可分为上衣、裤、裙、衫、袄、袍、套装、大衣、披风、风雨衣等；后者可分为礼服、职业服、运动服、舞台服等。按服装面料分，有棉布服装、麻布服装、毛呢服装、丝绸服装、化纤服装、针织服装、混纺服装、裘皮服装、羽绒服等。按穿用季节分，有春秋装、夏装和冬装。按穿者对象分，有男装、女装、童装、中老年服装等。其中，童装又可分为婴儿装（又称宝宝装）、幼童装、中童装、大童装。按工艺特点分，有缝制服装、编织服装（如毛衣）、工艺装饰服装等。按结构形式分，有中式服装，西式服装和中西式服装等。按织物品种分，有机织服装和针织服装等。

　　服装的主要功能有保护性、美饰性、遮羞性、调节性、舒适性和标识性等，这是当今社会人们在选购服装时必须考虑的内容，而特殊服装除了要满足上述这些功能以外，还特别强调其中某些核心功能。如军用服装、航天员服装等，特别注重保护性；职业服特别强调标识性；演出服除了关注标识性外，还注重美饰性。也就是说，特殊服装除了要满足普通服装的功能性外，还要特别强调和关注某一方面的功能，它是供从事某种特殊职业的人群穿着的专业服装。

42. 唯着绛衲两当衫——内衣

内衣是指紧贴人体皮肤表面穿着的衣服，它具有吸汗、矫形、衬托身体、保暖及不受来自身体的污秽危害的作用。它的品种很多，如衬衣、衬裤、三角裤、抹胸、胸罩、汗衫、背心乃至肚兜、棉毛衫裤等都是内衣家庭的成员。内衣按其功能的不同可分为贴身内衣、补正内衣和装饰内衣三类。贴身内衣是指接触皮肤、穿在最里面的衣服，如汗衫、背心、内裤等；补正内衣是指弥补人体缺陷、增加人体曲线美的衣物，如胸罩、腹带、束腰、臀垫、裙撑等；装饰内衣是指穿在贴身内衣与外衣裙之间的衬装，它能衬托外衣的完善，还能使外衣裙穿脱时光滑，行走时不贴体，如蕾丝内衣、连胸长衬裙、短衬裙等。

内衣的材质大多选用针织品，但也有一些是由机织物缝制成的，均以天然纤维为主。因为天然纤维具有轻、薄、细、爽的特点，是内衣的理想材质。针织内衣分为汗衫裤、棉毛衫裤、绒衫裤三大类，每一类根据其原料、坯布组织、成衣式样、加工方式等又可分为许多种类。

随着化纤工业的发展和产量的提高，也有部分内衣采用化纤为原料。例如，黏胶人造丝汗衫、背心、三角裤等；锦纶丝汗衫裤、锦黏混纺棉毛衫裤、锦棉混纺汗衫衣裤和棉毛衫裤；维棉混纺汗衫裤；腈纶棉毛衫裤、腈纶与棉交织绒衣裤；氯棉混纺棉毛衫裤等。

由于内衣是紧贴人体皮肤表面穿着的衣服，特别是在强调"以人为本"的今天，绿色环保内衣已成为人们的追求，穿出健康已成为人们穿衣的主题，因此内衣必须具有良好的保暖、吸汗、透气、防污等性能。其功能除了保持身体表面卫生、防止沾污外装以外，还把它作为外装的内衬，对体态进行美容补正，使外装穿着容易等。因此，在选择材质时，应选用易吸湿透气、保暖性好、弹性佳、质轻坚牢、易洗快干的面料。为了确保人体的健康，在染整加工过程中，要避免使用甲醛树脂、有机汞、有机锡、酚醛、硫酸酯、多元醇脂肪酸酯等有害化学物质，当内衣上含有这些物质超过一定量时容易引起过敏性皮炎。在购买时，最好用鼻子闻一闻，不能有刺激性的气味。为了万无一失，购买内衣后，最好投入清水中浸泡数小时，然后用干净水冲洗2～3遍。经过这样的处理，不仅可除去残留在内衣上的有害化学物质，而且还可以使新购内衣更加柔软，穿着更为舒适和健康。

随着科学技术的发展和人民生活质量的提高，内衣在服饰中所处的地位得到了很大的提升，档次也有所提高。在国内外市场上，保暖内衣和减肥内衣成为内衣市场上的两个亮点。国内各厂家相继推出了形形色色的保暖、保健内衣，逐渐成为人们所关注的消费热点之一。在内衣功能的创新性和多样性方面，不断研制开发出新产品，其特点是大多采用几丁质生命要素的高新科技成果，与磁疗纤维、远红外纤维、莱卡纤维等新材料相结合，把女性最为关注的丰胸、减肥、提臀、排毒等健美的时尚与养生保健功能融入一套轻柔舒适的内衣之中，在贴身内衣的呵护之下，变得更加健康、美丽，永葆青春活力。在"人人享有健康"理念的倡导下，有必要重新审视女性美和内衣功能如何有机地结合。因为任何时髦的内衣服饰终会过时，而漂亮的形体永远令人羡慕。根据这一理念，设计师们牢牢把握"以人为本"的设计思想，一改过去以影响和牺牲女性健康为代价的"挤、压、捆、绑、托"等传统的塑形方法，突出健康活力是女性美的真谛，并把中医药学、人体工程学、生命能量学、脊柱经络学等原理引入这一领域，以全新的设计理念与方法，不断开发出女性内衣的美体功能和保健功能，使薄薄的内衣质料给女性带来美和健康的享受。通过内衣的科学设计，使穿用者获得健康的脊柱，丰胸缩腰，身材凹凸有致，并改善微循环，通络排毒，增强活力，也有助于许多女性疾病的预防与治疗。在国际市场上，减肥内衣受到人们的青睐，给肥胖者带来了福音。众所周知，人体中的水分是造成肥胖的原因之一，人们从拳击和举重运动员通过洗桑拿浴大量出汗可在短时间内明显减轻体重的事实中得到启发，各种减肥紧身内衣就应运而生。据说有一种内衣是采用法国生产的合成纤维加工制成，其保暖性要比棉制品高 3 倍，穿后可使人体大量出汗，从而达到减肥的目的。

随着人们对审美理念的深化与提升，设计师们通过大胆的构思和创新，把内衣设计成既富于艺术魅力又与人们生活紧密联系，出现了以内衣特征设计为外衣穿着的风尚，主要表现为把胸衣、花边内裤用于外衣中，作为外衣的构成元素，给人以一种特殊的印象。随着高科技的发展、人民生活水平的提高和审美情趣的提升，或是健康保健的需要，功能更多、更加美丽舒适的内衣不断出现。在内衣上点缀一些精巧的装饰物，会给人一种轻巧的感觉，柔软、透明的面料可产生奶油般的手感，再加上花朵和折枝图案的花边彼此重叠，穿上后令人心旷神怡。内衣的魅力还在于新鲜和自然，各种流行色调可激起意外的欲望，特别是有东方异国情调的绣花的巴厘纱和透明薄纱、蕾丝花边，繁花似锦的绣花，加上闪光面料和丝薄透明纱搭配，或是针织面料的厚薄组合，可产生强烈的对比和情趣，具有强烈的诱惑。多彩是现代生活赋予内衣的审美观，使其具有最神秘的深色调和最佳的图画效果。其装饰性与性感程度和舒适性一样出色，如具有水彩效果的印花、多功能的文胸、深色的蕾丝。在设计上，从低领上装到饰有荷叶或滚边的低腰下装，明亮的底色和戏剧性对比色调的运用，主要是强调细节的夸张，这就形成了当今内衣的多彩性。在"以人为本"的今天，随着高新技术的发展与应用，有一些更符合人体美学的新型材质纷纷亮相，不仅延展性好，触感柔细，而且吸汗透气性好，易洗快干，大大丰富了内衣的花色品种。此外，在内衣外穿潮流的带动下，"可换式肩带"和"隐痕系列"已成为潮流。可以预言，内衣时装化将是时代发展的必然趋势。

43. 素纱中单——汗衫

汗衫，古时称汗衣，又称汗襦。现在的汗衫又称汗背心，通常为圆领、短袖（图 4-1）。无袖汗衫俗称背心。汗衫属于贴身上衣。纯棉汗衫具有轻、薄、细、爽的优点，涤棉及棉与其他纤维混纺汗衫强度大，吸汗，透气性好，适合体力劳动和运动时穿着。采用平针组织或罗纹组织针织物缝制。汗衫的挖肩比一般内衣大，前、后领口也较深。汗衫可分为男汗衫、女汗衫和儿童汗衫。

男汗衫有折边汗衫、加边汗衫和弹力汗衫等。折边汗衫由汗布缝制，袖口、挖肩和领口用双纱汗布或 1+1 罗纹织物滚边，滚边的颜色可以与大身相同。弹力汗衫由 1+1 或 2+2 罗纹织物缝制，领口和挖肩用滚边，底边为折边。

女汗衫可分为三种：第一种是胸罩女汗衫，大身一般用精梳棉汗布缝制，其领口和挖肩采用折边，并用"三针车"缝折边，也有用花色缝纫机缝制成曲牙边，下摆为 1+1 罗纹织物，缝制时要缝胸省，以使汗衫的胸部隆起，起胸罩的托持作用；第二种是弹力女汗衫，常用 2+2 罗纹织物缝制，领口和挖肩采用折边，并用花色缝纫机缝制成曲牙边，底边为折边；第三种是普通女汗衫，是用汗布缝制的，领口和底边均为折边，采用三针六线绷缝机缝制，底边用折边。

儿童汗衫的缝制同男汗衫，所不同的是在衣前身常印有各种图案。

图 4-1　汗衫

44. 轻奢时尚的T恤衫

图4-2 T恤衫

T恤衫是春夏季人们最喜爱的服装之一，特别是在烈日炎炎、酷暑难耐的盛夏，T恤衫以其自然、舒适、潇洒而又不失庄重之感的优点，成为人们乐于穿着的时令服装，如图4-2所示。目前T恤衫已成为全球男女老幼均爱穿着的时尚服装，据统计全世界年销售量已高达数十亿件，与牛仔裤一起成为全球最流行、穿着人数最多的服装之一。

T恤衫又称T字衫，起初是内衣，实际上是翻领半开领衫，后来才发展到外衣，包括T恤汗衫和T恤衬衫两个系列。关于T恤衫名称的来历一直众说纷纭：一种说法是17世纪在美国马里兰州安纳波利斯卸茶叶的码头工人都穿这种短袖衣，人们把tea（茶）缩写为T，将这种衬衫称为T-shirt，即T恤衫；另一种说法是在17世纪时，英国水手受命在背心上加上短袖以遮掩腋毛，避免有碍观瞻；还有一种说法是由袖与上身构成T字形，即其衣为T形缝合领，故此而得名。1913年，美国海军规定水兵工作服内穿水手领短袖白色汗衫，其原因之一是为了遮盖水手们的胸毛。

T恤衫真正名扬天下而为广大消费者所喜爱是T恤衫除具有一般服装的功能以外，还具有方便随意、舒适大方、简洁素净和平等时尚等特点。它帮助男士们甩掉了领带，从烦琐的着装中解放出来，给人以一种平等、亲近之感，便于相互了解与交流，与此同时，T恤衫还可以令人尽情抒发个人情怀，表达个性，常穿常新，永远时尚。

T恤衫所用原料很广泛，一般有棉、麻、毛、丝、化纤及其混纺织物，尤以纯棉、麻或棉麻混纺为佳，具有透气、柔软、舒适、凉爽、吸汗、散热等优点。T恤衫常为针织品，但由于消费者的需求在不断变化，设计和制作也日益翻新。因此，以机织面料制作的T恤衫也纷纷面市，成为T恤衫家族中的新成员。这种T恤衫常用罗纹领、罗纹袖、罗纹衣边，并点缀以机绣、商标，既体现了服装设计者的独具匠心，也使T恤衫别具一格，增添了服饰美。在机织T恤衫面料中，首选的要数具有轻薄、柔软、滑爽等特点的真丝织品，贴肤穿着特别舒适。采用仿真丝绸的涤纶绸或水洗锦纶绸制作的T恤衫，如辅之以镶拼技术，使T恤衫增添了特殊风格和艺术韵味，深受青年男女的钟爱。此外，还有由人造丝与人造棉交织的富春纺，经特殊处理的桃皮绒涤纶仿真丝绸，经砂洗的真丝绸和绢纺绸都是T恤衫适宜选用的理想面料，物美价廉的纯棉织物更成为T恤衫面料的"宠儿"。它具有穿着自然、轻松、舒适、吸汗、透气，对皮肤无过敏反应等特点，在T恤衫中所占比例最大，满足了人们返璞归真、崇尚自然的心理要求。

T恤衫的穿法也是有一定讲究的。条纹T恤衫能唤起人们对昔日生活的怀念，浅浅的蓝色条纹T恤衫与浅蓝色的牛仔裤相配套，相得益彰，使穿着者既显出青春活泼，又不失文化品位，成为青年人追逐的时尚。缀以斑斑点点花纹并配有蓝色领子的深色调T恤衫与浅蓝色的牛仔裤相配，可烘托出轻松活泼的气氛，提高穿着者整体感觉极佳的效果。年轻女士或少女穿上超短T恤衫，下配长裙，可使穿着者更显苗条和轻盈，给人以健康、和谐美、协调美的感受。如穿上一件部位分割标准分明、纯白色的女式T恤衫，再辅以金黄色的扣子和蓝色的领子，这样便与白色的衣身相映而形成宁静的氛围，穿在身上显得明快而又别具风韵。

目前国内市场上有很多 T 恤衫品牌，与昂贵的时装相比，这些品牌 T 恤衫的价格工薪阶层都能接受。拥有某个品牌的 T 恤衫装点自己的生活，在多元的都市生活交往中，无疑可以提升品位和认同感。

45. 职场必着装之西式衬衫

西式衬衫又称衬衫、衬衣或内衣，英文为 shirt，起源于欧洲。19 世纪 40 年代初，西式衬衫传入中国，开始在中国流行起来。最初的衬衫多为男士穿用，直至 20 世纪 50 年代才逐渐被女子穿用。当今，衬衫已成为男女老少的日常服装，在服装中处于十分重要的位置，对穿着者的形象产生非常重要的影响。

衬衫就其本质来说是一种西式单上衣。狭义的指基本型衬衫；广义的指夏 T 恤衫、秋 T 恤衫、香港衫、夏威夷衫、运动型衬衫、猎装型衬衫和各种花式衬衫等。衬衫可分为内衣类衬衫和外衣类衬衫两类。根据穿着对象不同，又可分为男、女衬衫以及男、女童衬衫等。目前，人们对衬衫面料的花式、品种、质量等要求越来越高，比较流行轻、薄、软、爽、挺和透气性好的面料。在某种意义上说，它可以显示穿着者的地位、身份和审美感。

(1) 男式衬衫　男式衬衫按照穿着场合可分为正规衬衫和便服衬衫两大类。

所谓正规衬衫是指可以在正式社交场合穿着的衬衫，并应系领带或打领结，以显出严肃、稳重的气质。对这种衬衫的质量要求较高，一般由纯白色厚上浆的纯棉或亚麻织物缝制而成。衬衫的前胸应平挺或打褶，门襟上饰有贵重的饰品，袖口中还应有与之相配的链扣。便服衬衫主要追求合体、舒适、潇洒，一般采用收腰式和中筒式两种造型，下摆有圆摆和平摆两种，但在正规场合穿用时必须塞入裤内。正规衬衫的款式变化较少，衣领是衬衫的重点部位，常用的领型有小方领、中方领、扣子领、圆领、尖领、翼领等。普通西装衬衫一般采用张角在 75° 左右的正规型方领。扣子领具有装饰性，故适合年轻人或时髦人士穿用。圆领具有柔和的视觉效果，适宜与古典式西装相配。尖领的大小要根据穿用者的脸型和西装驳领的宽窄而定。翼领要系领结，外面适宜穿大礼服。门襟可选简单的内卷式或褶裥式。袖口可采用法国式袖克夫，这种袖比较庄重、雅致。衬衫作为内衣或外衣穿着，要求舒适、保暖、美观、透气并符合时代的潮流，面料可选用全棉精梳高支府绸，经树脂整理后，质地轻薄，手感柔软，透气性、吸湿性好。其中，全毛高支纱单经单纬毛织物（如麦斯林等）衬衫面料是高档男衬衫面料的精品，以其薄如蝉翼、质如绢丝、手感滑爽、穿着舒适、端庄高雅而深受欢迎。也可选用真丝塔夫绸、绉缎、绢丝纺、杭纺、杭罗、柞丝绸等作为面料，不仅轻薄柔软、平挺滑爽，而且飘逸透凉、光泽柔和、穿着舒适。此外，仿麻、仿真丝绸、纯涤纶薄型织物等都可作为新型高档男衬衫面料，洗涤简便、无伸缩、不出现皱纹、无须熨烫，其触感并不亚于真丝绸，甚至可以以假乱真。中档衬衫面料可以采用涤棉细纺、涤棉府绸、涤棉包芯纱细布、纬长丝涤棉细纺以及小提花织物和牛津布等，此类面料具有质轻、平整、易洗快干、防缩防皱等特点，而且花型变化多而灵活，质地柔软，光泽好，但吸湿性较差。至于低档的衬衫面料，可选用全棉细布及其混纺织物。正规衬衫面料的选用非常重要，单色衬衫一般采用最浅淡、最柔和的颜色，如白色、象牙色、淡褐色、浅蓝色、淡黄色等，这些颜色非常适宜于工作时间和正式场合使用，尤其是白色，象征高雅、纯洁。条纹衬衫一般采用宽度较窄的条纹，明细条纹的优质面料具有华丽、端庄的风格。格子衬衫不如条纹衬衫正宗，其颜色宜浅淡而不宜浓艳，否则显得过于花哨，有失庄重。

便服衬衫不同于传统的正规衬衫，它所追求的是穿着者潇洒不凡的气质和高雅气派的风度，要求穿着轻松、舒适随意而又不失风度。其款式较多，风格各异，可分为劳动衬衫、运动衬衫和休闲衬衫数种。劳动衬衫属于大众型，一般以硬翻领为主，也有采用立领的，衣摆较长，便于塞进裤腰。面料要求质地坚牢厚实、柔软吸湿，通常选用丝光全棉或涤棉混纺的方格布、华达呢、纯棉精梳丝光卡其、纯棉蓝斜纹布或四枚缎牛仔布，颜色以蓝、灰、黄、黑为主，这种衬衫可以外穿，也可系领带与西服搭配。运动衬衫则一般不配领带或领结，否则会变得不伦不类。运动衬衫的款式很多，衣领可有可无，袖子可长可短，颜色较多，纹样图案题材广泛，面料可选用机织物，也可选用针织物，其取舍全凭使用场合的要求和穿着者的喜爱。休闲衬衫丰富多彩，没有严格的规定，只要讨人喜欢就行，典型的要数时下流行的 T 恤衫，以其轻便、舒适、随意为特点，穿在身上显得精神抖擞、简洁干练，给人一种朝气向上的感觉。休闲衬衫用的衣料选择范围广泛，面料的色彩和花型变化范围很大，具有很大的随意性。

男式衬衫的品种较多，现将常见的几种介绍如下。

① 长袖衬衫。长袖衬衫如图 4-3 所示，一般款式为翻领，衬衣左上方有一小贴袋，紧袖口。

② 卡腰长袖衬衫。卡腰长袖衬衫如图 4-4 所示，其特点是有卡腰，硬翻领，衬衣上方左右各有一个带盖小贴袋，紧袖口。

图 4-3　长袖衬衫

图 4-4　卡腰长袖衬衫

③ 外翻边长袖衬衫。外翻边长袖衬衫如图 4-5 所示，其特点是硬翻领，略带卡腰，前门襟翻边，一般左上小贴袋带盖，紧袖口。

④ 圆下摆长袖衬衫。圆下摆长袖衬衫如图 4-6 所示，其特点是有圆下摆，易拉入西裤中，通常左上小贴袋呈夹底，其余同外翻边长袖衬衫。

图 4-5　外翻边长袖衬衫

图 4-6　圆下摆长袖衬衫

⑤ 短袖衬衫。短袖衬衫如图 4-7 所示，其特点为小西服软翻领，也有采用硬翻领，两个上贴袋有盖，钉扣。

⑥ 套头短袖衬衫。套头短袖衬衫如图 4-8 所示，其仿针织衫型式，软翻领，贴边袖，套头穿用，无开身，剪裁应贴身，尺寸不宜太大。

图 4-7　短袖衬衫　　　　　　　　　　图 4-8　套头短袖衬衫

⑦ 外翻边短袖衬衫。外翻边短袖衬衫如图 4-9 所示，其特点是一般为硬翻领，略有卡腰，前门襟外翻边，两小贴袋有盖，一般多掐中缝，袖口贴边略紧。

⑧ 前后过肩短袖衬衫。前后过肩短袖衬衫如图 4-10 所示，其特点是翻领，略带卡腰，前后有过肩，两上衣袋富于变化。

图 4-9　外翻边短袖衬衫　　　　　　　图 4-10　前后过肩短袖衬衫

⑨ 田间汗衫。田间汗衫如图 4-11 所示。田间汗衫是中国北方农村和城乡劳动者在夏天喜欢穿用的汗衫，透气性好，非常凉爽。一般款式的特点为无领，有两个下大衣袋，无盖，采用布打

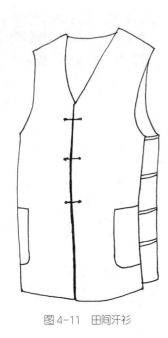

图 4-11 田间汗衫

结扣，有侧腰带 4 条将前后身连接。

男式衬衫面料的选择如下。

① 棉面类。纯棉 80～120Ne 精纺，优质府绸、棉的确良、各色麻纱、各色纱罗、绉布、色织薄条格布、泡泡纱、凹凸轧纹布。

② 毛绒类。毛高级薄绒、亮光薄呢、毛薄纱、毛薄软绸、高支毛涤纶、麦司林、毛葛、毛巴里纱、毛维也纳、精毛和时纺等。

③ 丝绸类。各类绉、绸、绫、罗、缎等平整滑爽、紧密的丝及其混纺织物。

④ 麻布类。苎麻细布、丝光布、亚麻漂白布、细布、夏布、麻的确良、荷兰亚麻布等。

⑤ 化纤布类。各类化纤仿毛、仿麻、仿丝细布，如尼丝塔夫绸、涤丝绸等。

男式衬衫的色泽主要以冷色调淡色为主，多为平素色。例如，漂白色、本白色、月白色、牙灰色、银灰色、浅驼色、米色。毛、毛混纺以及涤棉等产品色泽多以条染、纱染组成的各类色彩条、格，也有印花、混色、杂色等。

男式衬衫要求领面服帖，领尖丰满，硬领要挺括常新，硬而不板。软领要软而平整，洗涤后不变形，不起皱，耐洗涤易熨烫，要求平整洗可即穿。

(2) 女式衬衫 女式衬衫与男式衬衫不同，所追求的不是稳重和大方，而是时尚与风韵。因此，它的款式变化节奏快，样式也显得漂亮、花哨，每个女性可根据自己的喜好和生活方式随意选择。就领型而言，有端庄文雅的硬翻领衬衫、适用面广的开领衬衫、简洁明快的无领衬衫、秀气脱俗的立领衬衫、领子和衣身浑然一体的趴领衬衫、装饰味浓烈的飘带式或荷叶边衬衫等，样式五花八门，可显示出穿着者的个性、气质和审美观。从衬衫的轮廓造型来看，大致有宽腰直身式衬衫、收腰紧身式衬衫、下摆收口式衬衫和放摆蓬松式衬衫等，可显示穿着者对造型美的追求。从衬衫的结构设计来看，也是变化多端，一般是通过衣片的分割组合和拼接，形成衣襟在衣前离合的正穿式衬衫、衣襟在背后离合的反穿式衬衫和套头式衬衫。门襟可正可偏，叠门有单有双，袖型有装袖、插肩袖、灯笼袖、短连袖、泡泡袖和蝙蝠袖等，装饰加工的工艺更多，常见的有机绣、手绣抽纱、贴花、嵌滚、镶拼、缉裥、明线等。以上这些变化与穿着者的年龄和喜好有关，只要穿着适体、得当，可使穿着者显得端庄、雅致，或绚丽多彩，或婀娜多姿，美丽动人。女式衬衫的色调常用流行色，更加烘托出女性的魅力和韵味。例如，纯洁的白，明亮的黄，热烈的红，安宁的绿，富丽的紫，平衡的蓝，高雅的灰，神秘的黑等。但色彩的选用必须与穿着者的性格、年龄、体型（高矮、肥瘦）、肤色有关，穿着适当，可显示出穿着者的个性、气质、涵养和审美观。

时下，女装男性化风气正盛，大有方兴未艾之势，一些追赶时髦的女性喜欢穿男式服装，这也是近年来较为流行的时尚。究其原因，由于男性服装总带有一种阳刚之气，以表达类似旭日阳刚、劲松古柏风格的服装美，而女性服装则注重于阴柔风格，以借指那种近于月华朦胧、小桥流水和垂柳新藤般的意境。女装男性化可起到阴阳相辅、刚柔并济的审美作用。女性穿上仿男式女衬衫，再配上深色调的靛蓝短裆牛仔裤和白色耐克鞋，可表现出女性服饰的阳刚之美，别有一番情调，于妩媚绰约之中隐现雍容遒劲，真是风度超凡、高雅大方、帅气十足，是一个现代女性的绝好写照。仿男式女衬衫一般采用硬折领，背后无过肩，采取收腰式，且有中腰、胸省或肩省。典型的仿男式女衬衫外形为方领或小尖领，反贴边，双贴明袋，高收腰，圆下摆，装袖且多为单克夫式。为了时髦，有的还在领角、袖克夫及贴边、袋口部位绣有同类色小花纹，以求装饰美。

在服饰配套方面，一般是上穿仿男式女衬衫，下着西装套裙，系上领带或领结，这就是一个职业女性的标准装束。衬衫面料色彩常用白色、象牙色、浅蓝色、浅红色、浅绿色等，对休闲用仿男式女衬衫的颜色要求则比较随意，可采用湖蓝、橘黄、玫红、翠绿等女性传统色以及流行色。对面料的要求与男式衬衫相似，夏季一般穿着轻薄飘逸的女式衬衫，要求选用平滑挺括、轻薄细腻、手感柔软、悬垂性好、吸湿透气、舒适而不粘身的面料，真丝双绉、绉缎、软缎、绢丝纺、提花印花绸以及真丝砂洗绸、高支苎麻织物、高支纯棉府绸和细纺是仿男式女衬衫高档面料的首选。春秋季女式衬衫一般选用中厚型面料，要求织物平整丰满，厚实细密，柔软吸湿，耐洗耐穿，日常穿着的面料可选用纯棉或涤棉府绸、细布，高档的有真丝绉缎、绸类织物、纯毛凡立丁、单面华达呢、彩条格呢、细条灯芯绒等。

女式衬衫的品种很多，常见品种如下。

① 西装领短袖衬衫。西装领短袖衬衫如图 4-12 所示，是中青年女性常穿用的款式，其特点是西服领（多为小菱形翻领），卡腰，无衣袋，显得庄重大方。

② 青果领短袖衬衫。青果领短袖衬衫如图 4-13 所示，是青年女性常穿用的款式，其特点是青果领，短袖，卡腰，紧身，无衣袋，显得清秀舒适。

③ 蝴蝶领短袖衬衫。蝴蝶领短袖衬衫如图 4-14 所示，是青少年女性常穿用的款式，其特点是蝴蝶领，短袖，卡腰，无衣袋，显得活泼。

④ 小铜盆领镶育克短袖衬衫。小铜盆领镶育克短袖衬衫如图 4-15 所示，是一种流行衬衫款式，其特点是领呈小铜盆状大翻领，贴边短紧袖口，前身富于变化，多用色条面料缝制，无衣袋，显得很时髦。

图 4-12　西装领短袖衬衫　图 4-13　青果领短袖衬衫　图 4-14　蝴蝶领短袖衬衫　图 4-15　小铜盆领镶育克短袖衬衫

⑤ 脱育克连短袖衬衫。脱育克连短袖衬衫如图 4-16 所示，其特点是小翻领，卡腰，下摆比腰稍大，常与裙子搭配穿，无衣袋，多为青年女性选用，显得自然随身。

⑥ 香蕉领连短袖套衫。香蕉领连短袖套衫如图 4-17 所示，其特点是一字香蕉领，卡腰，套头穿，短紧袖，多在领、袖处富于色彩变化，显得青春活动，富有运动健美之感。

⑦ 海军领短袖套衫。海军领短袖套衫如图 4-18 所示，其特点是大翻领，短紧袖，套头穿，紧身，领身多为异色（如蓝白海军式），显得活泼，富于青春朝气，多为青少年女性穿用。

⑧ 长方领中袖衬衫。其特点是长方翻领，卡腰，无衣袋，紧中袖，显得文静，适于中青年女性穿用。

⑨ 长圆角领缉塔克中袖衬衫。长圆角领缉塔克中袖衬衫如图 4-19 所示，其特点是长圆角翻领、中袖、卡腰，用捏褶形成富于变化的款式，显得静中有动，多与裙子搭配穿，为中青年女性选用，显得秀美。

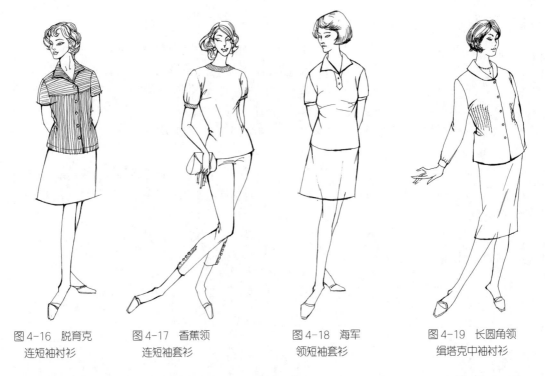

图 4-16 脱育克　　　图 4-17 香蕉领　　　　图 4-18 海军　　　　图 4-19 长圆角领
连短袖衬衫　　　　连短袖套衫　　　　领短袖套衫　　　　缉塔克中袖衬衫

⑩ 后开门小腰身中袖衬衫。其特点是一般多为绣花大翻领，后开门，套头穿，卡腰，紧中袖，常与裙子搭配穿，多为性格外向的青年女性穿用。

⑪ 扎结领短中袖衬衫。扎结领短中袖衬衫如图 4-20 所示，其特点是扎结领，前胸缉两组塔克（共 6 条），多呈鸽膀插接袖，短中袖多用 1 根荡条收紧，也可采用扒网络方法收紧，多为性格外向的青年女性穿用。

⑫ 褶裥式中长袖衬衫。褶裥式中长袖衬衫如图 4-21 所示，其特点是卡腰多褶裥，可宽可窄，翻领，紧袖口，无衣袋，最适宜孕妇穿用。

⑬ 硬领脱育克长袖衬衫。硬领脱育克长袖衬衫如图 4-22 所示，其特点是硬领，紧袖口，多为中年女性选用。

⑭ 连领脚硬领长袖衬衫。其特点是连领脚硬领，紧袖口，无衣袋。

⑮ 蝙蝠式旅游衫。蝙蝠式旅游衫如图 4-23 所示，其特点是呈蝙蝠式，无领，套头穿，面料富于变化，多为几道拼接，衣较宽大舒适，短宽袖，是时髦女式衫。

图 4-20　扎结领短中袖衬衫　　　　图 4-21　褶裥式中长袖衬衫　　　　图 4-22　硬领脱育克长袖衬衫

⑯ 女式东方衫。女式东方衫如图 4-24 所示，其特点是无领，开身和领部富于变化，小卡腰，侧衣袋，门襟扣少，是时髦女式衫。

⑰ 女式海滨衫。女式海滨衫如图 4-25 所示，其特点是无领大开肩，面料多选用宽（竖）条，中紧袖，多为海滨度假穿用的时髦女衫。

图 4-23　蝙蝠式旅游衫　　　　　图 4-24　女式东方衫　　　　　图 4-25　女式海滨衫

女式衬衫是一个款式繁多又变化多样的服装品类，它常常兼有内外衣之功能。在夏季，多用作外衣，其面料一般为棉、毛、丝、麻、化纤及其混纺织物，但多以稀薄平纹织物为主，也有斜纹、起毛、毛圈和针织产品。女式衬衫的面料选择如下。

① 棉布类，如高支纯棉府绸、棉巴里纱、各色高支细布、印花布、提花布等轻薄滑爽的纯棉织物。

② 毛呢类，如毛高级薄绒、亮光薄呢、薄毛呢、毛雪尼尔、达马斯克、精纺薄花呢、毛薄纱、麦司林、缪斯薄呢、派力司、毛巴里纱、胖比司呢、鲍别林、舒挺美薄织物、维也纳、凡立丁、精毛和时纺、啥咪呢、法兰绒、粗纺薄花呢等。

③ 丝绸类，如各色绉、绸、绫、罗、锦、缎、绒、纱等类艳丽的丝及其混纺织物。

④ 麻布类，如各色苎麻细布、丝光布、亚麻漂白布、麻的确良等。

⑤ 化纤布类，如各色化纤仿毛、仿麻、仿丝细布、提花布、印花布等。

女式衬衫的色彩绚丽多姿，五彩缤纷，可以说是色彩最丰富的服装品种之一。一般可分为平素色，印花色，色织、混色和提花三类，现分述如下。

① 平素色。白色有本白、漂白、象牙白、月白等，黄色有橙黄、金黄、藤黄、土黄、柠檬黄等，红色有朱红、桃红、玫瑰红、一品红、大红、枣红等，绿色有草绿、墨绿、苹果绿、蓝绿、葱绿等，蓝色有天蓝、湖蓝、孔雀蓝等，咖啡色有烟色、驼色、栗色等，紫色有紫酱、青莲、雪青等，灰色有牙灰、铁灰、银灰、瓦灰、鸽灰等。

② 印花色，有各种大小花型、套色等。

③ 色织、混色和提花。色织有大小色条、格及其装饰线；混色主要是指先染纤维原料，然后混纺出各种不同色彩的纱线，织出不同色调的色织物；提花主要是指通过织物组织纹的变化来构成各种花型，例如各种锦缎、提花织物、泡泡纱、凹凸织物等。

46. 文明消闲的背心

背心也称坎肩、马甲、搭肩等。男装西式多称坎肩，女装中式多称马甲，外饰保暖用多称背心。背心具有多型、多变、多风格的特色。既有里面穿着的单、夹、棉、皮等对襟背心，又有外面套穿的单、夹、棉、皮等大襟或对襟的背心。它具有造型美观、式样新颖、朴素大方、结构牢固、贴身合体、缝制精细、实用耐穿等特点。因其适用范围广，故其款式很多。为叙述方便，分为坎肩、马甲、背心三类。

（1）坎肩 坎肩以西服坎肩为代表，是西服三件套必备衣着，如图4-26所示。一般为无领，多呈V字形，也有方形、圆形、鸡心形和开口式。有衣袋4个或无袋的款式。有衬里的坎肩，面料多选用与外衣相同质地的面料，后身多用黑色的绸缎，以方便穿着。西服坎肩讲究贴身，因此，坎肩背后有腰卡，用以调节贴身程度。西服坎肩早在17世纪时多用锦缎缝制，上面多绣上豪华图案，身长可达膝盖处。从18世纪起，逐渐缩短，到19世纪中期基本上成为现在流行的款式，面料同上、下衣。另有一种变形的坎肩，也是男装的常用款式，它突出的特点是与上衣颜色对比鲜明，或选用花格条纹面料。总之，它漂亮突出，属于装饰品，多用于礼服。在穿用西服坎肩时，如果前身是用与上衣相同的面料，而后身则用与衣里相同的绸缎，在社交场合一定要和上衣同时穿脱，因为在单独穿着时易显得不严肃。如果前后身均用上衣同质地的面料，则可单独穿着。必须指出，如果穿西装系领带时，则不能让领带从坎肩的前襟下边露出来，而且皮带的带扣也不能时隐时现地露在外面。

图 4-26　坎肩

　　坎肩的面料选用，一般为毛织物的精纺花呢、啥味呢、驼丝锦、板司呢、法兰绒、麦尔登等；丝绸织物有锦、缎、绸、呢、绨类等；化纤主要是长丝织物。色泽一般同西服外衣，采用鲜艳色的多用丝绸锦缎或绣花。

　　（2）马甲　马甲如图 4-27 所示。女装马甲多为卡腰，面料通常采用棉布类的各种印花布、色织布、平绒、条绒和金丝绒等；毛呢类的华达呢、哔叽、花呢、毛涤花呢、麦尔登和法兰绒等以及丝绸类的锦缎等。其色泽基本上可分为素、艳两类，根据个人的爱好、年龄及其外衣质地进行取舍。总之，女装马甲比男装坎肩更富于变化。

　　（3）背心　背心如图 4-28 所示。一般的保暖背心衬里加绒，背心多为直筒式，背心的衬垫物为驼绒、丝绵、羽绒等。背心面料多选用紧密光滑的丝绸、化纤绸、羽绒绸或涂层织物（例如外涂尼龙、聚氨酯等），方便穿着，防止里絮外逸。色泽多为米黄色、驼色、灰色、天蓝色、咖啡色、纯白色等中浅色，格子条纹花型。

(a)　　　　　　　　(b)　　　　　　　　(c)

图 4-27　马甲　　　　　　　　　　　　图 4-28　背心

47. 伴你入睡的服装——睡衣

睡衣，顾名思义就是睡觉时穿的衣服，属于内衣的一种。因其主要是供睡觉时穿用，兼作室内便衣，故它的最大特点是宽松舒适，肤感柔软，穿脱方便，睡眠时不受领子和袖子的牵制，陪伴人们在轻松的环境中进入梦乡。

睡衣最重要也是最基本的要求是舒适、随意。由于人们穿着睡衣时大多数时候是睡卧的，所以并不要求它十分合体，而是要求它穿着自然而方便，腰身大小合适，面料柔软而滑爽，吸湿性强，透气性好，外表光洁而无褶皱，接合处平坦而光滑，款式简洁大方，这是睡衣独有的风格。一些具有休闲装功能的睡衣，则对外观要求相对要高些，面料的质地也考究一些。

睡衣包括上衣、裤子（如图 4-29 所示）以及睡袍（如图 4-30 所示）和睡裙，式样（款式）很多，男女皆有。其设计主要强调舒适、安逸、爽快，穿得舒心，穿得健康。男式睡衣裤常采用素净的织物为面料，上衣的款式类似于衬衫，而裤子则多为中式裤，较肥宽。常在领口、袖口、袋边、门襟上口、裤脚翻边等处加上各种嵌线，也有在胸袋上绣上英文字母、花卉图案作为装饰。而女式睡衣裤则以花色织物为主，上衣的款式多为开衫或套衫，一般采用宽松的领圈，袖山头较浅，袖壮较大。与上衣配套的睡裤，也多为中式裤，裤裆较大，臀围较宽，以适合于女性的身材，使整套睡衣穿着舒适、活动方便，便于干家庭杂活。女式睡衣款式的变化要比男式睡衣丰富，常采用镶、嵌、滚、绣、镂空、盘花的手法，也可采用花边、缎带及各种传统工艺作点缀，镶嵌的面料色彩可以用不同明度的颜色或对比色，镶嵌的位置在袖口边、裤脚口边和领边，以增加外观的美感和活泼浪漫的情趣。两件套睡衣一般不缩袖口，裤子一般使用松紧带，串有束结绳带不做上腰。睡袍近年来越来越受到人们的钟爱，但一般不在睡眠时穿用，而作为家居服使用，其衣长要超过里面穿的睡衣。睡袍一般是没有扣子的，左压右或右压左，系一条带子，一般以青果领、和尚领为主，其款式不宜复杂而以整体简洁舒适为主。除此之外，还有女式睡裙，这是年轻女性喜爱穿用的。

图 4-29　睡衣

图 4-30　睡袍

睡衣的面料非常考究，睡裤的面料要求耐穿耐洗，因为它受压磨的时间较长，洗涤的次数也多，面料最好是经过永久免烫整理，缩水率要低于 5%，缝线要求坚牢而不易开线。夏季睡衣要求轻薄柔软，透气透湿，有丝绸感；冬季则要求松厚保暖，弹性好，有绒毛感。高档的睡衣裤一般选用电力纺、杭纺、绢丝纺、杭罗、柞丝绸、葛纱等真丝织物作面料制成。它的特点是高贵华丽、轻薄柔软、平挺滑爽、飘逸透凉，穿着比较舒适。其颜色可选用乳白色、漂白色、灰色，花纹选用彩格、彩条、印花等，再加上刺绣、包边、镶纳等作为装饰，显其华贵高雅。普通的睡衣裤，一般采用全棉或涤棉混纺的色织绒布，具有手感丰满柔和、保暖性好、耐磨性强、色织的花型配色新颖等特点，不仅穿着舒适暖和，而且显得典雅大方。也可采用全棉府绸、涤棉府绸、涤棉细纺等面料，花色有漂白、杂色、色织、提花、印花等，泡泡纱也常被用来缝制睡衣裤。比较低档的睡衣裤则采用全棉市布、细布或维棉混纺布作面料，其颜色一般选用清新淡雅一些的本白色、草绿色、中灰色、本色、鸽灰色、米色、浅棕色、稻草黄色等，这些颜色能给人一种安静舒适的感觉。

随着人们生活水平和生活质量的提高，睡衣已日渐进入千家万户，成为平民百姓家居生活中不可缺少的衣服。由于人们的经济条件和穿着对象的不同，出现了四种类型的睡衣。①豪华型睡衣。面料选用质地柔软的真丝绸，其色彩绚丽、图案美观，深受高薪白领阶层人士的青睐。男士穿着，一派绅士风度，显得高雅华丽、款款大方；而女士穿着，则更显修长妩媚，可显示出"贵妇人"或"娇小姐"的风韵。②舒适型睡衣。舒适是大多数人的追求，也反映出"以人为本"的潮流与时尚。这种睡衣一般以毛巾、棉布、绒布为面料，具有保暖性好、柔软舒适的特点，是一般百姓家庭的首选。③浪漫型睡衣。这种睡衣一般选用薄型凉爽透明的针织汗布，缝制成睡裙、紧身睡衣和吊带睡衣等，适合于少女、少妇在夏季室内休闲穿着。若再绣上各种具有浪漫色彩的图案，则备受年轻夫妇的钟爱。④功能型睡衣。这种睡衣一般采用经特种整理的面料，如防蚊面料、香味面料、舒筋活血面料等，由这些功能性面料缝制成的睡衣，集健身、理疗、美观等诸功能于一体，深受中老年朋友的青睐。

48. 感受海浪、沙滩惬意的海滩装

海滩装又称沙滩装，是在浴场进行日光浴或海滩度假穿用的服装。要求款式简洁、自然、明快，富有活力。通常有海滩三件套，即泳衣、海滩外套和海滩衬衫，随着社会的进步和个性化的发展，也可以随意选配组合，主要包括泳装、超短裙、裙裤、沙滩裤、吊带连衣裙、纱笼裙、浴袍、宽松式袍裙、披肩、遮阳帽、沙滩鞋、太阳镜等。总之，出自个人的喜好，各种装束都有，在炎热的夏季海滩上，一眼望去真是形形色色的一片绚丽的景象。海滩装选用的布料要求柔软、吸汗、透气、易洗，以棉质为主，如针织布、毛巾布、斜纹布、网眼布等，色彩鲜艳明快，较多选用条格、花草或海洋景观图案，具有青春活力和奔放感。

49. 感受鱼水之乐的泳装

泳衣是指人们在游泳时所穿的衣服，又称泳装。它的鼻祖是比基尼，就是现代人称呼的"三点式"，如图4-31所示。

泳装主要是在游泳和海滨日光浴时穿着，而在进行游泳、跳水、水球、滑水板、冲浪、潜泳等运动时，运动员主要穿着紧身游泳衣。泳装要求在剧烈的运动时肩部不撕裂，在水下动作时不鼓胀兜水，减少水中阻力，从水中出来后肤感要好，因此宜选用密度高、轻薄、伸缩性好、布面光滑的高收缩超细涤纶、弹力锦纶或衬氨纶、腈纶等化纤类针织物制作，并佩戴塑料、橡胶类紧合兜帽式游泳帽。泳装一定要合体，不能过大或过小，背部的结构要简洁，女装胸部隆起要美观，拉链和钩扣要缝合牢固，如图4-32所示。

图 4-31　泳装三点式

图 4-32　连体泳装

　　不合体的泳装会影响游泳效果，会直接影响身体健康，甚至在游泳时会发生危险。如果泳装的腰部太紧，会使横膈运动受阻，妨碍呼吸，影响血液循环。如果在腹股沟（即大腿根部）过紧，会造成下肢血液回流困难，这是在游泳中发生抽筋的原因之一。

　　泳装的选择应根据各人的体型而异。一般而言，对于体态丰满的人，不会因为穿上紧身的泳装而显得苗条，相反，过于紧身反会暴露体型上的缺点。所以选择泳装时，既不要过于保守，又不能过于暴露，二者要兼顾。又如，胸部较小者在选择泳装时，上身宜有横线图案或有褶皱的泳装；或者上身与下身的颜色为上浅下深。对于双腿较粗者应选择腿边位置有黑框图案的泳装，这可产生双腿较为修长的视觉感受。胸部较大者可选择有斜纹图案或有大朵印花图案的泳装；还可选择上身色深及颈线较高的泳装。对于腹部隆起，腰比较粗或身材呈梨形者，可选择三色泳装，在腰上的颜色采用交叉搭配，腰下采用深色，这样的颜色搭配，可在视觉上掩盖隆起的腹部。中小学生应选择色泽鲜艳夺目的泳装，这样既能显示少女的健美与活泼，又可掩盖其体型的不足。

50. 自然飘逸的裙子

　　裙子是指围穿于人下体的服装，因其通风散热性能好、穿着方便、行动自如、美观大方、样式变化多端等诸多优点，而被人们广泛接受，其中以女性和儿童穿着较多。

　　裙子是人类最早穿着的服装，我们的祖先最早穿用的就是用树叶或兽皮制成的围裙。唐代时期，裙子开始成为妇女专用服饰。年轻的姑娘在夏季穿上款式适宜的裙子更显得体态婀娜，充满青春魅力。

　　现在世界各地的裙子种类和款式很多，一般都由裙腰和裙体两部分构成，但有的裙子只有裙体而无裙腰。如果对不同类型的裙子进行细化分类，通常有七种方法：按面料分，有呢裙、绸裙、布裙和皮裙；按裙长分，可分为长裙（及踝）、超长裙（拖地）、中长裙（裙摆至膝以下，及腿肚）、短裙（裙摆至膝盖以上）、超短裙（含特短裤、热短裙，又称迷你裙，裙摆仅及大腿中部以上）；按裙腰在腰节线的位置不同分，可分为高腰裙、齐腰裙（中腰裙）、低腰裙；按款型分，有窄裙、直筒裙（统裙）、蓬裙、宽幅裙、圆裙、半圆裙、扇形裙、分层裙、两节裙、三节裙、多节裙、四片裙、马面裙、多片裙、百裥裙（百褶裙）、喇叭裙、A 字裙、裤裙、细裥裙、褶裥裙、阴扑裥裙、偏襟裙、镶嵌裙、花边缀裙、分割式裙、无腰裙、连腰裙、背带裙、西装裙、旗袍裙、定型裙等；按构成层数分，有单裙和夹裙；按裙体外形轮廓分，有筒裙、斜裙和缠绕裙；按造型风格分，有古典式（裙身直长或稍微扩展，2～6片结构，用料紧密，严谨，色调沉稳，外观端庄）、运动式（全毛或毛混纺面料的各种褶饰裙和牛仔布、棉布制作的开门襟，上下装拉链或缀纽扣）、梦幻式（由太阳裙或水平分割基础上发展起来，结构较复杂，款式华丽，装饰多样，如低腰裙、塔裙、花瓣裙等）、民族式（源于裹裙、沙笼裙，结构较简单，着装别具情趣，可作浴场装和新潮夏装）。虽然裙子的分类方法很多，但是实际上裙子的类型可归纳为统裙、斜裙、连衣裙和两件套式裙四大类。

（1）**统裙** 统裙又称筒裙、直裙、直筒裙，是指从裙腰开始自然垂落的筒状或管状裙，裙腰可有小褶，整个裙身无褶，显得平坦、秀气，再配以优质衣料，表现出优美而不失庄重，秀丽而不庸俗。其特点是纤巧秀丽，简洁轻盈。常见的款式有西服裙、旗袍裙、紧身裙等。

① 西服裙。西服裙如图 4-33 所示。裙为直筒式，面料多为呢绒，适宜于性格文静的中年女性穿用。

② 旗袍裙。旗袍裙如图 4-34 所示。该裙是旗袍和裙子相结合的产物，适宜于中年女性穿用。

③ 紧身裙。紧身裙如图 4-35 所示，款式较多，裙料多用丝绸或长丝薄织物，紧身，薄透，多用于家庭便装或艺服，是青年女性穿着的时髦裙。

(a)   (b)

图 4-33 西服裙   图 4-34 旗袍裙   图 4-35 紧身裙

（2）**斜裙** 斜裙是指由腰部至下摆斜向展开呈 A 字形的裙子。大多采用棉布、丝绸、薄呢料和化纤织物等裁制而成。按照裙型的构成可分为单片斜裙和多片斜裙两类。前者又称圆台裙，是将一块幅宽与长度等同的面料，在其中央挖剪出腰围洞的裙，多采用软薄的面料。后者则是由两片以上的扇形面料纵向拼接构成。通常以片数来命名，有两片斜裙、四片斜裙、十六片斜裙等。常见的品种有钟形裙、喇叭裙、超短裙、褶裙和节裙等。

① 环口喇叭裙。环口喇叭裙如图 4-36 所示。这是一种经常见到的裙子款式，裙面由多块布组成而形成褶。通常有 4～8 块，面料可用独幅，也可用多块拼成，褶裥的多少、大小随个人的爱

好而异，也有的整条裙子都收以直裥。有的间隔一定距离再收直裥。此裙式适宜于各年龄段人穿用。通常，年龄较大的女性多选用色泽清淡的平素花型，重视面料的质地和舒适性，而青年女性多选用艳丽的花色和流行面料缝制而成的裙子。

② 马面打裥裙。马面打裥裙如图 4-37 所示。该款式的特点是大方而实用，褶叠的位置富于变化。越往两侧越给人以胖的错觉；反之，则显瘦。因此，女性可根据自己的体型，适当安排褶叠位置来弥补自己的缺欠，以增加美感。

③ "派司"打裥裙。"派司"打裥裙如图 4-38 所示。它是在马面打裥裙的基础上演变而成的裙式，打褶型式有小"派司"式、T 形"派司"式、大褶式等，裙面富于变化，新颖活泼，特别适宜于体型偏瘦的女性穿用，显得适体、美观。

图 4-36　环口喇叭裙　　　　　　图 4-37　马面打裥裙　　　(a) T 形"派司"　　(b) 小"派司"

图 4-38　"派司"打裥裙

④ 筒裙。顾名思义，筒裙成"筒"状，筒裙腰可有小褶，整个裙身无褶，显得平坦、秀气，再配以优质衣料（如毛精纺花呢、粗纺苏格兰花呢等），表现出美丽而庄重，秀丽而不庸俗。面料的选择，一般青年人多选用较鲜艳的大格，中年人则宜选用雅静的暗条暗格花型，质地除呢绒外，还有棉布、丝绸和化纤布等。我国的云南、海南等地区的部分少数民族（如傣族、黎族）以筒裙为民族装，多为黑色或带花纹遍于裙面。

⑤ 百褶裙。百褶裙如图 4-39 所示，其特点是整个裙面均匀布满褶，通常由左至右向着一个方向捏褶呈扇形。它具有式样美观、宽大舒适、行动飘洒的特点，特别是用抗皱性能好的化纤长丝面料，例如纯涤纶长丝，其裙褶多而自然，舞动飘逸，深受青年女性的喜爱，纯涤纶百褶裙曾在国际市场风行一时，成为女性的抢手货。

⑥ 超短裙。超短裙的特点是不过膝，还有一种为连衣超短裙，一般为青年女性在夏季穿用。

(3) 连衣裙　连衣裙是女装的类型之一。连衣裙的穿用范围很广，其款式宜于多变，因此，品种十分繁多。为了区分方便，可分为有领连衣裙和无领连衣裙两大类。

① 有领连衣裙。凡是连衣裙带有领子的一律统称为有领连衣裙，其领子的样式主要有立领、披肩领、方领、西服领（包括各种样式）、扎结领等。

a. 立领春秋连衣裙。立领春秋连衣裙如图 4-40 所示。此裙式多选用呢绒或较厚重的棉织物（如坚固呢等）缝制，适宜中青年女性穿用。

b. 披肩领连衣裙。披肩领连衣裙如图 4-41 所示，它主要适合青年女性穿用。

图 4-39　百褶裙　　　　　　　图 4-40　立领春秋连衣裙　　　　　　图 4-41　披肩领连衣裙

c. 方领式连衣裙。方领式连衣裙如图 4-42 所示，主要适合青年女性穿用。

d. 西服领连衣裙。西服领连衣裙如图 4-43 所示，主要适合中青年女性字用，是时髦女裙。

e. 荷叶领连衣裙。荷叶领连衣裙如图 4-44 所示，是时髦女装，主要适合中青年女性穿用。

f. 扎结领连衣裙。扎结领连衣裙如图 4-45 所示，该款式适合青年女性穿用。

图 4-42　方领式连衣裙　　　　图 4-43　西服领连衣裙　　　　图 4-44　荷叶领连衣裙　　　　图 4-45　扎结领连衣裙

g. 一字领连衣裙。一字领连衣裙如图 4-46 所示，适合青年女性穿用。

② 无领连衣裙。无领连衣裙一般领口较大，形式多样，大多数在胸前绣花，在连衣裙中是一种变化较多、较时髦的类型，适合青年女性和文艺工作者穿用。

a. 小开口无领连衣裙。如图 4-47 所示。其特点是无领无袖，紧身。面料多采用印花棉布或丝绸缝制，适合青年女性穿用。

b. 露臂连衣裙。如图 4-48 所示。其造型简单，适合青年女性穿用。

c. 分割插袋式连衣裙。如图 4-49 所示，连衣裙款式时髦别致，适合青年女性穿用。

图 4-46　一字领连衣裙　　图 4-47　小开口无领连衣裙　　图 4-48　露臂连衣裙　　图 4-49　分割插袋式连衣裙

d. 分割式连衣裙。如图 4-50 所示，造型美观，适合青年女性穿用。

e. 日式连衣裙。如图 4-51 所示。其特点为蝙蝠袖，有腰带，腰下有两个斜插袋，适合青年女性穿用。

f. 韩式连衣裙。如图 4-52 所示，其款式为鸡心领，有腰带，适合青年女性穿用。

g. 双襟连衣裙。如图 4-53 所示。其款式为平口领，适合青年女性穿用。

h. 背带式连衣裙。如图 4-54 所示。其款式新颖，造型美观，适合青年女性穿用。

以上连衣裙均为时装裙，变化多样，面料范围广泛，富于时代感。

(4) 两件套式裙　这类裙子与一般裙子的穿法不同，上装常配以衬衫或外套，下装为裙，故称"两件套"。两件套式裙比单裙变化多，下面仅举一些常见的两件套式裙为例进行介绍。

① 西式领两件套。西式领两件套如图 4-55 所示。上衣为流行西服大开领，紧袖口，裙衣多为呢绒、坚固呢或绸缎筒裙，上下同面料或上衣质地偏厚重，下裙轻薄，配色文静素雅，显得干净利落，具有含蓄美，多为中青年女性穿用。

② 装衫裙两件套。装衫裙两件套如图 4-56 所示。此类裙料多用毛凡立丁、毛涤纶、毛派力司缝制，常用于西服裙式，具有内在美。上衣为紧腰围下摆，尖领，前胸、后背有横断，多为中年女性穿用。

图 4-50 分割式连衣裙　　图 4-51 日式连衣裙　　图 4-52 韩式连衣裙　　图 4-53 双襟连衣裙

(a)　　　　　　　　(b)

图 4-54 背带式连衣裙　　图 4-55 西式领两件套　　图 4-56 装衫裙两件套

③ 立领两件套。立领两件套如图 4-57 所示。上衣为立领，有两个挖兜，系卡带，下裙为前开门小喇叭裙或筒裙，其面料多选用精纺厚花呢、啥味呢或粗纺女式呢、麦尔登、海军呢等，也有选用针织化纤弹力呢缝制的，多用于制作青年女性春秋装，或款式加以一定改变成固定式样，

作专用服式（如航空制服、员工制服等）。

④ 中式两件套。中式两件套如图 4-58 所示。其样式较多，有中衣式、旗袍式、中西结合式等。例如，中式两件套的上衣为中式前大襟，立领，变化袖，下裙为旗袍式小开衩。面料可选绸缎、化纤针织弹力呢、毛凡立丁、毛派力司等。色泽一般分为平素和艳丽两类，前者适合中年女性穿用，后者适合青年女性穿用。

⑤ 圆摆两件套。圆摆两件套如图 4-59 所示。上衣为无领长袖（或短袖）开身衫，下裙为中裥西服裙。面料可选用棉、毛、丝、麻和化纤织物。一般来说，春秋装多选用较厚重的呢绒或色织、针织弹力呢，夏装多用丝绸或麻织物，选用上下同质地或上重下轻的面料，颜色以上深下浅为主，为中青年女性穿着裙式。

⑥ 齐腰式两件套。齐腰式两件套如图 4-60 所示。其特点是上衣下裙，既可搭穿也可单穿，上衣可为各种形式的衬衫，下裙多为喇叭裙，款式繁多，一般上下衣料各异，颜色为上深下浅，适合中青年女性穿用。

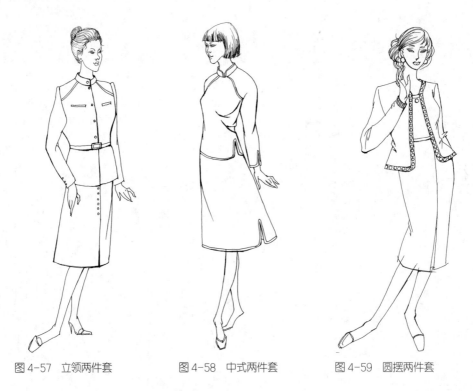

图 4-57　立领两件套　　　　图 4-58　中式两件套　　　　图 4-59　圆摆两件套

⑦ 直身裙。直身裙如图 4-61 所示。其款式为无领，无袖，领口稍大的款式可配以项链，可在前胸装饰蝴蝶结，中腰收省，下摆稍大，适合中青年女性穿用。

⑧ 蝶式两件套。蝶式两件套如图 4-62 所示。其特点是上身无领，镶有宽下边，前开口，宽袖口；下裙为百褶裙。面料多选用涤棉、纯涤长丝等薄织物，使人穿着起来凉爽、美观。

衬裙是指穿于长裙内的装饰性内裙。衬裙比外裙略短，裙脚和胸部通常采用花边和刺绣等装饰，以衬托外裙。衬裙也可在卧室内作睡裙用。衬裙用料较考究，宜选用丝绸和较薄的化纤织物，大多为浅色。

用于裙子的面料品种很多，主要是鲜艳漂亮、悬垂性好、抗皱性强的面料，如呢绒、丝绸、棉布及混纺织物、羊皮等。在选择面料时，应考虑下半身的动作、裙子款式、穿着季节和穿着场合以及穿裙者的年龄与职业等。同时，还应考虑如何与上装组合配套协调。面料的颜色也是选择的一个重要因素，一般而言，深色的裙子显得整洁，即使脏了也不显眼，适宜于不同年龄的女性穿着，而白色或浅色的裙子则会使年轻的姑娘显得更漂亮，婀娜多姿。又如，盛夏季节穿的裙子以采用全棉细布、府绸、涤棉细布、丝绸为宜，裙料不宜过薄，过薄的裙料应配衬裙。性格活泼的青年女性宜选用色泽艳丽的印花面料，性格恬静的青年女性则宜选用白色或浅色面料。中老年女性则宜选用花型素雅的印花面料或深杂色面料。白色衬衫宜配深色的裙子。

图4-60 齐腰式两件套　　　图4-61 直身裙　　　图4-62 蝶式两件套

51. 唯有旗袍真国色

旗袍是中国特有的一种传统女装，也是袍子的一种，富有浓郁的民族韵味。追根溯源，旗袍始于清代，清太祖努尔哈赤领军南征北战，统一了关外女真族各部，设立了清军中的红、蓝、黄、白四正旗，入关后又增添镶黄、镶红、镶蓝、镶白四镶旗，以此来区分、统驭所属军民，这就是后来人们所称的满族八旗人或在旗人，称作"八旗"。八旗所属臣民的妇女习惯穿长袍，后来慢慢演变为中华民族女性的常服。在"袍"前加一"旗"字，故此而得名。

旗袍经过多次的改进而演变成今天的各种款式，大多是直领，右开大襟，紧腰身，衣长至膝下，两侧开衩，并有长短袖之分。袖端及衣襟、衣裙上还要镶嵌各种不同花纹和色彩的镶边、滚边等，非常讲究。自清皇室逊位后，旗袍开始由宫廷传入民间，首先是北京、天津一带的妇女竞相穿着，其后逐渐在南方妇女中流行。最初的旗袍，下摆不过脚，只有姑娘出嫁时穿的婚礼服才过脚。由于贵族女子和宫廷里的嫔妃都穿鞋底中间有三寸多高的呈喇叭形的高底鞋，所以她们穿的旗袍也过脚，掩住脚而不让人看见。这种旗袍以其秀美、温文尔雅，给人修长贤淑、挺拔庄重的观感，逐渐为广大女性所喜爱。以它为基础，几经沧桑又融汇了各国服装裁剪的技巧，与时代气息相融合，成为当今风靡中外的为世界广大妇女所接受的"中国式旗袍"。

近些年来，旗袍款式又有了新的改革，经过20世纪"西风投影"的变异催化，结合西装的裁剪方法，更加体现了"中衣为表，西式利用"的立身原则，出现了衣片前后分离，有肩缝、垫肩、装袖、前片开刀，后片打折，突出胸部造型等的裁剪技巧，出现了众多的款式，使旗袍更加烘托出女性体态的曲线美，造型更加端庄秀丽，线条益趋流畅、匀称、健美。例如，适宜青年女性穿着的旗袍有前胸缉塔克短袖旗袍、鸡心领旗袍、露臂式旗袍、女式三角西服领短袖长旗袍、小方反领短袖长旗袍、小露肩方形领短袖长旗袍、扣边圆形领短袖长旗袍等，适宜中年女性穿着的旗袍有中（短）袖旗袍、仿古旗袍等，中青年女性皆适宜的旗袍有方驳领短袖旗袍、对门襟长旗袍、尖角驳领短袖长旗袍等，适宜孕妇或家庭便服的旗袍有长方领旗袍，这些优雅浪漫的旗袍既简约又风情各异，可以传递出魅人的风情。

旗袍面料的选择很有讲究，使用不同质地的面料做成的旗袍其风格和韵味是截然不同的。用深色的高级丝绒或羊绒面料做成的旗袍显示出雍容雅致的气质；采用织锦缎制作的旗袍则透露出典雅迷人的东方情调；用优质丝绸缝制的旗袍有大家闺秀、温文尔雅的韵味；一袭玫红色的乔其纱旗袍，性感朦胧，散发出绚烂光彩。鲜艳或素雅的美丽旗袍将一个个妙龄女郎打扮得曼妙至极，如梦如幻，再加上穿着者的那种婉约、娇媚传情的眼神，可产生一种柔媚无比的情致，散发出时代的芳香。特别是作为礼服和节日服的旗袍，其色泽与面料要求艳丽而不轻浮，漂亮而不失庄重，给人以典雅、名贵、高级之感。

随着时代的变迁和社会的进步，以及改革开放和对外交流的进一步加强，近年来旗袍在结构上也发生了一些明显的西派变化。如目前深受国内外青年女性喜爱的袒胸露背式旗袍，其结构是在直领前下方开成心形式、滴水式前窗，乳沟隐约可见，背后自领、肩至腰身开成纺锤形背洞，就整体造型而言，仍不失旗袍的风采，中青年女性穿上这种款式的旗袍，无论是在庄重的社交场合，还是在演出舞台上，都更能显示出妩媚和婀娜多姿，给人一种美的享受。又如双臂全露的无袖式旗袍，使穿着者更显得苗条修长、挺拔而富有青春活力。还有紧贴手臂的短袖式、中袖式、无袖式旗袍，都能充分衬托出穿着者的丰满英姿，线条优美而又不失庄重，深受青年女性的钟爱。再如旗袍下摆的开衩，由古典的及膝高而提高到大腿根部，这种旗袍不仅使穿着者行动方便，便于腿的踢抬和跑跳，而且也增加了旗袍的悬垂性和摇曳的动感，还能充分显示女性的体态美。

由此可见，旗袍的设计构思甚为巧妙，结构十分严谨，造型质朴而大方，线条简练而优美。旗袍自上至下由整块衣料裁剪而成，各部位的衣料没有重叠之处，整件旗袍上没有不必要的带、襻、袋等装饰，能充分体现女性的体态，产生女性人体曲线的自然美。旗袍的卡腰、门襟、领等款式，妩媚而婀娜多姿。由于较贴身，使富于青春美的三围曲线显现出来，下摆则开衩，不仅行走方便，而且行走时给人以轻快、活泼之感。

时下，在传统旗袍不断改革与发展的潮流中，艺术旗袍也在时代的推动下步入舞台或电影画面中，这种艺术旗袍在继承传统旗袍的基础上，结合了解构主义与简约化原则，进行了款式上的突破和创新，在裁剪方法上更加注重女性完美的曲线轮廓与修身的效果。如裁剪腰部时，可通过衣片结构和腰省合成具有纵向的内凹结构，但仍留有较大的宽松度。这种裁剪方法的奇妙之处，不仅适合于婀娜多姿的妙龄女郎，也适合于中老年女性。如果忽略腹前的不明显的曲线条后，反而显现出传统的富态美，真是妙不可言。其款式五花八门，既有圆领、对襟、衣裙两截式，又有高开衩、一步裙式，还有尖角下摆的不对称，甚至色彩的不对称而促成花型不对称，恰到好处地突出东方女性的高雅、妩媚与婀娜多姿的艺术效果。更令人叹服的是可以淡化穿着者年龄上的明显界限，在目前是其他任何一种时尚服饰都难以达到的境界。这种艺术旗袍在表现方法上也有其特点，它不仅继承了注重丰富意韵传统的东方风格，而且在细节的刻画上能做到丝丝入扣而无懈可击，既能做到端庄而不失妩媚，又能体现出典雅而别具活泼。各种绣饰或饰件的有机组合，都是紧密地围绕着女装整体的性感而展示，使女人味纤毫毕现，再加上巧妙地运用现代色彩观念的创意，衬托出当今时尚女性的开朗性格和开放意识，从而拓宽了衣着色彩的意韵空间。

旗袍的品类很多，具体介绍如下。

（1）中（短）袖旗袍　中（短）袖旗袍如图 4-63 所示。其特点是高立领，卡腰，适宜中年女性穿用。

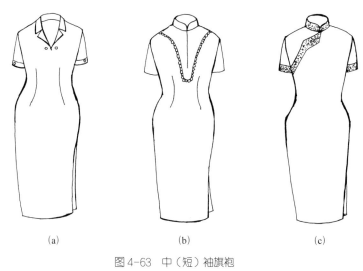

(a)　　　　　　(b)　　　　　　(c)

图 4-63　中（短）袖旗袍

（2）前胸缉塔克短袖旗袍　前胸缉塔克短袖旗袍如图 4-64 所示。其特点是立领，前胸处有 4 个装饰扣，套头穿，适宜中青年女性穿用。

（3）方驳领短袖旗袍　方驳领短袖旗袍如图 4-65 所示。其特点是方驳领，短袖，卡腰，适宜中青年女性日常穿用。

（4）鸡心领旗袍　鸡心领旗袍如图 4-66 所示。其特点是鸡心领，卡腰，有时带有绣花图案，是青年女性的时髦款式。

（5）露臂式旗袍　露臂式旗袍如图 4-67 所示，其特点是露臂，卡腰，下摆肥，适宜青年女性夏季穿用。

（6）仿古女旗袍　仿古女旗袍如图 4-68 所示。其特点是高立领，卡腰，紧身，紧袖，一般前胸和下摆富于变化，适宜中年女性于夏季穿用。

（7）长方领旗袍　长方领旗袍如图 4-69 所示。其特点是大长方领，宽袖，左右大开叉，适宜作为家庭便服。

（8）对门襟长旗袍　对门襟长旗袍如图 4-70 所示。其特点是高主领，对门襟，旗袍下端离脚面仅有 5cm 左右，常带有印花或绣花装饰，是中青年女性时装旗袍款式，适宜作礼服。

（9）女式三角西服领短袖长旗袍　女式三角西服领短袖长旗袍如图 4-71 所示。此式样是在保持中国民族传统长旗袍造型的基础上，不用大襟，而将高立领改为西式三角驳头领，领口可配本料蝴蝶结，或佩戴钻石扣针衬托闪光，卡腰使胸、腰、臀三贴身，使其与领型协调，体现出人体的曲线美。该款式多为短袖，右边腰缝开口缝拉链，既省料又方便穿脱，多为青年女性于夏季穿用。同时，可以根据自己的喜好，在领、胸、摆衩、衣底、袖口等部位绣制各式图案，镶花边、绣花，或加装饰金银线，或饰装饰物，更显得艳丽高雅。

图 4-64　前胸缉塔克短袖旗袍　　　图 4-65　方驳领短袖旗袍　　　图 4-66　鸡心领旗袍　　　图 4-67　露臂式旗袍

图 4-68　仿古女旗袍　　　图 4-69　长方领旗袍　　　图 4-70　对门襟长旗袍　　　图 4-71　女式三角
西服领短袖长旗袍

（10）**尖角驳领短袖长旗袍**　尖角驳领短袖长旗袍如图 4-72 所示。其特点是小角驳领，短袖，其余同于三角西服领短袖长旗袍。但面料多用纯棉或棉涤印花薄平纹织物，适合中青年女性作家庭便服。

（11）**小方反领短袖长旗袍**　小方反领短袖长旗袍如图 4-73 所示。其特点是小方反领，短袖，卡腰，小方反领多为镶嵌白色或本色料的小反领，袖口外贴边也采用本色料，造型新颖美观，曲线流畅，平服合体，舒适实用，节省用料，可以根据自己的年龄与爱好，选择素色或艳色的丝绸、纯棉、化纤等质地细薄、耐洗耐穿的衣料。还可以在领、胸、摆、衩、衣底、袖口等部位，采用传统工艺手法，配制各式各样的花带、嵌线、绣花等装饰，也可单纯用金银线绣花或几何图案，使其显得更加高雅、富丽。适合青年女性在各种场合穿用。

（12）**小露肩方形领短袖长旗袍**　小露肩方形领短袖长旗袍如图 4-74 所示。其特点是领口为平方领，下摆缝开衩，而成喇叭状。它既发扬了中国传统的风格，又吸收了国外服装结构的优点，使其服装样式显得独特新奇、新颖美观、舒适大方和轻便凉爽等。此外，此款式还可在各部位衬制各种新奇装饰。穿着时衣底形成稍许流畅线条，并能随着步行而波动。该款式适宜于青少年女性穿用。

（13）**扣边圆形领短袖长旗袍**　扣边圆形领短袖长旗袍如图 4-75 所示。它是一般旗袍款式与圆形领式相结合的款式，突出在袖口、摆衩、衣底、领弯等部位，采用圆弧形边的结构方式。圆边可用手针或机针缝制，作对比单色的扣针边饰。同时，还可在扣边内圆，配绣其他各种花型图案。

图 4-72　尖角驳领　　　　图 4-73　小方反领　　　　图 4-74　小露肩方形领　　　图 4-75　扣边圆形领
　　短袖长旗袍　　　　　　短袖长旗袍　　　　　　　短袖长旗袍　　　　　　　短袖长旗袍

如果再点缀一些金银线，穿着时又佩戴首饰，相互烘托，则更具有新奇时髦之感。这种旗袍还具有结构精巧、式样新颖、轻便凉爽、节省用料、缝制简易、舒适合体等优点。它多选用质地细薄，淡色或艳色的棉布、丝绸、化纤织物等耐洗的衣料，适合青年女性在夏季穿用。

关于旗袍面料的选择，日常便服多选用棉、棉和化纤混纺平素色或花素色缝制，也有用绢丝、色织、印花条格。常用旗袍的色泽，可根据个人的气质和性格选择冷色调或暖色调。

礼服、节日服的面料主要是丝织物的缎类的织锦缎、软缎、金雕缎、绣花缎、库缎等；锦类的云锦等；绸类的蓓花绸、双宫绸等；绉类的乔其绉、碧绉、留香绉、涤丝绉等；也有用绢类、纺类较光滑厚重的真丝或混纺丝织物。毛织物主要用精纺花呢，如高级毛薄绒、亮光薄呢、维也纳、精毛和时纺、高支毛涤纶、金银花呢、毛薄软绸、毛葛等。色泽要求光泽度好，抗皱性能强，花型大方秀丽，颜色应与穿着者的身份和出席的社交场合协调。总之，礼服、节日服旗袍应颜色艳丽而不轻浮，漂亮而不失庄重，给人以典雅、名贵、高级之感。

52. 多功能外衣——冲锋衣

冲锋衣有时又作为风衣或雨衣，是一种功能性的风衣，是户外运动爱好者的必备装备之一，如图4-76所示。冲锋衣的英文为technical jacket，也就是功能性外衣，考虑到使用环境比较特殊，也可以译为多功能外衣。人们一般提到的冲锋衣，在主要的生产商产品目录上大多被称为"parke"，也有少量被称为"jacket"。按《韦伯斯特百科大词典》的解释，"parka"这个词来自俄语，本意是一种北极地区的带风帽的皮质套头衫，后来引申为一切带有风帽并可加装衬里的套头衫或夹克的统称。

图4-76 冲锋衣

在式样上，现代的parka一般做成短风衣的款式，风帽上有滑扣之类的附件可以调节风帽形状和头形吻合；领口处通常有加厚或是一层薄的抓绒衬里以减少这里的热量损失；肩肘部加厚可增强耐磨性；内包开口在拉链以外以减少热量损失，衣袋开口较高或有胸袋，避免被背包腰带压住衣袋取不出东西的情况发生；衣服的后片比前片略长，袖管略向前弯；通常会有腋下拉链。jacket的样式相对比较生活化，一般设有风帽。

（1）冲锋衣的功能 冲锋衣的基本功能在于防水、防风、透气、耐磨等，冲锋衣属于防风防水型，并不具备保暖效果。

① 防水性能。防水性能是指无论坐在潮湿的地方，还是行走在风雨交加的环境中，都能够有效地阻挡水分的侵入。故从面料设计和加工上来说，一般的冲锋衣都采用"PU涂层+接缝处压胶"工艺。PU防水涂层指的是衣服表面织物经过一层防水涂层（PU）处理，涂层厚度根据需要厚薄不等。

② 防风性能。防风性能是指防止风冷效应。在多变的自然环境中，当冷风穿透人们的衣服时，会吹走身体皮肤附近的一层暖空气，这层暖空气大约1cm厚，温度在34～35℃之间，相对湿度在40%～60%之间。即使这层暖空气发生一点点微小的变化，也会使人感到发冷和不舒适。当冷风吹进衣服，破坏了这层暖空气，将导致热量迅速流失，体温下降，人就会立刻感到寒意，这就是所谓的风冷效应。

③ 透气性能。透气性能是指当人进行大运动量的户外运动时，身体自然流汗，皮肤呼出大量湿气，如果不能迅速排出体外，必定导致汗气困在身体和衣服之间，特别是在阴雨天气时，就会令人感到更加潮湿、寒冷。而在高山、峡谷等严寒的条件下，身体的寒冷和失温是非常重要的。

采用的面料类似于一个筛网结构，每个网格直径非常小，而且分为内外两面，从内而外可以透气，从外而内则不能。

（2）冲锋衣的面料　冲锋衣面料的好坏主要取决于面料的防水性与透气性。在面料的防水性有一定保证的前提下，更关注面料的透气性。透气性好的面料，穿在身上干爽舒适。目前市场上防水透湿织物有以下三大类型。

① 高密度织物。高密度织物是利用高支棉纱和超细合成纤维制成紧密的织物，有较高的水蒸气透过性，经过拒水整理后具有一定的防水性。高密度织物的特点是透气性好，柔软性和悬垂性也较好，但耐水压性较低、次品率高、染整加工困难、耐摩擦性较差。

② 涂层织物。涂层织物分为亲水涂层织物和微孔涂层织物两种。如果高分子链上有亲水基团，含量和排列合适，则它们可以与水分子作用，借助氢键和其他分子间力，在高湿度一侧吸附水分子，通过高分子链上亲水基团传递到低湿度一侧解吸。涂层织物一般加工简单，其特点是透湿小、耐水压不大。由于原料、工艺及这种方法本身的局限，一直不能解决透湿、透气和耐水压、耐水洗之间的矛盾。

③ 层压复合织物。这种织物将防水透湿性和防风保暖性集于一身，具有明显的技术优势。它运用层压技术把普通织物与 E-PTFE（膨体聚四氟乙烯）复合于一体，取长补短，是目前防水透湿织物的主要发展方向。

（3）冲锋衣的分类　根据使用范围及环境，可将户外运动中使用的冲锋衣分为以下三类：①超轻型、轻型冲锋衣。该类冲锋衣非常轻，便于携带，适合低负重、简单地形的快速行进、定向越野或徒步穿越。不足之处是防刮、防撕裂性能较差；②中量级冲锋衣。更加持久耐用，但重量较重，适合中等强度的徒步、自行车运动或低海拔登山活动；③远征探险专用冲锋衣。通常是探险家最需要的装备之一，防水、防风功能非常强，但透气性相对要差一些。

根据压胶层数和使用环境分类，冲锋衣基本上分为四类：①两层压胶冲锋衣。防水透气层裸露，从里面可以清楚看到；②两层半冲锋衣。实际上是两层压胶冲锋衣，衣服内部增加一层网眼布或者绒布以起到保护防水透气层的作用；③三层压胶冲锋衣。在工厂里一次成形，是把外层耐磨布料、中层防水透气层、内层保护层冲压到一起的服装，科技含量高，售价贵；④附带抓绒三合一冲锋衣，一般都在秋冬上市，主要由一件两层半冲锋衣和一件抓绒衣组成，性价比相对较高。

53. 男子的"万能服"——猎装

猎装，又称卡曲服，是一种具有狩猎风格的缉明线、多口袋、背开衩样式的流行上衣。据传它起源于欧美地区猎人打猎时所穿的一种衣服。其基本款式为翻驳领，前身的门襟用纽扣，两小带盖口袋，两大老虎袋，后背横断，后腰身明缉腰带，袖口处加袖襻或者装饰扣，肩部通常有肩襻，具有收腰结构。猎装虽起源于欧美地区，但首先流行于菲律宾等东南亚各国，后来才成为风靡欧洲半个世纪的时尚坐标，并以其可以适应各种年龄男子穿着的风格特点，发展成为人们日常交往、娱乐、上班穿着的便服，被誉为男子的"万能服"，如图4-77所示。

最初的猎装是狩猎人穿着的外套。其特点是一般在肩部设

图 4-77　猎装

有带襻，作用是背猎枪时可防止发生滑脱，并在衣身上设有大小各异的四只袋盖式口袋，便于携带子弹等物品。衣身采用在腰部略收紧，圆筒袖，明扣。猎装成为世界流行性的服装之后，一般具有如下特征：翻领走线，贴袋打裥，前胸后背加线。传统猎装根据具体情况选用厚型或薄型耐磨面料，可以用高级呢料或丝麻织物缝制，也可用化纤织物缝制，如皮革、棉织物或化纤混纺织物等。猎装的颜色多为单色，如米黄色、银灰色、浅蓝色或丝麻本色。猎装既可在以上班工作时穿着，也可在以出外旅游或者参加一般性的社交活动时穿着。

口袋是猎装极为重要的装饰，也是猎装具有代表性的特点。猎装口袋最大的特色就是用明线在衣服外部勾勒口袋的轮廓，也有将四个口袋中的两个处理成暗藏式或者加大口袋盖。而一些加入毛皮镶边处理的细节更是将猎装的冷硬和毛皮的柔软协调地融合出细腻、浪漫的味道。

猎装既有短袖和长袖之分，也有夏装和春秋装之别。一般猎装翻驳领，口袋较多，有贴袋式，也有插袋式，腰间系腰带，单排纽、双排纽都有，并缝有肩襻、袖襻等装饰。有的还做成育克式或分割式。

54. 柔软舒适的针织服装

针织服装是指由针织坯布裁剪或针织衣片缝制的服装，也有用针织机一步成形的加工方法直接成衣，如图 4-78 所示。坯布、衣片通常用纬编法或经编法织成。纬编织物一般为圆筒形织物，其特点是具有较大的延伸性和弹性，手感柔软；经编织物比纬编织物紧密，延伸性小，挺括，不易变形，花纹变化多，用途较广。

(a)　　　　　　　　　　(b)

图 4-78　针织服装

针织服装主要分为针织内衣、针织外衣和针织运动服三大类。

(1) 针织内衣　针织内衣一般是指可贴身穿着的针织服装，但也可作外衣。主要品种有汗衫、背心、卫生短裤、棉毛衫裤、绒衫裤、T恤衫等。

汗衫、背心、卫生短裤等的特点是具有良好的吸湿性和弹性。一般采用纯棉精梳细支纱（60Ne以上）、中支纱（32～60Ne）、真丝等天然纤维，也有采用混纺纱或化纤织成的平汗布、网眼布等制作。织物的品种有精梳、普梳、精漂、丝光、烧毛等，其中以精梳和丝光产品为高档品。

棉毛衫裤多为春秋季及冬季穿用，起吸湿、保暖作用。原料以棉、化纤及其混纺纱交织成的

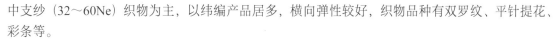

中支纱（32～60Ne）织物为主，以纬编产品居多，横向弹性较好，织物品种有双罗纹、平针提花、彩条等。

绒衫裤，俗称卫生衫裤，是单面起绒的保暖服装。上衣的款式有套头高领式、开襟大翻领式等。一般采用 32～60Ne 棉纱作正面，采用 10Ne 以下棉纱作反面，也有的采用化纤纯纺或混纺纱作原料。产品有薄绒和厚绒两种，采用一根中支纱或粗支纱作里的为薄绒产品，采用两根粗支纱作里的为厚绒产品。其特点是织物柔软，绒头均匀而细密平滑。

T 恤衫，又称 T 形衫、T 字衫。款式为胸前半开襟有纽扣，设胸袋或无胸袋，领式有圆领、尖角翻领或立领等。以其自然、舒适、潇洒而又不失庄重之感，成为男女老少乐于穿着的时令服装。一般采用平汗布、网眼布、棉毛布等制作。

（2）针织外衣 针织外衣是指用针织物作面料缝制而成的各种男女外衣。具有色彩鲜艳、悬垂性好、抗皱性强和尺寸稳定性好等特点。按照织物的面料来分，有仿毛、仿绸、仿绒、仿皮和涤盖棉等针织外衣品种。

仿毛针织外衣一般采用毛型感强的中厚型化纤及其混纺针织物制作。品种主要有中山装、西装、两用衫、风衣等。

仿绸针织外衣一般采用 1den（9000m 长的丝重 1g 为 1den）左右的涤纶单丝、涤纶异型丝、涤棉包芯纱、锦纶丝、黏胶纤维或醋酯纤维等轻薄滑爽针织物制作。品种主要有旗袍、裙子、男女衬衫等。

仿绒针织外衣一般采用黏胶人造丝、醋酯纤维、涤纶长丝等，以及用棉纱、涤棉混纺纱、涤纶低弹丝等为底纱织成的柔软天鹅绒针织物裁制而成。品种主要有女式长裙、旗袍、短披肩等。

仿皮针织外衣主要采用人造麂皮或人造毛皮针织物裁制而成。品种主要有大衣、夹克衫、猎装等。

自 20 世纪 80 年代开始流行涤盖棉针织外衣或丝盖棉针织外衣，即在织物的正面采用涤纶、丙纶等化纤及真丝，反面采用天然纤维棉。采用涤盖棉或丝盖棉制作的服装，具有挺括、耐磨、色泽鲜艳、吸湿性和透气性好的特点。

（3）针织运动服 针织运动服是指用针织面料缝制而成的各种运动服。由于针织物具有弹性、弯曲性好等优点，特别适宜于运动对服装力学性能的要求，因此深受广大运动员的青睐。针织运动服主要有以下四大类。

① 用于球类、田径等一些运动量大、出汗多的运动项目的服装，针对这些运动项目的特点，一般采用易于吸湿和汗水散发性能好的纯棉及其混纺或吸汗性能好的聚酯纤维等针织物制作。

② 用于体操、冰上芭蕾等一些灵巧、轻捷的运动项目的服装，一般采用具有高度伸缩性和弹性的氨纶经编针织物、氨纶与棉交织单面纬编针织物或腈纶弹力丝双面针织物制作。

③ 用于登山、训练等运动项目的服装，一般采用涤盖棉针织物制成。在织物反面编织成凹凸状，可保存一定量的空气，用以减缓摔跌时产生的冲击力。

④ 用于游泳类运动项目的服装，一般采用高收缩涤纶超细纤维、氨纶丝或腈纶弹力丝等针织物制作。这种针织物经过染色和后整理后，具有布面光滑、拒水、透气等特点，完全适应游泳类运动项目的动作要求，并可减小运动时的阻力。

近些年来，针织工业发展很快，针织比机织有以下四个显著特点：一是生产效率高，约比机织高出 4 倍以上；二是工艺流程短；三是适应性强；四是投资少，占地面积小。各种天然纤维和化学纤维都可用作原料，不管是人们穿的、戴的，还是铺的、挂的，凡是机织物能用的，针织物都可以满足。

55. 对襟小立领的中式服装

中式服装一般指自清朝末年在民国劳动服装的基础上改进而来的中国传统服装，又称便服，它是以中国传统的襟袍式服装为造型基础，工艺结构为人体平面几何形，即从人平展手臂、平跨步时的人体形态为基础来裁剪衣片或裤片，所以，这种服装的造型简洁、巧妙，服装前身与后身为一体，衣袖与衣身为一体，整体服装只有衣身侧缝与袖底缝连接的两条结构缝，无起肩、袖窿设置。形态特色是对襟、小立领。中式上装的特点是式样简朴，身着舒适，便于人体运动，缺点是不十分合体，比如腋下处会出褶皱等。有的中式服装采用中式的形态、西式的裁剪方法，主要式样仍然是小立领、对襟，不同的是肩部、袖窿处均设有结构缝，与中式裁剪方法相比，其穿着效果平服、合体，表现的形态和风格依旧。

（1）对襟上衣　对襟上衣如图4-79所示，其特点是左右对称，布局均衡，一般有两个大贴袋或斜暗袋，布扣，也有采用一般塑料扣的，最适宜老年人选作冬季中式棉袄罩衣。其特点是式样美观、朴素大方、宽大舒适、劳动灵活、裁制简便等。

①　男式平袖插袋对襟上衣　男式平袖插袋对襟上衣如图4-80所示，这种衣服适宜老、中、青年不同年龄段的人穿着。选用的面料一般为有色而质细的各种棉、毛、麻、丝、化纤及其混纺织物。

②　男式平袖贴袋对襟上衣。男式平袖贴袋对襟上衣如图4-81所示，这种衣服为中老年人较喜爱的款式。对襟上衣的扣式有暗门扣、外扣眼及布带编结的外用直扣等。

③　女式平袖交门对襟上衣　女式平袖交门对襟上衣如图4-82所示，这种式样适宜不同年龄的女性穿着，常用于制作冬季用的棉、皮、罩等品种的衣服。如是青年女性穿用，多选用色泽娇艳、图案新颖、质地柔软的丝绸、化纤、纯棉等面料，并且还可运用中国民族传统工艺做成各种滚边、嵌牙、镶花、盘扣等精巧装饰。

图4-79 对襟上衣　图4-80 男式平袖插袋对襟上衣　　图4-81 男式平袖贴袋对襟上衣　　图4-82 女式平袖
交门对襟上衣

④ 女式平袖齐对襟上衣。女式平袖齐对襟上衣如图 4-83 所示，这种式样适宜不同年龄的女性穿着。如是青年女性穿着，可选用花色鲜艳、质地细软的各种丝绸、化纤和纯棉布等面料，同时，还可在棉、皮衣面中补缺各种挖云、滚边、嵌牙、镶花、盘扣等变化繁多的装饰，使其衣锦交相辉映，艳美多姿。

⑤ 女式装袖对襟便领上衣。女式装袖对襟便领上衣如图 4-84 所示，它适合于老中青等不同年龄的女性穿着，是我国各地女性广为流行的冬季服装。其特点是笔挺合体、式样新颖、美观大方、穿着舒畅等。如是青年女性穿着，可选择色彩绮丽、细软光滑的丝绸、化纤、纯棉布等面料，而且还可在棉、皮等衣面中，衬制各种色彩调和、花式新颖的花带、镶花、绣花、盘扣及袋型多变等精巧装饰。

⑥ 女式装袖镶胸对襟便领上衣。女式装袖镶胸对襟便领上衣如图 4-85 所示，这种式样适宜于青年女性和少数中年女性穿着。它是根据妇女的心理爱好和体形特点，在装袖对襟便领上衣的基础上，运用了破、劈、收、拼等方法，并吸取了西服的裁制技术特色设计而成，其特点是笔挺平整、舒适贴体、款式时髦、美观大方、曲线清晰等。如是青年女性穿着，可增加彩镶、嵌、绣、盘等各种传统的精巧装饰。

图 4-83　女式平袖齐对襟上衣　　　图 4-84　女式装袖对襟便领上衣　　图 4-85　女式装袖镶胸对襟便领上衣

对襟上衣面料可选择：棉布类有蓝平布、灰平布、色府绸等，毛呢类有精纺凡立丁、毛涤纶等，化纤布类有仿毛黏锦凡立丁、仿毛黏涤凡立丁等。颜色一般以平素蓝色、灰色、咖啡色为主，也有元青色和杂色，要求色牢度好，耐洗涤，易熨烫。

中青年女性多穿用色织格条或印花罩衣，也有选用细窄条或印花有圈点的花型。有时还在罩衣上配以机绣或手工绣花，此时多选用中浅色，例如米色、浅天蓝色、藕荷色等。女性结婚时喜欢穿着大红色、大绿色等鲜艳绮丽的色泽，其面料为一般平绒、金丝绒、绸缎等高档衣料。

（2）偏襟上衣　偏襟上衣多为女装，可分为中西式琵琶襟短装和中式挖襟罩衫两类，如图4-86所示。其特点是开襟在衣式右侧，多用打结或盘结扣，式样朴素大方，穿着舒适，是中国民族服装的一种典型式样，面料一般采用丝绸、锦缎、灯芯绒和各类印花布。偏襟也用于男装，男装多为长袍，如图4-87所示，它适合于不同年龄段的男性穿着。其特点是式样美观、朴素大方、宽大舒适、伸展灵活、坚固耐穿等。面料一般选用纯棉、毛呢、绸缎和化纤等织物。穿着这种服装，不仅能显示健壮潇洒、风度高雅、纯洁朴素的美感，还显示了中国的传统服装文化。目前，国内还有不少人穿用，在海外华侨华人中也有穿着。颜色一般以平素的灰天蓝色、藏蓝色为主，也有深驼色、元青色和杂色。

(a) 中西式琵琶襟短装　　　(b) 中式挖襟罩衫

图4-86　偏襟上衣

图4-87　男装长袍

56. 不失庄重的夹克衫

　　夹克一词来源于英文"jacket"的谐音，即宽腰身，紧下摆，小袖口，宽处活动方便，紧处干净利索，给人以潇洒而无拘束的感觉，是休闲服的一种，泛指下摆和袖口收紧的上衣，有单衣、夹衣、棉衣、皮衣之分。在国外，非正规的短外套，包括不太正统的西装上衣，都称为jacket。在国内，夹克则一般指非传统、非正规且长及腰臀的长袖罩衣。夹克作为一种着装，其最大优点是松肩紧腰，穿着舒适，轻松时尚，方便随意，短小精悍，轻便实用，穿着精神抖擞，上下装搭配灵活，无论是在社交场合还是家居或是室外活动都可穿着，是人人爱穿的一种上衣。它与T恤衫、牛仔服一样，是深受人们青睐的经久不衰的服装款式。

夹克又名夹克衫，是男女老幼都能穿着的短上衣总称，如图 4-88 所示，是从中世纪男子穿用的叫作"jack"的粗布制成的短上衣演变而来。近代夹克是由第二次世界大战时美国空军飞行服逐渐演变而成的。常见的有翻领、关领、驳领、罗纹领等；前开门，门襟有明襟和暗门襟之分，关合用拉链或拷纽；下摆和袖口用罗纹橡筋、装襻、拷纽等收紧；衣身可有前后育克；有的肩部装襻。一般采用分割、配色、镶拼、绣花和缀饰等工艺而形成各种款式。

夹克衫自出现以来，经过多次款式的变化，千姿百态，成为人们喜爱的服装，展示出不同时代、不同经济和政治环境以及不同场合、人物、年龄、职业、性别等对夹克衫款式产生的影响。目前，夹

图 4-88　夹克衫

克普及率相当高，流行甚广，已形成系列产品，成为服装中非常兴旺的一个重要"家族"。而且除普通夹克之外，还有各种功能性的夹克不断问世。它们或以专业或用途来命名，如飞行员夹克、运动员夹克、摩托夹克、击剑夹克、猎装夹克、侍者夹克、探测夹克等；或以款式来命名，如普通拉链三兜夹克、牛仔夹克、翻领夹克、围巾领衬衫袖夹克、罗纹夹克、翘肩式偏襟夹克、组合式夹克、青果领夹克等。可以说夹克是当今世界上发展变化较快的服装之一，既可作为生活穿用的服装，也可作为旅游、社交活动穿用的服装。

夹克虽是男女老幼都爱穿的服装，但其要求却不尽相同。在世界范围内，男式夹克可以说是与西装并驾齐驱的两种重要款式，要求具有整齐、大方、沉稳、持重、简练、利索等特点。能适用于不同气质的男性在不同场合穿用，并要求穿着轻松适意，上下搭配灵活。如简洁、凝重的夹克配上一条西裤，可使穿着者在正规场合轻松自如；轻灵花哨的夹克再配上一条靛蓝牛仔裤，组成较为理想的休闲服装。轻快活泼的夹克是年轻人的"宠儿"，而稳健端庄的夹克则为老年人所青睐。战斗式夹克衫（又称艾森豪威尔夹克）是一种紧身短小精悍的款式，适宜于青少年男子穿用，其特征是多胸袋、翻领、有肩襻、紧下摆、紧袖口，使穿着者显得潇洒、英俊、强健、有朝气。猎装夹克被国际上誉为当代的"万能服"，青年男女均爱穿着，其特征是大多带有肩章式襻带，有多个贴式或打裥口袋，西装领、翻驳头，收腰身并有腰带，圆筒袖，具有西装和纯夹克的优点，非常适合青年男女旅游、狩猎或日常生活等各种场合穿着。近年来，在服装市场上还有一种较为流行的适合青年男子穿着的镶嵌配件夹克，一般在夹克的胸前育克处镶有高档毛织物或皮革等物，色彩近似，但又有稍微差异，应注意领、肩、胸、袋口、摆镶嵌配件的相互协调性，这种夹克可产生美观、醒目的效果，给人以朝气蓬勃的美感，从而博得青年男性的偏爱。除此之外，还有卡曲衫、香槟衫、拉链衫等均属于男式夹克系列产品。男式夹克品种繁多，其造型变化一般是通过对前后衣片进行各种形式的分割组合的方法并采用诸如肩襻、袖襻、腰襻、腰带等附件来达到的，大多都具有宽肩、窄腰、露臀的特点。在衣服的色调方面，除传统的蓝色、黑色、藏青色、灰色外，近年来又发展到白色、米色、浅棕色、银灰色、海蓝色等中间色调，有的还把红色、绿色搬到了夹克上来。

近年来，随着女性参与社会活动越来越多，女性为了穿着方便而又不落俗套，纷纷效仿男性盛行穿着夹克去上班和参加各种社交活动，确实使上班族女性感到轻松方便而又惬意大方，使得夹克成为女性衣柜里的衣物，而且使用范围很广。既可在春光明媚的较暖和的春末夏初穿着，又可在寒风凛凛的秋冬季穿着。不仅在外出时可穿着，而且又可权充家居便服。如何穿得更美，关键在于如何与下装搭配。一般而言，女式夹克如恰当地与连衣裙、长短裙、一步裙及女裤配伍，可以达到惟妙惟肖的神奇效果，这是因为女式夹克几乎包括了所有外轮廓造型、细节造型和构成手段。刺绣、镶嵌、滚、拼等各种传统的工艺方法，常为女式夹克注入绢秀和美观。女式夹克一般可分为长、短两类：长的衣长盖臀，清新流畅，恬静脱俗；而短的衣长仅至腰节，精悍自然，潇洒大方。在造型上，宽松舒适的夹克则隐约可见女性的曲线美。宽松蝙蝠袖夹克尤其适宜青年女性穿着，别有一番情趣，其特点是袖口和底摆为紧身型，或是采用松紧毛线织罗口配边，用以突出宽松的身、袖特有的蝙蝠外形，有的在身、袖之间还有明、暗褶裥和各种装饰配件，以突出其时装化。穿着时如配穿多袋牛仔裤或紧身裙，则可平添几分魅力，显得自由洒脱，更能突出女性的形体美。宽肩收腰的夹克则大有男性的风范，是女装男性化的杰出代表。女性夹克的领型变化较多，有立领、翻领、驳领等式样。门襟常用拉链或纽扣。袖型则有长袖、半长袖，也有泡泡袖、接袖、插肩袖等。在服装结构上，采用较多的是分割组合的方法，以求得服装的外形变化，同时还可利用各种颜色和不同质地的织物进行镶拼。在工艺的使用上，大多采用缉明线、打褶、省道的方法进行装饰。也有的女式夹克采取"拿来主义"的方式，把男式夹克原封不动地搬来照用，这就成了名副其实的"两性夹克"或"中性夹克"。

夹克衫的款式非常多，按照衣领造型分，有立领、翻领、西服领和驳领等；按袖口分，有一般袖口、罗纹袖口、拉链袖口等。衣片的开刀可分为前育克、后育克、斜直开口，再配上镶拼、嵌线、荡条等其他变化就更多了。夹克衫又有单的、夹的、半夹的，还有两面穿的和组合式的。按面料分，有棉布类、毛呢类、化纤布类、人造革类和皮革类。上衣的口袋变化很多，有开袋、贴袋、开贴袋、拉链袋、钱包袋等，仅一件钓鱼用夹克衫就有口袋17个。

夹克衫面料的选择如下。

(1) **棉布类**　如各种华达呢、卡其、贡呢、马裤呢、灯芯绒、厚重的色织布、坚固呢等。

(2) **毛呢类**　如杂色华达呢、马裤呢、驼丝绵、贡呢、巧克丁、花呢、麦尔登、海军呢等。

(3) **丝绸类**　各种厚重的丝织物，如绸、缎、呢、绒类等。

(4) **麻布类**　如平纹布、涤麻混纺布、麻细帆布、亚麻西服布等。

(5) **化纤布类**　如混色华达呢、卡其、仿毛花呢、中长巧克丁、贡呢、马裤呢等。

夹克衫的颜色一般以平素的深浅咖啡色、黑色、杂色为主，也有灰色、蓝色，以及条格、印花、绣花等。

在夹克衫的选择方面，也有许多学问。在款式上，外形轮廓都要求有适当夸张的肩宽，配上下衣后，要能形成上宽下窄的 T 字体型，给人以潇洒、修长的美感。具体而言，对于肥胖体型的人，夹克宜采用竖线分割的各种条形装饰线，穿上后给人挺拔、秀丽的视觉效果；对于瘦长体型的人，夹克宜采用横线分割和装饰线，以增加穿着者体宽的感觉；青年人特别是女青年应选购斜条分割和多装饰的夹克，也可选购横直线条分割或多种几何图形装饰的夹克，给人活泼、有朝气、充满青春活力的感觉。还应注意领口和袖口或袖口与下摆的面料色彩一致，肩、袋、袖、胸等各种装饰件或线条的形状、色彩需相呼应，既可避免杂乱无章的视觉效果，又可达到造型活泼利落和相互协调的美感。面料的选择也很重要，应根据款式选用不同质地的面料，做到款式和面料相互协调，此外，夹克的缝制质量和辅料配件的质量与装饰性能也十分重要。

57.　经久不衰的牛仔装

所谓牛仔装，是指以牛仔布（坚固呢）为主要面料缝制而成的套装，如图 4-89 所示。主要由牛仔夹克衫与牛仔裤或牛仔裙配套组成。此外，还有牛仔衬衫、牛仔背心、牛仔帽、牛仔泳装、牛仔靴等配套品种。

回顾牛仔装的历史，它是以牛仔裤为基础发展而来的。牛仔裤是一种男女均可穿用的紧身便装。牛仔裤于 20 世纪 30 年代开始流行，并以美国西部牛仔的名字命名，前身开门，两侧有弧形切开式斜插袋，后背育克和两个贴袋，在前后袋口两角铆有铜铆钉，右后袋上方铆有金属或皮塑商标，门襟采用拉链。臀部和裤管窄小，缝工精细坚牢，缉线绽露，外观具有美洲乡土风味，被称为"牛仔风貌"。60 年代，美国和西欧一些国家在牛仔裤的基础上发展生产牛仔装，相继出现了牛仔夹克衫、牛仔裙等配套产品。中国于 80 年代开始流行牛仔裤，并逐渐向牛仔装发展，先后在广州、上海、天津等城市建有专门生产牛仔装的企业。

图 4-89　牛仔服装

牛仔装大多以牛仔布（又称劳动布、坚固呢）为面料。牛仔布是一种坚固耐磨的单纱斜纹色织棉，以粗特（支）纱线织成，多用转杯纺纱作原料，主要采用三上一下斜纹，也有用平纹、二上一下斜纹、破斜纹、复合斜纹或小提花组织织制。按重量可分为轻型和重型两种。

除纯棉面料外，现已开发出涤棉牛仔布、弹力牛仔布、毛涤牛仔布、真丝牛仔布等。在织造方面，已开发出条格、提花、电子机绣、嵌金银丝等品种。牛仔布的颜色已由传统的靛蓝色拓展出浅蓝色、白色、煤黑色、铁锈色、孔雀绿色、杏黄色等多种颜色以及双色、印花等，但仍以靛蓝色最为流行。

牛仔装的款式除传统的紧身式外，还有宽松式。款式变化很快，现已从保守走向夸张，装饰手法有钉珠、贴皮、花边、喷色、补丁、拼接、破洞等多种变化。牛仔裤男女款式相同。牛仔背心和牛仔短裤在底摆和裤腰处配用针织面料，起到收紧的作用。牛仔裙有超短裙、筒裙等款式。儿童牛仔装还饰以彩色动物、卡通等图案。传统型牛仔装比较强调配件和饰物的应用，如牛仔腰带、牛仔领带、子弹袋、套马绳等，而运动型牛仔装则注重简练、明快，不披挂附件，穿着后便于活动。

在制作工艺上，牛仔装通常使用橘黄色粗线缝制，内缝线链式结构套结缉缝，门襟用粗牙拉链，裤袋缝口处用金属铆钉铆合。将缝好的成衣与一定数量的浮石放入石磨水洗机中，通过成衣与浮石反复摩擦，使其表面产生一种"褪色磨毛"的效果，致使坚硬的牛仔布料变得柔软，通称石磨蓝。此外，还有酸洗和雪花洗等工艺，可使面料上产生美丽的色斑。

58.　对襟盘扣的马褂

马褂穿于袍服外，对襟、平袖端、盘扣、身长至腰、前襟缀扣襻五枚。马褂原为清代的"行装"之褂（男性正装"袍褂"的外褂则较长，长至膝盖或更偏下，与短款的马褂不同），后逐渐成

图4-90 马褂

为日常穿用的便服，至民国时期成为礼服，统用黑色面料，织暗花纹，不做彩色织绣图案，旧时男子穿在长袍外面的对襟短褂。本为满族人骑马时穿的服装，故名马褂，如图4-90所示。后逐渐成为日常穿用的罩于长袍外面的便服或礼服，有"长袍马褂"的称谓。马褂分为大襟、对襟、琵琶襟和翻毛皮等多种形式。大襟马褂为平袖及肘，衣长及腰，四面开衩，衣襟开在右侧，四周以异色为缘边，一般作常服用；对襟马褂又称得胜褂，因而常用作礼服，衣长及腰、对襟、平袖及肘，四面开衩；琵琶襟马褂，又称缺襟马褂，与其他马褂不同的是右襟下端短缺，另补一块，以纽扣联之，状似琵琶，故此得名；多作为出行装；翻毛皮马褂是将皮毛翻露于外，清代达官贵人冬季将其罩在衫袍外，以炫其富贵。

马褂在满人初进关时，只限于八旗士兵穿用。直到康熙和雍正年间，才开始在社会上流行，并发展成单、夹、纱、皮、棉等服装，成为男式便衣，士庶都可穿着。之后更逐渐演变为一种礼仪性的服装，不论身份，都以马褂套在长袍之外，显得文雅大方。1912年，北洋政府颁布的《服制案》中将长袍马褂列为男子常礼服之一。1929年，国民政府公布的《服制条例》正式将蓝长袍、黑马褂列为"国民礼服"，凡出入重大的社交场合，均需穿马褂。清朝覆灭之后，冠服制多有废除，唯马褂得以保存。20世纪40年代之后，由于中山装的流行，马褂日渐衰落而退出历史舞台。现在，偶尔还有人穿着马褂出入于社交场合。

马褂是有袖上衣，不同于无袖的马甲。样式多为圆领，对襟、琵琶襟、大襟、人字襟；有长袖、短袖、大袖、窄袖，均为平袖口，不做马蹄式。马褂按季节又可分为单式和夹式两种，其面料除绸缎、棉、毛、麻等织物外，还有皮毛等，但不能使用亮纱。夏季的面料多采用纱、绸，冬季多用呢、缎或翻毛制品制作。

马褂的颜色在清代有严格定制：亲王、郡王以下文武品官用石青色；领侍卫内大臣、御前大臣、护军统领、侍卫班领等职官员用明黄色；八旗中正四旗副都统用金黄色；正黄旗统下亦用金黄色；其余则各按旗色。至于其他官吏，若有功勋经皇帝特赏，也可穿着明黄马褂，以显示其获得的极高的政治殊荣。平民百姓除不得穿黄马褂外，其余颜色可以任选。在各个时期，服色均有变化，清初用天空色，至乾隆年间用玫瑰紫色（红紫色），末年多穿称为"福色"的深绛色；嘉庆时用泥金色或浅灰色；光绪、宣统年间尤其在南方多用天青色、库灰色，甚至有用大红色的。作为正式出行装的马褂喜用天青色，夏天多用棕色。

20世纪90年代后，时装界兴起中国风，使中国一些传统服饰的样式成为流行元素，马褂就是其中一例。有著名时装设计大师将马褂的形制运用到女性晚礼服的设计上，而北美的女性则将其用作睡衣或家居服，并在衣身上面加绣花或蕾丝，以削减马褂原有的阳刚之气，使之女性化，富于阴柔之美。由此反映出中国服饰文化的丰富底蕴以及对世界服饰潮流的影响。

59. 帅气庄重的中山装

中山装是以中国革命先行者孙中山的名字命名的男用套装，是中国现代服装中的一个大类品种，如图 4-91 所示。这是辛亥革命后流行起来的服装，因革命先行者孙中山先生作临时大总统时穿用而流行于世，故此得名。它具有造型简约、穿着简便、舒适挺括、严肃庄重的特点。在民国 18 年（1929 年）曾规定特、简、荐、委四级文官宣誓就职时一律穿中山装。中华人民共和国成立后，国家领导人都经常穿着中山装出席各种活动。尤其是毛泽东主席对中山装十分欣赏，他一直坚持穿中山装直至逝世。由于革命领袖大多都穿中山装，于是中山装在社会上流行非常广泛，在很长一段时间里都是中国男装一款标志性的服装。

图 4-91　中山装

最初款式的中山装背面有缝，后背中腰有节，上下口袋都有"襻裥"。后来又经过不断改进，逐渐演变成关闭式八字形领口，装袖、前门襟正中钉有 5 粒明扣，后背整块无缝（表示国家和平统一之大义）。设计时依据国之四维（礼、义、廉、耻）而确定上衣前襟设有 4 只明口袋，左右上下对称，有盖，钉扣，上面两个小口袋为平贴袋，底角呈圆弧形，袋盖中间弧形尖出，左上袋盖右线迹处留有 3cm 的插笔口，下面两个大口袋是老虎袋（边缘悬出 1.5～2m），前襟为 5 粒纽扣，袖口还必须钉有 3 粒纽扣，袖口可开衩钉扣，也可开假衩钉装饰扣或不开衩不钉扣。裤子有 3 只口袋（两个侧裤袋和一只带盖的后口袋），挽裤脚。很显然，中山装的形成在西装的基本形式上又糅合了中国传统意识，整体轮廓呈垫肩收腰，均衡对称，穿着稳重大方。

中山装做工精细考究，领角要做成窝势，后过肩不应涌起，袖子同西装袖一样，要求前圆后登，前胸处要有胖势，4 只口袋要做得平服，丝缕要直。在工艺上可分为精做和简做两种：前者有夹里和衬垫，一般用于礼服和裤子配套穿用；后者不加衬料，适用于日常作便服穿用。中山装的优点主要是造型均衡对称，外形美观大方，穿着高雅端庄，活动方便，行动自如，保暖护身，既可作礼服，又可作便服；其缺点是领口紧，卡脖子等。

中山装的色彩很丰富，除常见的蓝色、灰色外，还有驼色、黑色、白色、灰绿色、米黄色等。一般来说，在南方地区人们偏爱浅色，而在北方地区人们则偏爱深色。在不同场合穿用，对其颜色的选择也不一样，作礼服用的中山装，色彩要庄重沉稳；而作便装穿用时，色彩可以鲜明活泼些。

中山装的面料选用也有所不同，作为礼服使用的中山装面料，要求挺括，棱角分明，多为平素色，宜选用纯毛华达呢（包括缎背、单面等）、驼丝锦、凡立丁、派力司、毛涤纶、凉爽呢、板丝呢、啥咪呢、麦尔登、海军呢等。这些面料的特点是质地厚实，手感丰满，呢面平滑，光泽柔和，与中山装的款式风格相得益彰，使服装更显得沉稳庄重。而作为便服使用的中山装面料，选择可相对灵活些，可用棉卡其、华达呢、士林灰布、士林蓝布、凡拉明蓝布、各色斜纹哔叽、苎麻的确良、苎麻棉混纺平布、亚麻粗布、化纤织物以及混纺毛织物。与中山装配套的裤子，一般采用同料同色的西式裤。

60. 新颖活泼的学生装

学生装又称学生服，最初是男士上装的一种。因是五四运动前后大、中学生喜爱穿着的服装而得名，如图 4-92 所示，整体造型与中山装相似，但领式与袋式不同。衣领是封口的立领，有三

图4-92 学生装

只贴袋，下面两只是大袋，左上一只是小袋，均无盖，袋底角为圆弧形，或是三个暗衣袋，但上一袋无盖，方便放插钢笔或小的学习用品，裤子只有两个侧袋，直裤脚。学生服的款式较简单，零碎少，通用，给人以简朴、抖擞、青春向上之感，并易于洗涤、熨烫。全部缉止口，正中是五粒明纽。选料以线卡其、涤棉卡其为主，款式简单明快，工艺同中山装。

学生装具有统一性、规范性，有着明确的穿着场合、穿着时间和穿着目的的特点。学生装要求简洁、严肃、大方、规范、新颖、活泼、突出个性，尤其是中、小学生装的设计要适应于学生身体和智力发育快、性格活泼、爱动等特点，面料选用弹性好、牢度高的材料，色彩则以明快、生动为主；大学生装则要求整齐、庄重，符合大学生知识青年的身份，可采用中西结合的款式，面料要求以中高档为主。另外，其他服饰应配套设计，以保证整齐统一。

校服的设计涉及美学、心理学、人体功效学、色彩学、教育学和其他专业学科。校园服装具有很强的物质性，即实用性、保护性、科学性和经济性；同时更具有精神性，即标识性、文化性和时代性。

学生装有多种分类方法：①按照品类和功能的不同，通常可划分为日常制服、礼仪服、运动服、学位服等；②根据穿着季节的不同，可划分为夏装、春秋装和冬装；③中、小学校服可根据年级的不同，划分为小学生一年级至三年级校园服装，四年级至六年级校服，初中生校园服装，高中生校园服装共计四个年级区间。

学生装的颜色为多色，中小学生装色彩以明快、生动的颜色为主。学生装的面料一般多选用具有一定坚挺性和易于洗涤的面料，主要是棉、棉与化纤混纺、纯化纤等面料，如涤棉卡其、涤棉线呢、纯化纤仿毛华达呢、哔叽、纯棉卡其、纱卡其、斜纹布、细条灯芯绒等。里料采用各种长丝织物。

61. 见证幸福时刻的婚礼服

结婚是人生的一件大喜事，在婚庆喜事的这一天，新郎、新娘都要穿着婚礼服，让幸福的时刻充满着喜庆的色彩，给以后的生活留下最美好的回忆！长期以来，婚礼服随着时代的步伐而发生变化，经历了多次演变，但万变不离其宗，都突出表现了当时最为时尚的服装。在20世纪初叶及以前，中国传统的中式婚礼服是长袍马褂和凤冠霞帔。新娘穿的凤冠霞帔原属清代诰命夫人的规定着装，是权势和地位的象征，对普通平民百姓来说是可望而不可及的，因其上布满了珠宝锦绣，雍容而华丽至极，也正因为民间对权贵向来有仰慕之情，因而逐渐演变成为豪门闺秀的婚礼服。对于一般家境不太宽裕的良家之女成亲时，对婚礼服的规格要求则相对低一些，通常是穿一身大红袄裙，外加大红盖头、绣花鞋作为婚礼服，并用大红花轿抬进婆家门。红色象征着吉祥，中国老百姓办喜事图的就是吉利。

自 20 世纪 20～30 年代开始，由于受到西方文化和婚俗的影响，新郎有穿西装打领带的，也有穿长衫同时戴西式礼帽和墨镜的，而新娘穿婚纱或白绸缎中式旗袍；50 年代，婚礼服演变为新郎穿蓝色中山装，新娘穿旗袍或红袄裙；到了 60 年代后期至 70 年代，婚礼服也产生了重大的变化，新郎和新娘的着装都是清一色的蓝制服，时髦一点儿的则穿上绿色军装；80 年代后，随着改革开放的深入发展，中国传统的婚礼服受到了很大的冲击，开始与国际接轨，新郎穿西装或燕尾服，新娘穿西式婚纱成为时尚和潮流。

中国是一个多民族的国家，少数民族对婚礼服的要求与汉族是不同的。如瑶族姑娘结婚时，在婚礼服上有许多装饰：在裤脚上的花边是一只只栩栩如生的开屏孔雀，象征着姑娘纯洁无瑕、心灵美好；衣边上一对对在水中游弋的鱼，象征着夫妻恩爱、百年偕老；衣裙上装饰着三十六朵梅花，象征着"三十六计，和为上计"，表示家庭和睦。

在当代，世界各国青年结婚时，新娘大多穿婚纱，如图 4-93 所示，新郎一般着西装或燕尾服，如图 4-94 所示。其中婚纱用途单一，只能在婚礼上穿着一次，婚后只能存放在箱柜中留作纪念。但在女人的心目中却有着非同小可的意义，它代表着女人一生中的转折点，婚前憧憬，婚后回忆，成了一辈子的情结。

图 4-93　新娘婚纱

图 4-94　男士婚礼服

婚纱首次进入中国婚礼是在 20 世纪初，当时，由于受到西方文化和婚俗的影响，特别是在口岸城市，新郎和新娘纷纷效仿西方国家的习俗，新娘身穿洁白婚纱（包括白缎长裙、透明面纱和橘黄色头花）。白缎长裙在款式上一般遵从西方习俗，腰部以上为紧身，为了表现新娘的圣洁感，肩部和胸部都不外露，立领、长袖或短袖配长手套，这是其特点，下面为蓬松的纱裙；头纱则采用网眼白纱，后面长可拖到地上数米，也有短的只及背部。在色彩上，包括手套和鞋子在内的整套婚纱，初婚采用白色，以表示新婚纯洁无瑕。若是再婚，则可穿粉红色或湖蓝色等浅颜色的婚纱，以示区别。但一开始婚纱并不是出现在婚礼上，而是出现在照相馆里一张张的结婚照上，它似乎代表着人们一个遥远的梦幻。不过仅时隔数载，婚纱就走进了寻常人家，时装设计师们把婚纱设计成各种时尚款式，成为新娘们演绎时装文化的一方天地。现代人的穿衣哲学受到现代理念与文化的影响，对舶来品当然也没有一一照搬。虽然新娘们大多仍是穿用白色，但实际上现代婚纱也有各种华丽鲜艳的色彩，中国人对红色的偏爱仍未改变，于是橘黄色头花不戴了，取而代之的是将象征爱情绵绵的红玫瑰插在头上。在婚礼上，新娘除了穿着婚纱外，也会穿着西式套装，风格有点类似于西方的午后套装，面料大多选用较为柔软的呢绒，长袖，裙子稍长，常用刺绣、亮片等装饰品来点缀，其颜色则一般采用传统的喜庆大红。这种新潮的中西合璧礼服于 20 世纪80 年代后期逐渐开始在婚礼上亮相，有些时尚的新娘在新婚典礼结束后会将婚纱换装成西式套装。即使在婚纱较为流行的今天，旗袍仍为一些新娘所喜爱而将其作为婚礼服，婉约气质尽在一袭大红丝绒旗袍中，这种怀旧情绪从时装界延伸到了今天的婚礼服。在当今社会，婚纱、西式套装和旗袍均成为新娘婚礼服的主要选择。

如今，我国较为流行的西式婚纱款式大致可分为传统式、现代式和浪漫式三种。传统式婚纱又称维多利亚婚纱或欧式婚纱，其特点是高领，衣身修长，并采用大量的花边、珍珠或胸花点缀等，适合于颈部修长的新娘穿着，可以更好地展示其端庄而优雅的美姿。现代式婚纱承袭了当代服装的简洁线条，摒弃了过于花哨的装饰细节，是时下比较流行的款式，深受很多新娘的喜爱，这种婚纱的特点是选用高档面料，颜色素雅，线条简洁，适合于传统而典雅的新娘穿着，可衬托出其高雅的气质。浪漫式婚纱则是追求时尚和气质优雅的新娘常穿着的婚礼服，常采用纱或绸来制作，利用纱轻薄而飘逸、比较透明的质感，将其层层堆积起来便会产生云雾状的视觉效果，而绸的质地较厚，光泽艳丽，极富悬垂感。

对于准新娘来说，如何选择适合自己的婚礼服，除了考虑婚礼服的款式和所使用的材质外，根据自身的体态和身材来选择合适的婚礼服是非常重要的。新娘选用婚礼服的原则是：色彩高雅华贵，装饰效果强烈，格局情调独特，令人过目不忘。在严寒的冬季里，婚礼服应避免臃肿、笨重的视觉效果，可选用真丝绸缎为面料的中式便装，再披上一条高雅素淡的毛绒披肩，可展示出古典美和东方情调。选择色彩艳丽的呢外套或薄呢大衣，在室外可以外披一条貂皮披肩或一件裘皮大衣，可使新娘显得高贵典雅、气度不凡。在温暖的春末、夏季和初秋，选用洁白的婚纱，会使新娘显得雍容华贵、光彩照人。在选用婚纱时，如果新娘略显丰满，应尽量选用设计简洁的婚纱，以避免过多琐碎的装饰细节给人以压迫的视觉感受。身材娇小的新娘，不宜选用泡泡袖，而应尽量选用中高腰和腰部打褶的婚纱，裙摆也不宜太宽、太长，可加长头纱的长度，这样可使婚纱的整个造型更加飘逸妩媚，新娘显得修长苗条。 身材中等而身段又较好的新娘，宜选用直身、下部呈鱼尾状的婚纱，穿上这种婚纱好似一条美人鱼，令人赏心悦目。对于较高而瘦的新娘，应选择半透明的船领白色婚纱，同时配上泡泡袖以遮掩肩部和锁骨，上身线条可华丽一些，并选用多层次有荷叶边与横向褶的设计，可平添几分丰腴圆润的视觉效果。至于四肢较粗壮的新娘，应避免穿露臂或包手臂的款式，如采用宽松的长袖就能掩饰其缺陷。而有一双长腿的新娘穿上迷你裙，可衬托其亭亭玉立、婀娜多姿，给新娘增添几分美丽。新娘的脸型也影响到婚纱领型的选择。例如，圆脸的新娘适宜穿马蹄领、V 字领的婚纱；长脸的新娘宜选圆领、高领的婚纱；瓜子脸的新娘宜穿透气小圆领或缀有花边小翻领的婚纱，可使脸部显得较为丰腴而匀称。对于头大身小的新娘，应避免选用露肩的婚礼服，最好选用垫肩或较夸张的袖型披肩来强化肩部，使新娘整体造型呈倒三角形，显得婀娜多姿、妩媚动人。

对于婚纱颜色的选择，除了需要考虑新娘的肤色之外，新娘的爱好也是重要的选择依据。对传统的白色婚纱来说，虽能象征纯洁无瑕，但难免显得有些单调。随着人们审美观念的改变，纯白色婚纱已逐渐被象牙白色、米白色、乳白色、香槟色、银色、金色、红色甚至黑色所代替。因为皮肤不够白皙的人穿上耀眼的纯白色婚纱会使肤色显得灰暗，如穿上象牙白色、米白色或乳白色婚纱，会使肤色显得白皙。红色是中国传统的喜庆色彩，肌肤白嫩的新娘如果穿上一套大红色的婚礼服，上身穿中式的对襟上衣，下身穿欧式的拖地长裙，这种搭配珠联璧合、相映生辉，能给人以一种高雅美的享受。长期以来，中国人曾认为黑色是一种不吉利的色彩，随着时代的变迁，当今人们的审美观念有了很大的改变，越来越多的年轻人认为黑色可以体现端庄美。如新娘在婚礼中穿着一套曲线流畅的黑色婚纱，在闪烁的阳光照耀下熠熠生辉，会显得格外婀娜动人。对于一些活泼而时尚的新娘，可选择带有色彩点缀的白色婚纱，或是彩色缀有图案的刺绣丝质裙，新娘如此穿着会显得妩媚动人。在婚礼上，新娘除了要选择合适的婚纱颜色外，还可手拿一束与婚纱相配的鲜花，这样可给新娘增添浪漫的色彩和高雅的气质。例如，新娘穿着长及曳地的传统婚纱，可选择椭圆形或瀑布形的花束与之相匹配，平添几分浪漫的色彩；身穿优雅的细长形婚纱，新娘手中可拿几枝白绿相间的马蹄莲，显得气质不凡；身材苗条的新娘穿上一款上半身纤细而裙摆蓬开的婚纱，手上再拿上一束月季花，显得高雅大方和婀娜多姿；新娘穿着蓝色的婚纱再配上同色系的蓝色鲜花将会相得益彰，如果在头上插上几朵黄花，脚上穿一双蓝色高跟鞋，则显得格外艳丽，更加动人。总之，新娘手中的花束颜色必须与婚纱颜色相配套，才能取得理想的效果；如选配不当，则会显得搭配不协调而失去和谐美、协调美。

62. 体现青年特性的青年装

所谓青年装就是青年人穿用的服装，从年龄上分，大体上指 18～25 岁的男女穿的服装。如图 4-95 所示。其款式设计、色彩选择较符合青年人的服饰心理，多以表现生动活泼、潇洒浪漫、突出个性等风格为主。

追根溯源，青年装最初是清末引进的日本制服，而日本制服又是在欧洲西服基础上产生的，款式是立领，前通开襟，前身左上角有一个挖袋，在当时一般为资产阶级进步人士和青年学生所穿用，是男士上装的一种，类似于中山装。衣领是封口的翻领，三只衣袋，下面两只是有盖大挖袋，左上小袋是宽襟缉双止口的一字形挖袋。裤子一般只有两个侧兜，直裤脚，选料、工艺均同中山装，但比较简易。

图 4-95　青年装

青年装可分为日常服、宴会服、礼服、职业装、户外休闲服等。

一般的朋友聚会时，服装应注意整洁、朴实、大方、随和，色彩对比不要太强，纯度亦不能太高，以利于朋友聚会时轻松、愉悦的气氛。

参加正式的宴会、讲演会或座谈会，服装宜庄重、严肃，以显示自己对宴会、讲演会或座谈会的重视和对其他参会人员的尊重。

参加晚会、舞会或游艺会，服装则可以漂亮、潇洒、活泼些，服装的材料可以高档些，还可以运用恰当的配饰来丰富服装的变化，以增添晚会、舞会或游艺会欢快的气氛，但要注意保持青年人朴实、纯真的特征。

63. 防风御寒的披风

披风是指一种自肩起自然垂覆躯干、手臂，用以防风御寒的一种无袖外衣，如图4-96所示。古代男女通用，一般用于室外，以御风寒。短者曾称为帔，长者又称斗篷。披风通常无袖，中国古代有虚设两袖的长披风。

图4-96　披风

在距今约1万年的新石器时代，中国已有贯头衣、披单服等披服类服装。在5000年前的古埃及浮雕像中有着披风的人物形象。据史料记载，披风长期流行于地中海地区，约在11世纪前后盛行于欧洲。披风在中国清代主要用作上层妇女的礼服外套，含高雅之意，并有"一口钟""罗汉衣""篷篷衣"等名称。对襟，宽袖，衣长及膝，通常以绸缎制作，颜色以天青色、元青色为主，并绣有五彩或夹金线花纹。披风内穿袄，色随所用。唯未嫁闺女，不得穿着。

披风的种类很多，披风的衣摆的宽度和长度不一，按摆幅大小可分为直身式披风和扩展式披风；按摆位（即按披及人体的部位）可分为短披风（长及腰际）、中长披风（长度在腰臀之间，与外衣等长）和长披风（长及齐脚踝）。前开襟、对襟或叠襟，有扣或无扣，可装立领或翻领。长披风带有缝隙或设置开口供手臂伸出。随用途、面料和穿着者性别、职业的不同，可用作冬季户外御寒着装，军队将士外出着装。按用途可分为以下几种。①日常生活用的披风，较多是女用长、短披风，其中披蕾若披风（小披风）比较著名。短披风又称披肩，是一种披在女性上身的无袖短外衣，或披在肩上的男女装饰。因其形态短小，而被列入衣着附件，如用中国藏羚羊绒制作的沙图什披肩（男用3m×1.5m，女用2m×1m），棉毛巾布制作的披在泳衣上面的沙滩披肩等，也可作垫肩使用，其他还有水兵无领式披肩、宝宝斗篷（儿童用的连帽合身披风）和连帽式披风雨衣（雨披）等。②宗教人士用的披风，有基督教的祭披、佛教禅僧的小袈裟"挂络"、道教的"披"等。③舞台用披风，有戏装中披、魔术师用的及膝圆形披风（圆形裁片在中间留领口）。④礼仪用的披风，有观戏披风、英国元首加冕服蔻普斗篷、剑桥大学博士服大斗篷等。⑤其他用的披风，有骑兵穿用的长披风、护士披风（以深蓝色毛织物裁制，有红衬里的七分长披风）、斗牛士穿用的两色披风、游泳后擦干用的海滩披风，以及中国彝族的"擦尔瓦"、纳西族的"七星羊皮披肩"等。

64. 简洁而时尚的运动休闲服装

休闲服装又称为便服，原指人们在工作、学习以外休息、度假等闲暇时间所穿着的服装，以简洁、自然的风格表达着装者随意、轻松的生活状态与心理状态，如图4-97所示。休闲服装主要分为前卫休闲装、运动休闲装、浪漫休闲装、古典休闲装、民俗休闲装、乡村休闲装等几大类。休闲服装具有几个主要特征：舒适与随意性、实用与功能性、时尚与多元性。

运动休闲服装是指在功能、性能与设计上，将休闲服装与运动服装的不同要素融合在一起的服装，是休闲服装与运动服装的交集。运动休闲服装具有三个主要特征：运动、休闲和时尚，是体育运动服装、休闲运动服装和时尚运动服装的统称。

运动休闲指人们在闲暇时间里用于娱乐和休闲的各种体育活动，可满足现代人在余暇时间里对生命质量的追求，改善身体健康水平，丰富人们的文化生活，改善人际关系，促进社会和谐，是提升生活质量的重要手段。在这个过程中，人们最适宜穿着的就是运动休闲服装。

运动休闲服装就是介于专业运动服装和传统休闲服装之间的一类服装形态，相比纯粹的体育运动服装，具有更多的休闲元素，相对休闲服装来说，又具有一些运动元素在其中。

运动休闲服装可以理解为一种运动衣式的服装，如网球装、慢跑装、高尔夫球装等，是运动服和平时的生活服的结合，常用于晨间的拳操、爬山、郊游等。运动休闲服装的特点是必须能够承受得起长时间的日晒和汗水的浸蚀，吸汗通气，色泽持久耐磨，造型宽松舒适。

图 4-97　运动休闲服装

运动休闲服装也可以理解为运动服装的常规化设计，比如高尔夫球背心、瑜伽服被大量当作休闲服。具有明显的功能作用，以便在休闲运动中能够舒展自如，以良好的自由度（弹性）、功能性和运动感，赢得了大众的青睐，如全棉 T 恤、涤棉套衫以及运动鞋等。

传统的运动服装是专用于运动时穿用的，它强调服装的功能性，要求服装延伸性好、弹性好，不能对穿着者的运动造成任何的约束，同时还要易洗快干、透气、保暖、抗疲劳性好、耐压性好等。与传统的运动服装不同，运动休闲服装不但注重功能性，也借鉴时装的裁剪，讲究线条美，如低腰的运动裤，贴身裁剪的上衣，甚至是火辣的迷你裙、修身的背心连身裙等。在颜色上应用鲜明的色彩，或单一的亮色，或多种色块巧妙拼接。

在运动休闲用纺织品市场中，针织产品凭借其独特的织物风格特性，如质地柔软，吸湿，透气，具有优良的弹性与延展性等，在运动休闲服装中的应用极为广泛。通常纬编针织运动服装面料延伸性较大，手感较为柔软；而经编针织运动服装面料较挺括，脱散性较小。根据运动休闲服装市场中针织面料的应用情况以及针织物的结构特征，可将其分为平布类、网眼类和绒类三大类产品。

运动休闲服由于其需要在特殊的场所穿用，其性能要求不同于其他服装，在追求穿着舒适性的同时，还需兼顾服装的功能性与美观性，特别是在高度提倡绿色环保的当今社会，这类产品更要注重面料的无害性。具体而言，运动休闲服的性能要求为：质轻、高强度、防水透气、耐用性、吸湿快干、保暖性、防紫外线和抗菌性等。同时，运动服还要有较好的穿着舒适性，如柔软性、适度弹性等。

根据应用场所的不同，运动休闲活动时，人们对针织面料的要求也稍有不同。因此，作为针织面料开发中处于首位的原料，就成为各研究领域特别关注的对象。为使针织面料具有良好的功能性、舒适性和美观性，使用的原料日益呈现细纤化、功能化、弹性化、环保化等发展趋势。

运动休闲装的款式造型以简洁大方为主，便于人的肢体活动，主要强调服装的运动功能性，T恤与羽绒服是运动休闲装的典型代表。

65. 华贵庄重的礼服

礼服又称礼仪服，如图4-98所示。在隆重社交场合或参加重大礼仪活动时穿着的服装，如政

图4-98 礼服

治仪式、宗教仪式、授予学位仪式、结婚典礼、宴会等。其共同特点是优雅、华贵、庄重并具正统感，要求选料高档（或中档）、做工精致，男士注重机能性和体现阳刚性，女士穿出装饰性和表现阴柔美。由于世界各国、各地区或各民族历史和文化等不同，因此，各地礼服的款式、色彩、面料材质等有所差异，一般应合乎社会公认的行为准则。

礼服的产生与人类早期的各种祭祀、庆典等礼仪活动有关。中国早在殷商时代已有穿用礼服的记载。周代在祭祀、会盟、朝见、阅师、宴饮、出猎、婚娶、丧葬等场合穿用礼服已形成制度。中华人民共和国成立后，各种礼仪场合的着装趋于简单化、生活化，以着中山装、西装、旗袍等为主。现代穿着礼服的习俗逐渐被淡化。除宗教、婚、丧等场合尚保留一些特殊礼服外，礼仪上只要求服装款式大方，穿着整齐。按欧美习俗，礼服可分为一般礼服和社交礼服两种。前者包括婚礼服、丧礼服等；后者按其庄重程度可分为正式礼服和半正式礼服。正式礼服是指在国家庆典、国宴、社交盛会等正式而隆重的礼仪场合穿用的服装，又称正礼服。正式礼服按穿着时间和场合分为燕尾服、晚礼服、晨礼服、午后服等。女子晚礼服是正式礼服中较豪华的一种。其选料考究，做工精细，并配用高级首饰或其他服饰件，以显示穿着者雍容华贵的气质。半正式礼服又称简礼服、略礼服、准礼服，是在一般礼仪场合穿用的服装。目前，欧美国家在大多数礼仪和社交场合都以穿半正式礼服为主，因此又称常礼服，它有日用和晚用之分。男子白天穿西装配领带，戴礼帽；晚间穿深色西装配领带，戴礼帽。女子日晚一般均穿连衣裙，着装讲究面料，注重整体装饰。中国礼服呈现多元并存态势：中式传统型以中国袄衫与长裙、长袍与马褂相搭配；中西式现代型以旗袍或中山装与长裤相配套。为适应现代生活快节奏与简约的需要，近几年来礼服出现了一些简化趋势。

66. 居家生活的家居服

家居服又称家庭服、起居服，一般是指在家休息或从事家务劳动时穿用的服装。家居服着装轻松、舒适，利于消除疲劳，放松身心，充分体现个性气质和获得生活乐趣。

家居服一般包括室内服、家常服、家务服三类。

（1）室内服 室内服包括卧室内穿用的睡衣、睡裤、睡裙、睡袍、浴衣、衬衣、晨衣及拖鞋等，或以内衣裤代用，睡衣与睡裤一般是配套穿着，称睡衣套，在睡眠和家居休息时穿用。睡衣

一般全开襟，翻驳领或无领式，分长袖和短袖两种。睡裤的裤腰嵌装松紧带，穿脱甚为方便。睡衣、睡裤要求宽松、结构简单，宜选用柔软、吸湿、透气性好的纯棉织物制作，夏季的睡衣、睡裤也可选用绢丝纺、富春纺等。女性在夏季睡眠或纳凉时常穿用睡裙，其款式大多为连衣式，无袖或短袖，宽腰直身，或在腰间嵌装松紧带略做收拢，裙长一般不过膝。睡袍男女均可穿用，一般在秋冬季节穿用。睡袍长达脚踝上下，配以各种款式的翻领，以长袖居多。有的睡袍还在胸前、背后做横向剪接，下端收褶或缀以花边、刺绣等装饰。晨衣又名晨褛，一般为春、秋、冬季早晨起床后防寒穿着。有长型（至膝下）晨衣和短型（至臀下膝上）晨衣之分。前开襟，搭门较宽，青果领，腰间系带。大多以软缎、织锦缎等为面料，配以绸衬里，中间絮腈纶棉或丝绵。可在衣身上缝出精致、密集的云纹花，以及福、寿、回纹等团花图案，也可在衣领、袖口、袋口等部位镶配异料。浴衣是在沐浴后休息时穿着。一般用毛巾布裁制，其质地柔软，吸湿性和透气性好，因而穿着舒适，其式样与晨衣大致相同，但为单层。

（2）**家常服**　家常服一般是在家中娱乐、看书、工作或接待亲朋好友等日常活动时穿用。其中迎客服具有一定的社交性，限于客厅空间，面料不宜太薄，做工讲究，色彩宜柔和典雅。

（3）**家务服**　家务服在做饭、打扫卫生、修剪花草等操持家务时穿用，款式多为背后开襟，结构简单，便于操作，带有个性化装饰，以增添家务乐趣，可以与围裙、防尘帽、包头巾、手套、袖套等配合使用，如马甲连衣裙、围裙、罩衣等。

67. 款式繁多的裤子

裤子泛指人穿在腰部以下的服装，如图 4-99、图 4-100 所示。指从腰部向下至臀部后分为两条裤管的下装，是穿于下体的常用服装。一般有裤腰、裤裆、两条裤腿（裤管）和裤门襟（或侧开口）以及裤袋、四合扣、钉、商标等附件。

图 4-99　长裤

图 4-100　短裤

（1）历史渊源　据考证，中国商代已有裤，称为袴，属胫衣类。西汉称满裆裤为裈。战国时期中原地区的古人也才开始穿有裆裤。赵国赵武灵王在邯郸实行"胡服骑射"的军事改革时，就是穿胡人的服装，从此，中原人才穿上裤子，到了汉代汉昭帝时才把有裆的裤叫作裤。

（2）裤子种类　裤的品种繁多，有多种分类方法。

① 按品种分，有西裤（指与西装上衣配套穿着的裤子），牛仔裤（采用靛蓝色的粗斜纹布裁制的直裆裤，裤腿窄），直筒裤（又称筒裤，裤脚口都不翻卷，脚口较大，裤管挺直），紧身裤（又称内搭裤，是从腰部到脚的紧身长裤），灯笼裤（裤管直筒宽大，裤脚口收紧，裤腰部位嵌缝松紧带，上下两端紧窄，中段松肥，形如灯笼），阔腿裤（从大腿开始到裤脚一直都是较宽的裤子），喇叭裤（裤腿形状似喇叭，低腰短裆，紧裹臀部，裤腿上窄下宽，从膝盖以下逐渐张开，裤口的尺寸明显大于膝盖的尺寸，形成喇叭状），铅笔裤（又称烟管裤，裤管纤细，故又有窄管裤之称），工装裤（一种吊带、连身的牛仔裤款式），背带裤（腰上装有挎肩背带的裤子），哈尼裤，裙裤（像裤子一样具有下裆裤下口放宽，外观形似裙子，是裤子和裙子的一种结合体），短裤，内裤（又称三角裤，属于贴身穿的内衣，材质以全棉为宜，有男女之分，男内裤的变化品种还有平脚裤）和羊绒裤（是以山羊绒为原料针织而成的服装，分粗纺针织和精纺针织两种，按原料又分为纯羊绒和混纺两种）。

② 按结构造型分，有中式裤和西式裤。中式裤结构造型较简单，有裤腰和裤管，裤管由两块裤片缝制而成，没有外侧缝，穿着不分前后，宽大舒适。西式裤结构造型较为复杂，有外侧缝，穿着分前后，注重与体型协调。

③ 按材质分，有布裤、绸裤、呢裤、皮裤和棉裤、羽绒裤等。

④ 按造型分，有紧身裤、直筒裤、宽松裤、喇叭裤、灯笼裤，方形裤、裙裤等。

⑤ 按腿位分，有长裤、中裤、齐膝裤、短裤等。

⑥ 按穿着对象分，有男裤（以前裆裤缝开门）、女裤（以右侧缝上端开门为主，也有以前裆裤缝开门）、婴儿裤（开裆裤）等。

⑦ 按穿法分，有内衬裤、外穿裤和罩裤等。

⑧ 按面料分，有机织布裤和针织布裤。

（3）裤子的款式　中式裤由左右两半身组成，无侧缝，裆缝合，腰臀部均较宽大，单层或双层腰头，裹桑式束腰，一般无口袋，改良中式裤无侧缝，但前后身笼门有差别，腰头可用松紧带。西式裤有前后身、左右片四块组成，另装腰头，也可连腰。它的基本式样前小后大，侧缝上端有插袋，腰头加马王带供皮带定位用。前片腰线右侧可做表袋一只。男裤前开门，女裤侧缝上端开门，但也有前开门。男裤后身多加袋称为"后枪袋"，可加盖或不用袋盖。

（4）裤子的面料　有机织面料和针织面料，主要是前者，常见的有棉、毛、麻、丝、化纤及其混纺织物，品种繁多，根据穿用要求而选择不同质地、不同薄厚和不同颜色的面料。

图 4-101　职业服

68. 简练庄重的职业服

职业服是指从事某种职业的社会集团，为了标识其身份、阶层、职业，体现社会集团的形象（大多数是统一着装）穿用的专用服装服饰，如图 4-101 所示。

中国古代的商贩、驿卒、车夫、猎户、水手等穿用的服装，已具有职业服的特征。职业服是第一次工业革命后，随着工业化企业出现后从工装演变而来的。早期职业服主要功能是劳动保护（如工人的工作服和医护人员的白大褂都是职业服）。中国职业服是在 1840 年鸦片战争后出现的，当时由外国人开办或管理的银行、医院、铁路、矿山、海关、邮政以及加工制造等，规定从事人员穿着职业服。清朝政府也规定部分官营企业从业人员穿着职业服。中华人民共和国成立后，政府颁布了邮电、铁路、海关、海运、医务等职业的职业服；1979 年起，先后颁布了民航服、远洋外轮服、石油工人服、矿山坑道服、养路工作服、税务服、交通监督服、工商管理服等。中国现行工作服是参照外国职业服款式，结合本国原有职业服和各行业作业特点设计制造的，形成了具有中国特色的职业服。例如邮电服统一为墨绿色；内勤人员服为西装，佩浅褐色领带；外勤人员服为猎装，戴大檐帽并缀有邮电标志帽徽；纽扣上也有邮电标准。又如铁路服，以西装款式为基础，分春秋服、冬服、夏服三种。春秋服为蓝灰色，冬服为深蓝色，夏服为藏青色；领带为枣红色和绛紫色；女夏服下装为裙，大檐帽缀帽徽，帽徽以齿轮和麦穗为依托，中间是路徽，纽扣上也有路徽图案。

(1) 职业服的分类　职业服通常分为防护服、标识服和办公服三类。

① 防护服。防护服是指保证从业人员在一般或特殊工作环境下能防止伤害，确保正常工作和生命安全的服装。如炼钢服、电工服、防光服、防电磁辐射服、潜水服、飞行服、航天服等。防护服要求具有防护、耐用等性能。防护服款式简洁，色泽明快实用。

② 标识服。标识服是指公职人员或企业员工穿用的服装，分职业服和团体服两种。职业服的特点是造型严肃大方，款式统一醒目，服装整体风格适合职业特点，并配有专用的标识以说明穿用者的身份，如铁路、公路、医务、食品、航空、航运、邮电、税务、海关、军警服等。团体服是指集团内部具有鲜明特征或标志的统一着装，广泛应用于企业、商业、餐饮业、酒店业、医疗卫生业等。团队服是企业形象设计的重要内容，统一的着装能够强化团体的凝聚力和企业的形象。因此，一些具有远见卓识的企业纷纷开始建设自身企业形象识别系统（CIS）。它是企业视觉识别规范的综合体，包括理念识别、行为识别和视觉识别三个子系统，三者缺一不可。其中，视觉识别是企业形象识别系统中最具传播力和感染力的，它所接触的层面最广，视觉冲击力也最强，通过它可使客户能迅速地产生对企业的认知感。服装的标识性表现在两方面：一是形态标识，包括服装的形态、构成和着装方式以及部分附加装饰赋予服装的识别性，具有形态标识的象征性，象征不同的穿用者，胸章、肩章、领章也都能起到一定的标识作用；二是色彩标识，服装的色彩具有外观上易于视认和感知的特点，故常用作标识的手段，如邮电服、铁路服等，各种职业服都是特殊色彩的衣物、徽章、肩章、臂章等作为区别的标识。

③ 办公服。办公服集端庄与简约、时髦与实用于一体，强调服装与工作环境相协调，与工作性质相适应，与穿着者的气质和外在形象相统一，表现着装者的身份、岗位和企业精神。

(2) 职业服的特性　在满足职业功能的前提下，职业服具有实用性、标识性、美观性和配套性。

① 实用性。所谓实用性是必须给予穿用者提供工作时便利和满足保护人体的条件。在一般工业和运输业中，职业服必须与作业环境和工作条件相适应，以确保穿用者操作安全、灵活和便利。对于在宇宙、极地、高山、水下等特殊环境中作业或从事消防、核试验等特殊职业的人员，职业服必须对从业人员身体的各个部位提供充分的保护，免受作业环境的伤害，以达到安全作业的要求。

② 标识性。这是职业服的基本属性，要求能明显地表示穿用者的职业、职务和工种，使行业内部人员迅速准确地相互辨识，以便于进行联系、监督和协作；对行业外的人员能传达出一种提供服务的信号。有的职业服则代表国家某一职能部门，表示穿用者在其行业范围内有行使职责的

权力，如海关服、税务服、工商管理服、交警服等。标识性以服装的颜色和款式，以及帽徽、臂章等服饰配件来表示。

③ 美观性。所谓美观性，就是要使职业服能充分体现与职业性质协调一致的美学标准，不仅使从业者产生职业的自豪感，而且也有利于服务对象对从业者产生信任感，职业服通过美观性达到预期的美学效应的目的。如邮电服以其绿色给予人希望和乐观的美学效应，铁路服以其蓝色给予人安全和稳定的美学效应。

④ 配套性。是指职业服的上衣、裤（裙）、帽（盔）、鞋袜、手套等要配套穿用，帽徽、领章、袖章、腰带等也要求配套使用。只有这样，才能使职业服达到完整、协调、统一的效果，从而发挥更好的效果。

（3）职业服设计的原则　职业服是在严格的条件下产生的。在设计时，应对各种职业的性质、特点、上下肢活动幅度、人体保护的要求进行调查研究，并分析穿用者的心理状态、工作环境，选择最佳的数据进行设计，这样设计出来的职业服能体现出其特点，以促使穿用者热爱本职工作。职业服在设计和审定时必须遵循以下原则。

① 相对稳定原则。职业服与普通流行的服装不同，要具有相对稳定性。因此，职业服是在社会和行业发展中逐渐形成并定型。

② 行业统一原则。就是说在同行业内所有从业者只能采用一种形式的职业服，以区别于其他行业的职业服。

③ 行业特点原则。职业服必须充分体现和适应该行业的工作环境、工作对象、工作目标的特性。

④ 国际统一原则。有些职业服的款式、色彩、材料和标志等在设计时要考虑国际统一原则。

⑤ 审批认可原则。有些职业服的设计、生产要经过国家有关部门审定颁布方能正式实施。

（4）实用职业服的要求

① 强制性要求。某一行业的从业人员必须穿着本行业的职业服，不允许穿用其他服装执行公务，特殊情况除外（如便衣警察等）。

② 时间性要求。一般职业服要求从业人员在作业时穿用，如防护服中的消防服、潜水服、航天服等。

③ 安全性要求。有些职业服（如防护服）要求从业人员按规定方式穿用，必须定期检查和更换，并规定存放方式和存放地点。

④ 穿着规范性要求。穿着职业服不仅是对服务对象的尊重，而且也是穿着者有一种职业的自豪感、责任感，还是从业者的敬业、乐业在服饰上的具体表现。规范性穿着职业服的具体要求是整齐、清洁、挺括、大方。整齐是指服装必须合身，袖长至手腕，裤长至脚面，裙长过膝盖，尤其是内衣不能外露；衬衫的领围以插入一指大小为宜，裤裙的腰围以插入五指为宜；不挽袖，不卷裤，不漏扣，不掉扣；领带、领结、飘带与衬衫领口的吻合要紧凑且不系歪；如有工号牌或标志牌，要佩戴在左胸正上方，有的岗位还要戴好帽子与手套。清洁是指衣裤无污垢、无油渍、无异味，领口与袖口处尤其要保持干净。挺括是指衣裤不起皱，穿前要烫平，穿后要挂好，做到上衣平整，裤线笔挺。大方是指款式简练、高雅，线条自然流畅，便于在岗位上接待服务。

69.　一种能遮风挡雨的薄型大衣——风衣

风衣，又称风雨衣，如图 4-102 所示，是一种既可用于防风挡雨，又可用于防尘御寒、保护服装的薄大衣，适合于春季、秋季、冬季外出穿着，是近年来比较流行的服装。具有造型灵活多变、健美潇洒、美观实用、携带方便等特点，深受中青年男女的喜爱，甚至一些老年人也爱穿着。

为什么风衣受到这么多不同年龄层次人群如此的垂青和喜爱，其原因是多方面的。

首先是美观实用。风衣属于外衣便服一类服装，式样与一般中大衣大致相似，衣长至膝盖上下，可长可短，外形呈 X 形，造型灵活多变。可分为直线条型和流线条型两大类。其款式一般为翻驳领，以倒掼式雨衣领和蟹钳式驳领较为多见，有单排扣、双排扣和暗扣，口袋有暗袋和斜插袋，腰部系腰带。采用分割工艺制作，由于镶拼较多，工艺严格，使风衣结构丰富多彩，可体现出女性的线条美。还有多种变化和创新，如前育克，后覆肩，饰有肩襻、袖襻，后前中缝下部开衩。在结构上与雨衣相仿，一般为单层，也有在前胸、后背装半夹里，在一般地区和气候条件下都可穿着。它不仅比大衣、西装等礼服、制服活泼随意，而且也比夹克衫、卡曲衫等便服高雅大方，还具有穿着、行动、携带、保存都较方便及可以防风挡雨、防尘御寒、保护服装等特点，并能借助于服装的造型使人体显得线条明快、身材匀称，增添风采和韵味。

图 4-102　风衣

其次是极富魅力和风采，能体现穿着者的身份和地位。早在 20 世纪 30 年代，美国好莱坞的一些著名女影星，如凯瑟琳·赫本等人引领时尚，在银幕内外都穿着时髦的风衣，更加烘托出她们的魅力和风采，也为风衣走进千家万户起到了推动的作用，并使广大女性耳目一新，纷纷争相仿效。时至今日，风衣仍是大西洋两岸贵妇名媛等的必备衣物。如美国前总统肯尼迪的遗孀杰奎琳·肯尼迪·奥纳西斯从华盛顿乔迁纽约后，经常穿着风衣出现在各种社交场合。英国女王伊丽莎白二世每次去苏格兰，总是让摄影师替她拍下穿着风衣骑马的英姿。又如美国著名影星梅丽尔·斯特里普也在电影《克莱默夫妇》中，身穿风衣扮演了一位劳动者的善良母亲。如此等等可看出风衣的魅力和风采。

再有是可衬托出穿着者高雅而潇洒的气质，给人以一种轻松而欢愉的感受。当人们在早晚散步、外出旅游时或是在细雨霏霏、风沙弥漫的环境中穿上色调明快多彩的风衣，显得格外精神和潇洒，气度非凡。尤其是近年来风衣已日趋时装化，各种场合都可穿着，甚至穿着风衣赴宴也不失大雅。

现今风衣款式可谓多种多样。军用式风衣采用双襟，有腰带，肩上也有带，女士选穿衣长与裙齐，显得庄重典雅。运动式风衣采用直身，肥袖，里面可穿外套，女士可配长裤，这种款式具有穿着舒适、方便运动的特点，最适宜远行和郊游。斗篷式风衣采用小领，挂小披肩，连着帽子，造型活泼，具有一定的浪漫色彩，因衣长较长，在一定程度上还可掩饰粗腰、肥臀和粗腿等身材上的缺陷。衬衣式风衣类似于斗篷，但有袖子和帽子，穿着方便、舒适，特别是身材匀称苗条的女士穿上它更显得干练、秀丽。浴袍式风衣与浴袍相似，没有线条，有披肩或帽子，较长，里和面不同色，正反两面都可穿，既可配裤，又能配裙，柔软舒适而富有魅力，女士穿着时，系上窄腰带后显出曲线，给人一种温柔、苗条的感觉。闪光式风衣多为中长，大领，有腰带和帽子，无线条，选用金色或银色的尼龙面料，质轻，适合于青少年女性穿着，显得婀娜多姿。大外套式风衣采用一块大正方形面料，中间开洞，露出头部，既防雨又透风，夏天穿着比较舒服，适合于大多数体型的人，但容易弄乱头发。如今市场上风衣品种丰富、款式多样，长风衣、中风衣、短风衣各领风骚。宽松式、夹腰式、直上直下式各具特色，立领式、西装领式、两用领式及连帽式等适应面广。因此可以说，风衣在服饰园地里独树一帜，是一朵永不凋谢的瑰丽奇葩。

70. 传统的御寒服——棉袄

棉袄是中国传统的用于冬季御寒的棉上衣，如图 4-103 所示。一般由面、里组成，中间絮以棉花或其他填料。面采用一些较厚的颜色鲜艳或有花纹的布料，里一般采用较薄的布料。棉袄的样式比较丰富和多变，有长式、中长式和短式，其中以女式棉袄的样式最为丰富。棉袄品种较多，一般可分为中式棉袄、中西式棉袄和缉线棉袄等数种。

图 4-103　棉袄

中式棉袄有男式和女式两种。男式一般为对襟，暗纽，直身形，两侧摆缝插袋，摆缝下端开衩，门襟首粒纽常用葡萄直脚纽，用来扣紧衣领，其下有 6 粒暗纽。女式棉袄除对襟外，也有偏襟、琵琶襟等，有直腰和紧身两类，两侧暗插袋，摆缝开衩或不开衩，前门襟采用 5 对葡萄纽或盘花纽，常用滚边、嵌线、荡条、缀花边等工艺装饰。中式棉袄的面料常用纯棉织物、丝绸或化纤仿丝绸织物，里料一般为棉布（细平布或长丝仿丝绸织物），填料有棉絮、腈纶絮、三维卷曲涤纶絮、太空棉、喷胶棉、驼毛、骆驼绒、丝绵、羽绒等，但习惯上仍统称为棉袄。为了保持外观整洁，通常在面与里之间增加一层胆料，填料充在胆与里之间，称为脱胆棉袄。其特点是平面裁剪，立领，衣袖连体，衣长至臀，保暖性好，穿着舒适，活动方便，外观文雅大方。

中西式棉袄是指中式与西式相结合的女棉袄。在款式上吸收了西式收腰、装袖、开袋等优点，但也保留了中式立领、对襟、扣合至领等特点，有时还保留中式摆缝袋与下摆开衩的优点，也可采用镶、嵌、荡、滚等传统的制衣工艺。面料和填料与中式棉袄相同。中西式棉袄较中式棉袄挺括，保暖性好，穿着舒适。华北与长江中下游地区人民在冬季举行婚礼时，常以做工精致的棉袄为礼服。

缉线棉袄是一种表面有缉线的紧身棉上衣。其特点是紧身，保暖。多用作中山装、军装等制服的内衬棉衣。裁剪时要考虑因缉线所收敛的尺寸，采用登领或无领，5 粒明纽，由襻相连，无口袋，但在左上胸有一只里贴袋。腰间装襻带可收紧。絮料一般用棉絮、驼毛和化学纤维絮（如腈纶絮、三维立体卷曲涤纶絮、喷胶棉等）。在衣身和衣袖缉有纵向平行的缉线，以保护絮料不致散落。

还有一种棉袄是把面和夹有棉花的保暖层分开制作的。这种款式的棉袄共有 4 层，穿的时候只要把保暖层套在里子里就行了，用拉链和扣子将它们相连接。

71. 温暖一冬，"羽"众不同的羽绒服

羽绒服是采用鸭、鹅羽绒作絮料（填料）制成的一种防寒服，是一种具有良好保暖性能的冬季服装，如图 4-104 所示。采用羽绒制成服装，在中国古代就有，如周代已用鸟兽的毛羽制成羽衣，也称毳衣；唐代有用鹅的毛绒作衣被的絮料。形成工业化生产是在第一次世界大战后，1927年建成的上海永盛福记羽绒毛厂是中国最早建立的稍有规模的羽绒生产企业，其后是在 1994 年建成的上海国华羽绒制品厂，当时生产的羽绒制品质量还有一定的缺陷，例如容易露绒（跑绒），直至 20 世纪 70 年代，涂层织物的出现使露绒的缺点得到解决。到了 90 年代，中国羽绒及其制品发展迅速，成绩斐然，已成为世界羽绒及其制品生产和出口大国，年出口量及其出口创汇均在世界羽绒贸易总量的 50%。

图 4-104　羽绒服

羽绒服不适宜过敏体质的人穿用。这是因为某些过敏体质的人对羽绒有过敏反应，穿后易出现皮疹、荨麻疹、皮肤刺痒、胸闷和鼻黏膜、眼结膜过敏炎症等症状。因为羽绒的细小纤维在与人体皮肤接触或被人吸入呼吸道后，会成为一种过敏性抗原，使人体产生过敏反应。所以，对于某些过敏体质的人以不穿羽绒服为好。

羽绒服具有轻、软、暖的特点。一件用尼丝纺作面、里的羽绒上衣，总质量在 500～1000g 之间，是其他御寒服质量的 17%～50%。因羽绒柔软用作衣服的絮料，可使衣服产生一定的宽松度，而衣服的宽松程度对衣服的舒适性、保暖性的发挥有重要影响。宽松度适中的羽绒服，其间有一薄层静止空气，能有效地阻止人体热量散失，对人体的束缚力也不妨碍人体的运动。

羽绒服的品种较多，按用途可分为运动服和生活服。运动服有滑雪服（以夹克衫款式为主）、登山服（以连帽短大衣为主）等，要求面料的色彩鲜艳夺目，易于被人发现。生活服种类较多，有各类上衣、大衣、裤、背心以及起局部保暖作用的护腰、护膝、帽、袜和手套等。

羽绒服所用的"羽绒"原指鹅、鸭腹部和背部的绒核成熟的状如蒲公英花的绒毛。现今用于服装的羽绒多系鹅、鸭及其他家禽野禽等的绒毛，经除虫、分毛、水洗、脱脂、消毒、防腐、提纯等一系列加工后的绒子、毛片、薄片等混合絮料。其中，以绒毛含量高、蓬松、弹性程度好者为优。羽绒有灰、白两种，白色为佳。

羽绒服面料、里料品种主要有纯棉织物、涤棉混纺织物和尼龙丝纺织物三大基本类型。面、里料一般用经纬纱高密度织物，有的采用涂层工艺，经轧压处理。

72. 舒适简约的毛衫

毛衫本指由羊毛纱织制的针织衫，如图 4-105 所示，但现在毛衫已成为一类产品的代名词，用来泛指针织毛衫或毛针织品。它主要是以羊毛、羊绒、兔毛、牦牛绒、羊仔毛、马海毛、驼毛、羊驼毛等动物纤维为原料纺成纱线后用针织成的织物，如羊毛衫、羊仔毛衫、兔毛衫、雪兰毛衫、

图4-105 毛衫

羊绒衫、牦牛绒衫、羊驼毛衫、马海毛衫、混纺毛衫等。

毛衫根据其原料的不同可作如下分类。

(1) 羊毛衫 是以绵羊毛为原料纺制成纱线织制而成，这是最大众化的针织毛衫，广大人民群众乐于穿着。其特点是衫面光洁，针路清晰，手感丰富而富有弹性，色泽明亮鲜艳，膘光足，舒适耐穿，价格适中。

(2) 羊仔毛衫 是以未成年的羔羊毛为原料纺制成纱线织制而成，故也称羔毛衫，属于粗纺羊毛衫的大路产品。由于羔羊毛纤细而柔软，因此羊仔毛衫手感细腻柔软，绒毛多，色泽鲜艳，穿着舒适，价格适中。

(3) 羊绒衫 是以轻、软、暖的羊绒为原料加工而成，又称开司米衫，是毛衫中的极品。其特点是轻盈保暖，手感细腻滑润，娇艳华丽，颜色鲜艳，穿着柔软舒适，但由于羊绒细短，极易起球，牢度差，不耐穿，同时因羊绒资源稀少，故羊绒衫价格昂贵。

(4) 兔毛衫 一般是采用一定比例的兔毛与羊毛混纺纱织制而成，纯兔毛纺纱有一定的难度。兔毛衫的特色在于纤维细，手感滑糯，表面绒毛飘拂，色泽自然柔和，穿着舒适潇洒，保暖性好于羊毛衫，但在穿着中表面绒毛容易脱落并附着在衣服上，给穿着者带来尴尬。如果采用先织后染的加工工艺，可使其色泽更加纯正、艳丽、别具一格，特别适宜制作青年妇女外衣。

(5) 牦牛绒衫 是采用青藏高原牦牛绒为原料加工而成。其质地稍逊于羊绒衫而好于羊毛衫，手感柔软细腻，不易起球，价格远低于羊绒衫，但牦牛绒颜色单调，只适宜于制作男衫。

(6) 马海毛衫 是以原产于安哥拉的山羊毛为原料加工制成。其特点是手感滑爽柔软，富有弹性，轻盈蓬松，光泽晶莹闪亮，透气性好，不起球，保暖耐用，穿着舒适，是一种较高档的产品，价格较高。

(7) 羊驼毛衫 是以原产于秘鲁的羊驼毛为原料纺纱加工而成。羊驼毛纤维粗滑，卷曲少，天然色素丰富，因此羊驼毛衫手感细腻滑爽而有弹性，不易起球，保暖耐用，是近年来新研发的一种高档产品，价格要高于羊毛衫。

(8) 雪兰毛衫 是以原产于英国特兰岛的雪特兰毛为原料加工而成。其特点是纤维中混有粗硬的腔毛，手感微有刺感，因此雪兰毛衫手感丰厚而蓬松，自然粗犷，不易起球，价格较便宜。

(9) 化纤毛衫 常见的是腈纶衫，一般采用腈纶膨体纱织制而成。其特点是毛型感强，质地轻软蓬松，强度高，不会虫蛀，色泽鲜艳，但易起球，弹性和保暖性不如羊毛衫，价格便宜。

(10) 混纺毛衫 一般采用动物毛和化学纤维混纺纱线织制而成。两种不同类型的纤维混纺可以取长补短、互补特性，拉伸强度得到改善，并可降低生产成本，毛衫有毛型感，但不同类型纤维的上染、吸色能力不同会造成染色效果不佳。

随着人们的生活水平和生活质量不断提高，对衣着要求越来越高，要求服装手感柔软滑爽，富有弹性和延伸性，悬垂性和透气性好，穿着舒适，款式新颖时尚，色泽鲜艳，这些需求正是毛衫的优越性所在。因此，毛衫越来越受到人们的喜爱，在服装中的地位也越来越突出，如今毛衫正在以快速向外衣化、系列化、时装化、艺术化、高档化、品牌化方向发展。

73. 造型浑厚简朴的大衣

大衣指衣长过臀的，春季和秋冬季正式外出时穿着的防寒服装。现代大衣的款式主要有单排扣和双排扣两种。衣片采用 1/3 结构（男式）或 1/4 结构（女式）。领子有驳领和关领两类。驳领又分枪驳领、平驳角领、连驳领；关领则采用立领或登翻领，左右两个大袋（有的还在左上方加一小袋），袋型有贴袋、嵌线袋、插袋和摆缝袋等。袖子有装袖、连袖、插肩袖（套裤袖）等。叠门的开法是，男式大衣为左叠门，女式大衣为右叠门。现代男式大衣大多为直形的宽腰式，款式主要在领、袖、门襟、袋等部位进行变化。 女式大衣一般随流行趋势而不断变化式样，无固定的格局。例如，有的采用多块布片组合成衣身，有的下摆呈波浪式，有的还配以腰带等附件。

大衣有多种分类方法。按衣身长度分，有长大衣、中大衣和短大衣。长度至膝盖以下，约占人体总高度 5/8 加 7cm 为长大衣；长度至膝盖或膝盖略上，约占人体总高度 1/2 加 10cm 为中大衣；长度至臀围或臀围略下，约占人体总高度 1/2 为短大衣。按构成层数分，有单大衣、夹大衣、棉大衣和羽绒大衣。按材料分，有呢绒大衣、羊绒大衣、驼绒大衣、棉布大衣、皮革大衣、裘皮大衣和羽绒大衣等。按制作工艺分，有单大衣、夹大衣、双面大衣、毛皮饰边大衣和多功能大衣等。按穿着季节分，有春秋大衣和冬大衣。按造型分，有箱形大衣、合身大衣、宽摆大衣和收摆大衣。按设计风格分，有城市大衣、旅行大衣、运动大衣、派克大衣和战壕大衣等。按用途分，有礼仪活动穿着的礼服大衣、晴雨大衣、军用大衣和连帽风雪大衣等。按穿着者性别分，有男大衣和女大衣。

（1）男大衣

① 双排扣棉短大衣。双排扣棉短大衣如图 4-106 所示。其特点是大翻领，斜插暗袋，有双排明扣。面料多选择棉华达呢、卡其，涤棉华达呢、卡其，中长化纤华达呢、卡其等，也有用灯芯绒、坚固呢、贡呢、薄帆布等缝制的。其色泽以耐脏污的中深色为主，例如元青色、藏蓝色、深咖啡色、深灰色、烟绿色或杂色等。

② 双排扣棉长大衣。双排扣棉长大衣如图 4-107 所示。这种大衣不论款式和面料的选择，基本上同于棉短大衣，多用棉及其与化纤混纺织物，或纯化纤仿毛产品，如黏锦华达呢、纯涤巧克丁等。

图 4-106　双排扣棉短大衣

图 4-107　双排扣棉长大衣

③ 双排扣呢绒短大衣。双排扣呢绒短大衣如图 4-108 所示。其特点是大驳头翻领，双排扣，有两个带盖的贴袋，后身有背缝，面料多选用比较厚暖的粗纺呢绒，例如雪花大衣呢、平厚大衣呢、立绒大衣呢、长顺毛大衣呢、拷花大衣呢、银枪大衣呢以及各种花式大衣呢等，也有用较厚些的制服呢、粗服呢、劳动呢、海军呢缝制的。

呢料的色泽多以混灰色、灰色、蓝色、元青色、藏蓝色为主，也有采用军绿色、咖啡色及其杂色的。

近年来，由于我国化纤工业的蓬勃发展，许多纯化纤或化纤和毛，或化纤和其他纤维混纺的仿粗纺呢绒产品也常用来制作此衣式，例如人字纹拷花黏锦粗花呢、锦纶、腈纶大衣呢等。

④ 呢料西服领短大衣。呢料西服领短大衣的特点是西服领，单排扣，贴袋有袋盖，后身有背缝，此衣式较省面料，其余同双排扣呢绒短大衣。

⑤ 暗扣倒关领大衣。暗扣倒关领大衣如图 4-109 所示。其特点是西服倒关领，暗扣，斜插袋，后身有背缝。

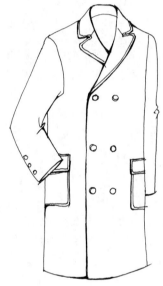

图 4-108 双排扣呢绒短大衣

图 4-109 暗扣倒关领大衣

面料选择一般多为精纺或粗纺呢绒，例如精纺华达呢、缎背华达呢、驼丝锦、巧克丁、马裤呢、贡呢等；粗纺有麦尔登、海军呢、劳动呢、制服呢、平厚大衣呢、雪花大衣呢等。也有用毛与化纤、棉与化纤、纯化纤仿毛产品缝制的。

色泽多以中深平素色或混色为主，如元青色、灰色、蓝色、咖啡色、军绿色、混灰色、栗驼色等色。

⑥ 呢绒双排扣大衣。呢绒双排扣大衣款式与双排扣棉长大衣相似，其特点是大驳头翻领，双排扣，斜插袋，后背有缝，后身下边开衩，筒袖有三个明扣。此衣式是冬季多用的款式，其呢料多选用粗纺中较厚重些的纯毛或毛与化纤混纺的呢料，例如平厚大衣呢、雪花大衣呢、立绒大衣呢、长顺毛大衣呢、拷花大衣呢、银枪大衣呢、羊绒大衣呢、驼绒大衣呢以及各种花色大衣呢等。

面料的色泽以混灰色、蓝灰色、元青色、藏蓝色为主，也有军绿色、咖啡色、杂色的。

⑦ 插肩袖大衣。插肩袖大衣如图 4-110 所示。其特点是插肩式袖子，西服翻领，前门襟有暗扣 4 个，斜插大袋，后背有缝，下边开衩，筒袖有襻带。一般用精纺或粗纺呢绒缝制，其面料和色泽同暗扣倒关领大衣。

⑧ 风雪大衣。风雪大衣如图 4-111 所示。其特点是翻关两用领，前后有过肩，有两个带盖的明大贴袋，5 个明扣，后背有缝，中腰有腰卡带，活帽子，袖口有袖襻。

图 4-110　插肩袖大衣　　　　　　　　　　图 4-111　风雪大衣

　　风雪大衣一般里衬棉絮、驼绒、丝绵或用长毛绒、人造毛皮等，是冬季防风雪、御严寒的重要外装，它的面料选择多用坚牢、耐磨的棉灯芯绒、坚固呢、色卡、涤卡、罗克丁、贡呢以及化纤仿毛的黏锦华达呢、涤黏华达呢、哗叽、巧克丁，也有用涤棉府绸、丝光防雨府绸、锦纶绸、涤纶绸及其化纤涂层织物等。

　　面料色泽的选择，中老年人多选平素灰色、蓝色、咖啡色、深米黄色，也有选用元青色、藏青色等杂色：青年人多喜欢中浅漂亮色，例如米黄色、橄榄绿色、栗驼色、艳蓝色、紫黑色、本白色等，特别是化纤绸涂层织物的色泽更漂亮些。

　　⑨ 拉链短风雪大衣。拉链短风雪大衣如图 4-112 所示。其特点是身连帽子，前门襟上有拉链，斜插袋，筒袖带襻，后背有缝，衣里衬棉絮、驼绒、丝绵、腈纶絮或人造毛皮等。拉链风雪大衣又称棉猴，是男女老幼皆可穿用的衣式，穿着方便，保暖性强。面料使用范围广，棉、毛、丝、麻、化纤均可，但一般多选用纯棉卡其、灯芯绒，或色织华达呢、卡其、坚固呢等。近年来，流行用涤棉卡其、华达呢，或中长化纤仿毛华达呢、巧克丁、哗叽等缝制，也有用毛、麻、丝或混纺织物，衬里多用人造皮革缝制的较高档的拉链短风雪大衣。

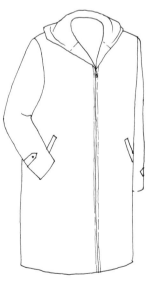

　　面料色泽的选择一般根据人的年龄、性格和职业爱好的不同，可选择平素的灰色、蓝色、咖啡色，也可以选择中浅色的米黄色、驼色、银灰色、海蓝色等。童装多为色格条或漂亮的红色、黄色、绿色、蓝色等颜色。

图 4-112　拉链短风雪大衣

(2) **女大衣** 女大衣款式变化较多，通常可分为普通款式与时髦装两类。实际上，许多普通款式也是由时髦装演变而来的。因此，要严格区别两者是十分困难的，只能说其款式的"新"与"旧"而已。从时间概念上说，普通款式有较强的生命力，多为中老年女性喜爱，而时髦装则因以新取胜，是爱美的青年女性喜欢的款式。

① 普通女大衣。普通女大衣款式较多，现择其主要的 7 种款式介绍如下。

a. 圆头尖领脱止口中长大衣。圆头尖领脱止口中长大衣如图 4-113 所示。其特点是圆头尖翻领，脱止口，单排 5 个明扣，两下暗大袋，前襟富于变化。

b. 蟹钳领脱止口中长大衣。蟹钳领脱止口中长大衣如图 4-114 所示。其特点是蟹钳大翻领，双排明扣，衣式呈 V 字形，有两下明贴袋，前身与后背均有筋缝，以增加美感，并起到挺括的作用。

c. 大圆角铜盆领中长大衣。大圆角铜盆领中长大衣如图 4-115 所示。其特点是大圆角铜盆翻领，单排 5 个明扣，两暗插袋，衣式变化小，易于缝制。

d. 圆头尖领系腰中长大衣。圆头尖领系腰中长大衣如图 4-116 所示，其特点是圆头尖翻领，单排 4 个明扣，下摆略大，具有裙式特点，中腰有同质地衣料系带紧身，有两斜暗插袋，适宜于青年女性穿用。

图 4-113　圆头尖领
脱止口中长大衣

图 4-114　蟹钳领
脱止口中长大衣

图 4-115　大圆角铜
盆领中长大衣

图 4-116　圆头尖领
系腰中长大衣

e. 波浪式中长大衣。波浪式中长大衣如图 4-117 所示。其特点是西装大翻领，衣呈裙式，走起路来易摆动，故有波浪式之称。多用双排明扣，也有单排系腰带的款式。面料宜适当选用较薄些的呢绒，例如麦尔登、法兰绒、女式粗纺花呢等。色泽应选择鲜艳的，例如果绿色、紫红色、浅驼色、锈红色、墨绿色和莲紫色等。

f. 西服领筒式中长大衣。西服领筒式中长大衣如图 4-118 所示。其特点是西服领，筒式，单排 3 个明扣，有两侧筋缝，适宜中年女性穿用。

g. 小下摆中长大衣。小下摆中长大衣如图 4-119 所示，其特点是翻领，一般是单排 4 个明扣，明衣袋，是中青年女性常穿用的衣式。

图 4-117　波浪式中长大衣　　图 4-118　西服领筒式中长大衣　　图 4-119　小下摆中长大衣

　　普通女大衣面料的选择：主要是粗纺呢绒，例如麦尔登、法兰绒、海军呢、粗纺花呢、女式呢、平厚大毛呢、雪花大衣呢、立绒大衣呢、长顺毛大衣呢、拷花大衣呢、银枪大衣呢、羊绒大衣呢、牦牛毛大衣呢等。也有用毛混纺和纯化纤仿粗纺毛织物的面料缝制的。普通女大衣的色泽，主要是平素色、灰色、蓝色、咖啡色和混色，也有选用枣红色、锈红色、驼色、米色、草绿色、墨绿色、海蓝色、天蓝色、莲紫色等颜色。

　　② 时髦女大衣

　　a. 大翻领女大衣。大翻领女大衣如图 4-120 所示。其特点是大披肩式的翻领，中卡腰，多明迹缝线，双排明扣。面料选用麦尔登、粗纺女式呢、法兰绒等。色泽主要为平素色、枣红色、墨绿色、橘黄色、黑灰色、蟹青色、混色等。也有各种条格花型的式样。适宜中青年女性穿用。

　　b. 挖袋女大衣。挖袋女大衣如图 4-121 所示。其特点是大开翻领，大盖暗袋，卡腰，裙式下摆，其面料和色泽同大翻领女大衣。

　　c. 插肩女大衣。插肩女大衣如图 4-122 所示。其特点是一字翻领，插肩，衣式呈裙状，中腰系卡带。一般多选用对比或同类色拼缝，显得静中有动，富于变化。斜插暗袋。面料多用粗纺麦尔登、海军呢、粗纺女式呢或粗纺低支粗平花呢。色泽多为中浅色，适宜青少年女子穿用。

　　d. 披肩连帽女大衣。披肩连帽女大衣如图 4-123 所示。其特点是披肩连帽，中系腰带，明扣，斜下插暗袋，略宽下摆。面料多选用经防水处理的涤棉府绸、丝光防雨府绸或涤卡；毛织物多选用精纺华达呢、克莱文特呢。色泽多为米黄色、浅棕色、橄榄绿色、雪青色、银灰色、锈红色、墨绿色、枣红色、本白色等颜色。适宜青年女性春秋季防风雨、御寒和旅游时穿用。

图 4-120　大翻领女大衣　　　　图 4-121　挖袋女大衣　　　　图 4-122　插肩女大衣

e. 连领贴袋呢大衣。连领贴袋呢大衣如图 4-124 所示。其特点是立式连领，明贴袋，暗扣，翻袖口，整个衣式显得简洁、零碎少，给人以干净利落、充满朝气和粗线条的美感。面料多选用色泽平素淡雅的麦尔登、海军呢。适宜性格外向的女青年旅游、休假时穿用。

f. 盘花大衣。盘花大衣如图 4-125 所示。一般是大开领，富于变化的插袋，衣面绣花或贴花，

图 4-123　披肩连帽女大衣　　　　图 4-124　连领贴袋呢大衣　　　　图 4-125　盘花大衣

呈绶带状环身，是中式绣花旗袍与呢料大衣的结合款式，别具民族风格，是女性结婚时爱穿的外装，亦是女性参加社交活动和节日活动时的时髦大衣款式。面料多选用平素深色的麦尔登、海军呢、驼丝锦等。也可采用绸缎为面料（加以绣花、贴花）缝制而成。

74. 御寒保暖的裘革服装

裘革服装是指用鞣制的动物皮制作的服装，包括裘服装和皮革服装两类，如图 4-126 所示。据考证，在尚未出现纺织物以前，皮是人们用来御寒、挡风的主要服装材料。中国用皮缝制衣服的历史非常悠久。

(a)

(b)

图 4-126 裘皮服装

裘服装是采用鞣制的带毛哺乳动物皮制成的服装。毛面向外的称为裘服装；毛面向里的称为毛皮服装。主要品种有大衣、衫、袄、袍、披肩、斗篷、背心、裤等，也可制成围巾、帽、手套等服饰。裘服装的特点是外观华丽、名贵，皮板密不透风，毛层毛绒间的静止空气不易传热，因而保暖性能极佳，既可作为服装面料，又可充当里料与絮料，是冬季理想的御寒衣物。用于制作裘服装的毛皮有野生动物毛皮和家养动物毛皮两种。常见的毛皮主要品种有以下几种。小毛细皮有黄狼皮（俗称黄鼠狼皮、黄鼬皮）、紫貂皮（又称黑貂皮、林貂皮）、扫雪皮（又称石貂皮），水獭皮、猸子皮（又称鼬獾皮、白猸皮）、海龙皮（海狗皮）、艾虎皮、水貂皮、小灵毛皮（又称麝香猫皮）、灰鼠皮（亦称松鼠皮、松狗皮、灰狗皮）、银鼠皮、花地狗皮、香狸皮。大毛细皮有狐狸皮（包括红狐皮、沙狐皮、银狐皮、倭刀狐皮、白狐皮等）、貉子皮（亦称狗獾皮）、猞猁皮（亦称林独皮）、九江狸子皮（亦称青猔皮、灵猫皮、五节狸皮）、麝鼠皮（亦称青根貂皮、水老鼠皮）。粗毛皮有獾皮（亦称猪獾皮、狗獾皮）、狗皮、虎皮（亦即大虫皮）、狼皮、旱獭皮、绵羊皮（包括细毛羊皮、半细毛羊皮、粗毛羊皮、半粗毛羊皮、裘皮羊皮和羔皮等）、山羊皮、猾子皮（又称小山羊皮）。杂毛皮有青猺皮、黄猺皮、猫皮、狸子皮、兔皮等。采用羊皮、狗皮、兔皮等制作的裘服装，具有资源丰富、物美价廉等优点。

皮革服装是将动物毛剃除之后或是无毛的动物皮经鞣制后制成的服装。主要品种有各式长短大衣、上衣、夹克衫、背心、裤等，其中以皮革上衣的款式最多，如皮猎装、皮夹克等。通常采用牛、猪、羊、马、麂、鹿、蛇、鳄鱼等动物的皮加工制作。这些服装革的特点是薄、轻、软。其中，羊皮柔软，粒面细致，最适宜于制作皮革服装，尤以绵羊皮品质为佳。麂皮质地柔软，纤维组织细密而均匀，适宜制作高级的绒面皮革服装，但有时也用羊皮绒面革仿麂皮。对皮革服装的质地要求是皮质柔软、穿着舒适、美观耐用、保暖性强；同时，又要具有一定的透气性和吸湿性，使穿着时不致有气闷的感觉。服装用皮革的颜色主要有黑色、咖啡色、淡黄色、橘黄色等。由于皮革在染色时染料与纤维结合牢固，故不易褪色，如果经常在革面上油，还可保持艳丽的色彩及光泽，延长使用寿命。现在除天然皮革外，还大量运用人造革或人造麂皮制作服装。

75. 锦上添花的绣花服装

绣花服装是中式女装的一个重要品类，主要是指在中式服装款式的基础上，借由雕绣、拉绣、刻绣、挖绣、机绣、贴花绣等，使原款式服装显得格外高雅、美观。中国绣花服装在国内外市场上享有盛誉。随着人民生活水平的不断提高，必将更加深受广大女性的欢迎。

绣花即刺绣，是中国传统手工艺。国内著名的四大流派有：苏绣、湘绣、蜀绣和粤绣。此外，北京的洒线绣、东北的缉线绣、山东的鲁绣、河南开封的汴绣、浙江杭州的杭绣和温州的瓯绣、福建的闽绣、贵州的苗绣也各具特色，少数民族地区也有许多具有民族特色的刺绣技艺。

中国的刺绣具有针法精巧、进线妙雅、色彩协调、图案秀丽的特点，常作为艺术珍品为各国所收藏。绣花服装是巧妙地将线绣制或贴补在衣服的领、袖、胸、裙摆、衣袋等处，使普通款式的服装身价倍增，可谓锦上添花。

绣花服装的刺绣图案是随服装的品种和款式的变化而变化的，例如，女装多绣以各种雅致的花卉图案，男装多绣以几何图案或象征力量的狮、虎、牛、龙、鹰等，童装多绣以活泼的蝴蝶、金鱼、兔子、大象、熊猫等。

绣花服装不仅图案十分讲究，而且对色彩的调配要求也有很高的艺术性，对绣花线（优质的棉、毛、丝、麻、化纤线等）的要求也较严格，例如，在女式衬衫上往往采用单色绣，一般多用同类色，白衬衫用白色绣线，蓝衬衫用蓝色绣线，使其艳而不俗，静中有动，素中有花，耐人玩味，叹为观止。而在礼服、艺服上，又多以奇丽鲜艳、五彩缤纷为常见。图案有抽象、写意，也有形象逼真，因"服"制宜，不能统而论之。

刺绣在针法上有几十种，如行针、四针、八针、十针、乱针、绕针、小形针、长短针等。就拿乱针绣花蕊来讲，在金色或银色绣线上采用珠绣针法，使绣出的花蕊闪闪发光，形象逼真，而四针刺绣，绣品美观坚牢，用长短针绣花瓣或花叶，艺术味很浓。

（1）中西式绣花女装 中西式绣花女装如图 4-127 所示。它是在中式的罩衣基础上绣制了象征云、花的简明图案，为服装增添了魅力。

（2）贴花连衣裙 贴花连衣裙在裙腰与下摆稍作贴花，可谓增辉不少，使其素中有艳，耐人寻味。

（3）绣花长裙 绣花长裙如图 4-128 所示。菊花配于裙面，是青年女性参加社交活动穿着的款式。

（4）绣花礼服 绣花礼服是在衣料考究、华丽贵气的礼服上，再绣上几朵牡丹，真可谓锦上添花。

图 4-127　中西式绣花女装　　　　　　图 4-128　绣花长裙

总之，绣花服装是中式服装款式的一支新秀，在各类不同款式的服装绣上适当图案，配合得体，真有画龙点睛之功效。

76. 流行全球的"世界服"——西装

西装又称西服、洋装。广义是指西式服装，是相对于中式服装而言的欧系服装；狭义是指西式上装或西式套装。西装之所以长久不衰是因为它拥有深厚的文化底蕴和内涵。主流的西装文化常被人们打上"有文化、有教养、有绅士风度、有权威感"等标签。"西装革履"常被用来形容文质彬彬的绅士。西装的主要特点是外观挺括，线条流畅，穿着舒适。若再配上领带或领结，则更加显得高雅质朴。

在西装发展过程中，由于民族、习惯、性格等历史因素的不同，一些穿西装的主要国家逐渐显示出各国的特点，大体可划分为英国式、欧洲式和美国式三个类型，其中美国式又可分为传统型和自由型。

英国式西装较为注重舒适性，围度略宽松，肩稍上翘。胸部讲究软弹，轮廓也较符合人体自然曲线。裤脚为直线型，裤脚口长度为 25cm，故整体外观自然合体，落落大方。该款式的主要特点是肩部呈角型，胸部饱满，下襟敞开，上衣稍长。适合银行职员、律师、公司高层等人员穿着。

美国式西装讲究实用，吸收了英国传统式自然肩，腰部吸势少。上衣比英国式短，裤脚也是直线型，裤脚口长度大约为 25cm，选料范围广，色彩明朗，式样自然奔放、开朗而有向上的感觉。该款式的主要特点是肩线自然，中腰不紧而接近直线。上衣长，有安详感。它适合外事、外交工作人员穿着。

欧洲式西装比较讲究，一般选料慎重，色彩考究。在制作上重在"做"字，胸部做得饱满，两肩垫得上翘，腰部服势大而收紧，裤脚口长度为 27～30cm，比英美式贴体。但由于过分考究，显得有些拘谨感。该款式的主要特点是肩线呈弓形上翘，窄长领。它适合从事电视、广播以及电影、戏剧的工作人员穿用。

西装最初主要是男子穿用，后来也发展有女装款式。男用西装种类繁多，按其穿用时间、场合的不同，大体可分为 3 类：①正规西装，也称为传统礼服；②非正规西装，也称为常用便服；③时装也称为流行装。

近年来，西装在现代工业革命的冲击下，也发生了一定的变化。总的趋势是向简化、轻便、舒适、美观、实用、卫生等方向演变。

西装的基本形制为：翻驳领、戗驳领和平驳领，胸前呈 V 字形；前身有三只口袋，左上胸为手巾袋，左右摆各有一只有盖挖袋、嵌线挖袋或贴线袋；下摆为圆角、方角或斜角等；有的开背衩两条或三条；袖口有真开衩和假开衩两种，并钉衩纽三粒。按门襟的不同，可分为单排扣和双排扣两类。在基本形制的基础上，部件则常有变化，如驳头的长短、翻驳领的宽窄、肩部的平翘、纽数、袋型、开衩和装饰等，而面料、色彩和花型等则随流行而变化。做工分为精做和简做两种：前者采用的面料和做工考究，为前夹后单或全夹里，用黑炭衬或马鬃衬作全胸衬；后者则采用普通的面料和简洁的做工，以单为主，不用全胸衬，只用挂面衬一层黏合衬，也有采用半夹里或仅有托肩。其款式也随着时间的变化而有所变化。

西装按穿着者分类，可分为男式西装、女式西装和儿童西装三类。

男式西装一般分为三件套西装（包括背心，也称马甲）、两件套西装和单件式西装三种。

它又可分为美式、欧式与英式三种基本式样。美式西装的主要特点是单排扣，腰部略缩，后面开一个衩，肩部自然，垫肩柔软精巧，袖窿裁剪较低，以便于活动，翻领宽度中等，两粒扣或三粒扣。欧式西装的主要特点是裁剪合体，装有垫肩，腰身适中，袖窿开得较高，翻领狭长，大多采用双排扣。英式西装的特点是垫肩较薄，贴腰，采用闪亮的金属扣，后身通常开两个衩。在这三种款式的西装中，以美式西装的穿着最为舒服，而贴身的欧式西装则适合于身材修长的男性穿着。

正规西装应为同一面料的上衣、背心、裤子三件套，这种配套方式可显示出矜持、稳重、高雅而具有绅士风度，适用于中老年男士在重大正规场合穿用。要求外套与背心穿着伏贴，互为一体，切忌内松外紧，必须严格掌握尺寸的大小。在一般情况下，西装背心应与外套和裤子同色同料，但目前比较开放、自由，西装背心可以单穿或与便服配用，故也可以采用背心与套装异质异料。如选用各种皮革制作的背心，带有阳刚之气；若选用苏格兰格子呢制作，可在严谨中透出几分倜傥帅气，很适合青年人穿着。背心常采用 V 字领，较易与外套、领带等组合成最佳的搭配。两件套西装由外套与裤子组成，其穿着范围比较广，无论是上班、赴宴、出席会议等正规场合，还是小憩咖啡馆、酒吧或是散步、会友等休闲活动，都显得雅致而得体。两件套西装以内穿衬衫为宜，最多再加上一件羊绒衫（或羊毛衫），若里面穿得太多，致使西装不平挺，有失美观与风度。三件套西装和两件套西装均属正统西装，穿着时既要遵守传统的规范，又要使其与穿着者本身交融合一，其关键就是西装的颜色和谐协调，正统西装的颜色一般为蓝色、灰色和棕色。若采用蓝色、灰色、棕色的混合体，只要能保持色泽清楚、浓淡适宜，也是可以的。但单一的深棕色以及一些叫不出名称的鲜艳色应尽量不用，如果使用不当会影响到整体美。另外，有些人喜欢使用黑灰色、烟灰色、藏青色、深棕色、浅褐色、米黄等颜色，大多采用隐条隐格的图案，也不失庄重规范。至于单件式西装，无论是款式造型和色彩，还是穿着方式等方面，都趋于自由和随意，穿着也很舒适，迎合了不少青年人的喜好。这种西装可以是镶拼式（如驳领处镶皮革），也可以是宽身裁剪，呈 H 形，其最大好处是可以不系领带，而且下身可配牛仔裤，不必穿正统西装，也不受任何限制，活动自如，方便劳动。

在正统西装的款式造型上，驳领的宽窄、高低、长短直接影响到西装风格，它取决于穿着者的体型。如欧美式西装驳领较宽、较长，最宽的可达 8cm，显得粗犷、豁达。日本式西装则相对窄些、短些，比较适合东方人的身材特点。西装的面料以毛料为佳，更能显示出高雅的风度，其他如毛涤混纺面料、毛型化纤面料也较为流行，在织物品种中以花呢类较为常见。对于单件式西装，则面料使用范围更广，可以是各种天然纤维质地，也可以是纯化纤质地。在选择西装面料时，双排扣和单排扣也是有所区别的。双排扣面料要求能充分反映出穿着者的个性和身份，一般在正规场合成套穿着，因此面料比较考究，大多以光洁平整、丰糯厚实的精纺毛料为主，各种花呢、贡呢、驼丝锦是传统的面料。自 20 世纪末期以来，大多选用缎背华达呢。该面料具有手感滑爽、质地柔软、厚薄适中等特点，适合于制作春秋季西装。颜色一般选用较稳重、朴素的素色，如常用的有藏青色、黑灰色、蓝灰色、棕色等，青年人喜欢追求时髦而采用米黄色、浅蓝色、浅青色以及其他饱和度较高的色彩。单排扣西装既可作正规场合用套装，又可作便服使用。其特点是：简便、明了、实用、随意，它不像双排扣西装那么讲究，可以敞开衣襟，也可穿套装，还可以单穿，不系领带或领结，而且还可以把过长的袖口卷起，也可以与套衫、T 恤衫等相搭配。近年来，西装日趋便装化，出现了宽松轻薄、犹如夹克的单排扣西装，穿着自由、潇洒，深受青年人的青睐。单排扣西装的面料与颜色根据穿着场合的不同而有所不同。一般来说，在正规场合作为礼服穿用时，要求与双排扣西装相似。如作便服穿用，则比较随意，只要自由潇洒、落落大方就行。厚型西装是采用高档全毛织物以精工细巧的工艺缝制而成，颜色以蓝色、灰色、棕色及白色、黑色为主，是出席宴会、庆典等活动的首选服装。薄型西装则讲究"轻、薄、软、挺"，穿上后颇有轻飘如云、轻装上阵而无压肩重负的感觉，这是从 20 世纪 90 年代初开始在全球流行的西装。

随着妇女地位的提高，她们需要威严、尊重，力求像男性样给人们留下一个扎实能干、沉稳老练的形象，她们纷纷仿效男性穿着潇洒的西装，于是女式西套装应运而生，为众多的职业女性所穿用，一般为上衣下裤或上衣下裙。女式西装受流行因素影响较大，但根本的一条是要合体，能够突出女性身材的曲线美，应根据穿着者的年龄、体型、皮肤、气质、职业等特点来选择款式。如年龄较大和体态较胖的女性，宜穿一般款式的西装；少女宜穿花式西装，以突出青春美；皮肤较黑的女性不宜穿蓝色、绿色、黑色等颜色较深的西装；身材瘦小的女性宜穿浅色西装。

女式西装的特点是：刚健中透出几分娇媚，除了西装领外，还常用青果领、披肩领、圆领、V字领；上装可长可短，长者可达大腿，短者至齐腰处；腰身可松可紧，松身式基本上不收腰或少收腰，有的宽大盖住臀部，造型自然、流畅，追求的是一种自由、洒脱、漫不经心的衣着风格，是目前欧美广为流行的一种着装形式。紧身式与男式西装较为相似，收腰、合臀，并用垫肩加高肩部，使肩部平直挺拔，其造型呈倒梯形，线条硬挺，平添了几分英武帅气，尤其适合于职业女性穿着，可烘托出穿着者的干练、自信的风度与气质。在门襟、袖口、领口处还可饰以花边，或是采用镶拼工艺，既可系领结，也可系各种花式蝴蝶结，赋予西装典雅、文静的职业女装风格。按照传统的习惯，女式西装搭配裤子时，可将上装做得稍长些，如与西装裙搭配时，则上装应做得稍短些。但太短会显得不够庄重，而太长又会使人显得没有精神，故一般选择裙长至小腿最丰满处为佳，这样可充分显示女性腰部、臀部的曲线美。

在选配西装和裙子时，还应根据年龄来合理选配。如中老年女性可选择上小下略大的式样，可显示穿着者的稳重、大方，而年轻的姑娘或少女则宜穿直筒的西装裙，也可选择类似旗袍裙上大下小的款式，可使穿着者显示出婀娜多姿、亭亭玉立的青春美。

女式西装与裤子或裙子搭配时，大多采用同一面料做套装，可增强上下一致的整体感，也可采用不同颜色的面料相配，但要注意色彩的上下和谐与轻重关系。缝制高档西装宜选择纯毛花呢、啥味呢、海力蒙、巧克丁等精纺面料，也可选用毛涤混纺织物。缝制中档西装时，大多选用毛涤混纺织物、粗纺花呢或中长仿毛花呢等。在颜色选择方面，一般以灰色调为主，既可以与办公环境相协调，也适宜与衬衫、丝巾、挎包、饰品等搭配，其常用的色彩主要有炭黑色、烟灰色、雪青色、藏青色、宝蓝色、黄褐色、米色、暗紫色、深红褐色、暗土黄色等。上下装可采用同色，也可采用异色。上下装同色显得庄重而成熟，这是较为常见的搭配。上下装的色彩互相对比，上浅下深或上深下浅，上简下繁或上繁下简，这样搭配极富动感和活力，适合于年轻的女性穿着。此外，在穿西装裙时，不宜穿花袜子，在重要场合，还应注意鞋、包的式样和颜色与西装颜色的搭配，以及发型、妆容与西装的协调配合等，使其产生更美的效果。

（1）正规西装　正规西装也称为传统礼服，一般是在王室、宫廷、国家的重大仪式或庆典、国际性会议或音乐会等社交场合穿用。对礼服的面料，各个国家都有规定，应注意穿着正确。它主要包括燕尾服、晨礼服、半正式礼服和正规套装四种。

①　燕尾服。燕尾服（swallow-tailed coat）如图4-129所示。燕尾服的穿用时间一般是在每天的18时后，是夜间的正式礼服。欧美国家夜间的正式宴会，如观戏剧、听音乐会、参加结婚宴会等时穿用，古典音乐演奏会的演员，特别是乐队的指挥经常穿用，在葬礼时也可穿用。但由于过分古板和严格，近年来，欧美国家人们穿用燕尾服的场合在减少，一般很少穿用。

(a)　　　　　　(b)

图4-129　燕尾服　　　　　　　　　图4-130　晨礼服

燕尾服款式的特点是上衣呈燕尾状，色泽为黑色或深蓝色，领子多为半剑领或丝瓜领，并佩戴领绢。前身似背心般短，左右各缝3个装饰纽扣，后身下摆，在腰围处开衩，呈燕尾形，故称燕尾服。裤子与上衣同色同料，裤脚是单的，配套坎肩面料也同衣裤，但要求衬衫、领结和手套是白色的，帽子丝织大礼帽，靴子、袜子均为黑色，上衣口袋的小饰巾是硬挺白麻纱质地。总之，燕尾服对各种色泽和面料质地都有严格的要求，是一种格调很高的服装。其衣裤、背心的呢绒面

料一般多选用纯毛礼服呢、横贡呢、驼丝锦、麦尔登等光泽好、较厚重的高档毛织物。

　　② 晨礼服。晨礼服（morning coat）又称为男礼服、晨燕尾服、常燕尾服如图 4-130 所示。它是白天穿着的正式礼服，主要是在参加仪式（如婚丧礼仪）时穿用，其款式大致同燕尾服，但也有一定区别，例如领子采用剑领，上衣前面只有一个纽扣。面料的色泽以黑色为主，但也有灰色的，特别是裤子可选择条纹裤面料，例如，纯毛花呢、单面花呢。坎肩的面料质地和色泽可以与上衣不同，可选用灰色法兰绒或凸条纹毛料。领带以白条纹或银灰色为主，参加葬礼时用黑色，手套可用白色或灰色，帽子为黑色中折帽，上衣口袋饰巾为白麻或白绢等织物。上衣面料仍以黑色为主，也可用深灰色，面料一般选用精纺礼服呢、横贡呢、驼丝锦、麦尔登、开司米等。总而言之，晨礼服要比燕尾服简朴、随意些。由于衣着色泽和内外装都有一定的变化，就更显得自然、大方、随和。

　　现将晨礼服各部分的要求列入表 4-1 中。

表 4-1　晨礼服各部分的要求

名称	要　求
帽子	黑色便礼帽（正规装是大礼帽）
上衣	黑色驼丝锦、麦尔登、开司米等
西服坎肩	黑色，面料与上衣相同（不镶白边亦可）。结婚典礼和交际性集会等祝贺仪式用灰色麦尔登
西服裤	用黑色、有条纹的衣料
西服衬衫	胸部带褶，立领为正装（普通的软领衬衫也可以，袖口一定要用挽袖的）
领带	黑白色或灰色蝉形领结（这时穿立领衬衫较好）。黑白色条纹领带搭配正装。最近时兴非祝贺仪式用纯黑色领带，而祝贺仪式用银灰色，有凸纹的领带
手套	白色或银灰色
袜子	纯黑色的开司米或丝线袜
鞋	黑漆皮鞋、黑色小牛皮鞋、普通矮腰皮鞋
外套	长大衣
领带卡子	镶有珍珠或宝石的卡子
袖扣	人造宝石质地的袖扣
手帕	用白丝绸或亚麻手帕作装饰手帕，插在胸兜里

　　③ 半正式礼服。半正式礼服（semiformal wear）又称为半正规套装，它既可部分地代替礼服，又可作为日常服装。但它毕竟属于礼服，因此，对款式与面料也有较严格的规定。它主要有 3 种类型：夜会用半正式礼服、昼间用半正式礼服和黑色套装。

　　a.夜会用半正式礼服。夜会用半正式礼服如图 4-131 所示。它是夜间的半正式礼服，在夜间宴会、观剧、舞会时广泛穿用。上衣色泽主要是黑色或深藏蓝色，面料多选用精纺礼服呢、贡呢、驼丝锦、马海毛织物，以及纯毛中厚花呢、银枪花呢、克瑟密绒厚呢等。夏季多用白色的纯毛华达呢、缎背华达呢、贡呢等。上衣款式有单排或双排扣子，领子有剑领或丝瓜领两种。白色衬衫，黑领结，配套背心。裤子面料的质地、色泽与上衣相同，单裤脚。手套多为灰色的皮手套，普通黑皮鞋，上衣口袋装饰巾为白麻织物，夏季穿白上衣时用黑丝绸手绢。近年来流行不穿背心，一般可代替燕尾服出席一些非严格的礼仪场合。

　　b.昼间用半正式礼服。昼间用半正式礼服如图 4-132 所示。可作为晨礼服的代用服装。其特点是黑色西服上衣和显条纹的黑色或灰色的裤子与背心配套。欧美国家的公司董事长或学校校长日常多穿用此服装。面料一般选用精纺贡呢、礼服呢、驼丝锦、麦尔登和开司米等。

图 4-131　夜会用半正式礼服　　　　图 4-132　昼间用半正式礼服

c.黑色套装。黑色套装是双排扣子或单排扣子的普通西装。它本来不是礼服，但近年来欧美国家流行用其代替晨礼服和夜间半正式礼服出席有关场合。由于穿用方便，故深受欢迎。该款式采用剑领、单裤脚，附属品同晨礼服。其面料多选用黑色的精纺礼服呢、贡呢、驼丝锦等。

现将黑色套装的各部分的要求列于表4-2中。

表4-2　黑色套装的各部分的要求

名称	要　求
帽子	黑色便礼帽
上衣	黑色驼丝锦、麦尔登、开司米
西服坎肩	与上衣面料相同
裤子	与上衣面料相同
西服衬衫	白色，挽袖头
领带	祝贺仪式用银灰色领带，非祝贺仪式用黑色领带
领带卡子	珍珠（非祝贺仪式不用）
手帕	麻质或绢质，白色
手套	白色，灰色小山羊皮手套（非祝贺仪式用黑色皮手套）
袜子	丝的或开司米的质地，黑色
鞋	黑色平面矮腰皮鞋
外套	暗扣大衣

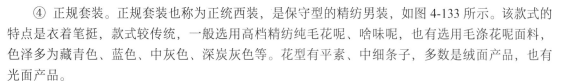

④ 正规套装。正规套装也称为正统西装，是保守型的精纺男装，如图 4-133 所示。该款式的特点是衣着笔挺，款式较传统，一般选用高档精纺纯毛花呢、哈味呢，也有选用毛涤花呢面料，色泽多为藏青色、蓝色、中灰色、深炭灰色等。花型有平素、中细条子，多数是绒面产品，也有光面产品。

现在，欧美国家和日本一般从事外交、社交的官员，以及一般职员和城市中的老年人在较正规的场合多穿此类服装。穿用时多戴礼帽。现在流行穿坎肩的三件套西装。

（2）非正规西装　非正规西装又称为常用便服。由于近年来全世界服装向自由化、舒适化和轻便化发展，某些高雅的套装成为专门在特定场合穿用，而非正规西装就成为人们日常喜爱的衣着款式。当前，我国流行的西装，基本上是属于此类款式。非正规西装主要包括：非正规西套装，搭配西装等。

① 非正规西套装。非正规西套装也称为西便装，是在正规西装的基础上发展变化而来的，如图 4-134 所示，它适应的范围广，四季均可穿着，款式变化多，可以自行设计缝制。其面料及色泽的选择范围广，主要是根据个人的爱好，可选用平素的灰色、蓝色、咖啡色以及各种杂色，花型可选用彩点、彩格、彩条、隐条、隐格等精粗纺。面料一般选用：精纺花呢、哈味呢、海力蒙、板司呢、混纺花呢、马海毛织物、单面花呢、巧克丁、贡呢、哔叽、华达呢、舒挺美、羊绒花呢、金银毛花呢等；粗纺产品有粗纺花呢、海力斯粗花呢、法兰绒、毛圈粗呢、火姆司本、席纹粗呢、雪特兰织物、苏格兰呢、斯保特克斯等。也有用丝织物的绸、缎、锦及其化纤仿毛织物和亚麻西服布、混纺毛麻织物，如真丝塔夫绸、织锦缎、软缎、宋锦、仿毛花呢、毛麻涤花呢等。

图 4-133　正规套装

图 4-134　非正规西装

图 4-135　搭配西装

非正规西套装的上衣和裤子应为同一面料，衬衣、背心灵活多样。非正规西套装除正式礼仪场合不能穿用外，可以作为轻快外出服装、娱乐活动服装或办公服装，但对办公服装要求色调稳重，款式较为保守些，而作为郊游、娱乐和家庭里穿用的服装，其色泽就要求更加明朗华美，领子、口袋等款式变化大。近年来，随着健身热，全世界兴起穿着运动装热，也影响非正规西套装向运动装款式靠拢，例如，采用贴兜、大口袋等。

②搭配西装。搭配西装又称为不配套西装，属于自由化西装，如图 4-135 所示，它讲究质地协调，例如上衣可选用粗纺产品，裤子选用精纺产品，起到上重下轻的感觉，不仅行动自由方便，而且也给人一种上宽下窄的雄伟感；反之，就不雅观了。通常，上下衣的面料颜色不一样，但要协调，要有衬托性和色调和谐感。因此，搭配西装的上衣一般多选用粗纺花呢、低支粗花呢、火姆司本、钢花呢、萨克森法兰绒、多尼盖尔粗呢等富有彩点、粗犷美的毛织物，其中结构松软、色彩艳丽的英国传统粗格呢，是搭配西装中最受中青年人喜欢的面料。裤料的色泽多与上衣配合的、较挺括的平素精纺毛织物，一般多选用哔叽、华达呢、啥味呢单面花呢、马海毛织物和波拉呢等。

77. 有别于职业装的制服

制服是指按统一规定具有标志性的定制服装，如图 4-136 所示，它是同一个社会团体在相同场合穿着的格式化服装，用以区别从事各个职业或不同团体的成员，像学生、士兵、医生护士、保安和警察等职业的人经常穿着制服。穿着制服不仅能方便工作者在特定的岗位上充分发挥其职能作用，而且能增强工作者的责任心和荣誉感。

中国的制服古已有之。西周的冕服制度，是中国历史上最早的制服制度。这种等级森严的冕服制度，成为封建社会等级制的显著标态。另外，由于古人对丧事期间所穿的服装特别重视，会根据死者在血缘上的亲疏，在制服上有具体的规定，故制服制度在古代还代表一种丧服制度。

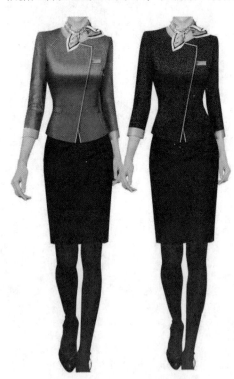

图 4-136　制服

(1) 制服的特点　一般来说，制服有三个特点，即标志性、功能性和装饰性。

① 标志性。制服的标志性是由不同职业需要承担的不同任务决定的。它不仅有利于各部门职能活动的开展，还能促进竞争与发展。一般情况下，越是活动范围广、与人接触多的岗位，制服的标志性应越明显。而制服的标志性可以通过一些特殊的标志以及服装的色彩、款式来表现。

标志的直接使用会使制服具有明确的标志性，但从制服本身的审美角度看，有时又会因为太直接而显得简单。由于色彩具有刺激知觉的生理效应和激发联想的心理效应，一些制服的色彩已具有职业象征的意义，如中国医务制服的白色、邮政制服的绿色、海军制服的蓝色与白色。这些被长期使用并得到大家认同的颜色实际上成为这些职业的"标准色"。

款式是构成服装外观形式的基本因素，款式的变化会受到制服功能性的制约，故在不影响制服的功能性的前提下，充分发挥款式在制服中的标志作用。如旗袍是中国传统服装的杰出代表，旗袍的基本型已广

泛地应用于世界各地中餐厅制服的设计，使中餐厅的制服具有独特的个性。

除了用强烈的视觉符号来表现制服的标志性以外，有效的宣传和长时间的维护也能增加制服的标志性。因此，制服一旦确定后就不宜经常变换。

② 功能性。制服的功能性是由穿衣人从事职业活动的动作与工作条件决定的，包括不妨碍穿衣人履行职责和保护穿衣人少受伤害两个方面。

制服的功能性主要通过款式和材料来实现，适合并方便穿衣人在职业活动中经常要做的动作是制服款式设计的原则，因此，设计者要认真研究人在职业活动中形体变化的规律，并通过对制服外形、结构的处理来适应人体劳作的需要。如交警指挥交通时，手臂活动的幅度很大，活动次数也很多，因此，交警制服的袖型应当简洁，袖山绝不能过高。另外，一些职业活动中可能潜伏着对作业人员造成伤害的危险，如高空坠物，水溅油污，甚至燃烧爆炸等，那么，这类人员的制服设计要特别注意在款式、材料方面对人体提供防护性保护。

③ 装饰性。制服的装饰美具有一般服装装饰美的共同特征。比如要符合比例、均衡、主次、多样统一等形式法则，要有利于美化人的形体、气质等。设计者完全可以利用一般服装的设计原理进行制服装饰美的设计。另外，制服的装饰美也有一些与其他服装不同的特征：制服美化的不仅是个体穿衣人，更主要的是美化群体穿衣人；制服烘托的不是个人的个性和气质，而是职业的精神和单位的形象。制服的装饰美设计要以反映职业特征为依据。

（2）制服的分类　制服可以按是否受限制分成两类——受限制类制服和不受限制类制服。

① 受限制类制服。这类制服包括军队制服和国家公务员制服（如工商制服），设计制作的要求非常高。限制也比较多，都由专门机构经过科学周密的研究并经国家职能部门审批通过，不容随意改变。

② 不受限制类制服。这类制服包括服务行业制服（如酒店制服）和非服务行业制服（如学生制服），由不同机构的行业特点和文化背景决定。制服的颜色不宜色彩过艳，最好是灰色、蓝色、深蓝色、骆驼黄色、黑色、铁灰色、深褐色、灰褐色、深黄色、深红色、褐色、白色等。面料采用棉类、混纺、皮革等，如制服呢、帆布、哔叽、贡丝呢、制服呢、巴迪呢、平纹呢、棉的确良、特种工装呢等。里料采用各种长丝类、绸类织物。

78. 可爱宝宝穿的婴儿服与童装

（1）婴儿服　婴儿服一般是指不满 3 岁的婴儿穿用的服装。对抵抗力弱的婴儿，其穿用的服装应有特殊的要求，必须触感柔软、轻，同时不致造成皮肤障碍现象，并要做防燃处理。

① 婴儿毛衫、毛裤。婴儿毛衫、毛裤如图 4-137 所示。一般为无领，无扣，开裆。适宜于婴幼儿穿用。面料多选用纯棉布、薄平绒等，色泽为平素、白色、浅淡的粉色、黄色、绿色等。

② 幼童田鸡裤。幼童田鸡裤如图 4-138 所示，开裆，连衣身，穿用方便，多为一岁左右的婴儿在夏季穿用。面料多选择纯棉织物的平绒、本色或漂白斜绒以及稀薄柔软、吸湿性好的平纹细布和各类纯棉针织品。

（2）童装　童装是指刚会走路到学龄前儿童的服装，如图 4-139 所示。为了适应儿童的心理状态，应选择色泽鲜艳、质地柔软、漂亮的衣料。

(a)　　　　　　　　　　　　　　(b)

图4-137　婴儿毛衫、毛裤

图4-138　幼童田鸡裤

图4-139　儿童服装

　　童装品种繁多，款式多变，工艺上有滚、嵌、镶、绣、带、绊等。绣花多为贴花绣、挖花绣、绒绣、丝绣等，图案多为可爱活泼的鹿、熊猫、白兔、花卉、彩蝶等，色泽鲜艳。面料选择棉、毛、丝、麻、化纤织物均可，款式也可是大人服式的缩小化、简易化，例如儿童西装、儿童夹克、儿童连衣裙、儿童风衣、儿童小大衣、儿童旗袍等。

79．强身健体的运动服家族

　　运动服是指专用于体育运动、竞赛时穿着的服装总称，如图4-140所示。广义的运动服还包括户外体育锻炼、旅游出行的轻便服装。通常按运动项目的特定要求设计制作，也可做适当的变化。不同的体育项目，如各种球类运动、田径、游泳、体操、武术、举重、摔跤、水上运动、击剑、登山、滑雪、骑自行车、赛艇等，运动服互不相同。运动服的设计应充分体现适体、防护、美观和时尚等要求，不仅具有舒适合体，活动方便，能保护身体，减少阻力和牵制，具有良好的耐磨性和弹性，线条优美，色彩醒目，催人精神振奋等特点；也具有适合各自特定要求、标识本项运动、色彩美观时尚的特点。现代运动服不仅运动员穿用，而且也成为人们进行户外体育锻炼、旅游出行广为穿用的轻便服装。

（1）**运动服的分类** 运动服一般分为职业运动服和业余运动服两大类。按体育项目种类分，有田径服、球类运动服、举重服、体操服、摔跤服、击剑服、登山服、滑雪服、水上运动服和冰上运动服等多类。按着装场合及对象分，有比赛服、训练服、教练服、裁判服、入场服等。

① 田径服。田径服是田径运动员在训练和比赛时穿用的服装。田径服主要是以背心、短裤为主。一般要求背心贴体，短裤易于跨步。为了不影响运动员在比赛时的大跨度动作，还在裤管两侧开衩或放出一定的宽松度。背心和短裤大多采用纯棉针织物，也有的采用丝绸制作。

图 4-140 运动服

② 球类运动服。球类运动服是球类运动员在训练和比赛时穿用的服装。球类运动服通常是以短裤配套头式上衣为主，需要放一定的宽松量。针对运动员运动量大、出汗多的特点，一般采用吸湿性好的棉纱、混纺纱及吸湿涤纶丝为原料，编织凹凸组织结构，使织物具有吸汗、散湿和不粘身的性能，减少人体出汗后产生的"发黏""发凉"和"闷热"的感觉。其中，篮球运动员一般穿用背心，其他球类的运动员则多穿短袖上衣。足球运动衣通常采用 V 字领，排球、乒乓球、橄榄球、羽毛球、网球等运动衣则采用装领，并在衣袖、裤管的外侧加蓝、红等彩条。网球衫以白色为主，女子则穿短连衣裙。

③ 举重服。举重服是举重运动员在训练和比赛时穿用的服装。举重运动员在比赛时多穿厚实坚牢的紧身针织背心或短袖上衣，配以背带短裤，腰束宽皮带。皮带的宽度一般在 12cm 以下，不宜过宽。

④ 体操服。体操服是体操运动员在训练和比赛时穿用的服装。体操运动员所穿的专用的服装，在保证运动员技术发挥自如的前提下，要显示人体及其动作的优美。体操运动有很高的艺术性和观赏性，所以服装既要适体、贴身、突出形体美，又要保证动作舒展。男体操服一般是通体白色的长裤配背心，裤管的前折缝笔直，并在裤管口装松紧带，也可为连袜裤。也常采用背心和健美裤的组合。女体操服为上衣和三角裤的连体紧身式，上衣有长袖、短袖或无袖之分，挖圈无领，细节常变化。也有的女运动员穿针织紧身衣或连袜衣，并选用伸缩性能好的、颜色鲜艳的、有光泽的织物制作的服装，但前身不能透明或开孔，不允许有闪光片等装饰。通常以色彩调整体态，以背景色的对比来衬托运动员的身姿。面料一般采用衬氨纶的经编或纬编针织物或采用轻薄、柔软的弹力锦纶针织物，经含氟的非离子型整理剂处理后，可增强对伸缩抗力的适应性，有助于体操的伸展活动，使运动员在弯腰时不受衣服的牵制。这类服装具有高弹性，服装款式紧身，线条流畅，色彩鲜艳，达到轻松活泼、显示形体健美的目的。

⑤ 摔跤服。摔跤服是摔跤运动员训练或比赛时穿用的服装。摔跤服因摔跤项目的不同而异。例如，蒙古式摔跤运动员穿用皮制无袖短上衣，又称褡裢，不系襟，束腰带，下穿长裤，或配护膝。柔道、空手道运动员上穿传统的白色斜襟衫，下穿长至膝下的大口裤，系腰带，还以腰带的颜色来区别段位等级。相扑运动员一般是赤裸全身，胯下系一窄布条兜裆，束腰带。

⑥ 击剑服。击剑服是击剑运动员在训练和比赛时穿用的服装。击剑服由白色击剑上衣、护面、手套、裤、长筒袜、鞋配套组成。上衣一般采用厚棉垫、皮革、硬塑料和金属制成保护层，用以保护肩部、胸部、后背、腹部和身体右侧。按照花剑、重剑、佩剑等剑种的不同，其保护层的要求也略有不同。例如，花剑比赛时运动员穿的上衣，外层采用金属丝缠绕并通电，一旦被剑击中，电动裁判器便会立即亮灯；护面为护罩型，用高强度金属丝网制成，两耳垫软垫；下裤一般长至膝下几厘米，再套穿长筒袜，裹住裤管。击剑服的要求是首先要注重护体；其次还要求重量轻；再次是应尽量缩小体积，以减少被对方击中的机会。

⑦ 登山服。登山服是登山运动员在登山活动中穿用的御寒服装。一般以轻、薄、密实、防水、防风的布料为面料，保温层多用鸭绒，具有保温、御寒、轻暖等特点。竞技登山一股采用柔软而耐磨的紧身毛呢衣裤，袖口、裤管宜装松紧带，脚穿有凸齿纹胶底岩石鞋。探险性登山运动员需穿用保温性能好的羽绒服，并配用羽绒帽、袜和手套等，也可穿用由腈纶制成的连帽式风雪衣，帽口、袖口和裤脚都可调节松紧，以防水、防风、保暖和保护内层衣服。衣内多衬有羽绒、泡沫塑料片或丝绵等既轻又保暖的材料。登山服穿脱容易，使肩膀、手臂、膝盖不受任何压力；口袋多而大，并需有袋盖、纽扣、拉链，使口袋内的东西不易掉落。登山服的面料一般采用鲜艳的红、蓝等深色，有利于吸热和在山中被识别。登山服也可采用化纤与天然纤维交织而成的双面针织物缝制，服装正面为化纤层，具有坚牢、耐冲击、颜色鲜艳等特点，反面为涤棉混纺纱层，具有吸汗性能好的特点。织物编织成凹凸结构，可减少衣服与皮肤接触面。登山服以多件套装形式为主，包括内衣、外套、工装裤、长裤、手套、帽子等。

⑧ 滑雪服。滑雪服是滑雪运动员穿用的服装。滑雪服要求保暖防风寒、轻便、适体、紧口，便于肢体活动，可开合穿脱。多为上下相连的连裤装或上下组合的套装式样，松身紧口。一般内穿滑雪内衣、衬衫、毛衣，搭配滑雪帽、滑雪手套、滑雪靴、滑雪眼镜和滑雪厚毛袜等。外衣内充塞羽绒或太空棉等御寒填材。面料通常采用涂层化纤布，多选用经防风处理的尼龙或防撕布。服色鲜艳醒目，这不仅是从美观上考虑，更主要的是从安全方面着想。如果在高山上滑雪特别是在陡峭的山坡上，运动员远离修建的滑雪场地易遭遇雪崩或迷失方向，在这种情况下鲜艳的服装有利于在积雪中被找到。

⑨ 水上运动服。水上运动服是从事水上运动的运动员穿用的衣服总称。水上运动服大致可分为以下三类。a.从事游泳、跳水、水球、滑水板、冲浪、潜泳等运动时，运动员主要穿用紧身游泳衣，又称泳装。泳装主要是在游泳和海滨日光浴时穿着。男子穿三角短裤，女子穿连衣泳装或比基尼。泳装应该在剧烈运动时肩部不撕开，在水下动作时不鼓胀兜水，减小水中阻力，从水中出来后肤感要好，因此宜选用密度高、轻薄、伸缩性好、布面光滑的高收缩超细涤纶、弹力锦纶或衬氨纶、腈纶等化纤类针织物制作，并佩戴塑料、橡胶类紧合兜帽式游泳帽。泳装一定要合体，不能过大或过小，背部的结构要简单，女装胸部隆起要美观，拉链和钩扣要缝合牢固，如果泳装的腰部太紧，会使横膈运动受阻，妨碍呼吸，影响血液循环。如果在腹股沟（即大腿根部）过紧，会造成下肢血液回流困难，易在游泳中发生抽筋。潜泳运动员除穿游泳衣外，一般还配面罩、潜水眼镜、呼吸管、脚蹼等。b.从事划船运动时，主要穿用背心、短裤，以方便划动船桨。冬季穿用有袖毛针织上衣。c.从事摩托艇运动的，因其速度快，运动员除穿用一般针织运动服外，通常还要配穿透气性好的多孔橡胶衣、涂胶雨衣及气袋式救生衣等。而且衣服的颜色宜选用与海水对比鲜明的红色、黄色，便于在比赛中出现事故时易被发现。对于轻量级赛艇，为了防止翻船，运动员还需穿用吸水性好的背心，吸水后质量约为 3kg。

⑩ 冰上运动服。冰上运动服是冰上运动员穿用的服装。冰上运动有滑冰、滑雪等，运动员穿

用的运动服要求保暖，并尽可能贴身合体，以减小空气阻力，适合快速运动。一般穿用较厚实的羊毛及其混纺的针织服装，头戴针织兜帽。对于花样滑冰等比赛项目，更讲究运动服的款式和色彩。男子多穿紧身、潇洒的简便礼服；女子穿超短连衣裙与长筒袜。冰上芭蕾服一般采用衬氨纶的经编或纬编针织物缝制，也有采用弹力锦纶罗纹针织物缝制的。

（2）**对运动服的要求**　上述运动服的共同特点是要能适应各项运动，增加相应的宽松度，并能适应天气的变化，吸汗性要好，穿脱方便，而且运动时不易被扯破。因此，运动服要符合下列各项要求。

① 既要合身、重量轻，还要有较好的伸缩性。运动员在运动时，身体各部位都要伸展自如，不能因为衣服的束缚而使动作的发挥受阻。例如，要求运动服的臀部能伸长 20%，否则在下蹲时臀部会产生压迫感和牵拉感。对于运动量较小的项目，如打太极拳、做健身操、跳广场舞、慢跑等，要求运动服的伸缩性为 10%～20%；对于中等运动量的项目，如乒乓球、踢毽子、排球、羽毛球等，要求伸缩性为 20%～40%；对于大运动量的项目，如长跑、足球、跨栏、跳高、跳远等，则要求伸缩性在 40%以上。运动服的伸缩性首先是取决于衣料，各种衣料的伸缩性依次为棉 3%～7%、麻 1.5%～2.3%、蚕丝 15%～25%、黏胶纤维 19%～24%、羊毛 25%～35%、尼龙 25%～90%、涤纶 35～50%、腈纶 25%～50%、氨纶 450%～800%等。其次是取决于织成的方式，针织物伸缩性较大，机织物较差。机织的棉或麻运动服伸缩性差，需选购型号较大的运动服，这势必会增大来自空气和风的阻力。用羊毛、蚕丝、黏胶纤维、尼龙和涤纶制成的运动服伸缩性较大，适合一般和中等运动量的项目。另外，如膨体纱、弹力丝的弹性也较好。采用高弹性的氨纶制成的运动服，其伸缩性和弹性均佳，即使将其拉长一倍，保持 10min 后去掉张力仍可恢复到原来的长度，且手感柔软、吸湿性能好，既有助于发挥运动技能，又可体现运动员身材的曲线美，这是被公认的理想运动服的用料。

② 运动服要求吸湿、散湿性能好。特别是在剧烈运动时，人体会产生大量的汗液，主要靠汗液的蒸发散热来降低体温，若气温较高，人体的出汗量可达 1.5～2L/h。要达到良好的去汗效果，使运动员感到舒适，运动服起着举足轻重的作用。运动服一般以吸湿、散湿性能好的衣料制作，例如棉、麻、丝、毛的天然纤维针织物，吸湿性好的合成纤维织物。

③ 季节不同，对运动服的要求也有所不同。例如，夏天的运动服要求轻、薄、爽，具有良好的吸湿性、散热性和透气性，常用的有丝绸汗衫裤、亚麻和棉织品背心、短裤等。冬季运动服的内衣要求不妨碍汗液的蒸发，可选用绒布衣料，中层穿着的运动服要求疏松，含气量多，不妨碍汗液的蒸发，可选用腈纶或羊毛衣料，外衣应具有良好的保温性和防风性，可选用各种弹力针织物、卡其等紧密的结实织物。

④ 凡是用于比赛的运动服都应采用识认性高的色彩，例如黄色、橘黄色、红色、蓝色、绿色等，便于队友识别。夏天在室外运动时，为了避免烈日照射，应选用浅色运动服；冬季在室外运动时，则应选用红色、蓝色等深色运动服，以利于御寒、保温。此外，还要考虑预防危险情况的发生。例如，登山时要穿与山色有明显区别的深色服装；滑雪时要穿红色、浅蓝色、橘黄色的服装，便于与白皑皑的积雪相区别。

80. 极富品位的高尔夫球服

高尔夫球服通常是指进行高尔夫球运动时所穿着的服装，如图 4-141 所示。这种服装并没有特别规定的样式，基本要求是能够毫无束缚地挥动双臂击球，同时符合高尔夫球运动相关礼仪。

图 4-141　高尔夫球服

通常的高尔夫服装分为上衣和裤子两个主件。上衣较多的是长袖或短袖的马球衫为主要款式的运动衫；裤子是西裤或裙子，款式也主要是长裤、七分裤和裙裤、短裤和短裙等。另外配有高尔夫专用手套、鞋子和遮阳帽等。

与常规的运动休闲服相比，高尔夫服装必须具备两个相对特别的要素：第一是服装不妨碍挥杆和推杆动作；第二是穿着合身舒适，衣料质地柔软，吸汗能力强。由于手臂运动幅度较大，需加宽背部的量，选用在后衣身加裥的上衣或有伸缩性的针织衫为宜。为了防备骤然降雨，还应配备防水性和透气性都好的上衣，或小型可折叠的雨具。在天气冷的时候，可穿鸡心领的毛背心或羊绒衫，也可穿上带按扣的夹克衫或运动服。

高尔夫服装在款式上并没有太多特别之处。一般的高尔夫上衣样式都是以较宽松的针织 T 恤衫为主，样式的变化则主要集中在袖子、领口等，颜色上一般是清爽的单色。运动服装时装化的倾向在全球日益明显，随着高尔夫运动逐渐与时尚接轨，近来也不乏有一些设计新颖大胆、颜色丰富的款式。

男性的高尔夫球员着装相对要求更加严谨一些，最好是有领有袖的马球衫，搭配商务休闲长裤，腰带、手表等配饰也是允许的。不论长裤还是短裤，最好是可系皮带的休闲西裤，通常 T 恤衫放在裤子里面并系上皮带。一定要穿专业的高尔夫球鞋，并与长裤的颜色搭配和谐。

高尔夫服饰属精品服饰，注重服装功能设计和创意。高尔夫服饰的搭配与选择完全是个人习惯与品位问题，但精心设计的高品质、高价位高尔夫服饰应是首选。精品服饰不仅可加强个人在球场上的信心，不论天气状况如何，都能在最佳心理状态与技术状态下表现球技，同时也装点球场色彩。

高尔夫鞋鞋底的形状、材质、结构和配件有别于普通鞋。其鞋底钉确保球手站得稳，有脚踏实地的感觉，有助于在不平坦的路面行走，另外还防滑。高尔夫运动袜比一般袜子厚，有助于脚部做每个动作时，都能起到良好的缓冲和减震作用。并没有严格意义上的高尔夫帽，帽子的样式与人们日常选择的运动帽、草帽、便帽一样，能起到遮阳、避暑、部分吸汗、保暖等保护作用即可。

高尔夫服装在日常生活中也可以穿着，它与普通的运动休闲服装在外观上没有特别明显的区别，但是最适宜在散步、运动、休息或假日期间穿着，不适合在正式场合穿着。高尔夫服装按功能分类，有常规高尔夫服装和功能性高尔夫服装；按使用者分类，有男士高尔夫服装、女士高尔夫服装和儿童高尔夫服装。

在面料选用上，高尔夫裤或裙子除了纯棉和毛制品之外，也常选用一些易于洗涤的化纤面料。上衣可选用的面料材质较多，除了常规纤维之外，功能性面料的运用越来越多，例如吸汗速干面料、新型吸汗面料、清爽感面料、冰凉舒适感面料、抗菌消臭面料、防紫外线面料等。

81. 工艺装饰服装

工艺装饰服装是指采用特殊技艺加工的有一定艺术性装饰的服装，俗称工艺服装，如图 4-142

图 4-142　工艺装饰服装

所示。一般是在普通服装上施加一些特殊工艺，使服装更加漂亮，赋予艺术性，增加观赏性，提高档次和附加值，以满足人们的特殊需要。工艺装饰服装通常分为刺绣装饰服装、编结装饰服装、印染装饰服装和手绘装饰服装等。

（1）刺绣装饰服装　刺绣装饰服装是指采用中国传统的刺绣工艺装饰的服装。早在中国商代就有刺绣装饰服装，其时冕服上绘绣日、月、星辰、群山、龙、华虫、宗彝、藻、火、粉米、黼、黻等通称"十二章"的纹样已成定式。春秋战国以后，刺绣装饰服装日趋考究。宋代以后刺绣装饰服装发展很快，除了满足国内需要外，还远销海外一些国家。近代中国许多地方出现了民间传统的家庭手工业作坊，制作具有独特风格的刺绣装饰服装。

刺绣装饰服装主要包括丝线绣装饰服装、金银线绣装饰服装和珠绣装饰服装等。其中丝线绣装饰服装历史最为悠久，最早出现在中国，至迟从 17 世纪开始大量传入欧美一些国家，成为节日庆典、婚礼、舞会等场合中最时髦的服装之一。金银线绣装饰服装最早也是出现在中国，迄今能看到的最早实物年代为汉代，而欧洲直到 14 世纪才成功地制造出金银线（仿金银的线）。中国从周代开始就有了珠绣装饰服装，至宋代珠绣装饰服装已成为皇室女常服。到了 19 世纪，意大利人制造出具有红宝石效果的珊瑚刺绣装饰服装。美洲印第安人的玻璃刺绣装饰服装也曾著称于世。近代以来，珠绣装饰服装发展很快，常被作为礼服和时装，并多采用彩色玻璃、小金属片、贝壳、电镀塑料彩片代替珠宝玉石。自 20 世纪以来，福建、广东等省生产的珠绣晚礼服、腰带、拖鞋、提包等大量出口。

（2）编结装饰服装　编结装饰服装是指使用一根或多根纱（线）以相互串套的形式编结而成的工艺装饰服装。传统的编结装饰服装用手工编结而成，现在逐渐以机器编结代替手工编结，并可通过计算机编制程序设计出各种图案和花型。主要品种有棒针编结服装和钩针编结服装，其中棒针编结服装起源于欧洲。

（3）印染装饰服装　印染装饰服装是指采用扎染和蜡染等特殊工艺加工装饰的服装。

①　扎染。中国古称绞缬，唐代宫廷已广泛使用。它是将织物的局部用线绳结扎或将织物的局部结扎在某种物体上，然后以各种方法进行染色。由于被结扎的部位染液不易透入而在织物上形成各种花纹，自然、美观、大方、典雅，具有极强的装饰性。用扎染的面料缝制的服装具有独特的色晕和放射效果，是中国传统的民间工艺装饰服装之一。其中，江苏南通的扎染服装较为著名。

②　蜡染。是以蜡为防染剂的防染方法，中国古称蜡缬。约始于汉代，盛行于唐代，是中国传统的民间印染工艺之一。图案部位以蜡遮盖，然后对织物进行染色，有蜡的地方不吸收染料，染色后采用适当的方法除蜡，可重复多次以获得多色彩花纹。花纹风格独特，富有乡土气息，有的简单质朴，有的精细别致，古色古香而又非常典雅。蜡染可产生独特的冰纹（由于蜡会自然产生裂纹）效果，装饰性强，具有鲜明的民族特点和风格。现在我国西南地区的苗族、布依族、瑶族、仡佬族等少数民族还很流行蜡染服装。其中，贵州省安顺的蜡染服装在国际上享有盛誉。

（4）手绘装饰服装　手绘装饰服装是指采用绘画艺术手法加以装饰的服装。这是一门古老的装饰艺术，中国上古时期就已有在车舆、衣冠上的绘画作品，作为某种标识。后来，古人借鉴刺绣衣裳的美化效果，便纷纷将细致的绣花版样描绘在服装上，或将名家的画稿描摹在服装上，成为手绘装饰服装。近代以来，一些画匠在裙、袄、旗袍等女装上作画，使绘画艺术与服装工艺融为一体，大大提高了服装的艺术性和观赏性。在 20 世纪 30 年代，曾有著名画家将作品用于手绘旗袍，风格高雅，雍容华贵，被视为珍品。如今，绘画艺术再度被用于手绘装饰服装，成为服装市场上的一道亮丽的风景线，受到青年人的喜爱。

82. 戏剧的行头——戏装

戏剧服装简称戏装，如图 4-143 所示，包括戏衣、盔头和戏鞋等。是塑造戏剧人物角色外部形象的艺术手段之一，用以体现人物角色的身份、年龄、性格、民族和职业特点，并显示剧中特定时代、特定情境和生活习俗等，故在中国传统戏剧中又称行头。它们的出现时间可追溯到宋元时期，当时戏曲艺术已趋于成熟，戏装逐渐程式化，并且具有相对稳定的穿戴规则，在制式上也由绘画服饰逐步演进为刺绣服饰，奠定了戏装的基础。清朝末年，戏装又在新颖、轻便和写实方面进行了更大改进和完善，成为现今所见戏台上的行头。

图 4-143　戏装

行头一般是根据戏剧故事和人物形象进行设计制作，是一种由生活化服装加工提炼而成的艺术化服装，在某种程度上它既类似于历史生活服装，但又有别于此，而妙在似与不似之间的意象化。它与传统戏剧表演程式性、虚拟性和假定性相匹配，以"为人物传神抒情"服务为最高的美学追求目标，具有程式美、律动美、装饰美和符号美的意蕴。由于戏剧表现的内容十分广泛，因此戏剧服装比其他专业服装更加丰富多样。一般而言，戏剧服装的设计注重塑造舞台人物形象和舞台效果，不讲究服装的保健性能及穿着舒适性。主要是强调色彩对比，突出纹样，并常采用各种彩色丝线和金银丝进行刺绣加工，以增强戏剧性和提高舞台效果。中国传统的戏剧服装经过长期的发展，遵循一定的规范和穿戴规则，并以服装的颜色和式样来显示角色的身份和在剧情中的地位。

戏装包括蟒、靠、帔、褶等。戏装所用的织物有布、帛、绸缎，花纹有龙、云、凤、鸟，色彩有正副色等，因而构成了品种丰富、色彩绚丽的戏装。

蟒，又称蟒袍，是帝王将相穿用的公服，满身布满纹绣，上为云龙，下为海水。文官多穿团龙蟒，武将则多穿大龙蟒。女蟒较男蟒稍短，胁下无摆，绣龙或凤，为后妃、贵妇、女将所穿，而皇帝穿黄蟒。

靠，又称甲，是武将戏装。可分为软靠和硬靠两种。硬靠在背后插三角形靠旗。

帔，一般为皇帝、文官的便服和士绅的常服。男帔及足，女帔及膝。

褶，又称褶子，在戏装中用途最广泛。可分为花褶和素褶两大类。花褶有武生褶、小生褶。素褶多用于平民百姓，有青衣（妇女穿的滚蓝边的对襟衣）、穷衣（穷书生穿）、海青（又称院子衣）、紫花老斗衣（劳动者穿）、安安衣（儿童穿）等。

除此之外，戏装还有官衣、大铠、箭衣、马褂、开氅、宫装、斗篷、坎肩、袄裤、裙、茶衣、八卦衣、太监衣、龙套衣等。戏装中的蟒、帔、褶、官衣、开氅、宫装，一般都在袖口上缝一段白绸，称为水袖。

　　盔头专指戏剧中的冠、盔、巾、帽等。冠主要为帝王贵族所戴，有九龙冠、平天冠、紫金冠（太子盔）、凤冠、过翅等。盔为武官武士所戴，有师盔、草王盔、天子盔、倒缨盔、中军盔、八面威等。巾有皇巾、相巾、文生巾、武生巾、学士巾、八卦巾、员外巾等。帽有皇帽、侯帽、相貂、纱帽、毡帽、太监帽、皂隶帽、鬃帽、风帽等。

　　戏鞋是指戏装中演员穿的各种靴、鞋。主要有厚底靴，为生角、净角穿用；快靴，为武生穿用的半高勒鞋；洒鞋，为渔民等穿用的矮勒鞋，鞋面饰鱼鳞纹或其他花纹；彩鞋，为女用便鞋，在鞋上缀有小穗。

83. 形形色色的演出服装

　　演出服装又称舞台服装，如图 4-144 所示，是指在舞台或其他演出场所穿着的专用表演性服装。其类型极其广泛，有歌唱、演奏、舞蹈、戏剧、曲艺、杂技、魔术和影视等各种服装。广义的演出服装，还包括狂欢节服装、化妆舞会服、大型团体表演服和时装艺术展示服等文化娱乐服装。演出服装是舞台艺术不可缺少的组成部分。演出服装是塑造形象所借助的一种艺术手段，它利用其装饰、象征意义来直接形象地表明角色的性别、年龄、身份、地位、境遇以及气质、性格等。所以，舞台服装堪称"艺术语汇"。演出服装的共同特点是：服装具有艺术典型性，重视整体搭配和完整的外部形象设计；造型结构便于演员表演动作的完成，讲究远距离观赏的服饰大效果；用料可用高档精品，也可找代用品或通过绘画等手段制作的仿制品，做工精致；适应演出环境和光照氛围，把握照明对着装色彩的变化规律；尊重剧种风格和观众的欣赏习惯，注意民族民间特色的继承与发展等。演出服装按照舞台艺术门类主要可以分为戏剧服、曲艺服和舞蹈服等。

图 4-144　演出服装

　　(1) 戏剧服　在中国主要指戏装，这就是常见的传统戏曲采用的衣、盔、鞋等。话剧、歌剧和现代题材的戏曲，采用写实性的剧服；舞剧则以舞蹈为主要表现手段，一般穿着舞蹈服；在童话剧中拟人化的自然物采用特殊设计的形象性服装。

（2）**曲艺服**　由于中国曲艺品种较多，所以曲艺服丰富多彩。但由于说唱艺术源于民间，演出环境曾经是"场子"或"小戏台"，致使演员与听众之间的艺术交流直接而密切，故一般采用传统民族服装，而且常常在装饰上带有地方色彩。近年来，随着改革开放，人们的观念有所变化，有些曲种在反映新题材、表现新生活时也穿用时装。

（3）**舞蹈服**　舞蹈服要求具有舒展自如、抒情大方、装饰突出的特点。根据舞蹈的形式和流派，舞蹈服主要有三类。

① 民间舞蹈服装。民间舞蹈服装，一般是经过选择提炼和艺术加工的典型民族服装。

② 古典舞蹈服装。系指各国各民族古典舞蹈中的服装。它一般是经过高度的凝练而形成程式规范，并且具有独特民族风情的服装。中国古典舞蹈服装在大量吸收传统戏装、武术服以及石窟壁画和出土文物中的古代服饰的精华和特点的基础上，进行再创作。这些在《宝莲灯》《小刀会》《丝路花雨》等古典舞剧中都有所反映。

③ 现代舞蹈服装。系指现代派舞蹈的服装。现代舞是一种不固定的舞蹈形式，其着装也不拘一格。随着时代的变迁和国情的不同而有所不同。随着现代舞活跃、易变特点的研究，现代舞服装也在不断变化、发展。

FUZHUANG

第五篇　服饰篇

　　所谓服饰是泛指衣服及其配饰用品，在此是专指服装的配饰，具有装饰作用的着装配饰物。包括头饰、领饰、胸饰、腰饰、臂饰、胫饰以及其他饰物，通常分为装饰性服饰和实用性服饰两大类。装饰性服饰是以修饰为目的的服饰，如头纱、面纱、发簪、发带和额带、假发、披巾、胸花和胸针、包（袋）等；实用性服饰是以实用为目的的服饰，如帽子、头巾、围巾、兜巾、腰带、腰裙、暖手筒、手套、臂套、袜套、袜子、鞋子等。本篇选择大众普遍使用的服饰加以介绍，如帽子、头盔、发饰、口罩、领带、丝巾、围巾、胸罩、腰带、手帕、手套、袜子、鞋履等。

84. 冠冕时尚——帽子

　　帽子是戴在头上用于御寒、防暑、装饰和标识的服饰，中国古代称为首服，在服饰史中具有特殊的地位。从汉字起源来看，"首"字的初意就是头，其后"首"字被引申为"第一""重要""首要"等意思。在中国古代，人被打了脸、脸上被刺了字或被剃了光头的都被视为受了最大的伤害和羞辱，从中可见首服在整个服饰中的重要作用。而因其重要，各种式样首服的戴法、戴的人、戴的场合都有严格的规定或约定俗成的模式。同时，在规定所允许的范围内，不同的式样还反映着戴帽者的身份、思想意识、品行和仪表等。

　　帽子的出现，对人类的健康做出了非常重要的贡献。从科学的角度讲，人们戴帽子可以维护整个身体的热平衡，在气温发生变化时，不致使头部过多地失去或吸收热量而引起全身冷热发生剧烈变化，从而产生不舒服的冷感或热感。

　　帽子是一年四季均可戴的日常生活用品和服饰，其功能越来越多，如图 5-1 所示。总括起来，具有遮阳防晒、御寒保暖、标识装饰、遮面防尘、安全防护等功能。现代帽子的种类越来越多，按用途可分为风雪帽、雨帽、太阳帽、安全帽、防尘帽、睡帽、工作帽、旅游帽、礼帽等；按使用对象可分为男帽、女帽、童帽、青年帽、少数民族帽、情侣帽、牛仔帽、水手帽、军帽、警帽、职业帽等；按制作材料可分为皮帽、毡帽、毛呢帽、长毛绒帽、绒线帽、草帽、竹斗笠等；按款式特点可分为贝雷帽、鸭舌帽、钟形帽、三角尖帽、前进帽、披巾帽、无边女帽、龙江帽、京式帽、山西帽、棉耳帽、八角帽、瓜皮帽、虎头帽等。

图 5-1　帽子

这些繁多的帽子种类，仅从款式与面料方面而言，就难以一言道尽。如春秋季戴的有前进帽、大檐帽、巴斯克贝雷帽、晴雨帽和圆顶帽等；冬季戴的有绒线帽、棉帽和皮帽等；夏季戴的有太阳帽、防暑帽、草帽和竹斗笠等；在社交和公共场所戴的有圆顶礼帽、宽檐礼帽和高筒礼帽；还有各种运动帽（如登山帽、滑雪帽、棒球帽等）以及少数民族服饰中的各种帽子等。尽管俗话有"穿衣戴帽，各有所好"之说，但人们一般都会遵循不同环境场合戴不同帽子、不同的人群戴不同帽子、不同职业的人戴不同帽子等一些约定俗成的习惯。

在骄阳似火的夏季，人们外出时常戴上帽子用以遮挡阳光。透气良好的遮阳帽，可避免帽内形成高温高湿。由于白布对热辐射线的反射能力最大，吸收辐射线最少，是制作夏季遮阳帽的理想材料。女士在夏季宜戴白色遮阳水手帽或圆形浅淡色宽檐帽。

在寒风刺骨的严冬，外出时戴上一顶保暖性能好的防寒帽，是一种明智之举。俗话说"寒从脚起，热从头起"是有一定科学道理的。医书上有"头为诸阳之汇"之说，即头为全身阳气汇集之处。"寒"为冬天的主气，是一种阴邪，最易伤人阳气。测试表明，在气温为15℃而不戴帽时，从头部散失的热量约占人体总热量的33%，当气温降到4℃时，则可达67%左右。现代医学认为头面部血管丰富，血流量大，向外散发热量多，即使身上衣服穿得再厚，若是不戴帽子，就像热水瓶不盖塞子，还是不能有效保温的。寒冷可刺激头面部血管收缩、肌肉收缩和血压升高，毛细血管也可能发生硬化，极易引起头痛、神经痛和感冒，甚至造成胃肠不适、小动脉持续痉挛。冬天脑出血发病率明显升高，与寒冷刺激有一定的关系。特别是到了隆冬腊月，寒流频繁，气温多变，老人受冷空气刺激，血管收缩，极易发生危险。所以，老弱病残者和婴幼儿外出时，对此应引起足够的重视，尤其是患有心血管、呼吸道、消化道等疾病的老年人抵抗力差，冬天出门还是戴上一顶帽子为好（女性宜戴绒线帽），以保护头部不要受寒。

除了防晒和御寒用帽子外，各种工作帽、标识帽、民族帽、演艺帽和装饰帽等也非常重要。工厂、矿山、建筑工地等工人戴的安全帽，既具有保护头部免遭或减轻外伤的作用，也能根据安全帽的外形或颜色的不同，区别管理人员或不同工种的工人。标识帽是标志从事的职业如邮递员、税务员、工商管理员、乘务员、警察、武警、医生、护士、厨师等戴的帽子。小学生所戴的小黄帽也是一种标识帽，用以提醒汽车司机注意。我国有 56 个少数民族，几乎每个民族都具有本民族特色的帽子，如蒙古族喜欢戴狐皮帽，土族爱戴织锦帽，裕固族喜戴喇叭形红缨帽，维吾尔族爱

戴小花帽，瑶族常戴马尾帽等。我国幅员辽阔，各地区人民戴帽的习惯和喜好也不一样，如江南农民和渔民多戴冬防风雪夏遮阳的乌毡帽，而闽南地区的女性则喜欢戴独具地方特色的安笠帽。

戴帽子有益于健康，如何选戴一顶合适的帽子还是相当有讲究的。戴上合适的帽子可充分展示风姿，点缀形象，达到美化人仪表的目的。如时尚女郎穿上西式服装和大衣，再戴上高档毡呢法式礼帽，高贵典雅，韵味不凡；妙龄少女身着红色羽绒服，头上戴一顶白色的绒线帽，红白相映，分外乖巧；年轻的小伙子头戴一顶造型生动、色彩协调的贝雷帽，豪放中更显英俊潇洒，充满青春活力；中老年男士在冬天穿上呢大衣，再戴一顶西式礼帽，神采奕奕，精神抖擞，一派绅士风度。

在保证帽子功能的前提下，如何让它为你增添风采，尤其是年轻的女性，其关键是因人而异选戴合适的帽子。虽然帽子的种类繁多，为了充分发挥帽子的各项功能，应和肤色、体型、脸型、年龄及服装相配套，才能充分体现戴帽者的素养和气质。

帽子的颜色应与戴帽者的肤色相协调。如皮肤白皙的人戴什么颜色的帽子都好看；而皮肤黝黑的人忌戴色泽鲜艳的帽子，否则会使戴帽者的肤色显得更深；对于皮肤发黄的人，最好选戴深红色或咖啡色的帽子，若戴白色、绿色或浅蓝色的帽子，则会显得皮肤更加暗沉。

帽子的款式和大小应与身材相匹配。以女性为例，身材矮胖的人，千万不要戴高顶帽或是圆冠帽，否则会使戴帽者显得更加矮小，宜戴高顶尖帽，这样可使人产生拔高之感；矮个子的人不宜戴平顶宽檐帽，以避免使人产生矮胖之感；对于身材瘦弱的人，则帽子宜小不宜大，否则会在视觉效果上使人产生上圆下尖、头重脚轻之感；而身材高大的女性不宜戴帽檐过小的帽子或高大的筒式帽子，以避免给人过分高大的感觉，否则会使戴帽者显得上尖下圆、头轻脚重，看上去令人产生不舒服的感觉。此外，戴眼镜的女性最好不要戴帽檐低到前额的帽子，否则显示不出戴帽者的风度和气质。

帽子的选戴还应与脸型相适应。人的脸型大致可分为方形脸、心形脸、圆形脸、椭圆形脸、长形脸和三角形脸等。选戴帽子时，应运用"相反相成"的原则。方形脸棱角分明，显得有个性，选戴具有不规则的边及显眼的帽冠的帽子可使方形脸的棱角不那么明显。采用斜戴、歪戴，可将帽子戴出些角度来，使脸部变得柔和，选戴大边帽是最佳的选择。长有心形脸的女性，宜选戴小而高的帽子来缓和尖下巴的线条，应避免大而重的帽檐，否则会把心形脸完全掩盖住，不能起到美饰的作用，甚至适得其反。圆形脸若选戴圆顶帽、平顶帽或宽顶帽，会使脸部看上去太过丰满，选戴较长帽冠加上不对称的帽檐，在视觉上可起到延长脸的长度的作用，若选戴大的鸭舌帽或是水手帽，是比较合适的。椭圆形脸具有完美的脸部曲线，此种脸型的女性选择帽型的范围比较广，非常适合这种脸型的帽型有大檐帽、平檐帽或有斜度的大边帽等，而且这些帽型最具流行感，并兼具遮阳的效果与神秘的感觉。长形脸的女性看上去有文雅、古典之感，不宜戴尖顶高帽或小帽，若选戴帽檐较宽的帽子或平顶圆帽，可以起到美饰过于狭长的脸型的作用，使脸型看起来宽一些，显得清秀典雅，比较适合于这种脸型的帽子有中凹绅士帽、贝雷帽及水手帽等。对于三角形脸的女性来说，为了避免别人的视线集中在三角形脸的下巴部分，不宜选戴当前比较流行的鸭舌帽，否则会使脸部显得上大下小，更显消瘦，若选戴短的、不对称的帽檐及高帽冠，如吊钟帽、圆帽等，能把三角形脸的眼睛衬托出来，吸引人们的注意力，故这种帽子是三角形脸的最佳选择。总之，帽型与脸型的关系相当密切，选得合适可以起到美饰的作用。

年龄也是选戴帽子的重要依据之一，如果选择不当，则会产生不伦不类的视觉效果，让人看上去会产生不舒服之感。青年女性不宜戴形状过于复杂的帽子，而适宜戴小运动帽或帽檐朝后卷的帽子，这种帽型有利于突出少女的朝气与活力。少妇适宜戴简洁、明快的帽型，要少些或没有烦琐的附加性装饰品，可充分烘托出她们活泼浪漫的性格。中老年妇女宜戴素色、大方的帽子，而避免戴色彩鲜艳、款式俏丽的帽子，否则会给人不得体的感觉。戴眼镜的女性不宜戴帽檐低到前额或是有花饰的帽子。对于婴幼儿的帽子应从卫生、健康方面多加考虑，婴幼儿外出或带至户外活动时，戴上帽子可以起到保暖御寒或遮挡阳光的作用。患有婴儿湿疹的孩子切忌戴毛织品帽，以免引发皮炎。婴儿宜戴由绒布或软布做的帽子，不要戴有毛边的帽子，这样可保护婴儿娇嫩的皮肤而不使其受到刺激。在我国农村的一些地方，常在孩子戴的帽子上绣有"长命百岁""长命富贵"。儿童的特点是生性好动，宜选择式样新颖活泼、色泽鲜艳、装饰性强的帽子。中老年男性选择帽子的范围相对较少些。

帽子还要与服装相配套，以起到协调整体、点缀形象和美饰作用。女性外出旅游时，穿着入时的服装再配上一顶造型生动活泼、舒展美观的太阳帽，可充分显示女性的青春活力；男性在身穿西式大衣的同时，戴上一顶礼帽，显得庄重而沉稳。总之，帽子的式样必须与着装相呼应，否则会产生不伦不类的视觉效果。如女性戴上一顶色泽鲜艳的帽子与服装色彩形成强烈的对比时，会使戴帽者更显婀娜多姿；若所戴帽子的颜色与服装颜色接近时，能给人以清心典雅之感。例如，绒线帽与颜色、花型相同的毛衣外套相配，就显得典雅、华贵和大方。但是，身穿西服时就不宜戴帽，否则就会给人以不伦不类的感觉。穿风衣时除了戴皮毛帽子外，还可戴其他类型的帽子。而穿皮毛服装时，则最好戴皮毛帽子。

帽子的质量一般从规格、造型、用料、制作等几方面来反映。具体来说，规格尺寸应符合标准要求；造型应美观大方，结构合理，各部位对称或协调；用料应符合要求。单色帽各部位应色泽一致，花色帽各部位应色泽协调；经纬纱无错向、偏斜，面料无明显残疵；皮面毛整齐，无掉毛、虫蛀现象；辅件齐全；帽檐有一定硬度。帽子各部件位置应符合要求，缝线整齐，与面料配色合理，无开线、松线和连续跳针现象；绱帽口无明显偏斜凹腰，绱檐端正，卡住适合；织帽表面不允许有凹凸不匀，松紧不匀，花纹不齐；棉帽内的棉花应铺匀，纳线疏密合适；帽上装饰件应端正、协调；绣花花型不走型，不起皱；整烫平服、美观，帽里无拧赶现象；帽子整体洁净，无污渍，无折痕，无破损等。

戴帽除了要达到各种目的之外，卫生和保健也至关重要，千万不能以牺牲个人的健康为代价而满足其他的需要。爱美之心，人皆有之，而卫生与健康也是当今人们追求高质量生活的重要内容。帽子佩戴得当，不仅可以使人倍增风采与魅力，对全身的装束起到"画龙点睛"的效果，还有利于人体的生长发育、健康长寿。

戴帽子舒服是首选，这就要求帽子的尺寸大小与头部相称。帽子太小，戴在头上过紧而不舒服，同时会阻碍头皮的血液循环，严重时可引起头痛甚至脱发；反之，帽子过大，不仅不保暖，而且容易脱落。帽子的大小是以"号"来表示的，单位是厘米。帽子的标号部位是帽下口内圈，用皮尺测量帽下口内圈周长，所得数据即为帽号。"号"是以头围尺寸为基础制定的。帽的取号方法是用皮尺围量头部（过前额和头后部最突出部位）一周，皮尺稍能转动，此时的头部周长为头围尺寸。根据头围尺寸确定帽号。我国帽子的规格从 42 号开始，42～48 号为婴儿帽，50～55 号为童帽，55～60 号为成人帽，60 号以上为特大号帽。号间等差为 1cm，组成系列。

85. 保护头部的装具——头盔

头和胸部是人体的重要部位。从某种意义上讲，头部比胸部更为重要，因而遇到险情时首先是保护头，这也是人的一种本能，于是就出现了保护头部的头盔。现在不仅军队装配头盔，在交通、建筑、采矿和运动中，头盔也是必备的器具。

头盔的历史可以追溯到远古时代。原始人为追捕野兽和格斗，用椰子壳等纤维质或大乌龟壳等来保护自己的头部，以阻挡袭击。后来，随着冶金技术的发展和战争的需要，又发明了金属头盔。在安阳殷墟曾出土正面铸有兽面纹、左右和后边可遮住人的耳朵和颈部的铜盔，这是迄今能见到的世界上最早的金属头盔。随着冷兵器的消亡，它和铠甲一起离开了战场。今天使用的头盔是在第一次世界大战中发展起来，由法国亚得里安将军于 1914 年发明，采用哈特非钢制造，被称为"亚得里安钢盔"。这是现代头盔的雏形。第二次世界大战中，因武器杀伤威力不断地增大，美国研制出 M1 等锰钢头盔，使头盔防护能力有了较大提高。70 年代后，又陆续出现了凯夫拉头盔、尼龙头盔、改性聚丙烯头盔、超高分子量聚乙烯头盔和钢盔，使头盔的发展有了新的突破，并成为现代热兵器时代单兵防护必备的高技术装备产品之一。

头盔的作用在于保护头部、太阳穴、耳朵和颈部免遭碎弹片的伤害。头盔多呈半圆形，主要由外壳、衬里和悬挂装置三部分组成。外壳分别采用特种钢、玻璃钢、增强塑料、皮革、尼龙等材料制作，以抵御弹头、弹片和其他打击物对头部的伤害。现在的头盔外壳已不再采用钢质，而采用高性能纤维芳纶增强复合材料代替钢，不仅重量可减轻 20%～30%，而且抗弹性能提高了 20%～35%，一般采用环氧树脂凯夫拉（Kevlar，即芳纶 1414）模压物，也有的头盔是 9 层凯夫拉，外涂 15%～18%的酚醛树脂和聚乙烯醇缩丁醛树脂。外壳的外沿是橡胶黏结剂，外壳涂以防化学剂涂层。衬里用棉纤维或尼龙、泡沫橡胶制作，起增强防护性能和佩戴舒适的作用。悬挂装置采用皮革或塑料、纤维织物制成，固定在盔体上，起与头部连接的作用。

头盔的品种很多，按使用对象分，可分为步兵头盔、坦克乘员头盔、飞行员头盔、空降兵头盔、海军陆战队队员头盔、防爆头盔等。由于头盔的使用环境不同，因而具体结构和要求也不尽相同，但作用都是一样的。从第一次世界大战到现在，头盔发生了巨大的变化，主要表现在三个方面：一是实现了由钢盔到无钢头盔的飞跃，大大减轻了头盔的质量；二是结构更为合理，防护面积加大，佩戴时稳定性更好；三是凯夫拉等高新技术材料的使用，进一步提高了防弹效果。

86. 云鬓花颜的发饰

头发是人体外貌的"门面"。好的发型不仅能弥补脸型、头型的某些缺陷，使人显得神采奕奕、精神抖擞、富有朝气，而且还能使容颜增色，显示出内在的艺术修养和精神状态，尤其是年轻的女性，端庄大气的发型是女性美的重要组成部分。而好的发型往往需要与之相匹配的发饰来烘托或使之成形。

发饰是装饰头发和头部的各类物件的统称，如图 5-2 所示，适宜的发饰可以使女性增添不少妩媚和魅力，让其成为人群中的一个亮点。因此，可以说拥有一个极致典雅的发饰是女性美化自己和跟随时尚的永恒追求。

发饰的种类很多，中国古代多用发簪，现因生活节奏的加快，多用发带、发结、发卡、发箍和发罩等。

（1）发簪　发簪是用来安发和固冠的发饰。簪的本名叫"笄"，起初是单一的实用性发具，后逐渐转换角色，演变为男子的发簪，而女子的发簪完全是为修饰髻发起到美化的作用。它由簪头、簪挺两部分组成，有金、银、铜、骨、角、竹、木、象牙等质料。发簪早期的式样比较简单，只是在簪身上刻一些横、竖、斜纹，或将发簪头做成球形、环形、丁字形及一些不规则形状。商周时，簪头有了人形及各种鸟兽形图案且出现了各种材质。当时帝王饰玉发簪，后妃饰金发簪，臣子饰铜、骨等材质的发簪，渐成定式，并且开始将簪头加流苏的发簪称为步摇。唐宋时期，发簪的制作愈发精巧，整体造型呈素雅大方又不失古朴的风格。常见的各种形状的发簪有鸟形、花形、凤形和蝶形等。元明清时期，随着花丝、錾花、打胎、镶嵌工艺的成熟，现在故宫博物院就藏有许多运用这些工艺制作的发簪。时至今日，随着人们的发式的改变，发簪已失去了许多固有的意义，但在少数民族中仍然流行，如苗族、侗族、瑶族等许多少数民族女性在身着盛装时，仍保留着发簪满头的习尚。

（2）**发带** 发带，顾名思义是一种装饰带，如图 5-3 所示。不同的发型应佩戴不同的发带，只有这样，才能获得不同形式的美，使秀发增加无穷的魅力。发带品种很多，主要有以下六种。

图 5-2　发饰

图 5-3　发带

① 斜条宽式发带。一般先裁带料长 58cm、宽 14cm（正裁），再裁衬布宽 7cm、长 58cm（斜裁）复在带料中间黏合后熨平。在两端顶部再装缝小平扣一粒和紧带环。一般选用红白相间的宽带布料缝制而成。年轻的姑娘们身穿红衣、白裙，再戴上斜条宽式发带，使其颜色上下呼应，显得十分俏丽大方，妩媚动人。

② 直条宽式发带。一般选用蓝白相间的宽条布料直裁。这种发带尤其适用于飘逸、潇洒的长发型。年轻漂亮的女性戴上这种色调明朗的发带，使柔软的发丝随风自由地飘拂，犹如仙女下凡，风度非凡。如果将发带束缚在发式的上部，既可使长发不至于凌乱，又可达到装饰美化的艺术效果。

③ 沿边式发带。一般选用蓝印花边，采用白色细布镶 0.3cm 边，中间加衬布缝制而成。这种发带色调明快素雅，具有强烈的民族风格，尤其适合于较长的发型，可产生浓郁的传统艺术风格。

④ 钩编插花式发带。选用白色粗绒线，使用短针钩带，密针钩边，两端窄带密钩，带的端点缝小平扣及松紧环，再在带上绣花蕊数个。年轻的女士穿着一身白色衣装，再佩戴白色的耳环和项链，在美丽的秀发上束缚一条曲直相宜的线点结合的发带，显得格外素净、高雅、贤淑，颇具人情味。这种流线型的发带和首饰相匹配，更具时代感，加上白色的衣装，真可谓"不是红装胜似红装"。

⑤ 配色编制发带。采用红、白、蓝三色或黑红、黑黄等色布缝成筒带编合而成。在带的尾端平缝牢固，并缝上小平扣及松紧带、环系成一条美观而别致的发带。若再配上红蓝珠饰在颈项间形成弧线，耳下变直线，再穿上红白条上衣，并在胸前打一个结，既庄重又活泼，增添了不少现代女性的韵味。

⑥ 蝶式发带。通常选用鲜红色缎条 6.5cm 先缝成筒带，再在带的两端装上黄色金属珠，便成为一条别具风格的发带。它适宜于束缚卷曲的蓬松短发用，可形成独特而新颖的风格，使简洁的卷曲短发更加俏丽多姿，沉稳而高雅，常为中青年女性所喜爱。

发带的选用与年龄和性格有关。对于年龄小于 20 岁的女青年和少女，剪短发者可选择红色或黄色的丝绸发带，会更显得性格开朗、天真活泼、婀娜多姿、魅力无比；而大于 30 岁的女性，选用墨绿色或黑色的发带，会显得格外端庄文雅、气质高贵、风度不凡。

（3）**发结**　发结是青年女性最喜欢佩戴的发饰，如图 5-4 所示。有花朵、蝴蝶、环形等形状，大多采用绸缎制作而成，鲜艳而美丽的造型，会使姑娘们充满青春的活力和烂漫的迷人色彩，增加几分春意盎然的韵味和情调。

（4）**发箍**　发箍对老、中、青、少女性皆宜，是不论长发还是短发都可用来束发的一种常见发饰。如图 5-5 所示。它不仅具有实用性，而且还有一定的装饰性，通常都采用塑料制成，也有采用有机玻璃和金属材料制成的，有的表面还有各种图案，使用比较简单，戴上后显得端庄而落落大方。

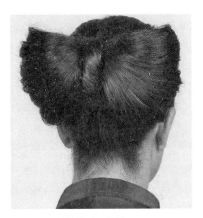

图 5-4　发结

图 5-5　发箍

（5）**发卡**　发卡也是女性常用的一种发饰，如图 5-6 所示。形式多样，有用金属制成的，也有用塑料制成的，佩戴后显得干净利索。夏天女性将头发束在脑后，露出长长的玉颈，既凉爽又能显示出一个干练的女强人的精神风貌。发卡在头上佩戴的位置不同，其效果也不相同，如将发卡从太阳穴向后别去，会使女性显得妩媚、艳丽，若斜着别在脑后的一侧，则会显得活泼、潇洒而俊秀。

（6）**发罩**　当生活节奏快，无暇整理自己的秀发，或是由于生病自己梳发有困难时，戴一个发罩（网）是理想的选择。发罩如图 5-7 所示。常见的发罩有网型、帽子型和头巾型多种，都可为发型增添几分色彩。发网是用蚕丝或化纤长丝编结而成的，网眼可大可小，不仅可固定发型，而且还具有一定的美饰作用。

图 5-6　发卡

图 5-7　发罩

87. 抵御细菌的口罩

口罩是用纱布等制成的罩在嘴和鼻子上，用以防止灰尘和病菌侵入的防护卫生用品，如图 5-8 所示。口罩虽然很简单，但源远流长，经历了 2500 多年的历史，才发展成为今天的样子。

图 5-8　口罩

口罩的卫生功能是显而易见的。在空气中夹杂着大量的灰尘、细菌、病毒和有害气体等，这些有害物质均会随着人的呼吸进入鼻、咽、气管和肺，使人致病。戴上口罩就是给呼吸道增加了一道"过滤网"和"屏障"，可以起到有效的过滤作用，使灰尘和有害气体、病毒和细菌不能轻易进入人体。同时，戴口罩也可阻挡自己口、鼻里的细菌和病毒因讲话、咳嗽或打喷嚏时传给别人。戴口罩还可以减少或防止尘埃对呼吸道的刺激，从而降低疾病的风险。因此，在医院等公共场所，或在进行大扫除、喷洒农药以及在粉尘污染严重的环境中作业时，戴上口罩对自己的身体健康可起到保护作用，是一项重要的保护性措施。对于食品生产人员、售货员、理发师、厨师、医生、护士等在工作时更应戴上口罩，以免互相传染疾病或污染食品。

现在的口罩是由多层纱布缝成长方形，两边缝上带子，挂在头上或耳后。纱布是经纬纱均采用 28tex（21Ne）纯棉纱，捻向为 Z 捻，用一上一下平纹组织织造，织物密度为 110 根/10cm×102 根/10cm，经纬向断裂强度为 178.5N×160.8N，织物的无浆干重为 56.4g/m^2，口罩带是一种管状带，通常用 36.9tex（16Ne）棉纱在针织纬编机上编织，直径一般为 0.3～0.5cm，多为漂白色，密度稀疏，带身松软，具有一定的延伸性。常用的口罩是用纱布（脱脂纱布）折叠数层后缝制而成的。三层纱布的口罩只能阻挡 70%～80%的细菌，六层纱布的口罩可阻挡 90%以上的细菌，而八层纱布的口罩几乎可阻挡 100%的细菌。为了不至于太闷气，通常以选择 6～8 层纱布的口罩为宜。近年来，随着非织造布的发展，一种新型的用非织造布制作的口罩在市场上深受欢迎。它采用非织造布模压成型，具有过滤效率高（达到 85%以上）的优点，可过滤粒径在 4μm 以上的尘粒，阻尘效率在 95%以上，呼吸时不易产生纤维碎屑的沾染，吸气阻力达到国家标准。手术室口罩多为夹层，中间夹层采用熔喷法生产的蓬松的聚丙烯纤维网或充电极化纤维网，以增强对细菌过滤能力。它所采用的是湿法或干法——浸渍黏合法非织造布，并用同样或类似的材料制成缝合式或熔接式狭带，将口罩固定在头部。非织造布以合成纤维为原料，定量一般在 10～100g/m^2 之间，具有一定的强度和舒适性。

口罩有大有小，选用时应根据各人脸面的大小而异，符合卫生要求的口罩应以宽 13cm、长 16.5cm 为宜，戴上口罩后应能罩住口、鼻和眼眶以下大部分面颊。如口罩太小，病菌、粉尘、污物仍可从口罩的边缘或鼻翼两侧的间隙中进入。

从口罩的卫生功能出发，如何科学地戴口罩呢？有下面几点注意事项。

① 戴口罩必须把口、鼻都遮住，因为呼吸主要是由鼻子来完成的，有人却忘记了这一点，在寒冷的冬天，有部分老人戴着口罩是为了保暖又使呼吸通畅，常把鼻子露在外边，这样就失去了戴口罩起保护呼吸道的屏障作用。

② 口罩只能单面使用，不可两面使用。有人戴了一段时间的口罩，发现里面潮湿又较脏，而外面看上去又很干净（实际上在上面布满了尘埃和细菌等），于是将口罩反过来戴，这是绝对不允许的。因为戴过的口罩，其外层积聚着不少外界环境中空气的粉尘、细菌等污物；其里层阻挡着呼出的细菌、唾液甚至鼻涕。如果里外不分，两面乱用，就会将外层沾污的脏物在直接紧贴面部时吸入体内，反而更不卫生，对身体健康是不利的。

③ 在口罩不使用时，应将口罩放入清洁的信封或手帕内，紧贴口鼻的一面应向里折好，不要随便放入口袋里，或是挂在脖子上、甩到背脊后或塞进胸前的衣襟内。

④ 当遇到气温骤降、寒风凛冽、尘土飞扬或者逆风行走时，必须戴上口罩，以防寒风和尘土的袭击，保护身体的健康。对于体弱的中老年人、慢性病患者，尤其是呼吸道疾病患者，在严寒和大风的季节里，外出时更需要戴口罩。在流行性感冒或呼吸道传染病多发或流行时，为了防止传染疾病，在外出时也必须戴上口罩。

88. 系出优雅魅力的领带

领带是领部的饰件之一，广义上包括领结，是正面打结、主体呈带状的装饰品，如图5-9所示。领带起源于欧洲，通常戴在衬衫领下与西装配穿，是西式装束的男性象征。领带与西装的配套使用可起到画龙点睛的作用与效果，因为西装上衣的设计给领带的使用留出了恰到好处的空间，从脖子到胸前空着一个三角区，自然而然地形成了一个装饰区，而领带的佩戴正好是这个装饰区内的装饰点，成为西装不可缺少的附件。在漂亮的西装上佩戴一条醒目的领带，既美观大方，又给人以典雅庄重之感，会使使用者显得气质不凡。现在不仅男士喜欢佩戴领带，而且职业女性（如售货员以及银行、邮政、税务、公检法、工商、海关的职员等）也纷纷仿效，成为现代服饰文化的一个亮点。

图5-9　领带与领结

领带的面料比较考究，一般选用丝绸、精纺毛呢、化纤仿丝绸织物、皮革等挺括材料，而以柔挺型细毛织物作面村，制作工艺要求高。

领带一般可以分为三类。①传统型领带，尺寸规范，大领前端呈90°箭头形，单色或斜条带小花点图案，一般配领带夹，使用较为广泛，尤其适用于西套装。②新潮型领带，形状短宽，色彩艳丽，饰以立狮、马具、恐龙、足球、名画、名人头像等醒目图案，在佩戴时松结呈随意状，非常适宜休闲装束。③变体型领带，选料别出心裁，有线环、缎带、皮条、片状或围巾状多种式样，通常是在特殊场合使用。

按照领带的式样又可分为六类。①四步活结领带，以四个打结步骤而得名。通常为斜裁，内夹衬布，长、宽时有变化。②温莎领带，由英国温莎公爵所创造的结法而得名。黑色丝质的温莎结曾是19世纪末艺术家的象征。③细绳领带，又称牛仔领带。黑色的细绳领带是19世纪美国西部、南部绅士的典型配饰，又称上校领带、团长领带、警长领带。④保罗领带，又称快乐领带，是以滑动金属环固定的细绳领带。⑤蝶结领带，又称蝶结，一般采用丝质缎带或编织带制成。末端可尖可方，系成蝴蝶结状。在正式场合，白蝶结常与燕尾服搭配使用，黑蝶结常与晚礼服搭配使用。⑥方便领带，又称简易领带。做成固定的领结（内附硬衬，以保持形状），领带内倒装拉链，戴用时上下调整位置即可。在佩戴领带时，常配合使用领带夹、领带别针、领带扣针等一些附加饰物。

领带颜色的使用应与使用者的年龄相协调，青年人应选用花型活泼、色彩强烈的领带，以增加使用者的青春活力；年龄较大的人宜选用庄重大方的花型；女性宜选用素色的领带。同时，还应该注意领带和西装配色的协调性，以增加优雅脱俗、风韵倍增的效果。例如，黑色、棕色西装配银灰色、蓝色、乳白色、蓝黑条纹、白红条纹的领带，显得庄重大方；深蓝色、墨绿色西装配玫瑰红色、蓝色、粉色、橙黄色、白色的领带，具有深沉的含蓄之美；褐色、深灰色西装与蓝色、米黄色、豆黄色的领带配伍，具有秀气、飘逸的绅士风度；银灰色、乳白色西装配大红色、朱红色、海蓝色、墨绿色、褐黑色的领带，可给人飘逸、文静和秀丽的感觉；红色、紫红色西装配乳白色、乳黄色、米黄色、银灰色、翠绿色和湖蓝色的领带，具有典雅、华贵、得体生辉的效果。此外，领带除与服装搭配协调外，还必须与使用者的体型、肤色相匹配。高个子应系朴素大方的单花领带；矮个子则宜系斜纹细条的领带，可使身材显得高一些；体胖的人宜系宽领带；脖子长的人则宜系大花领带，而不宜戴蝴蝶结；脸色红润的人宜系黄素色绸布料的软质领带；而脸色欠佳的人则宜系明色的领带。因此，选用领带应围绕装饰性原则来进行，以达到锦上添花的效果。领带的保养也很重要，任何质料的领带脏了，只能干洗而不能水洗，因为领带的面料和里料不一样，下水后会褪色或缩水，从而引起领带变形。熨烫时，可用熨斗不用垫布进行明熨，但宜采用中低温度，熨烫速度要快，以免出现泛黄和"极光"现象。

89. 妩媚撩人的丝巾

　　丝巾是指围在脖子上用于搭配服装并起到修饰作用的物品，如图 5-10 所示。形状各异、色彩丰富、款式繁多的丝巾，适合于不同年龄段的女性佩戴。

　　16～17 世纪时，丝巾主要作为头巾使用，并常与帽饰搭配，显得高雅华贵。至 17 世纪末期，出现了以蕾丝和金线、银线手工刺绣而成的种种华美秀丽的三角领巾，欧洲的女性将其披在双臂并围绕在脖子上，然后在颈下或胸前打一个结，以花饰固定，起到御寒和装饰作用。到了法国波旁王朝全盛时期，路易十四亲政之时，将三角领巾列为服装中的重要配饰并将其规格化。社会的上层人士开始用领巾来点缀装饰衣着，一些王公贵族也用领巾来展示男性风采。到 18 世纪末，三角领中又逐渐演变为长巾，材质为薄棉或细麻，其长度可绕过胸前系在背后，到了 19 世纪，随着

图 5-10　丝巾

工业革命的发展，欧洲的工业慢慢地发展起来，机器生产了大量领巾，其不再是皇室贵族特有的奢侈品，而成为广大女性普遍使用的生活用品。

　　到了 20 世纪，丝巾开始陪伴着女性走上街头，走入职场。她们以头发上缠绕细丝带或头巾取代了当时的大型帽饰，甚至以发饰装饰在头发与头巾之间。现代丝巾的真正形成是在 20 世纪 20 年代，丝织的长巾开始广泛使用，广大妇女开始重视领巾的折法、结法等技巧。在 30 年代，当时以蚕丝或人造丝制成的领巾与长巾，深受广大女性青睐，著名的爱马仕丝巾也在此时面市了。到了 60 年代，各种品牌的丝巾纷纷登场，使其成为服装品牌争相开发的配饰。70 年代，在大街小巷里流行嬉皮士风格的花布头巾，冬季佩戴不可或缺的大围巾或长披肩。由于设计师们寻找到了新的创作灵感，丝巾已成为女性必备的服装配件，出现了各式新颖的丝巾系法，使丝巾成为最具变化性的饰品。到了 90 年代，一股复古的风潮又重新回到时尚界。经过近百年的演变，丝巾的功能性已从服装、领巾、围巾、披肩发展到腰带、头巾、发带，甚至被绑在手提袋上作为装饰物。

　　进入 21 世纪后，丝巾仍在继续演变与发展，早已变成一种服饰文化，它承载着女性时尚的历史。很难想象，再过百年丝巾会演变成什么样子，或许没有人可以预知，也许能看到的就是这么一方软帕在优雅女士的颈项间摩挲着她那柔软娇嫩的肌肤，随风飘拂起舞。

　　同样一块方丝巾，如何巧妙恰当地搭配以显示出女性的妩媚动人，大有学问。例如，白色外套佩戴深蓝色丝绒巾，灰色外套佩戴大红丝巾，杏黄色外衣佩戴玫瑰紫色丝巾。如果外套与丝巾的颜色相接近，则可用闪亮的别针来进行协调等，也可取得较好的视觉效果。如果把不同颜色、不同图案的丝巾采用不同的方式打结，再配以佩戴者的发型和衣着，便可变换出不同寻常的姿态，时而显得端庄秀丽，时而显得恬静贤淑，时而显得热情奔放，时而又显得甜美可人，美不胜收。

　　如何选择合适的丝巾呢？第一，材质和色彩是第一要素。由于制造丝巾的材质、编织方法以及纱线的种类千差万别，花纹和色彩也各不相同，最后制成的丝巾在视觉效果上也会存在很大的差别。不同的手感、质感、质量、色彩乃至视觉张力，会使丝巾佩戴时产生不同的效果。春天佩戴的丝巾材质宜选用丝绸。丝绸是制作丝巾最常使用的一种材质，在万物复苏、充满着勃勃生机的春季，采用丝绸制成的丝巾不仅焕发出迷人的光泽，而且具有天然的褶皱，雍容华丽的丝巾垂于胸前，显现出稳重而又不乏风情，美艳而又不显轻佻，可烘托出佩戴者的似水柔情、非凡气质。麻是夏日丝巾材质的首选。在炎热的夏季，选择一块方形麻质丝巾可显出佩戴者的高贵脱俗的气质，不仅感觉惬意清爽，而且与任何夏装搭配都很轻松自如。特别是麻质丝巾具有容易起褶皱的特性，正是这种随意性和自然的褶皱，更能显示出佩戴者浪漫的贵族风情。棉质丝巾是凉风渐起的秋季最为贴心舒适的选择，它既可抵御瑟瑟秋风，其轻盈的面料展现出的休闲风格又会彰显出佩戴者的稳重与魅力。毛质丝巾在寒冷的冬天可以达到既美丽又不冻人的境界，这种材质的丝巾纤薄、柔软而温暖，佩戴这种丝巾使女性倍显优雅的气质与风度，在北风凛冽的冬天浑然天成。丝巾的边以手工缝制为上乘，印花色彩应均匀一致，色彩越丰富则品质越好。第二，应根据佩戴者的身材特点来挑选。例如，对于脖子较短的女士，宜挑选稍薄一点、小一些的丝巾，打的结最好系在颈侧，或是松松低低地系在胸前；对于娇小玲珑的女士，应尽量避免太烦琐、太长的丝巾。第三，挑选的丝巾应符合个人的风格。第四，当看中某一款丝巾时，应将丝巾置于贴近脸部，看其是否与脸色相配。第五，丝巾还应与服装相配。此外，还可考虑与佩戴者的口红颜色、腰带或提包等的配合恰到好处。第六，如何根据脸型来选择丝巾呢？圆脸型者，脸型较丰润，若要让脸部轮廓看上去清爽消瘦一些，其关键是将丝巾下垂的部分尽量拉长，使其产生纵向感，并注意保持从头到脚的纵向线条的完整性。在系花结的时候，宜选择适合个人着装风格的系结法，如钻石结、玫瑰花结、菱形花结、十字结、心形结等，应尽量避免在颈部重叠围系，使层次质感太强的花结。对于长脸型的女性而言，采用左右展开的横向系结法，可展现出颈部朦胧的飘逸感，并可减弱脸部较长的感觉。这种脸型的女性宜结项链结、百合花结、双头结等，另外，还可将丝巾拧转成略粗的棒状后，系成蝴蝶结状，但不要围得太紧，尽量让丝巾呈自然下垂状，以呈现出朦胧的感觉。倒三角脸型的特征是从额头到下颌，脸的宽度渐渐变窄，呈倒三角形状，这种脸型给人一种严厉的印象和面部单调的感觉。此时可利用丝巾让颈部充满层次感，如果系一个华贵娟秀的带叶的玫瑰花结、项链结或是青花结等，可产生很好的视觉效果。但是，应尽量减少丝巾围绕的次数，下垂的三角部分应尽可能自然展开，避免围系得过紧，并突出花结的横向层次感。对于两颊较宽，额头、下颌宽度和脸的长度基本相同的四方脸型的女性，容易给人缺乏柔媚的感觉。为了弥补这一不足，系丝巾时应尽量做到颈部周围干净利索，并在胸前打出一些层次感强的花结，如九字结、长巾玫瑰花结等，再配穿线条简洁的上装，便可演绎出典雅高贵的气质与风度。

90. 颈部的时装——围巾

　　围巾，又称头巾，如图5-11所示，是围于脖颈、披于肩部和包裹头部，有御寒、防风、防尘防病的作用，兼具标识性和装饰性功能的织物。现在的各种围巾经多次演变，大多有美饰与保健功能。这些围巾因其组织结构、原料结构及色彩花型等不同而各具特点。如常见的围巾组织结构一般较疏松，经向紧度在 15.7%～18%，纬向紧度在 15%～50%，质地丰满柔软，富有弹性。原料有棉、毛、丝、化学纤维等多种。组织结构按加工方法有针织和机织两类，针织的有经编和纬编组织（包括手工编织），机织的有平纹、重平、斜纹、变化斜纹、绉纹、缎纹及纬二重等组织。

图5-11　围巾

（1）围巾的品种　围巾的品种繁多，规格与性能各异。

① 按其用途和外形可分为以下几种。a.长围巾，外形呈长方形，根据用途和规格的不同又可分为儿童围巾、普长围巾、加长围巾、特长围巾等。b.方围巾，外形呈正方形，又称方巾，分为方围巾、儿童方围巾、新疆大方巾等。c.三角围巾，外形为等腰三角形，以机织为多，一般用方巾沿对角线裁开，经缝制，并以手工钩编月牙而形成。原料一般为羊毛或腈纶，主要用于妇女围颈、包头、披肩及装饰之用斜角围巾，外形狭长如长围巾，但两端底边斜形无穗，原料大多为腈纶，也有少数是羊毛，采用经编织造，多为青年女性使用。d.新疆大方巾，原料多为羊毛针织绒，由横机编织而成，为新疆少数民族女性的传统物品，主要用于包头、披肩，也是新疆少数民族新娘婚礼时必不可少的服饰之一。

② 按其使用的原料不同可分为以下几种。a.羊毛围巾，原料般为 31.3tex×2～50tex×2（20Nm/2～32Nm/2）羊毛股线。该围巾的特点是手感柔软丰满，使用舒适，保暖性好。b.羊绒围巾，又称开司米围巾，原料大多采用 62.5～83.3tex（12～16Nm）羊绒粗纺单股纱或双股线。该产品属于高档围巾品种，手感柔软，细腻滑糯，使用轻盈舒服，保暖性好。c.羊兔毛围巾，又称兔羊毛围巾或兔毛围巾，原料采用 62.5～83.3tex（12～16Nm）羊兔毛粗纺单股纱或双股线，混纺比例一般为羊毛60%，兔毛40%。该产品手感滑腻，柔软蓬松，色泽艳丽。d.毛黏围巾，原料一般为 83.3tex×2（12Nm/2）毛黏股线，混纺比例为一级短毛 65%～70%，黏胶纤维 30%～35%。该产品中的羊毛所占比例较大，所以其性能与羊毛围巾相似，但保暖性比羊毛围巾稍差。e.丝绸围巾，原料采用 22.2/24.4tex×2（20/22den×2）桑蚕丝或 133.2tex（120den）有光人造丝，纬纱常用强捻线。用织机织成的绸坯，经练、染、印花或绘花、绣花等加工，以写实花卉图案为主，质地轻薄，手感光滑，花色艳丽多彩，典雅别致。f.腈纶围巾，又称膨体围巾，原料大多采用 28.6tex×2～38.5tex×4（35Nm/2～26Nm/4）腈纶膨体股线。该产品色泽鲜艳，轻盈美观保暖性好，不易霉蛀。g.腈纶毛裘围巾，原料采用 28.6tex×2（35Nm/2）腈纶股线。产品具有毛皮感，手感柔软丰厚，绒毛细腻光滑，并有波浪弯曲，色泽柔和，保暖性和装饰性好，男女均宜使用。h.腈维交织围巾，原料一般采用 26.6tex×2～38.5tex×4（38Nm/2～26Nm/4）腈纶股线作纬纱、27tex×2（37Nm/2）维纶为经纱交织而成。其性能同腈纶围巾，但以拉毛品种为主。i.黏纤围巾，又称人造毛围巾或黏胶围巾，一般都经过拉毛处理，以增加毛型感，色泽鲜艳，有一定的保暖性。j.锦纶丝围巾，又称尼龙纱巾，原料采用 22.2tex（20den）或 33.3tex（30den）锦纶长丝。产品质地细腻，薄如蝉翼，轻盈飘逸，适宜于春秋季节围颈、包头和防尘使用。k.棉线围巾，又称线围巾，原料采用 27.8tex×2（21Nm/2）棉线。产品质量较紧密、光滑、挺括、吸汗而不易黏附沙尘、草屑，适宜农民在田间劳动时围颈、包头以及防尘、避寒、遮阳、擦汗等用。

③ 按花色品种可分为小提花围巾、印花围巾、绣花围巾、双面围巾、空花八彩围巾、各色花式须边围巾等。其中，空花八彩围巾是新疆少数民族女性喜欢使用的类型。它是以腈纶膨体针织绒为主要原料，结构为平纹空花组织的彩格围巾。手感柔软丰满，色彩艳丽，装饰性强。以红、

白、蓝、绿、黄等颜色为主体，再搭配四色、六色、八色，统称八彩围巾。围巾的边形也是多种多样，有单边、穗须边、钩边（三角围巾用）、月牙边和锯齿边等。

（2）**围巾的功能**　围巾因其用途、外形不同而具有多种功能。

① 围巾的实用性很强，但保健功能也十分明显，特别是严寒的冬天，人们身穿厚棉衣，头戴皮帽子，脚穿皮棉鞋，手戴皮手套，身体各部位都能得到保暖，唯有脖颈部位是个"薄弱部分"，衣服内层的体温会因热空气上升的热对流原理从颈项部由领口散失。当遭受风寒侵袭时，很容易诱发感冒或风寒型颈椎病，严重时感到颈部发酸、疼痛以及活动受到限制。围上围巾后，可减少体热的散失，具有明显的保暖作用。

② 除了保暖功能以外，围巾还具有点缀、装饰和美化服装的功能。在春风吹绿了大地，阳光和煦、春暖花开的时候，选用一条合适的围巾围在头上，系在项间，披在肩上，迎着暖和的春风轻盈地飘拂着，绚丽地闪烁着，可使戴用者增添青春的光彩。在严寒的冬季，与毛衣、外套相配套，围上围巾可改善较为单调灰暗的冬季自然环境。显然，围巾的美饰功能已大大超过其保健功能。

（3）**围巾的选择**　选用围巾时，应根据人的身材和头型来确定。身材高大魁梧的人，一般选用宽大的围巾；而对于身材娇小玲珑的女子，若选用长围巾，则会给人一种拖沓累赘之感，在视觉上会使身材更显瘦小。如果是圆形脸或方形脸的人，则围巾的打结的位置要下移或是把边角搭下来，在视觉上可起到修饰脸型的效果；若是长形脸或是脸部瘦小，则宜将围巾扎在脖子上打个短花结或是将围巾搭在肩上，这样会显得俏丽，增加朝气和活力。

选择围巾配色时，应与服装的质料、色彩、款式和人的肤色、身材、头型等相协调匹配，才能起到更佳的美饰作用。例如，冬季人们常穿黑色、灰色、咖啡色和蓝色的外套、裤子，这些颜色虽然显得高雅、稳重，但给人留下的是暗淡、单调和老气横秋的不悦感觉。如能配以浅色或色彩鲜艳的围巾，就会改变服饰的整体风貌，既不失高雅、沉稳，又能显示出青春的朝气和活力；若外衣颜色深而裤子颜色较浅时，则围巾可选用与裤料相似的颜色，这样可达到上下呼应平衡，增加了服饰的整体美感；如果外衣色深、内衣鲜艳且外露领部时，则围巾的颜色宜与内衣相近，则可达到服饰整体和谐美；当内衣、外衣都很艳丽时，则围巾一定要素雅一些，否则看上去会过于妖娆艳丽。总之，在选择围巾的颜色时，一般应与外表的色彩差距大些，这样才能突出和增强围巾的装饰效果。一般以素衣配花巾，花衣配素巾，可使浅色与深色相映生辉，更能鲜艳夺目，充分体现配套美。例如，穿银灰色衣服时，胖人应佩戴黑绿色围巾，而瘦人则以佩戴红色围巾更为协调；穿蓝灰基调的西服时应佩戴色彩艳丽的尼龙绸围巾；穿藏青色西服时应佩戴纯白色的绸围巾；穿橘黄色毛衣时应佩戴淡雅素色的围巾；穿红色毛衣时应佩戴黑色透明的围巾，红黑相映生辉；穿乳白色毛衣时，若佩戴玫瑰红色的围巾，则红白分明，显得典雅清秀；穿呢大衣、裘皮大衣时，若佩戴钩针编织的花样复杂的大围巾，则显得高雅、华贵。此外，还要考虑到人的肤色。一般而言，皮肤白皙而红润的可用乳白色，可烘托出健康、纯洁、坦荡；但是比较白皙的人忌用乳白色的围巾，否则会显得病态苍白，此时若选用偏红一些的颜色，可使脸部增添朝气；脸色发黄的人可选用米色、驼色或暗红色，给人以一种精神抖擞的感觉；对于皮肤较黑的人，切忌佩戴颜色鲜嫩或太浅的围巾，因为相映之下，会使脸色显得色黑而发黄。

不同年龄和性别的人对围巾的要求也是不同的。一般而言，青年人多从装饰性方面考虑。男青年一般喜欢选用有暗格和条纹的彩色围巾，如选用带红色的围巾，就可以更好地调节男青年身上的单一色彩，给人带来精神抖擞和青春活力的感觉。女青年使用围巾更为讲究，除了注意围巾的色彩外，更注意围巾的围法，使其更加能展示新颖别致和高雅大方。如使用长围巾，会显得质朴、典雅、洒脱、落落大方；用长而宽的围巾随意披在肩上，会显得端庄大方，具有浓郁的文化韵味；用方形围巾宽松地围在头的下部直至领子，既暖和又舒适，在严寒的冬季不失为最佳的保暖措施；若将方围巾或长围巾在胸前打一个大蝴蝶结，可增添青春活力和几分天真烂漫；如将围巾对角折叠，再折成条形系于裙腰，并在身后打一个蝴蝶结，便成为既漂亮又大方的一条点缀腰带；时髦女郎还把大方巾作"衬衣"用，其方法是在方巾的中央打一个结，翻过来披于胸前，将上边的两角系于颈后，并整理出领型，而下边的两角系于腰后，这样就成为一件与外套相映成趣的韵味衫；也有的青少年女性把小方巾的四只角分别打结套在脑后的发髻上，再将四角塞入，便成为既简单又富有活力的发饰。围巾还有许多不同的使用方法。但是，不同的人群对围巾的使用要求是不同的，如在城市的女性习惯于使用长围巾围在颈部；而在农村的女性则会将方围巾披在头部防风沙，以保护头发的清洁。当然，北方城市的女性在扬尘的天气里外出，也喜欢将方巾罩住头部。而老年人主要是将围巾围于颈部，达到保暖和保洁的目的。

91. 美体修型的胸罩

胸罩是女性使用的内衣之一，又称乳罩、文胸，如图5-12所示，功能是用以遮蔽及支撑乳房，是女性美体修型的重要服饰之一。

图5-12　胸罩

在胸罩开始流行时曾遭到过医生的反对，他们认为给予乳房以压力，对健康不利。为此，购买玛丽专利的奥纳兄弟公司专门请专家进行研究和论证，结果表明，只要尺寸合适，佩戴科学，对身体无害。现在，全球的许多女性都充分利用胸罩来展示女性的线条美，胸罩已成为每个女性的必需用品。

胸罩作为女性的必需用品，功能主要表现在以下几个方面。①将胸罩戴在乳房上，有助于女性乳腺的正常发育。女性的乳头是非常娇嫩和敏感的，如果直接与衣物接触，乳房会产生刺激性和疼痛感，而且还容易造成乳头破损等问题。戴上胸罩，对乳头可产生"缓冲"作用，从而可减轻或减少乳头与衣物之间的摩擦，对乳房起到保护作用。戴胸罩可以使乳房获得相对的固定和外在的支托，不致使其产生过分的下垂，这样可使女性在运动和劳动时不感到累赘而有舒适感。同时，还可使乳腺组织的血液和淋巴循环畅通，乳头和乳晕得到有效的保护，可防止外表的擦伤。②可防止乳房疾病的发生，女性在活动时，乳房会发生上下波动，如果没有胸罩的承托就会使乳腺因受力不均匀而出现血液循环不畅等问题，以致造成乳腺血液壅滞，引发各种乳房疾病。③可减少乳房震动带来的不适感，并有保护乳房不受外力伤害的作用。④胸罩对乳房可起到保暖的作用，特别是在严寒的冬天可以防止因乳房受凉、冷风钻进肌肤而造成的各种不适，对于正值青春期的女孩也有促进发育的作用。⑤胸罩还可以弥补女性形体上的缺陷，调整乳峰的高度和位置，使身体的线条优美。

女性戴胸罩的好处是显而易见的，但是，何时戴胸罩最合适，对女性来讲，并非越早越好。根据国内外专家的研究结果显示，戴胸罩的时间并不是与年龄挂钩，而是以乳房的发育程度为标准。如果乳房发育较早，那么戴胸罩的时间就应当相应提前；反之，如果发育时间较晚，则戴胸罩的时间就应当晚一些。根据国内有关医疗机构研究结果表明，胸罩对乳房有一定的支持作用，能缓解乳房下垂，并在一定程度上保护胸部免受撞击、挤压的伤害。但是少女到了10岁前后乳房开始发育，经过4~5年的发育，乳房会基本定型。如果在发育期间过早佩戴胸罩，易限制乳房正常发育，导致乳腺功能的退化，乳房变形，甚至影响日后的哺乳。因此，在青春发育期间尽量少戴胸罩。一般情况下，在15岁左右乳房发育定型后就可以戴胸罩了。

胸罩的种类繁多，款式和外形更是花样百出。可根据罩杯、款式和质地分为三种类型，而每种类型中又可分为不同小类。

按罩杯可分为 1/2 罩杯的胸罩、3/4 罩杯的胸罩和全罩杯的胸罩。1/2 罩杯的胸罩呈半圆形，能够包住一半的乳房。戴上这种胸罩后，不仅无法清晰地看出胸部的轮廓，而且还容易造成胸部下垂或者外扩，甚至还会形成副乳，会影响到乳房的美观与健康。3/4 罩杯的胸罩要比 1/2 罩杯略大一些，能够将乳房包住一大半，且两侧具有内收的效果，可将乳房集中托高并形成乳沟，即使是乳房下垂或者乳房较小的女性也能够穿出性感丰胸的效果，且乳房不会有任何压迫、拥挤和不舒适感。全罩杯的胸罩是一种可完全将乳房包裹起来并纳入罩杯之中的胸罩，它具有较强的提升与稳定的效果，非常适合于乳房丰满、乳房下垂及乳房外扩的女性佩戴。

按款式可分为无缝胸罩、立体围胸罩、前扣胸罩和长束型胸罩。无缝胸罩，又称无痕胸罩，与传统的胸罩相比，最大的优势在于它能够消除胸罩对乳房产生的五大压力点。它具有较好的贴合性，不仅材质柔滑轻薄，而且从罩杯到胸罩带完全"一气呵成"，在减少对乳房压力的同时，更能展现现代女性玲珑有致的曲线美。立体围胸罩是指在罩杯内侧缝制一个袋子，佩戴时可在袋子中放入小水袋以及薄棉垫，其作用一是可以起到托高胸部、防止胸部外扩；二是在罩杯内装入水袋，流动的水流能对乳房起到摩擦的作用，不仅可以有效地增加血液循环，而且还能促进胸部发育。前扣胸罩与传统胸罩的不同之处是将胸罩的扣子从背后"请"到前胸鸡心处，使胸罩的佩戴更为方便。长束型胸罩的特点是将胸罩与紧身衣结合为一体，通常下端长度可达到腰部，可将腰、背部的赘肉全部收拢，这对纠正体型、矫正身姿具有一定的效果。但由于这种胸罩过于紧绷，容易引起胸闷、呼吸困难等不舒适感，对健康也会产生一些不利的影响。

按质地可分为纯棉布胸罩、涤纶胸罩和莱卡胸罩。纯棉布胸罩的面料纯棉布具有吸湿吸汗好、透气散热、质感舒适等许多优良性能，而且不沾皮肤，非常适合保护皮肤娇嫩的乳房和乳头，不会因为运动或劳动而对乳房产生摩擦，引起刺激而产生不适感。涤纶胸罩的面料涤纶织物虽具有易洗快干、不易变形、挺括等优点，用其制成的胸罩虽能够使乳房扁平的女性显得丰满挺拔，但涤纶面料对乳房的皮肤会产生较强的刺激性，容易导致乳腺炎和乳腺增生等乳房疾病。莱卡胸罩的面料莱卡是氨纶的商品名，是一种弹性极强的弹力纤维，即使被拉伸至原长的 4～7 倍也会立刻恢复原长，而且不会产生任何松垮感。用这种纤维加工成的面料制成胸罩，不仅具有良好的贴合性，而且佩戴它会感到很舒适。

目前市场上销售的胸罩规格比较复杂，而且品种、花样繁多（如背带式、无带式、离肩式、露背式等），因此，在购买时需要进行科学合理的挑选。也就是说，在选购胸罩前应当先测量两个尺寸，一个是下胸围尺寸，另一个是上胸围尺寸。下胸围又称最小胸围，在测量时应紧贴着乳根下缘绕胸一圈；上胸围又称最大胸围，测量时紧贴两乳头绕胸一圈。用上胸围的尺寸减去下胸围的尺寸，然后根据二者的差值（胸围差）就可以确定罩杯级数，见表 5-1。

表 5-1　胸罩罩杯级数的确定

序号	胸围差值/cm	宜选择的罩杯级数
1	胸围差值<9	A 杯
2	9<胸围差值<12.5	B 杯
3	12.5<胸围差值<17	C 杯
4	17<胸围差值<20	D 杯
5	20<胸围差值<23	E 杯
6	23<胸围差值<26	F 杯
7	26<胸围差值	G 杯

例如，某女士的下围尺寸为 80cm，如果乳房丰满，应当选择 80D 或者 80E 的胸罩型号；反之，如果乳房比较小，则应当选择 80A 或者 80B 的胸罩型号。

对胸罩进行科学的维护保养，不仅可以保持其清洁卫生，有利于乳房的健康，而且还可延长胸罩的使用寿命。

首先，要选择正确的洗涤方法。胸罩直接与皮肤接触，必须勤换洗，才有利于乳房的健康。一般来说，夏季出汗多，最好是每天换洗一次，即使是冬季出汗少，但由于气候干燥，皮屑较多，也应当每隔 2~3 天换洗一次。洗涤时，水温应控制在 30℃左右，这种温度的水不仅能使洗涤剂完全溶解，而且还能起到杀菌的作用。洗涤剂宜使用肥皂液、香皂等中性洗涤剂，但不可为了追求增白而使用漂白剂或者带有漂白成分的洗衣粉，如将含有漂白成分的洗涤剂残留在胸罩上，会对乳房造成危害。由于胸罩的特殊结构，不宜采用机洗，否则很容易发生变形，尤其是带有钢圈的胸罩在洗衣机清洗过程中更容易戳破罩杯，所以应当选择手洗的洗涤方式。如果胸罩上有污渍，可根据污渍的不同类型采用不同的去污方法。例如，唇膏或者粉底留下的污渍可先用乙醇擦掉后，再将中性洗涤剂溶于温水后清洗；汗渍在用淘米水浸泡后，即可清洗干净；水果汁可用牙刷沾上面粉，然后轻轻刷洗污渍处，便可清洗干净。洗涤时，为了防止胸罩变形，最好用手轻轻揉搓，尤其是钢圈、肩带等最容易变形的部位，宜用小刷子轻轻刷洗。如果胸罩表面污渍较多，不要用刷子刷洗，而应该用手轻轻揉搓，挤出污水，直至污渍去除为止。洗涤后一定要用清水投洗干净，以免残留有洗涤剂，对皮肤产生刺激，还会影响到肝脏功能。

其次，要注意晾晒方法。在将胸罩彻底漂洗干净后，千万不要用手拧扭净胸罩中的水分，而是应当用手轻轻地挤压，将大部分水挤出后，再用柔软干燥的毛巾包好，将水分充分吸干后再晾晒。千万注意不要将胸罩对折拧干，以免罩杯变形。在晾晒前，应将胸罩的肩带、罩杯内的海绵与衬布等部位小心地整理好，使其平顺整齐，再置于阴凉通风处晾晒。晾晒有两种方法：一种是将罩杯向上凸起，放在平台上晒干；另一种是将胸罩倒夹于衣架上或者将胸罩对折，使两个罩杯向外凸出再悬挂让其自然晾干。为了保持肩带原有的弹性，不宜用夹子夹住肩带悬挂晾晒。

再有，胸罩要妥善保养与护理。胸罩晾干后，不要使用密封袋存放，以免长期封闭引起发霉，也不要与樟脑丸等防虫药剂放在一起，以免使肩带以及胸罩面料的弹性受到影响，变得松垮无形。为了防止发黄变色，保存前在柜子的抽屉里垫一张白纸；叠放时，如果抽屉容量较大，可将胸罩平放于抽屉内，如果抽屉容量较小，可将胸罩对折，使罩杯向一个方向凸起，然后将肩带和搭扣放入内衬中，平放于抽屉内；除了叠放外，也可用些小夹子将胸罩倒夹后挂在衣柜内；胸罩的正常使用寿命是 6~8 个月，如果保养得当可延长至 12 个月。为了延长使用寿命，除了在清洗、晾晒、保存时多加注意外，在穿用时，不要连续数天穿戴同一件胸罩，应该是几件轮换穿用，给予它"休息"时间，才不会因为过度使用而使胸罩的面料失去弹性，因此，最好多选购几件舒适的胸罩，交替穿着，让其得到充分的"休息"，使用寿命自然会延长。

92. 衣襟之带——腰带

人的腰部一般都要系带，俗称腰带，亦称裤带，如图 5-13 所示。腰带的起源可追溯到人类"茹毛饮血"的原始时代，穿兽皮披树叶时所用的绳带，可以说腰带几乎是与衣服同时出现的。

在中国古代，腰带最初被称为衿。这是因为中国早期的服

图 5-13　腰带

装多不用纽扣，只在衣襟处缝上几根小带，用以系结，故以"衿"称谓这种小带。后来腰带逐渐形成外衣的大腰带（又称大带或绅带）和裤腰带（简称腰带）两类。大腰带用于束缚外衣，主要起美饰作用，而腰带是用来束紧裤腰或裙腰，主要起实用作用。其材质或以各类纤维为之，或以皮革为之。

　　腰带的材质很多，有各种皮革、人造革、棉织物、麻织物，也有少数是用金属做成的。它们形式多种多样，有宽有窄，有软有硬，各有优缺点。选用时既可随季节变化，也可根据实际需要。如腰围较粗的人，出于矫正体型的目的，可选用又宽又硬的腰带；出于美观的目的，则要选用较细的腰带，或是色彩比较显眼的腰带，这种腰带可使人显得苗条。而身材纤瘦、腰节偏低的人，使用加宽或特宽的腰带能使人显得挺拔俊秀。腹部比较丰满的体型，可选用两侧宽、前面细的曲线腰带，即使不用复杂的饰扣，也能减弱腹部突出的视觉效果，让人看上去更年轻俏丽。对于腹部比较平坦的青年人，如使用一条两侧窄而前后宽的腰带，再在腰前扎一个蝴蝶结，就会在妩媚之中透出天真可爱、窈窕活泼。身材较高大的人，可采用宽腰带来进行装饰，也可使用重心下移的三角形腰带，以使腰带和裙子的颜色形成对比色，其目的在于强调上下的分割线，可呈现人体的协调美。而对身材比较矮小的人，适宜采用细腰带，可使身体有修长的视觉效果，而且腰带的颜色应与裙子的颜色以同色系相配，其效果更佳；反之，如果采用宽腰带，则会使人产生横阔的感觉，不会给人带来美的享受。总之，应根据身材合理地选用腰带，其关键是要保持身体上下分割线比例关系的协调与匀称，要注意腰带的恰当位置和重量感的稳定，利用腰带的装饰特点来使之平衡而有变化。一般而言，胖人宜用窄腰带，瘦人宜用宽腰带，不胖不瘦的人宜用中等宽度的腰带，这就是选用腰带宽窄的依据。在儿童服装中，腰带的合理使用可延长服装的穿着时间，因为童装总是做得宽松一些，系上腰带后就不会显得过于肥大，随着儿童的长大，腰带可以逐渐放松，而服装也会逐渐合体。所以，不论男式服装、女式服装或儿童服装都可以使用腰带，腰带不仅具有保健功能和实用功能，而且还有装饰功能。

93.　擦拭温情的手帕

　　手帕，又称手绢、手巾，为纺织品中的一种小物件，是人们随身携带，用于擦手、脸的以纯棉单纱织制成的方形细薄织物。它既有实用价值，在不同时期、不同国家和地区又有特殊作用和情趣（图5-14）。

(a) 女手帕　　　　　　　　　　　　　　　　(b) 男手帕

图 5-14　手帕

在人类历史发展的长河中，手帕一直以来就是人们生活中不可缺少的用品，陪伴着人们走过了一个又一个春夏秋冬。手帕的使用情趣不仅在中国古代有，在不同时期、不同国家和地区也同样存在。例如，在希腊，人们外出散步时，总是喜欢在白色的衬衫中夹一条手帕，表示主人有风度、有气派。在雅典，当人们翩翩起舞时，总忘不了挥动手中的手帕。瑞典人也有此风俗，如外出散步时手持手帕，表示悠闲快乐，当听到优美动听的乐曲时就挥动手帕起舞，以示高雅而有风度。在美国，无花的白色或浅色手帕最为流行，青年男女都喜欢将其作为爱情礼物互相赠送。在英国，手帕除了一般用途外，还经常把制作考究的麻织物手帕放在西装左上方口袋里，让其略露出一个小角来，当作一种流行的贴身装饰来彰显自己的身份和气质。在日本，手帕是人们日常生活中的必备用品，用于擦汗、擦眼睛、擦嘴、擦手或在用餐时铺在膝盖上以免油点或菜汤沾污裤子；有些地方还在手帕上印有外语单词，以此代替外语单词卡片，使学习外语方便快捷，据说这种手帕非常畅销，深受青年学生和外语学习者的青睐。

当今的手帕是一种色织薄型织物，分为织造手帕和印花手帕两大类，还有用手工绘画、刺绣、抽纱等制成的工艺美术手帕。一般选用 6～18tex（32～100Ne）全棉纱为原料，其中以 10～14tex（42～60Ne）使用最多。高档产品选用长绒棉精梳纱，少数品种采用蚕丝、麻纱、棉麻混纺纱或涤棉包芯纱等为原料，采用平纹、斜纹、缎纹、提花、剪花、纱罗等多种组织织造，织物经纬密度一般为 275.5～314.5 根/10cm（70～80 根/in），少量高档产品在 354 根/10cm（90 根/in）以上。织物经烧毛、退浆、漂白、丝光、上浆、增白整理成光坯，然后经开料缝制而成手帕，也有采用毛巾组织织制的毛巾手帕。按手帕的使用对象，可分为男式手帕、女式手帕和童式手帕。一般手帕的规格尺寸，男式手帕为 36～48cm，女式手帕为 25～35cm，童式手帕为 18～25cm。边形有狭缝边、阔缝边、锁边、月牙边（水波边）、手绕边等多种。狭缝边用于普通手帕，月牙边多用于女式手帕，锁边、阔缝边常用于高档男式手帕，手绕边多用于绣花手帕。手帕的一般特点是布面平整细洁、手感滑爽、细软吸湿、外观优美等。

手帕虽小，但花色品种繁多，如织条、缎条、提花、织花、剪花、纱罗、双层、绣花、抽绣、印花、手绘等品种。

手帕是文明和卫生用品，因此如何使用手帕非常重要。每人最好身带两条手帕，一条作为擦眼睛、擦嘴和擦手使用，另一条专用于擤鼻涕时使用，二者各司其职，不可混用。手帕必须保持干净，一定要注意每天洗换。在洗涤手帕时应选用开水洗烫（涤棉或丝绸手帕切忌用开水，以免变形），然后用肥皂搓洗干净，再用清水漂洗干净，晾干，以达到去污灭菌的目的。干净的手帕切忌和钱物放在一起，尤其是不能用手帕代替包布来包裹钱币，否则极易将细菌经口、鼻传入体内。在用手帕擦眼睛、擦嘴和擦手时，应将折好的手帕打开使用里面的一层，以免将与衣服口袋接触的外层脏物带给人体。人的手会接触到各种杂物，是人体最脏的部位之一，因此，在使用手帕擦手时，应将手洗干净，用手帕直接擦脏手是不卫生的，容易传播病菌。还有，切忌使用别人的手帕，特别是不要使用大人的手帕去擦婴儿的嘴、脸和手。试验表明，使用两天而未洗的手帕，上面沾有的致病细菌达到 20 余种，每平方厘米含菌量高达 5 万～8 万个，这是一个惊人的数字。瑞典人曾发明了一种能抵抗病毒的手帕，这种经过能抵抗病毒的溶液浸泡过的手帕，具有杀死沾在手帕上的病毒的功效，可以防止咳嗽或打喷嚏时将病毒传染给别人。总之，在使用手帕时一定要以人为本，讲科学，讲卫生，健康第一。

在 20 世纪末至 21 世纪初的一段时间里，随着面巾纸和餐巾纸的出现及人们生活节奏的加快，手帕失去了昔日的辉煌而遭到冷遇，用的人也越来越少。当今，随着人们环保意识的增强，一些有识之士和环保部门发出"我们只有一个地球"的呼吁。因为面巾纸和餐巾纸虽然使用方便，用后即丢弃，既卫生又可免去洗手帕的麻烦，可是面巾纸与餐巾纸都是采用木材加工制作而成，不仅浪费了本来就很紧缺的木材资源，而且在生产过程中还要产生大量污水，用后丢弃还会污染环境。于是，环保给手帕留出了广阔的使用空间，在此情况下，手帕又开始回到人们的生活中，正在逐步恢复其本来的地位。

94. 呵护双手的手套

　　手套是人们一年四季皆可使用的服饰，人们常称它为"手的时装"，特别受到女性的钟爱，如图 5-15 所示。它的起源现在很难考证，但中国自古已有之。湖南长沙马王堆一号西汉墓中出土过三副手套，这些手套都是采用绢绮缝制而成，整只手套长 26cm 左右，宽 10cm 左右，大拇指套分作单缝，是直筒露指式，目前在南方地区仍广为流行。在随葬品"清单"的竹简上，这些手套名为"尉"，尉在古代又作熨斗的"熨"字解，但各种字典上均未有"尉"是手套古代名称的任何解释，这不得不说是个谜。当然，马王堆汉墓出土的手套在中国并非最早的，在湖北江陵一座古代战国时期的楚墓中还曾出土过一副皮手套，并且是五指套分缝，年代显然早于长沙马王堆汉墓，也就是说，中国至少在 2500 年前就有了手套。

图 5-15　手套

　　现在手套已是套在手上的日常用品，主要功能是避免或减轻手受伤害，防止或降低污染，御寒或保健，以及美饰等作用。在寒冬腊月里，人们外出戴上手套，既保暖又保护手部皮肤不被冻伤，是男女老幼必备的御寒用品。医护人员戴的消毒乳胶手套在诊疗病人时可防止病菌的传染，在手术时可防止手上的细菌污染病人的伤口。工人操作时戴用的橡胶手套可防止被污染或起到保护手的作用，如环卫工人用来防止污物沾染手部，筑路工人用来防止沥青的污染，化工工人用来防止酸碱对手部皮肤的侵蚀。采用棉纱线织制的手套有保护双手、防尘、防油污等作用。一次性的塑料薄膜手套在医学上或在日常生活与工作中，也展示出广泛的用途。人们在穿着正统的礼服或演员的演出服时，常配以手套达到美饰作用。如青年男女举行婚礼时，新娘穿白纱长裙，新郎着深色西服，常佩戴白色长、短手套。参加各种宴会、舞会或文艺演出活动时，穿上夜礼服、演出服或燕尾服，女性要戴齐肘长手套，采用与服装同样的面料和颜色，有白、乳白、灰、黑等颜色，款式一般不见明线，可充分体现出高雅、柔和、端庄的风格，而男性则大多戴由羊皮或白细棉质织制的手套，可显示出男性高贵的气质。在一般场合下，穿着各式轻便、休闲服装时，宜佩戴轻松活泼的短式手套，无须采用过多的华丽装饰，最多在手套上刺绣一些简单大方的图案，质地宜粗犷朴素，可选用毛线、羊皮、人造革、针织绒等，应根据服装式样进行恰到好处的匹配。当穿着运动服、工作服时，宜根据运动服的款式选戴色彩明快、质地粗犷的手套，如曾在世界上风靡一时的"霹雳舞"手套就使很多青年人爱不释手。穿工作服时，一般宜选戴用大粗明线装饰或拼色的手套，既大方又坚牢，非常实用。还必须指出，手套是服饰之一，为了取得令人满意的装饰感和着装整体美的艺术效果，手套还应与其他服饰相配套，特别是手套的色彩应与其他服饰相配合，例如手套的色彩、质地应和鞋子的色相一致。

制作手套的材料较多，应根据戴手套的目的和场合合理选用，如劳动保护手套有用棉制的、橡胶制的，也有用维纶制的。穿礼服时戴的手套则采用与礼服相同的面料或是采用编织品、绢网、缎等织物制成。宴会、晚会或舞会上使用的齐肘长手套大多还要饰以刺绣或镶缀珠宝。手套的造型设计有三种：一种是有五个指套的普通手套，市场上销售的大多属于这一种；另一种是将大拇指与其余四指分开的两指手套（包括在南方地区广为流行的手工用毛线编织的手套）；再一种是没有指套的无指手套，大多是手工用毛线编织的手套或是用织物缝制的御寒手套。在这三种类型的手套中，以五指手套的灵活性较好，但其厚度受到一定的限制。因为手指是呈圆柱形的，散热量较大，所以这种手套在御寒性方面较差，而两指手套和无指手套虽在御寒性方面显示出优越性，但手指的活动却受到了很大的限制。

手套是"手的时装"，为了达到御寒、保健和美饰的要求，必须进行科学的选用。第一，应根据戴用者的具体情况和环境来选择合适的材质和造型，以达到戴手套的目的。因为御寒、保健和美饰用的手套要求是不一样的。第二，要注意手套的尺寸必须与手的大小相适应。手套太大不仅达不到保暖的效果，而且还会影响到美观和使用以及手指活动的灵活性，太小则会使手部的血液循环受阻而引起不适。第三，手套要与整体装饰相一致。如穿灰色大衣或浅褐色大衣宜戴褐色手套，穿深色大衣适合戴黑色手套，穿裘皮服装应选择与之色彩一致的手套，穿色彩鲜艳的防寒服最好佩戴彩色手套，穿西装或运动服应选择与之色彩一致的手套或黑色手套。女性穿西服套装或夏令时装时宜选戴薄纱手套或网眼手套。穿运动服绝对不能与锦纶手套配套。第四，选购手套时要与个人的气质相协调。因为手套是一种"手的时装"，就应该同其他时装一样，选购时必须注意到每一个人的年龄、性格和气质等方面的差异。一般而言，年长而稳重的人适宜戴深色手套，年轻而活泼的人适合戴浅色手套或彩色手套。在手套材质方面应根据戴用者的具体情况来选择，如婴幼儿和少年儿童手小、皮肤娇嫩，宜选用以柔软的棉绒、绒线或弹性尼龙制成的手套，而老年人的血液循环较差，皮肤比较干燥，而手足又特别怕冷，宜选用以轻软的毛皮、棉绒线制成的手套。对于冬天骑车的人或汽车司机来说，不宜选用由人造革、锦纶或过厚的材料制成的手套，否则将会影响交通安全。

戴手套虽是个人的事情，但也有一些礼节值得注意，否则稍有不慎就会引起嘲笑，甚至有失礼貌。如在西方的社交场合中，女士大多戴着手套，并被认为戴手套才是讲礼貌的，而且讲究白天戴短手套，晚间戴长手套，夏季戴夏装手套，冬季戴冬装手套。再如当人们见面握手寒暄时，男士不能戴着手套，否则就会被认为是不礼貌的，一旦进入室内，也应当立即脱下手套。但在以上两种情况下，女士都不必脱下手套，这是给予女士的优待。此外，不论男士还是女士，在喝茶、喝咖啡、吃东西或是吸烟的时候，都应提前脱下手套，否则会被视作不礼貌。女士戴手套时不应把戒指、手镯、手表等物戴在手套的外面，衣袖也不允许塞进手套内。

图 5-16　袜子

95. 脚部的时装——袜子

袜子是一种穿在脚上的服饰用品，起着保暖和防脚臭的作用，如图 5-16 所示。袜子也和其他服饰一样，由简到繁，再由繁到简，发展到现在的五花八门、形形色色，形成了"袜子王国"。

在中国古代，袜子亦称为袜或足衣、足袋，由皮革或布帛裁缝而成。曹植在《洛神赋》中曾借用袜子来描述洛神的飘逸和洒脱，所云："凌波微步，罗袜生尘"。"罗袜"即用丝织品做成的袜子，意思是说洛神脚穿罗袜，步履轻盈地走在平静的水面上，荡起细细的涟漪，就像走在路面上扬起细细的尘埃一样。在中国古代可与罗袜媲美的高档袜子名目繁多，仅见于记载的就有锦袜、绫袜、绣袜、丝袜、绒袜、毡袜、千重袜、白袜、红袜、素袜等数十种。这些袜子均是以面料裁缝为之，一直到19世纪后期，随着西方针织品输入中国，针织袜子、针织手套以及其他针织品通过上海、天津、广州等口岸传入内地，商人们在沿海主要进口商埠相继办起了针织企业，一次成形的针织袜子才逐渐取代了面料裁缝袜子。

现在袜子的种类很多，分类如下。按针织工艺分，有裁剪袜和成形袜两大类：裁剪袜是将针织坯布裁剪成一定形状，然后经缝合而成；成形袜是用袜机编织成一定形状的袜坯或袜片，袜坯经缝头机缝合而成袜子，而袜片需对折，经缝合而成袜子。成形袜又可分为圆袜和平袜两类。圆袜在整个编织过程中，除袜头和袜跟外，参加编织的针数固定；平袜在编织过程中可任意调节参加编织的针数，外形符合腿形，主要用于长筒女袜生产中。按材料分，有锦纶弹力丝袜、锦纶丝袜、棉纱线袜、羊毛线袜、腈纶袜以及各种交织袜等。按组织结构分，有素色袜和花色袜。花色袜又可分为横条袜、绣花袜（单色和双色）、网眼袜、提花袜（双系统、三系统提花袜）、凹凸提花袜、毛圈袜、闪色袜以及复合花色袜等。按袜筒长度分，有长筒袜、中筒袜和短筒袜。按袜口种类分，有平口袜、罗口袜和橡口袜。按使用对象分，有男袜、女袜、中年袜、少年袜、童袜、婴儿袜等。按穿着用途分，有常用袜、运动袜、劳动保护袜、医疗袜、舞袜等。按品种形式分，有船袜、无跟袜、连裤袜等。按染整工艺分，有素色袜、丝光袜、冲毛袜、拉毛袜、印花袜等。

圆袜的结构由袜口、袜筒和袜脚三部分组成。其中，袜脚包括袜跟、袜底、袜背和袜头。袜口的作用是使袜子边缘不致脱散并紧贴腿上。在长筒袜和中筒袜中，袜口一般采用双层平针组织；在短筒袜中采用罗纹组织，有时还衬以橡筋线或氨纶丝。袜筒的要求是使外形适合于腿形。袜筒按袜子种类的不同，可分为上筒、中筒和下筒。长筒袜的袜筒包括这三部段，中筒袜没有上筒部段，短筒袜只有下筒部段。长筒袜的袜筒一般采用平针组织，也有采用防脱散的集圈组织。中筒童袜和运动袜的袜筒有的采用罗纹组织。短筒袜的袜筒采用添纱或提花组织。袜跟的要求是使袜子具有袋形部段，以适合脚跟形状，采用平针组织，并喂入附加纱线进行加固。袜背与袜筒的组织相同。在编织袜底时另加一根加固线。袜头的要求与袜跟相同。袜子在下机时袜头是敞开的，经缝合才成为一只完整的袜子。

袜子的主要参数有袜号、袜底长、总长、口长和跟高。袜子的规格是用袜号表示的，而袜号又是以袜底的实际长度尺寸为标准的，所以知道脚长后便可选购合脚的袜子。可是，由于袜子所使用的原料不同，其在袜号系列上也有所不同。其中，弹力尼龙袜的袜号系列以袜底长相差2cm为1挡；棉纱线袜、锦纶丝袜、混纺袜的袜号系列则以袜底长相差1cm为1挡。

弹力尼龙袜系列如下：童袜为12～14号、14～16号、16～18号；少年袜为18～20号、20～22号；成年袜为22～24号。

棉纱线袜、锦纶丝袜、混纺袜系列如下：童袜为10～11号、12～13号、14～15号、16～17号；女袜为21～24号；男袜为24～26号、27～29号。

袜子是重要的服饰之一。在挑选时首先要注意其质量，可用"紧、松、大、光、齐、清"6个字来概括，即袜口和袜筒要紧，袜底要松，袜后跟要大，袜表面要光滑，花纹、袜尖、袜跟无露针。其次，要根据穿用者的具体情况来选用。如汗脚者宜选用既透气又吸湿的棉线袜和毛线袜；而脚干裂者则应选用吸湿性较差的丙纶袜和尼龙袜。最后，还要根据体型选择合适的袜子。腿短者宜选用与高跟鞋同一颜色的丝袜，在视觉上可产生修长的感觉，不宜选用大红大绿等色彩艳丽的袜子；脚粗壮者最好选用深棕色、黑色等深色的丝袜，尽量避免浅色丝袜，以免在视觉上产生脚部更显肥壮的感觉；穿高跟鞋宜选用薄型丝袜来搭配，鞋跟越高，则袜子就应越薄。在挑选长筒薄型丝袜时，如果选择合适，可起到弥补脚部形状和肌肤缺陷的作用。例如，丝袜的长度必须高于裙摆边缘，且留有较大的余地，当穿迷你裙或开衩较高的直筒裙时，则宜选配连裤袜。对于身材修长、脚部较细的女性来说，宜选用浅色丝袜，可使脚部显得丰满些；脚部较粗壮的女性宜选用深色的丝袜，最好带有直条纹，可使腿部产生苗条感；腿较短的女性最好选用深色长裙与同颜色的袜子和高跟鞋。另外，穿一身黑色的衣服宜选用有透明感的黑袜；穿着花裙时应选配素色丝袜可产生协调美；对于有静脉曲张的女性，忌穿透明丝袜，以免暴露缺陷。

　　为了提高丝袜的使用寿命，可把新丝袜在水中浸透后，放进电冰箱的冷冻室，待丝袜冻结后取出，让其自然融化并晾干，这样在穿着时就不易损坏。对于已穿用的旧丝袜，可滴几滴食醋在温水里，将洗净的丝袜浸泡片刻后再取出晒干，这样可使尼龙丝袜更坚韧耐穿，同时还可去除袜子的异味。

96. 伴君走天涯的鞋履

　　鞋是人们为了保护脚部免受带棱带刺的硬物伤害，便于行走和御寒防冻而穿用的，兼有装饰功能、卫生功能的足装。鞋子虽然只占服饰的很小部分，而且处于不受人注目的"最下层"，但其作用非同小可。因为人要走路，必须要穿鞋。意大利建筑师卢西安诺·卡罗索曾这样描述鞋子产生的意义："鞋的使用是一次革命，同时也是人类的需求，使人类与动物区分开来。"鞋在人们日常生活中的重要性是不言而喻的（图5-17）。

| （a）布鞋 | （b）皮鞋 | （c）塑料鞋 | （d）胶鞋 |

图5-17　鞋子

　　鞋起源于何时，现已无从考证，但历史表明，中国不仅是服装文明古国，也是制造鞋的文明古国。大约在5000年前就出现了用骨针缝制的兽皮鞋子，新疆楼兰出土的一双羊皮女靴，距今已有4000多年的历史，整双鞋由靴筒和靴底两大部分组成。3000多年前的《周易》上已出现了代表鞋的"履"字。鞋的实物出土和文献中出现"履"字，有着非凡的意义，无不显示着鞋已进入更高的发展阶段。

　　古时的鞋，又称舄、屦、履、靴、屐、屝、鞁等，直到唐代，才将这些称谓统一为"鞋"。这些不同称谓通常与鞋的样式有关。

　　鞋是足装，虽然只占人们服饰的很小部分，而且处于不受人注目的"最下层"，但是鞋子的设计是否合理，造型是否美观，穿着是否舒适，不仅关系到人的仪表和风度，而且也影响到人的步履和健康。因此，鞋子在人们的服饰中具有举足轻重的作用。据医学研究资料，人脚共有26块骨头、100条韧带、20条肌肉和33个关节。人从早晨到黄昏，双脚要肿胀5%～10%，通过两种汗腺来排泄汗水。若从人脚上减轻1g质量，就相当于人的背部减去6g质量。另由人体生理学可知，人体足部的汗腺分布相当密集，对调节人体温度的作用很大。足部感到最舒适的温度是 28～33℃，如果温度低于 22℃时就会影响到血液的正常循环，使人产生非常不舒适感。由于足部汗腺多，脚的皮肤在鞋中散发的湿气量可达 1.7～4.2g/h，湿气的散发将会带走一部分热量，而且脚越湿，热量散失就越多，极容易导致感冒，尤其是耳、鼻、喉和尿道受影响更甚。此外，研究表明，脚与人体全身的血液循环有着十分密切的关系，在医学上常被称为人的"第二心脏"。脚掌与上呼吸道及内脏之间有着密切的经络关系。中医理论认为，如果足部受寒，势必影响到呼吸道和内脏，容易引起胃疼、腰腿疼、男子阳痿、女子行经腹痛和月经不调等病症。西医理论认为，人体的温度主要来自食物在体内氧化分解而释放出的热量和人体各组织、器官在机能活动中产生的热量，这些由体内所产生的内热量是通过心脏的收缩作用，靠血液循环携带到全身。而脚特别是脚趾，远离心脏，是血管分布的末梢，待血液流至脚上，其热量已很少了，加之脚部皮下脂肪薄，保温能力较差，热量也易散失。根据测定，脚趾尖的皮温只有 25℃左右。因此，特别是在寒冬腊月，鞋袜对保持脚部温度起到了重要的作用。鞋对人体健康的影响很大，鞋子不合脚将会在一定程度上影响到人的工作情绪和工作效率，穿上合适的鞋不仅美观，而且对脚部的肌肉和脚弓发育有益处。为此，近年来鞋业生产者运用人体工程学和现代运动生理学的原理，设计生产出品种繁多、造型别致、结构科学合理、穿着轻便舒适、行走方便的各种保健鞋和运动鞋，如磁性保健鞋、充气运动鞋、保健舒适鞋、空气调节鞋、新鲜空气鞋、脱臭鞋、水上行走鞋、夜光鞋、高速鞋、慢跑鞋、防寒鞋等。

在"鞋的王国"里，鞋的品种和款式繁多。按用途分，有生活用鞋、劳动保护用鞋、运动用鞋和舞台用鞋等；按穿着季节的不同分，有凉鞋、单鞋、夹鞋和棉鞋等；按穿着对象的不同分，有男鞋、女鞋和童鞋；按制鞋原料的不同分，有胶鞋类、塑料鞋类、皮鞋类和布鞋类等。目前，世界上鞋的种类已逾千种，且有增无减。

FUZHUANG

第六篇　选用篇

　　服装是指穿于人体而起保护和装饰作用的制品，除衣服外，还包括帽、围巾、领带、手套、手帕、鞋、袜等服饰，是人们每时每刻都离不开的生活必需品。人类赖以生存的衣、食、住、行四大要素中，衣居首位，这充分说明服装服饰是人类特有的劳动成果，它既是物质文明的结晶，又是精神文明的丰富内涵。

　　服装具有六大功能。①保护性，主要是指对人体皮肤的保洁、防污染、保护身体免遭机械和有害化学药物损伤、热辐射烧伤等的护体功能。②美饰性，主要是指构成服装的款式、面料、花型、颜色、缝制加工五个方面，形成服装的美感。③遮盖性，表现不尽相同，如有的遮掩严密，有的大面积敞开暴露，它与人类的审美观念、道德伦理、社会风俗等密切相关。现代服装还注重将遮羞功能与美化装饰功能巧妙结合，以达到相辅相成的境界。④调节性，是指通过服装来保持人体热湿恒定的特性。⑤舒适性，是指日常穿用的便服、工作服、运动服、礼服等对人体活动的舒适程度。⑥标志性，是指通过服装的颜色、材料、款式及装饰件来表明穿着者的身份、地位或所从事的职业。因此，人们如何选购和选用服装服饰，其标准就是要求满足上述6个功能，其中最重要、最核心的是使选购选用的服装服饰穿出健康、穿出美丽。这才是选用服装的真谛！

97. 如何选购与鉴别服装的质量？

　　服装质量涉及消费者的切身利益，因此在选购服装时，除了要进行试穿外，还要懂得鉴别服装质量的方法。

　　(1) 选购服装的步骤　在商场选购服装时，一般都是遵循一看、二问、三试穿的步骤来选购的。

　　一看就是看服装款式和颜色、服装的材料、服装的做工、服装外观、服装质量和价格。

　　二问就是将身高及胸围，或身高及腰围告诉售货员，要求提供合适的上衣或裤子。

三试穿就是指消费者在试穿室内对着镜子试穿，看款式是否合身贴体，是否足以弥补自己体型的不足，看服装的颜色是否适合自己的年龄、个性、肤色等，看与身上穿着的其他衣着是否和谐。

（2）选购服装时的一量三看　在商场选购服装时，一般人在试穿后就可对购买与否做出选择。但一些做事严谨细心的消费者，或者是代别人选购服装而又无法试穿时，往往还要进行"一量三看"的选购程序。

①　一量。一量就是测量衣服的尺寸和规格。a.上衣。普通的上衣只需量一下衣长和胸围，较高档的还要量领大、袖长和总肩宽，对于有特殊要求的还要再加量其余部位的尺寸，将测量的结果与规格、要求进行对比，看其是否正确，控制部位的允许公差范围一般掌握在±1.5%以内。b.裤子。普通的裤子只需量裤长和腰围，较高档的加量臀围和裤脚，对于有特殊要求的再加量上裆和横裆，测量结果的允许公差范围一般应掌握在±0.5%以内。

②　三看。三看是指看外形质量，看内在质量，看面料质量，它概括了服装的整体质量。

a. 看外形质量。这是鉴别服装外形质量的步骤和方法。

上衣三步法一般是采用目测法，可分三步来鉴别上衣的外形质量。从前面看：看领头、驳头是否平服，翘与平是否适当，领角大小、高低是否对称，领子是否挺括；看大身胸部是否饱满圆顺，止口丝缕是否顺直，有无搅豁；看口袋的位置和大小是否适当，袋与盖是否平服。从后面看：看后身是否方登；看戤势、领圈是否平服；看肩胛骨部位是否宽舒；看后衩有无搅豁，是否平服。从侧面看：看两衣袖是否对称，是否圆顺；看肩缝、摆缝是否顺直。

裤子三步法也是采用目测法，分三步鉴别裤子的外形质量。从平面看：将挺缝对齐、摊平，看裤缝是否顺直，不吊裂，看侧缝袋是否平服，袋垫是否外露；看裤脚是否大小一致，既要服帖又不要吊兜；再将裤脚拉起，看下裆缝是否对齐、顺直，要不吊裂；看下裆缝和后缝的交叉处是否平直；看裤脚的下裆缝处是否吊起。从上部看：看裥子、省缝是否对称；看腰头是否平直；看后袋是否服帖；看串带小襻位置是否准确，是否平服；看门襟、里襟配合是否合适。从立体看：将裤腰拎起，就像穿着的形状那样，看前后裤缝是否圆顺，裤片是否平整，不吊裂。

b. 看内在质量。服装的内在质量包括夹里、针迹和拼接三方面。夹里：看夹里是否过长、过短、过大、过小、是否服帖。针迹：看车缉和手工针迹是否过分稀疏。拼接：看挂面、领里或裤腰、下裆拼角等的拼接是否妥当。

c. 看面料质量。主要看衣服各部位（如衣领、袖子、前后片）的颜色是否有色差，还要看面料表面的疵点是否多，倒顺毛，以及对格、对花是否妥当，表面有无污渍、变色、烫黄、虫蛀或鼠咬等情况。

（3）高档名牌服装的质量要求　上述仅是对一般的普通服装质量的简易鉴别方法，对于高档服装，对其质量要求更高，即名牌特色服装的操作工艺和外形要求，要做出九个势，使成衣后达到十五个字的高质量标准。

九个势系指胁势、胖势、窝势、戤势、凹势、翘势、剩势、圆势和弯势。这些势都是通过精工细做，将服装的一些部位做成符合体型和造型所需的形状。

十五个字系指平、服、顺、直、圆、登、挺、满、薄、松、匀、软、轻、窝、戤。这十五个字是对名牌特色服装的质量要求，但也可供消费者选购服装时参考。这十五个字的具体质量要求如下。

平指成衣的面、里、衬要平坦，不倾斜，门襟、背衩无起伏，无搅豁。

服指成衣试穿时要服帖，不但要符合人体，而且各部位特别是后背、腰胁、胸部和臀部等的凹凸曲面应与人体的凹凸曲面大体一致。

顺指成衣的缝合线条（如肩缝、摆缝、袖缝等）以及各部位的线条，均需要与人的体型线条相吻合。

直指成衣的各种直线（如袋盖、袋口、驳头串口等处）应挺直、无弯曲。

圆指成衣各部位连接线条，特别是袖山头等处，都应构成平滑的圆弧，无折角。

登指成衣试穿时，各部分如胸围线、腰围线等横线条等，都应与地面平行。

挺指试穿时，成衣各部位要挺括。

满指成衣试穿时，前胸部位要丰满，能突出体型的长处，弥补体型的不足。

薄指在上衣止口等缝子较多而较厚的部位要做得薄些，穿着时有舒适和飘逸的感觉。

松指在成衣的某些部位（如西装领驳头和肩头等处）不拉紧，不呆板，穿着时富有活泼感。

匀指成衣各部位的面、里、衬要统一均匀，不给人以厚薄不均匀的感觉，装垫肩的肩部尤需如此。

软指上衣的胸部和肩部，所用衬头要挺而不硬，柔软而富有弹性，穿着后便于活动，回弹性良好。

轻指穿着后，由于凹势和翘势匠心独运，恰到好处，感到服装较轻，动作方便。

窝指服装外形光滑、平服，成衣各边缘部位（如领头、止口、袋盖、背衩等）向人体做自然势的轻微卷曲，即窝势平服。

戤指成衣的宽裕度。在试穿时，各活动部位都要感到有一定的宽裕度，便于活动。直立时，前后袖笼要呈比较顺服的状态。

（4）服装常见的疵病 下面列出服装质量检验时经常遇到的疵病，供我们选购服装时对这些重点部位进行检查，做到心中有数，从而确保选购服装的质量。

① 中山装立领领头不正，角度不对称，第一粒纽扣不居中。

② 驳头角度不对，朝外翻，导致驳头不顺、不窝。

③ 止口不直，前胸不挺。

④ 袋有大小、高低，袋盖翘起。

⑤ 袖子未装正，不圆顺。

⑥ 肩摆缝不顺。

⑦ 裤子门襟、里襟配合不好。

⑧ 裤脚不平服。

⑨ 裤腰不平服。

⑩ 裤脚有大小。

⑪ 裤缝歪斜不顺。

⑫ 锁眼不清爽，针脚不齐，滚眼不平服。

⑬ 钉好的纽扣与纽扣眼位不对称，钉线太散。

⑭ 漏针、跳针、针脚稀疏、针边不美观。

⑮ 面料上有毛病，如缉破、熨黄、虫咬、铁锈、脏污等。

98. 如何科学地选择服装面料?

在日常生活中，人们穿衣的目的有二：一是遮盖身体、御寒防暑、保护身体健康和掩饰体型缺陷；二是造型式样和色彩的美化装饰。服装面料的选择，不仅反映一个国家的政治、经济、科学和文化水平，而且也反映了一个国家的人民生活水平。在改革开放以前，国人对服装面料选择的标准大体上是经济、实用、美观。随着人民生活水平的不断提高，人们对服装面料的要求也越来越高。综合起来，一般按以下顺序进行选择：审美性、时新性、实用性、风俗性和经济性。

（1）**审美性**　人们在选择面料色泽时，通常是"远看颜色，近看花"。虽然面料的色泽万紫千红，五彩缤纷，但一般来说，人们还是比较注意庄重感。长期以来，各种色彩在人们心理上已形成一种冷暖、明暗之分。在美学上，把红、橙、黄等颜色称为暖色；蓝、青、绿等称为冷色。天气暖，容易使人感到疲倦，冷易使人精神振奋，而颜色暖却易使人兴奋，颜色冷则会起到抑制作用。明暗度是以白色明度最大，黄色次之，黑色最暗。不同的色彩又给人以不同的感觉，由于各个民族对色彩的爱憎不同，即使同一种色彩，也有不同的内涵。我们在选择服装面料时，必须注意服装色调要和谐。如果个人的身材不佳，可以通过服装的颜色来进行弥补。例如，要想使自己显得高大一些、胖一些，就可选择暖色和亮色的服装，如红色、黄色等。冷色的服装可以给人以一种矮小而瘦的感觉，如深绿色、蓝紫色和发深蓝色的暗色调，它与暖色产生的效果正好相反，起到在视觉上缩小物体体积的作用。所以这种颜色又称为收缩色。如果一个人的臀部较大，而胸部又不丰满，则不适于选择浅色的裤子或是裙子配深色的上衣，否则会使其身材比例显得更加失调。假如穿上深色的裙子，再配上浅粉色的上衣，这样看起来有收缩臀部而扩大胸部之效，因而显得体型优美而丰满。再如，身材矮小的人，如果戴上亮色的帽子，再配上灰色的服装，这样就会显得高大些。同样的道理，身材较瘦的人如果穿上花色鲜艳的服装，花朵大，就会显得丰满；如果穿上方格子花纹或横条的衣服，就会显得更加健壮而匀称。相反，身材较胖的人不宜穿太鲜艳的衣服，尤其是在冬天，要避免穿浅色罩衣和外衣，夏天不宜穿白、灰等颜色太浅的裤子，否则会显得更胖。对于身材太高的人，不宜穿色彩鲜艳、大花朵和亮的服装，如果改穿深色、单色或柔和色的服装，会显得稳重、安静。

此外，服装的颜色还能改变一个人的肤色，这是由于服装的色调和装饰给人们造成的视错觉所致。每个人都有自己的肤色，一个人的面部、全身肤色，以及眼睛、头发的颜色，在一定程度上都会随着服装的颜色而发生视觉变化。有些颜色能使人的皮肤显得发粉、发红、白净，生气勃勃，甚至也会使眼睛显得格外明亮、炯炯有神。同样，还有些颜色会使人的脸色显得发黄、发褐、发青，灰暗，精神颓废，眼睛也显得呆滞无光。由此可见，根据肤色来选择服装的颜色是多么的重要。例如，一个人的皮肤色调发黄或发褐色，则要避免亮色调的蓝色或紫色的服装；如果皮肤色调很暗，则要避免穿深褐色、黑紫色或黑色的服装；如果肤色太红、太艳，则应避免穿浅绿色和蓝绿色的服装。这是因为颜色的强烈对比，会使肤色显得红得发紫。如果肤色是病黄、苍白色，则应避免穿紫红色的服装，因为这种颜色会使人显得黄绿，更加呈现病态。

一般而言，任何肤色的人穿白色服装或浅色小花纹的服装，都会收到良好的效果。因为它会使脸上显得富有色彩，具有蓬勃的朝气。如果一个人的肤色发红，再配上浅色的服装，则更显得健康而有活力。黑色物体本身具有吸收光和颜色的性能，如果穿上黑色服装，会使皮肤显得白皙。所以，只有那些肤色干净、较白的人穿上毫无修饰的黑色服装才产生美感。浅色的海军蓝对多数人的肤色都是比较适宜的。皮肤黑红色的人，不宜穿浅粉、浅绿的服装。肤色发黄的人可以穿浅粉色，也可以穿白底小红花或白底小红格的服装，这样可使面部肤色富有色彩。对于肤色呈粉红、黑红的人，穿上浅黄色、白色或鱼肚白色的服装，使肤色和服装色调和谐，其效果甚佳。

在一般情况下，童装与女装的颜色多选用色彩变化多的面料。在选择童装时，要注意儿童的心理，要符合儿童天真活泼的个性，多选择色彩艳丽，花型生动活泼，色彩对比性强，热闹、明快的面料。例如，秋、冬季的服装面料可挑选暖色调的，以红、玫瑰红、枣红、铁锈红、橙、棕色等为主色调或者加以适当的格条等花型；春、夏季可选用冷色调的，以白、浅粉、浅蓝、湖蓝、浅绿、米色等为主色调的各种面料。女性四季服装变化多，款式层出不穷，千变万化，选用合适的服装面料的颜色主要根据自己的年龄、性格、爱好、肤色、体型、职业、经济条件等进行综合考虑。青年女性服装的面料颜色的选择，一般多注意时新性，即流行性。但总的来说，一般都是以色泽鲜艳、明快，色调强烈，富于青春活力为标准。对于性格内向的人，应选择色调柔和、宁静的灰驼色、咖啡色等中间色或淡雅的颜色。中年女性应选择典雅含蓄的色彩，或是素雅的浅色，显得雅致大方，表现出合体的自然美。一般多以平素和中间色为宜，中深色的蓝、灰、咖啡色等也能显得落落大方，庄重不俗，切忌过于艳丽。老年女性适宜选择质地精良，穿着舒适、挺括，抗皱性能好的各种面料。颜色以中深色为主，如中深灰、中深蓝、黑色等。这些颜色显得宁静、安详、庄重，也可选用中间色的中深咖啡色和中深驼色，以显示安逸、慈祥、庄重。当然，对于文艺工作者来说，由于职业和性格的关系，颜色的选择范围较大，多以流行和突出个性的颜色为主。男式服装的颜色一般以灰、蓝、咖啡色为主，特别是中老年人多喜欢平素色，但要注意面料的质量。对于有一定社会地位的男士，多追求高档典雅，能突出个性和满足礼仪的需要。一般选用中间色、中浅色或深色调。春、夏季多选用浅棕、米黄、银灰、鸽灰、栗灰、朱灰、浅棕灰色；秋、冬季多选用深色、藏青、海蓝、铁灰、咖啡、军绿色等。对于男青年而言，颜色的选择多以流行色为主，要求质地一般，特别是西装，多选用各类花呢面料，色调变化较大，中间色比较流行，反映出青年人的热情、活泼，富有青春的朝气和活力。

(2) 时新性 时新性是人们选择服装面料的重要依据之一。从时间概念来讲，时新性要求有时代感和现实感，现实感又称为流行性。时代不同，衣着的变化极大。远古人类狩猎，衣着主要是遮盖与护体，形式极为简陋。农耕时代，男耕女织，作为服装面料的原料的棉、麻、毛、丝逐步被采用，多以手工纺纱编织。随着现代工业的发展，适用于现代各工业的工作服、作业服等不断涌现，服装防护功能的实用性与装饰性不断发展，在保证实现防护功能的前提下，也存在时新性的问题。因此，不管面料采用的原料是什么，或是采用何种款式，均要考虑时新性。

服装的款式、色泽等的变化，即人们常说的流行性是选择服装面料最现实的依据。一般来说，衣着的流行性通常是指款式、色泽与质地等在人群中受欢迎的程度。它与年龄、性格、民族、职业、体型、肤色等密切相关，例如近几年来世界各地流行运动装。很明显，男与女、老与少对运动装的选择，不论是面料与质地，或是色泽与款式，是千差万别的。总之，时新性是人们选择服装面料必然要考虑的原则之一，只有在选择面料时考虑了时新性，才能使自己的衣着与时代同步。

(3) 实用性 所谓实用性，是指在面料选择时主要是根据性别、年龄、季节以及不同款式服装的需要对服装面料进行选择。使用什么样的面料和质地，适宜做何种款式的服装是一门实用科学。

实用性是对每一种款式的服装在选择面料时应该必须考虑的问题之一，要求所选择的面料能充分保证所做服装功能的充分发挥，也就是做到物尽其用，充分发挥面料的特性，面料要与所做的服装相匹配。做什么样的服装必须选择什么样的面料，这是一个具体问题，现举例说明如下。

① 两用衫。一指春秋两用衫，适宜春、秋两季穿着的上衣。二指领子关驳两用的上衣，第一粒纽扣可扣可不扣，以适应气候变化。前身下方有两只口袋，袋式多样，款式简洁大方，老、中、青年都可穿着，这是中式服装中的一种轻便服装，款式变化多，穿着季节长。属于两用衫类型的服装包括拉链衫、轻骑衫、薄型短袖两用衫，夏季穿用时透凉舒适美观，中厚型和夹的两用衫，

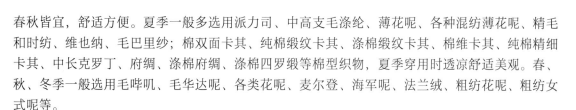

春秋皆宜，舒适方便。夏季一般多选用派力司、中高支毛涤纶、薄花呢、各种混纺薄花呢、精毛和时纺、维也纳、毛巴里纱；棉双面卡其、纯棉缎纹卡其、涤棉缎纹卡其、棉维卡其、纯棉精细卡其、中长克罗丁、府绸、涤棉府绸、涤棉四罗缎等棉型织物，夏季穿用时透凉舒适美观。春、秋、冬季一般选用毛哔叽、毛华达呢、各类花呢、麦尔登、海军呢、法兰绒、粗纺花呢、粗纺女式呢等。

② 青年装和学生装。该类服装主要是青年人穿用，颜色多为中等色调的蓝、灰、咖啡、军绿、深米黄色等，四季皆可穿用。青年装款式简洁明快，外形与中山装相似，衣领为封口的立领，三只挖袋，左上小袋为手巾袋，下面两只大袋为有盖挖袋。全部缉止口，正中五粒明纽（亦有暗纽）。面料大多为棉卡其、涤卡其，也有少量选用凡立丁、派立司、毛哔叽、毛华达呢、平素花呢、毛涤花呢、啥味呢、法兰绒等。学生装是男式上装的一种，外形与中山装相似，封口立领，前身三只袋，下面两只大袋，左上一只小袋，都是无盖的明贴袋，袋底角呈圆弧形，全部缉止口，正中五粒明纽。不对称的前身格局显得十分简练、活泼。面料多选用棉布、化纤布、呢绒以及棉、毛与化纤的混纺布。

③ 猎装。系借鉴欧美人打猎时穿着的服装而设计的上衣。基本款式为西装式翻驳领，四个对称明贴袋，袋面起褶裥，衣身略长于普通的两用衫，后背有复肩和1～2只活络褶裥，腰部装襻或腰带，可收紧腰身，肩部有襻，有单衣、夹衣之分。按不同的穿着季节有长袖和短袖之分。猎装原为男装，现也为女装采用。其优点是线条流畅，便于活动，日常服和礼服两用。短袖猎装的颜色以浅亮为宜，可选择银灰、栗灰、米黄、蜜黄、浅棕、浅蓝色等淡雅色调。面料既可选用全毛派力司、凡立丁、单面华达呢，也可选用中长花呢、涤棉线呢、府绸及纯棉平布、卡其等中低档织物。长袖猎装的颜色以咖啡、烟灰色等中间色调为宜，可选用人字呢、粗花呢、军服呢等厚型粗纺毛织物，也可选用华达呢、啥味呢、哔叽、细帆布、中长花呢、中长条格织物。

④ 夹克衫。泛指下摆和袖口收紧的上衣。常见的有翻领、关领、驳领和罗纹领等；前开门，门襟有明门襟、暗门襟、关合用拉链或拷纽；下摆和袖口用罗纹橡筋、装襻、拷纽等收紧；左右两个斜插袋或大贴袋；衣身可有前后育克；有的肩部装襻；常应用分割、配色、镶拼、绣花和缀饰等工艺而形成各种款式。夹克衫的特点是紧腰松肩露臀，穿着舒适，短小精悍，轻便实用。有单衣、夹衣和棉衣之分，男、女、老少皆可穿用。夹克衫的颜色可选用蓝、黑、藏青、灰、白、米、浅棕、银灰、海蓝以及红、绿色等。厚型夹克衫的面料主要选择平坦、丰厚、大方、实用的毛料，如毛华达呢、哔叽、各种花呢、麦尔登、海军呢、粗花呢、法兰绒以及涤纶中长织物和针织面料。薄型夹克衫的高档面料可选用真丝斜纹砂洗面料、绢丝砂洗面料及麻织物等；大众化面料（化纤织物）有水洗布、府绸及仿麻织物；春、秋季穿的夹克衫面料可选用斜纹布、涤棉卡其、哔叽、青年布、高密防水府绸、涂层织物等。

⑤ 卡曲衫。其款式与夹克衫相似而衣身比一般两用衫稍长的春秋季短外套，又称为开刀式青年衫。长度在臀下至大腿中部，在前身或后身采用几何开刀图案，并进行镶拼，新颖别致，也可采用两种不同颜色的料子镶拼，更显出独特的风采，且穿着方便，符合青年男女的心理特点，最适宜春、秋季穿用。面料颜色多以杂色为主，色泽粗放艳丽，加以适当的格条花型。男装卡曲衫一般较平素，如米黄、驼色、烟灰、栗色、浅棕、混花色等。镶拼色时要两色调彼此协调，有互相衬托或过渡的效果，例如浅蓝灰色与奶白色、黄色与橘黄色、葱绿色与草绿色等。面料选择范围广泛，既可以选用粗花呢、海力蒙、法兰绒、驼丝锦（仿麂皮）等毛料，也可选用中长华达呢、花呢、克罗丁等化纤织物，还可选用灯芯绒、细帆布、粗平布等棉织物。

⑥ 旗袍。是中国特有的民族传统女装，既可作为礼服，也可作为日常便服，以立领、斜襟、

紧腰、摆衩、盘扣为特点的中国女性传统服装形式。旗袍的立领中央弥合，使颈部挺直，显得端庄高贵。腰间贴身收紧，烘托出女性形体优美的曲线。两侧的开衩，既给人们一种含蓄的人体美感，又便于穿着行走活动。下摆是装饰部位，传统的"如意"纹样滚边展现了浓郁的民族特色。制作可采用镶嵌、滚边、盘扣等多种传统手工艺，使旗袍充满了浓郁的民族特色，把窈窕动人的东方女性的神韵和气质表现得淋漓尽致。

现在传统式样旗袍较多的是以礼服的形式出现，因使用季节和地点场合的不同，对色彩和面料的要求也不同。人们比较钟爱的要数象征喜庆的红色和各种吉祥图案。在选择面料时，要求手感滑爽、质地挺括、外观细洁、织物高档。夏季可选用淡浅色调的丝绸印花双绉、斜纹绸、乔其纱、绢纱等，这些面料质地柔软，手感滑爽，色泽柔和，透气性好，飘逸华贵。春、秋季可选用深色丝绸，如织锦缎、古香缎、彩锦缎、金银龙缎等软缎和丝哗叽、毛哗叽等，也可选用天鹅绒、乔其立绒、烂花乔绒等绒面织物，这些面料质地挺括，手感柔软而滑爽，是制作旗袍的理想面料。其中，织锦等软缎制作的旗袍，适合迎宾、赴宴，显得华贵高雅；由深色绒面料制作的旗袍，显得庄重、雅致；选用小花、素色真丝绸料制作的旗袍，恬静可人，适合于女性日常穿着。

现代旗袍款式结合现代设计意图，形成了改良型旗袍和旗袍套装两种类型，如后装袖、有肩缝旗袍，暗褶式开衩旗袍，短连袖旗袍等。在色彩的选择和面料的运用上出现了诸多的变化。在色彩选择上一改过去主要是红、黑、白色的倾向，而代之以五彩缤纷，各种色彩和各种图案的面料争奇斗艳，各具神韵。面料也向大众化方向发展，日常生活穿着的旗袍大都选用各类纯棉、化纤仿真丝等织物，如纯棉府绸、印花布、横贡缎、罗缎、花布、意纹绸、涤黏缎等。在天气转冷时穿着的旗袍，面料可选用各类精纺花呢和女衣呢等。

⑦ 马甲。马甲又称背心，是春寒秋凉季节中男女均可穿用的保暖外衣与内衣。它具有贴身、轻巧、舒适、省料等优点，而且还具有装饰性，并能增加服装层次的协调美。

在选择马甲的面料时，必须考虑到内衣与外衣的配合，色彩花型的和谐，质地厚薄的配合，款式的协调等。通常马甲的质地要精良，色泽庄重略深，面料较厚重笔挺，有一种画龙点睛的效果。例如，内衣是素雅的浅淡色，马甲的色泽就应挑选深艳一些的色泽或深一些的同类色。内衣衬衫比较素雅单色，马甲可挑选彩格彩条花呢类。总之，马甲与其搭配的内衣是粗与细、厚与薄、深与浅、花与素的辩证统一。男式马甲（背心、坎肩）多以质地精良、深色为主的厚重的贡呢类作面料和西装搭配。女式马甲的面料一般多选用精纺各类厚花呢、板司呢、火姆斯本、金银花呢、哈咪呢、缎背华达呢、贡呢、粗纺女式呢、法兰绒、格花呢、麦尔登、海军呢等。男式马甲的面料一般多选用精纺板司呢、马裤呢、缎背华达呢、贡呢、巧克丁、驼丝锦、麦尔登、海军呢、劳动呢等。

⑧ 西装。西装又称西服，是由西式上衣和西式长裤（或加背心）组成的外穿套装。上衣以圆装袖、驳领、前开襟、单或双排扣、一胸袋二腰袋为传统特点。剪裁适体，既可精做又可简做。西装可分为英式西装和美式西装两大类型。英式西装，穿同色两件套或三件套，配白衬衫和领带，气派优雅庄重，适于正式场合穿着，材质选用较厚实、挺括的全毛面料，以黑、灰色调为主，垫肩较高，胸衬平挺丰满；美式西装，上下装不强调同料同色，可配花色衬衫、T恤衫或套头毛衫，敞怀穿着，注重机能活动性，休闲习尚，适于非正式或半正式场合穿着，材质多选用毛型花呢或针织薄型面料，色彩明朗，条纹较华丽，造型保持自然状态，款式简单，单排扣，在细节上做微细的变化，如采用贴袋，绒、皮作领面等。

(4) 风俗性 风俗性是指随着国家、地区、民族和性别的不同，对某些衣着款式、色泽、质地具有的特殊喜爱性。例如，欧美国家的西装、礼服，日本的和服，东南亚国家的沙龙，阿拉伯长袍，印度的披肩，俄罗斯的布拉吉，中国的中山装等。在中国，维吾尔族人民以鲜明华丽的色彩为美；朝鲜族人民却更爱淡雅素净，被称为"白衣同胞"；南方渔民喜欢穿宽裤腿下衣，打赤脚以便于上船、下水；蒙古族人民则愿意穿贴身的长袍，可以披起来上马；藏族人民喜爱穿氆氇等。因此，应根据民族风俗习惯，选择衣着的款式、服装的面料和色泽。例如，日本和服的种类和款式繁多，美不胜收。男式和服多为深色，常采用茶褐、深蓝、黑色，胸前两边挂着家族的标志，叫家纹；女式和服色彩斑斓，绚丽多姿，样式多变，大多数还织绣着花草、云纹或水纹，腰间束着精美的带子。和服多数是用锦缎或丝绸手工缝绣而成的，腰带尤为讲究。过去的和服绝大部分是用棉布缝制而成的，现已改用丝绸，有时也用毛料（如精毛和时纺、高级薄绒等），但为数不多。和服有季节之分，夏季的和服仅有一层，面料为纱罗，冬季的和服用重"毛米"（MOME）真丝绸制作，多层。一般和服有三层，第一层为面料，第二层为里料，第三层是内衣。面料、里料、内衣全部都要用白线手工缝制而成。

（5）**经济性**　面料的经济性选择是指价格与面料功能（审美性和实用性）的合理性，构成面料的原料的合理搭配性对服用性能和价格的影响等。因此，如何选择服装面料的经济性显得十分重要。主要从以下两方面来考虑。

① 价格与功能的合理性。服装面料可以由不同的原料（棉、麻、毛、丝或各种化学纤维）构成，由于原料价格的不同以及加工方法的不同，形成了面料价格的差异。人们花费较多的钱购买较高档的面料，主要是购买它的优良功能，即购买其审美性和实用性。审美性也称装饰性，这是高档面料突出的优点，用高档面料做的服装常给人感觉外表高级，挺括，色泽自然柔和，这也是多用它做成服装的原因。当然，面料的实用性、内在质量、对人体的保护性、穿着的舒适性也是十分突出的。选择服装面料的经济性，就是使用尽可能低的价钱去购买所需要的最大功能。

② 构成面料的原料的合理搭配性对服用性能和价格的影响。构成面料的原料的合理搭配是指不同纤维原料间的最佳搭配，同时也指不同纤维原料间的混纺与交织。这些既是纺织厂用来提高织物质量、降低成本和增加花色品种的重要手段，又是消费者选择面料经济性的重要原则。例如，毛织物成本的 85%左右是由原料成本构成的，其中毛纺原料中最贵的是山羊绒。因此，山羊绒织物的价格最高。山羊绒织物具有高档、舒适、轻暖的优点，常以名贵呢料著称，最适宜做高档男女礼服、羊绒衫和披肩等。但是它的强力、抗起球性等相对比其他毛织物要差些，如果用作常用便服，就显得很不经济。事实上，任何质地的面料，都各有其自身的品种特点，因此不能一味追求原料的高档名贵。目前市场上的各种仿天然纤维的化纤织物面料，以及多功能差别化化纤织物面料，在一定程度上解决了花费较少的钱购买较高档服装面料的问题。适宜的混纺和交织也是在充分发挥某种纤维优点的前提下，改善其某些不足，降低面料的成本和销售价格的重要途径。实践表明，混纺产品的服用性能比纯纺产品优良，但价格要低得多（这是指高、中、低档原料之间的混纺而言）。

99. 如何科学、合理地选购服装？

随着人们生活水平的日益提高，越来越讲究服装款式美。纵观国内外服装市场，除了民族风格和地方色彩不同外，男性服装款式美的标准主要是要求庄重、脱俗，而女性服装则倾向于显示腰肢身段、雅致不凡。无论男女老少，服装都力求舒适、卫生、健康、环保、美观、大方、高雅，符合时代发展的潮流。由于每个消费者的体型、肤色、年龄、性别、职业和爱好有所不同，再加上居住所在地区的服装流行趋势及所购买服装适宜季节的不同等，在选购服装时，必须考虑以下几个方面。

（1）根据体型选择服装　由于人的体型并非都是十分完美的，总会存在某些缺陷，在选购服装时，如何巧妙利用服装来突出自己的体型和面貌的优点，尽量将缺陷掩饰起来，这就叫作巧装补陷。要做到这一点，必须记住以下两点最基本的原则：衣服穿得太紧会暴露出人的不美之处；水平线（直线条）有拉长或拉宽的感觉，而曲线、斜线有凹进或凸出的感觉。因此，可以利用款式在视觉上的错觉，弥补人们体型乃至脸型方面的缺陷，使之趋于完美。

利用服装来"改变"体型的原则和方法如下，可供选购服装时参考。

① 矮型（胖、瘦皆同）。对于身材较矮的人，如果服装选购得当，可让人看起来显得高一些，具体方法如下。

a. 穿上由单一颜色或素色小提花和小印花面料制作的服装可使身材看起来较高。选择与上衣同色的裤、袜或直条纹的面料、直褶等都有在视觉上增高的作用。如果穿上印有许多大花色图案或宽格条的服装，再加上服装层次多，可使穿着者的身材显得更矮。

b. 穿窄领的上衣，可使身材显长，如再配上直条或斜条纹的领带，也可起到同样的效果。

c. 适宜穿鲜明的直条纹衣衫，并且不宜将衣衫下摆塞在西式裤的里面，以免将身躯一分为二，显得更矮。

d. 将裤腿的折缝熨烫呈笔直的裤缝，长度适当长一些；裤脚的边要折得小些，最好不折；裤脚直垂至脚面。

e. 身材较矮的人不适宜背体积大、带子长的皮包，否则会显得身材更矮。

② 高瘦型。高瘦型的女性，如果穿着长及足踝的裙子，横间条的上衣，在视觉上就会显得丰满一些。如果穿着颜色鲜明（如白色、米色）的上装，配一条阔条裙，腰际系上一条腰带，就会使身材有"变矮"的感觉。

③ 瘦小型。对于瘦小的女性来说，穿一件由粗厚的面料缝制的服装，可给人"胖"的感觉。另外，宽大的领子、灯笼袖，并将上衣塞进裙子里面或使用直窄式线条，加些装饰以增加其分量（如在腰部系上细腰带等），也可给人"胖"的感觉。采用长及小腿肚的长筒靴等装扮也可弥补其不足。但切忌穿着从头到脚都为深色的服装。

④ 肥胖型。对这种体型的人，如果服装选购不当，会显得更加臃肿，巧装补陷的方法如下。

a. 宜选用柔软挺括、不厚不薄的服装面料，如华达呢、素花呢、毛涤混纺布料等。

b. 因为胖人一般为圆脸、短颈，因此，就服装的款式而言，领型以开门为好，领角不宜过宽或过窄，以适中为宜；胸围不宜肥大，中腰稍收紧，以适体为宜。式样宜力求简洁、朴实为佳，切忌花哨、繁复，特别是上衣打褶不宜横破，否则，会给人一种面积扩大、胖上加胖的感觉。

c. 对于身材高而稍显胖的人，最好挑选一色或色调相近的服装面料，而且款式要简洁、清雅，尺寸不要过紧，宜选购直条纹面料的服装，或选购 V 字形领子、长背心、宽长的衣袖，把上衣放在裙子外，都会产生高瘦的效果。

d. 肥胖体型的女性，特别是矮肥体型更不宜选用有皱褶的面料制作的喇叭裙或连衣裙，也不宜穿着横条图案的无袖衬衫或连衣裙，可用由整块长料制作的旗袍或连衣裙，口袋呈直向或斜向，尖角领。胖人穿带有公主线的服装，会显得苗条、俊秀。不宜穿太鲜艳的服装，在冬天要避免穿浅色罩衣和外衣，这会使人显得更胖。若要想使体型显得瘦小一些，可选择冷色调的服装。

⑤ 短颈体型。颈短的女性宜穿低领口（如 V 字领）、敞领或翻领的上衣。头发宜剪成较短的发型，这样可使脖子显得长一些。西服领宜为尖领、矮领或长驳头西服领。要尽量避免任何高衣领或戴紧围在脖子上的项链，也不宜系围巾，不宜留直的或带卷的长发，否则会使脖子显得更短。

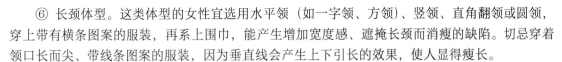

⑥ 长颈体型。这类体型的女性宜选用水平领（如一字领、方领）、竖领、直角翻领或圆领，穿上带有横条图案的服装，再系上围巾，能产生增加宽度感、遮掩长颈而消瘦的缺陷。切忌穿着领口长而尖、带线条图案的服装，因为垂直线会产生上下引长的效果，使人显得瘦长。

⑦ 宽肩体型。一般而言，宽肩体型的人穿衣是美观大方的，但如果肩太宽也将会影响形体的美。若要减小肩部的宽度影响，可选用套肩袖和袖口窄、腋部宽大的款式，选用 V 字领也较适宜，但要避免从视觉上肩部呈方形的款式。对于肩膀较宽的女性，上衣的款式宜简洁明快，胸部要避免巨型的或大花型的图案。

⑧ 窄肩体型。一般而言，窄肩体型的人，身体各部位都比较瘦。如果是上窄下宽的体型，就要借助于服饰来使身体上下部分达到协调。一字领、复势、育克或宽松的泡泡袖、水手服领子，都能改善上窄下宽的缺陷。另外，加垫肩、肩章形的饰物；西服上衣的翻领尖向上指；在衣袖上打褶加镶料；下身采用较深颜色的面料或上下一种颜色；衬衫采用挑肩的上袖法，以上这些措施均能加重肩的分量，达到上下协调的效果。

⑨ 斜肩体型。为了使斜肩体型者克服斜肩的缺陷，应尽量使肩部呈方形，为此可选用装袖类的款式或在肩头处打些褶裥的款式服装。平时不宜带尺寸过大的领结或珠宝饰物，否则会使人的肩部显得更小。

⑩ 大胸围体型。胸部较为丰满的女性富有女性的曲线美。特别是高个子的女性，胸部丰满些对体型并没有什么影响。但如果个子矮而胸部又过于丰满，那么，高领口、高腰的上衣、裙子或在胸围处打碎褶，都会使缺陷更为暴露。如果选择敞领和低领口的上衣，降低腰节，穿得宽松些，若再系一根与上衣同色的腰带，将会有效地掩饰过于丰满的胸部。

⑪ 小胸围体型。小胸围体型显示不出女性的曲线美，要想使胸部显得丰满些，比较有效的方法就是选择用柔软面料制作的较宽的上衣，在款式上可选用肩头抽裥或前身打裥的服装，切忌选择紧身上衣。

⑫ 粗腰围体型。粗腰围体型的人在选购服装时，宜选购腰围处不过分紧绷的款式或选购有助于掩饰粗腰缺陷的款式服装，如背心、开衫、套衫等。同时在花型上宜选用能造成中腰变小错觉的有曲线的服装。最好不要穿"腊肠裤"。

⑬ 短腰体型。这种体型的人切忌穿腰部加带或提褶的服装，否则，腰带的宽度占去了腰以上不小的面积，致使躯干显得更短。因此，短腰的女性适宜穿裤子而不宜穿裙子，因为穿裙子将会使躯干显得更短，而且裤子的立裆不应太长。为了使腰和臀部有下垂的视觉，可以系上与上衣同色的窄腰带，同时穿宽松的服装。

⑭ 长腰体型。这种体型的人不宜穿立裆太短或臀围太小款式的裤子。裤腰应高些，这样可减小腰的长度，增加腿的长度。最好是使裤脚口能盖上鞋面，使腰部到下肢的直线得以延长，从而在视觉上达到弥补缺陷的目的。

⑮ 臀大体型。对于臀大体型的女性来讲，最好选用大领子、颜色鲜艳的围巾等，将他人的注意力吸引到上半身。如果穿上合身的深色西装裙或 A 字形的裙子，或穿长而宽松的上衣盖在裙子外边，可取得掩盖臀大的效果，特别是穿上宽松的连衣裙效果更佳。切忌穿紧身连衣裙，也不宜将衬衫的下摆塞在带褶的裙腰内，这样就会突显出肥大的臀部。

⑯ 臀部和大腿部较小的体型　这种体型的人应避免穿紧身的裤子，而宜在款式上选购宽松的裤子和带有褶裥的宽松上衣，可起到掩盖缺陷的作用。

⑰ 窄臀的体型。为了掩饰窄臀缺陷，可穿宽松袋状或在上部打褶的裤子，或打细碎的褶裥的裙子及宽松的夹克衫等服装。

⑱ 臀肥腿粗的体型。对这种体型的人而言，为了掩盖其缺陷，应注意将服饰的重点放在上半身，例如，在衬衫外再穿上背心，裙打褶，下摆放大，方格子布斜裁等；或是低肩和袖轻轻飘动，用半张开式的裙遮住下半身等。

⑲ 腹部凸出的体型。穿瘦而略长的外套可以将腹部完全遮住，尤其是有图案花纹者更具效果，把装饰品放在上身，裙从腰的位置开始打褶。也可以使用腰带，则前面不用纽扣，裙的部分打褶就可以遮住腹部，从视觉上掩盖了腹部凸出的缺陷。

⑳ 直筒腰身没有曲线的体型。服装面料选用斜条花纹效果非常好，袖和领的适当装饰也可使腰身看起来苗条些。也可衣身使用深色布料，强调领边和袖的设计；裙采用斜裁，下摆宽大，腰部的褶不要打得太多，可取得同样的效果。

㉑ 手臂长的体型。这种体型的人宜选择短而宽、盒子式袖子的衣服，如宽松衫之类的衣袖，长袖衣服也应是宽袖口的，切忌瘦长的袖子以及任何袖口边太短的袖子。

㉒ 手臂短的体型。这种体型的人，一般衣服的袖长为通常袖长的 3/4，或将袖子卷起来，切忌很宽的袖口边。

(2) 根据脸型选择服装　在选择服装时，衣领的选择是不容忽视的，因为服装的衣领式样繁多（据不完全统计，衣领的样式有 44 种之多，领口的样式有 40 种之多），而人的脸型又各不相同，所以在选择服装款式时，如果领型与脸型相协调，再加上恰如其分的发型，"三型"（发型、脸型、领型）统一、和谐与协调，就能将面容衬托得更加姣好、秀丽。领子在服饰造型上占有十分重要的位置，它能够衬托出人们的脸颊与脖颈，有较强的直观效果，因而在服饰造型设计中，领子被视为第一起点。

领子的样式繁多，千变万化，除了有大、小、高、低之分外，还有方、圆、曲、直之别。此外，还可分为开门领和关门领等。归纳起来，有以下 6 种基本类型：无领、立领、开领（趴领）、联领、关领、翻领。

① 无领。包括袒露颈部的一字横领、小圆领、尖领、V 字领、方领等，多见于妇女、儿童夏季衬衫或连衣裙上，国外妇女的晚礼服也多采用这种领式。这种领型的领口可向内或向外翻边、滚条、锁花边、镶牙子、加机织花边等。其特点是轻快，健美感较强，适合于脖颈较短、脸型大、身材丰满的人。

② 立领。这种领型在中国服饰中使用较为普遍，它包括翻立领、圆尖立领、圆立领、领带式立领等。其特点是领沿围住颈部，显得挺拔、庄重，特别是高立领，可以弥补某些人颈部过细窄长的缺陷。

③ 开领。开领包括女衬衫娃娃领及水兵衬衫领。指前领自然贴伏于领口处，后领可起高 1cm 领座的领型。它没有领座，看上去柔和、舒展，为年轻女性和儿童所喜爱。

④ 联领。这种领子和衣身连成一体，没有领口接痕，给人以浑然一体之美感。

⑤ 关领。这是一种前领贴伏、后领有领座的领型。其特点是可关可敞，领尖有多种形状，方便、随意、舒适，深为女性所钟爱。

⑥ 翻领。包括大翻领、海军领、青果领、荷叶边大领等。其特点是宽肩阔胸，加之袒露部分前胸，提供了装饰的余地，给人以自由潇洒之感，足以弥补某些人肩窄、颈长、脸型窄等缺陷，因而受到消费者的青睐。

在选择服装的领型时，必须从自己的脸型出发，才能使领型与脸型统一、和谐、美观，增添几分秀雅之感。人的脸型不仅是人体形象的代表，而且也是人的气质和性格的反映。人的脸型千差万别，归纳起来分为四种，即长、方、尖、圆，这是按人的下颌骨来区别其脸部的轮廓。

根据视错觉的原理，长脸型的人宜选择浅圆形的领型。长方脸型的人宜选择一字领、方领等，使颈露出的部分尽量少些，衣服领口不宜开得太深，这样便能起到弥补和矫正的作用。方脸型的人宜选用小圆领或西装领。尖脸型的人宜选择能遮盖住颈部的领型；脸尖且脖子长者，应选用男式衬衫领或中式贴领。圆脸型的人不宜选择大圆领，而应选择 V 字领或尖领较好。

(3) 根据发型选择服装　一般情况下，人们多是按照脸型去选择发型，而忽略了发型与服装的相互关系。其实，发型与服装必须协调，才能增添穿着者的风采。可以设想，如果一个人穿着简洁而单薄的服装，发型却很蓬松，则他的头会显得很大，身高似乎也矮了一截。如果穿着秋、冬季的宽松服装，发型却紧贴头皮，则头就显得很小，不会获得美观的效果。因此，任何人都应注意使自己的发型与服装的外形成为协调美的整体。同时，发型的风格也应与服装相协调。例如，穿着庄重、严肃的服装，就不宜与浪漫、蓬松的发式相配。而穿着休闲、潇洒的服装配拘谨的发型就有些不伦不类，不相协调。在一般的情况下，应根据服装的款式来选择发型。当然，在发型已形成的情况下，也可以根据发型来选择服装。

(4) 纹样要与服装款式相协调　在现代服装上纹样的运用越来越多，越来越广。如果纹样与服装款式相协调，则既能衬托出服装的造型美，又能增加穿着者的美感。因此，在选购服装时应注意以下几点。①纹样与服装面料质地相协调。一般在质地轻薄而柔软的面料（如真丝绸或棉布）上，适宜采用自由、奔放情调的纹样，而在质地厚实的面料（如呢绒）上，则宜采用严谨而有规则的纹样。②纹样与服装造型相协调。一般面积较大的服装（如长裙、宽幅斜裙等）上，宜采用大花型图案，可使纹样在穿着时得到充分的展现。而面积较小的服装，则宜采用中小花型图案。③纹样与服装品种相协调。例如，百褶裙宜采用中小型条格或碎花；反之，如采用大花型纹样，则图案的完整形象就会被褶皱破坏而不能突出其特点。

(5) 根据年龄选择服装　不同年龄的消费者对服装款式的爱好是不同的，应根据各个年龄段消费者生理、心理、审美观念的特点来科学、合理地选择服装款式，提倡科学消费。例如，少年儿童喜爱活动，适宜选择式样宽松、便于活动的服装。青年人朝气蓬勃、好奇好胜、追求时新，适宜选择合乎潮流、能体现身体曲线美、富有朝气的新款式。中年人处于人生的成熟期，办事稳重，喜欢协调大方的服装，特别是中年女性不宜把自己打扮得太过花枝招展，但可穿比自己年龄略小的服装款式，显得年轻些。老年人一般喜欢对称、传统、庄重的服装款式，宜选择既能体现传统的民族风格和特色，又富有时代气息、简洁大方的服装款式。

(6) 根据职业选择服装　不同的职业能赋予人们不同的服装需要，因此人们在选择服装款式时自然而然地要求能够反映出职业的特点。例如，工人喜爱豪爽和大方，在机器旁作业的工人，对服装不要求有装饰用的带、襻，以保障生产的安全；农民喜爱鲜艳和朴实，他们对服装的要求是能适应人体较大范围活动的需要，使蹲下、弯腰自如；教师喜爱素净和舒适，他们对服装的要求是朴素、高雅、大方；小学生的服装要适应学生身体、智力发展快、性格活泼、活动量大的特点，式样力求新颖活泼，造型合理，色泽明快，经济实用；中学生服装要适用于活动量大、身体发育快的特点，式样力求朴实、大方、健美；大学生服装则需要活泼而又端庄，其款式力求严肃、整齐、美观、大方；军人的服装既要威武庄严，又要适应作战时冲锋陷阵的需要；文艺工作者崇尚时尚和华丽的服装款式；商业工作者需要整洁利索的紧袖口、整洁简练的服装款式。总之，人们对服装款式的选择都离不开自己的身份和所从事职业的特点，在此前提下追求自然美、朴素美、文明美。

(7) 根据个人的性格选择服装　不同的人有不同的脾气、性格和心理特点，因而对服装款式的爱好也是完全不同的，这就是穿衣戴帽各有所好。例如，有的人追求时髦的、花哨的；有的人热衷于文雅的、华贵的；有的人喜欢活泼的、生动的；有的人酷爱庄重的、稳健的；有的人偏爱大方的、朴素的等。由于各人的性格都不相同，对服装款式的爱好也各不相同，不能强求一致，所以在选购服装时应根据自己的性格和爱好，以显示自己的个性和风格。

（8）根据穿着场合选择服装　在人的日常生活中，活动的空间很大，不能总是穿着同样的服装去从事各种工作或参加各种活动，而要求人们根据不同的场合，选择适合自己身份的服装，以与客观气氛相协调。例如工作时穿的服装不宜太鲜艳、太华丽，而应该简洁、优雅、庄重，从而有利于营造工作环境的气氛，有利于安全生产。出席宴会时，为了使自己成为宴会上受人瞩目的对象，应当事先了解宴会的环境，然后选择一套款式与色彩均能体现自己气质的服装。约会时，男女双方在服装选择上一般都要经过深思熟虑，都希望自己穿着的服装能为对方所欣赏。例如，在约会时，男青年穿一件铁灰色的衬衫，配上蓝灰色的西装，并系一条红色的领带，而女青年穿一件浅绿色与白色相间的衬衫，下穿一条浅粉红色的裙子。这样打扮的一对青年恋人，在视觉上可取得较好的效果，不但俩人的服装款式十分协调，而且在色彩上也相互搭配，给旁观者带来美的享受。在参加朋友的婚礼时，不宜穿过分漂亮或穿白色或黑色的服装，也不宜穿得太素雅，适宜穿较时髦而又得体的服装。外出游玩时，则宜穿运动装、羊毛衫、棉布服装等休闲装。在业余时间或休息时，穿衣可以随意，一般以舒适、轻便的休闲装为宜，如两用衫、连衣裙、运动服、羊毛衫等。

总之，穿衣也是一门学问，绝对不能生搬硬套，同样一件衣服穿在一个人的身上非常好看，但换一个人穿就未必会有同样的效果，因此，必须根据个人的爱好来挑选服装，使之与穿着者的年龄、体型、肤色和所从事的职业相协调，才能充分显示出适体美、合时美、和谐美、装饰美，真正做到形美、色美和意美。

100. 如何选择服装的色彩？

在选择服装的色彩之前，我们需要了解服装色彩的功能和作用，掌握了色彩的基本知识后，才能更好地去挑选适合自己的服装色彩。

（1）服装的色彩功能　服装的色彩功能主要包括三方面：御寒、保温、防辐射。太阳光由赤、橙、黄、绿、青、蓝、紫 7 种颜色组成，同时，它又是一种辐射能，由红外线、可见光和紫外线三种辐射线组成。其中，红外线给人以温热感，它是生物生长发育和人们维持正常体温调节所必需的。众所周知，服装的色彩与吸热量是密切相关的。假定白色的吸热量为 100，则亮黄色是 102，暗黄色是 140，亮绿色是 140，红色是 165，天蓝色是 108，黑色是 208。而且，颜色浓度越深，则吸热量越大。如白色吸热量是 100，则浅黑色是 188～208，中黑色是 243，深黑色是 273。这就是人们常说的夏天在烈日下进行户外劳动或是活动时，要穿白色或浅黄、浅绿色的衣服，头戴白色帆布帽或草帽，以防红外线对人体造成的伤害，而冬天应选用黑、蓝等色的衣服，以利于御寒保温的理论依据。当然，以上是指服装受直射太阳光照射的情况而言的，如果是在室内或是阴天，则色彩对防寒或防暑就无明显的作用。

紫外线具有杀灭致病细菌的作用，可以促进人体的健康，但当紫外线的照射量过大或过强时，则会使人的皮肤和眼部受到损伤，甚至会使皮肤灼伤，患皮肤癌。由于人们对环境的破坏，大气层遭到破坏，形成臭氧层空洞，使照射到地面的紫外线强度大大增加，会对生物生长和人类的健康带来极大的危害。服装的色彩透过紫外线的能力有大有小，其强力顺序为：白>蓝>紫>灰>黄>绿（橙）>红>黑。假设紫外线透过黑色的量为 1，则漂白白色为 3.64（未漂白为 3.24），蓝色为 2.26，紫色为 2.12，灰色为 1.84，黄色为 1.56，绿色和橙色为 1.40，红色为 1.36。在色彩相同时，深色比浅色透过能力小。在纤维相同而色彩深度又一样时，密度越稀、越薄的服装，则紫外线透过率越高。

因此，在选择服装色彩时，应根据季节综合考虑御寒保温和辐射伤害的问题。①首先应考虑保障身体健康不受伤害，然后才是御寒保温的问题。②视认性。是指服装的色彩是否易于视认。一般安全服和工作服都宜使用视认性高的色彩。例如，马路上的维修工、清洁工、消防员、交通警察等服装的色彩都采用黄、红、蓝等视认性较高的色彩，以便于他人视认，可减少伤害事故的发生。③诱目性。是指服装的色彩是引人注目的。对诱目性影响最大的是服装色彩纯度的高低，而服装和背景之间的色相差、明度差和纯度差的大小也有一定的影响。一般在背景为无彩色的条件下，红、黄等色易引人注目。例如，小学生过马路戴的小黄帽会引起汽车司机的高度注意，搬运工戴的红帽子也有同样的功能。

(2) 服装色彩的作用 服装色彩的作用有以下 6 个方面。①色彩可以使人产生轻重感。对轻重感影响最大的色彩属性是色彩的明度（指色彩的深浅程度），而与色相（亦称色调，指色彩本身的相貌，它决定于物体反射光的波长）几乎无关。以中等程度的明度（孟赛尔色体系的明度 5～6）为界限，低于此界限的明度使人有重型感，高于此界限的明度使人有轻型感。②色彩可造成外观感的放大或缩小。是指服装的色彩对于人和物的形象外观在视觉上产生放大或缩小的作用。根据光视错觉的原理，白显大，黑显小，浅色有放大感，深色有缩小感，明度越高，外观感越大，明度越低，外观感越小。例如，比较肥胖的人穿上浅色服装，会显得臃肿。若要想自己显得瘦小一些，应选择冷色调的服装（如深绿、蓝紫和深蓝等深色调服装）。反之，身材消瘦的人可穿红、黄等颜色的服装，这种颜色称为扩大色，可从视觉上扩大体型，使穿着者显得比较丰腴。③色彩可造成视觉上的远近感。如果两人位于同样的距离处，但由于所穿服装的色彩不同而造成视觉上的远近感。这种现象与色相和明度有关，但二者之间的关系尚需做进一步的深入研究。一般而言，按其波长的次序来说，红色最"前"，蓝色最"后"，它和波长之间应存在一定的规律性。④色彩可引起联想并作为象征。人们在欣赏富有吸引力的色彩时，往往会浮想联翩，而联想的内容又会因人的心情、好恶和环境气氛而不同。另外，某些色还被当作特定事物的象征，如在有的国家里，蓝色象征幸福或高贵，而白色象征神圣等。⑤色彩可引起人们对服装的爱好。对色彩的爱好往往因人、因时、因地而不同，不可能是相同的，而且差异性相当大。日本有人认为，当前人类爱好色彩的倾向，主要表现为爱好色彩度高的色彩。日本男性爱好色彩的次序是：橙色、红色、黄绿色、白色、蓝色、奶油色；而女性则为：白色、红色、黄橙色、浅蓝色、极淡的红紫色。⑥色彩可产生不同的心理效果。配色和谐的服装，可在人的心理上引起舒适和愉快的情绪。同一种服装往往由于配色的不同而产生不同的色彩，或变得华丽，或变得素浅，或明或暗，或强或弱，或冷或暖，从而可产生不同的心理效果。

(3) 服装色彩的选择 在了解服装色彩的功能和作用的基础上，可根据消费者个人的体型、性别、年龄、肤色、季节等，科学地选择最适合的服装色彩。

① 根据体型选择合适的色彩。人的体型多种多样，有高、矮、胖、瘦之分，而且人的脸型、身体各部分的比例也千差万别，可借助于选择合适的色彩来弥补身体上的某些不足，增添美感。一般而言，肥胖体型的人宜选择深色服装，因为深色有收缩感，可使肥胖的身躯显得苗条利落。但切忌穿红、橙等色调强烈的服装，因为这些色彩会使肥胖的人显得臃肿。肥胖体型的人所穿裤子的色彩要比上衣深些，否则会显得头重脚轻。相反，消瘦体型的人不适宜穿黑、深棕等深色服装，若穿上浅色或中间色彩的服装，可使体型显得匀称些。身材较高的人可以穿大花纹的服装，

使体型显得更高大。对于身材同样高但体型较为肥胖的人，则不宜穿大花纹的服装，而宜选择中小花纹的服装，以免产生臃肿之感。身材矮小的人，所穿的上下衣最好不要有明显的色彩分界，否则会在视觉上产生身躯一分为二的错觉，身材就显得更矮了。为了产生增大自身面积的感觉，可以穿着鲜艳、明度高的服装，且用色要简洁、明快，采用小花型图案。对于臀大腰细而胸部不够丰满的女性，可以选择浅色上衣配深色裙子，起到扬长避短的作用。相反，如果臀部窄而胸部又丰满的女性，则可穿深色的上衣配浅色的裙子，可取得相得益彰的效果。

② 根据肤色选择合适的色彩。这将涉及色彩协调性和适用性的问题。一般而言，皮肤白皙的人可选择的服装颜色范围较广，但切忌穿与皮肤颜色相近的服装，而宜穿颜色较深的服装。例如绿色很适合白皮肤的人，但面色特别红润的白肤色者，如穿着绿色的服装，则会使人感到很不协调。黑肤色的人较适宜选用偏深的中间色彩，色调不太鲜艳，可以带一些花色图案，以显得明朗、丰富、活跃，但不宜穿黑色的服装，以及一些近似黑色的深色（如深蓝、深紫色等）服装。肤色黑红的人应避免粉红、浅绿色的服装。肤色暗褐的人不宜穿咖啡色服装。肤色黑黄的人不宜选择鲜艳的蓝色和紫色服装。肤色黑而且气色不好的人应避免选择混合的冷色。对于肤色介于白、黑两者之间的人，选用的色彩也宜介于二者之间，但不宜选择与肤色相近的色彩。另外，皮肤较粗糙的人应避免选用粉红色的衣领，否则，会使皮肤显得更粗糙。病态脸色的人配上草绿色或灰色的衣领，会使脸色显得更加苍白，如果配上白色衣领，则会显得健康些。

③ 根据性别选择合适的色彩。性别与色彩之间有一种特殊的关系，一般青年女性特别钟爱流行、花哨、时髦和优雅的服装色彩，而青年男性则喜爱素雅大方、深浅适宜的服装色彩。这些色彩对于青年人来说，只应起陪衬的作用，而不应喧宾夺主，应充分发挥自己固有的自然青春美，而不应被色彩的装饰美所破坏。实践表明，一些比较素雅的色彩可以把青年人的青春美衬托得更美，而一些过分艳丽、富贵的色彩反而冲淡了自然青春美。

④ 根据年龄选择合适的色彩。年龄不同其性格也不同，这就导致不同年龄段的人对色彩的喜爱是不一样的。在一般情况下，少年儿童天真活泼、爱动，喜欢卡通、活泼、明快、明亮的服装色彩；青年人追求时尚、前卫、幻想和个性化，喜欢热烈、流行、时新的色彩；中年人比较成熟、稳重，追求素净、典雅、庄重、高品质，喜欢素净、流行、大方的色彩。中年女性不宜选用大红色，可选用油红色、灰红色、紫红色等作为服装的主色调，再适当地配上其他颜色，其效果将会更好。老年人安静、活动少，追求安静、舒适，喜爱稳定和谐、素净大方的色彩。以老年妇女为例，对服装色彩的选择一般有两种：一种是庄重、文静的灰色调；另一种是色彩纯度较高的、明快的鲜艳色调。国内的老年人以前大多喜欢前一种，而国外则以选择后一种居多。现在有些老年人开始喜欢选用一些明快、富有活力并适合自身条件的色调来装饰美化自己。

⑤ 根据不同的季节选择合适的色彩。不同季节穿着的服装对色彩的要求是不同的。春季，春光明媚，鸟语花香，适宜穿着色彩鲜艳的服装，以适应大地回春、万紫千红的景色；夏季，烈日炎炎，酷暑逼人，适宜穿着白色或色彩清淡的服装；秋季，天高气爽，景色宜人，适宜穿着色彩丰富的服装；冬季，朔风凛冽，寒气袭人，宜穿以深色调为主或略带鲜艳色彩的服装。当然，这种随季节而变化的服装色彩并非绝对的，也可以进行巧妙的搭配，有一些小的变化。例如，在夏天，女性穿浅色衬衣配中色或深色的裙、裤，既能反射太阳光，又能遮掩地面飞扬的尘土，从视觉效果上看有轻重变化，既稳重大方又不显单调。在冬天，穿着深色的外衣，再配以浅色或中色的毛衣、围巾，这样既能打破寒冬压抑的气氛，又能使人感到轻松愉快；或是穿一件洁白的滑雪衫，再配以鲜艳的镶拼色，同冬季的景色既协调又无沉寂之感。总之，大自然变化多端，服装色彩也应丰富多彩，使人们充分享受由服装色彩带来的美感。

101.　如何科学地选购夏季服装?

盛夏，烈日炎炎，穿什么服装最凉快、最舒服？下面就介绍如何科学地选购夏季服装。

第一，必须了解夏季人体出汗与服装面料的关系。夏天人体容易出汗，人体的汗水绝大部分是通过蒸发、手擦和贴身衣服吸附的方式排出，只有极少量的汗水被体表皮肤所吸附。研究资料表明，在一般情况下，夏天人体排出的汗水，在大气中蒸发的占 30%～40%，被手擦掉或被贴身衣服吸附的在 50% 以上，被体表皮肤吸附的为 6%～8%。由此可见，在炎热的夏天，选择汗水易被散失的、舒适的服装十分重要。服装的吸汗、散汗、透气性越好，穿着越舒适；反之，人的暑热感就越强，也就越容易感到疲劳。如果人体不能依靠服装蒸发汗水散热来维持热平衡，则在服装与体表之间的相对湿度会增高，就会妨碍汗液蒸发，会使汗液大滴落下，进而导致热平衡破坏，使人的体温升高，脉搏加快，这对健康是不利的。

第二，烟囱效应在夏装中的应用。众所周知，阿拉伯地区浩瀚的沙漠地带夏季的气温高达 40℃ 以上，可是当地人穿着宽大的阿拉伯长袍在沙漠上活动却显得若无其事，难道是当地人不怕热吗？原因是烟囱效应在起作用，因为穿上宽大的阿拉伯长袍，由于当地的风较大，鼓起的风窜遍长袍内部，令穿长袍者感到十分舒适。由此得到启迪，夏天穿着的衬衫、短裤和各式裙子，开口部分宜大些，要以穿着舒适、衣服内外换气良好为原则。敞开的衣领和宽松的短袖及裤腿，在活动时可起鼓风作用，以加速空气对流；在安静时，则起烟囱作用，促进换气，这样就不觉得热了。所以选购夏天穿的衬衫时，宜比身材大一号，这样穿着时既感到宽松，出汗时又不易粘身，比较凉快。

第三，选购夏季服装面料时应选择吸湿和放湿性好的面料，这种服装穿起来感到舒适。服装面料的吸湿性的大小一般用回潮率表示，在气温为 26℃、相对湿度为 65% 时，苎麻的回潮率为 12%～13%，桑蚕丝为 8%～9%，棉为 7%～8%，而涤纶仅为 0.4%～0.5%，丙纶则为 0，由此可见，麻织物的吸湿性最好，其次是真丝绸、棉织物，涤纶几乎不吸湿，丙纶则完全不吸湿。因此，夏季服装面料最好选用麻织物、丝织物或棉织物，不宜选用化纤织物。再从放湿性来看，麻织物不但吸湿性好，而且放湿性也极佳，对热的传导快。如果夏季穿着麻布服装，则吸汗和散汗都很快，使穿着者有滑爽透凉之感。虽然真丝绸与棉织物在吸湿性上不相上下，但在放湿性上真丝绸要比棉织物高出 30% 左右，因此，夏季穿真丝绸服装，有凉爽舒适之感。麻布与真丝绸相比各有千秋，麻布的美中不足是表面有毛茸，而真丝绸表面滑爽柔软，穿在身上较麻布更为舒适。棉布服装虽然吸湿性较好，但放湿性不好，在夏季穿着棉制内衣裤时，如出汗过多，就会有内衣粘身的不适感，究其原因是棉制的内衣裤的放湿性较差，致使汗水积蓄在内衣裤上而来不及挥发的缘故。涤纶织物的吸湿性和放湿性较差，如纯涤纶衬衫虽然外观很漂亮，但穿着并不凉快，易粘身，比较闷热。由涤纶与棉混纺制成的涤棉衬衫，含棉成分越高，穿着越舒适。

第四，选购夏季服装面料时应选择透气性好的面料。面料的透气性与夏季服装穿着舒适性的关系非常密切，透气性好有利于散热。一般而言，透气性与织物的组织、透孔率密切相关。衣料的组织结构越疏松，透孔率越大，质量越轻，透气性就越好。从织物的基本组织来看，纱罗组织的透气性较好，而斜纹组织的透气性要比平纹组织好。

总之，夏季宜选用苎麻布、亚麻布、真丝绸（如双绉、电力纺、杭罗）、柞丝绸、麻纱（棉布的一个品种）、罗布、泡泡纱、轧纹布等面料制作的内衣，穿着舒适、透气、凉爽。罗纹明显的灯芯布、花麻纱、印花府绸布、漂布、派力司、花呢、精毛和时纺等是理想的夏季服装面料。巴厘纱具有纱支细、密度小、轻薄、透明、细洁的特点，适宜作为儿童夏季服装的面料。

102. 如何科学地选购冬季服装？

冬装服装式样繁多，面料不一，颜色各异，如何选择呢？

首先，我们来了解一下人的冷热感觉。人在自然环境中所感觉到的冷和热，主要是空气的温度和相对湿度、风速等因素综合作用的结果。也就是说，除了温度以外，空气湿度和风力的大小对调节人的冷热感觉也有一定的作用。试验数据表明，在无风的潮湿空气（相对湿度100%）中气温17.8℃和在风速为2m/s的干燥空气（相对湿度20%）中气温28.6℃，两者温度虽然相差达10.8℃，但使人感觉到的冷热程度竟然是相同的。除了气温、湿度和风速之外，人的冷热感觉还与是否受太阳光直接照射有关。在相同的气温下，一个人在太阳光直接照射下和在阴凉的地方，他的冷热感觉会有很大的不同。

第二，冬装的保暖性取决于构成面料纤维的导热性和衣内的空气层。在选购冬装时首先想到的是选什么样的衣料，衣料与保暖性的关系相当密切。据测定：棉、麻的散热系数是0.05；蚕丝是0.04；羊毛是0.03；氯纶是0.026；聚氨酯软泡沫塑料是0.021；静止空气是0.02。从这些数据可以看出，棉、麻的散热系数最大，保暖性最差；毛料居中；化学纤维较优；保暖性最好的要数静止空气了。因此，我们可以充分地利用这些数据来选择冬装的面料。各种衣料都有导热性，由于材料的不同，其导热性也不同。导热性越低，则保暖性越高。在众多的面料中，羊毛、羊绒、驼绒、牦牛绒、兔毛、氯纶、腈纶、醋酯纤维的导热性最低，其保暖性就最高；黏胶纤维、棉的导热性较低，其保暖性也较好；涤纶的导热性稍高，锦纶、丙纶的导热性更高，则它们的保温御寒作用就比较差了。此外，面料的保暖性还与该面料内层所含的空气层厚薄有关。服装内的空气几乎是静止的，而静止的空气导热性最低，其保暖性也最好。因此，面料中所含的空气越多，保暖性就越好。厚的毛织物含空气量大，保暖性就好，尤其是毛织物的气孔不是直通的，保暖性更佳。面料中纤维的粗细与保暖性也有关系，纤维过细或过粗的衣料，容易使空气流通，保暖性就差。纤维粗细一般以2.8～3.3dtex最好。在纤维相同的面料中，缎纹组织的保暖性比斜纹组织好，斜纹组织又比平纹组织好。

一般认为，在冬天寒冷的环境里，人的额部和躯干部的皮肤温度分别保持在31.5℃和34℃左右，人体才有舒适感。在寒冷时，如果所穿服装不足以御寒，则通过服装表面的辐射和对流的散热量必将大大地超过产热量，使人体热平衡遭到破坏。此时，人体不得不通过改变靠近其皮肤的血管的血流速度来调节皮肤温度，或在颤抖时通过不自觉地收缩骨骼上的肌肉来调节。在冬天，如果为了御寒，服装穿得过厚、过重，则不仅会使人的行动不便，而且还会使血液循环受到阻碍，甚至还会在身体的躯干部与服装之间形成高温、高湿，使体热散发不足而妨碍新陈代谢。所以在严寒的冬季，既要保温，又要尽量少穿衣服。

第三，冬装的选择应考虑穿着的合理性和舒适性。冬天并不是穿得越多就越暖和，而是提倡穿得适当，不宜穿得过于臃肿。因为衣服的保暖性与服装内空气层的厚度有关。服装与身体紧贴，空气层厚度为零，则保暖性最低。当穿上多件衣服后，空气层厚度随之增加，保暖性也逐渐增大。但空气层厚度超过15mm以后，空气对流增大，热量散失也增多，保暖性反而下降。况且，穿得过厚，人会行动不便，服装对身体的约束力也大，迫使人体为克服衣服的阻力而做功耗热，容易使人感到疲劳，产生不舒适感，也不雅观，所以穿衣还要考虑合理性。当然，穿衣的厚薄不能一概而论，而应根据每个人的年龄、身体情况和天气变化来决定。一般而言，冬天要穿多层次的服装，以利于保温。由服装形成的空气层宜为5～15mm，而且以内衣和外衣的比为3:1时保温效果最好。一般要使衣服内的空气越向外层，温度越低，而湿度逐渐提高。但衣服的层次不宜过多，否则，最下层的衣服受到上层衣服的压迫，隔热值不仅不增加，反而降低。

第四，冬天的服装，各层次的衣服要合理地选择。例如，内衣要柔软，要有较好的吸湿性、透气性及保暖性，这样有利于排汗透气，不会使衣服内的湿度上升，因而使身体感觉舒适。各种纯棉毛衫裤、棉和棉黏混纺的绒衣裤，手感丰满、柔软，保暖性好，最适宜制作冬季穿的内衣。由羊毛和氯纶制作的内衣保暖性也很好，但哮喘病人不宜穿，因为容易诱发哮喘。中间层和次外层的服装含空气量要多，既要有一定的弹性，又要有较好的透气性和吸湿性，以不妨碍汗液的蒸发为宜。因此，可选择羊毛、腈纶和混纺织物（如绒线衣、毛衣等）制作中间层衣服。在选择最外层衣服时，导热性要小，但透气性要好，既能防风又能防止热量的大量散失。各种厚呢衣服是冬令外衣的最佳选择。选购棉衣时，面料可选组织紧密、厚实挺括的涤棉卡其、纯棉线卡其、中长华达呢等织物，衣里可选绒面丰润的绒布等织物，中间填入丝绵、棉花、驼绒、羽绒和中空涤纶棉或腈纶棉等，因为这些棉衣内部空隙大，空气层加厚，有较好的保暖效果。为了提高冬装的保暖效果，冬令服装的领子、袖口等开口部分可采用封闭型，缝线不宜扎得过紧，针眼要尽量少而小，使服装蓬松，而空气又不外流，以利于提高保暖效果。

第五，冬装宜选深色、起毛的服装。根据物理学原理，服装的色泽与吸收辐射热量之间有着密切的关系，各种颜色吸热量由大到小的顺序是：黑、紫、红、橙、绿、灰、蓝、黄、白。即使是在黑色织物中，深黑色的吸热量也比浅黑色的要高出两倍以上。因此，冬天穿衣，外面宜穿深色的，中间穿浅色的，这样保温效果较好。以上仅是指在有太阳光照射的地方而言的，在室内和阴暗处，各种颜色就毫无差别了。应该指出，吸收太阳光辐射的热量还与衣服表面的状态有关，即表面光滑的吸收热量少，粗糙的吸收热量就多。因此，冬装外衣应选用粗糙和起毛的面料。如毛料中的麦尔登呢，结构紧密，表面绒毛细密平整，比较挺括，能防风御寒；花式大衣呢、制服呢和大众呢等，呢面粗糙，手感蓬松，都是比较理想的冬令保暖外衣面料。冬装的辅料（如领子、纽扣等）也很重要。如果这些辅料选得恰到好处，将会起到画龙点睛和锦上添花的视觉效果。总之，在设计和选用冬装时，要因地因人制宜，务求轻暖、经济、实用、美观、舒适和大方。

103. 如何选购西装？

西装又称西服、洋装。广义指西式服装，是相对于中式服装而言的欧系服装。狭义指西式上装或西式套装。其结构源于北欧南下的日耳曼民族服装。西装的基本形制为：翻驳领；翻领驳头、分枪驳角和平驳角，在胸前空着一个三角区呈 V 字形；前身有三只口袋，左上胸为手巾袋，左右摆各有一只有盖挖袋、嵌线挖袋或贴线袋；下摆为圆角、方角或斜角等；有的开背衩两条或三条；袖口有真开衩和假开衩两种，并钉衩纽三粒。按门襟的不同，可分为单排扣和双排扣两类。在基本形制的基础上，部件则常有变化，如驳头的长短、翻驳领的宽窄、肩部的平跷、纽数、袋形、开衩和装饰等，而面料、色彩和花型等随流行而变化。做工分精做和简做两种。前者采用的面料和做工考究，为前夹后单或双夹里，用黑炭衬或马鬃衬作全胸衬；后者则采用普通的面料和简洁的做工，以单为主，不用全胸衬，只用挂面衬或一层黏合衬，也有采用半夹里或仅有托肩。其款式也随着时间的变化而有所变化。

女式西装一般为上衣下裤或上衣下裙。女式西装受流行因素影响较大，但根本性是要合体，能够突出女性体型的曲线美，应根据穿着者的年龄、体型、肤色、气质、职业等特点来选择款式。

在选配西装和裙子时，还应根据年龄来合理选配。如中老年女性可选择上小下略大的式样，可显示穿着者的稳重、大方；年轻女性宜穿直筒的西装裙，也可选择类似旗袍裙上大下小的款式，可使穿着者产生婀娜多姿、亭亭玉立的青春美。

女式西装与裤子或裙子搭配时，大多采用同一面料做套装，可增强上下一致的整体感，也可采用不同颜色的面料相配，但要注意色彩的上下和谐与轻重关系。缝制高档西装宜选择纯毛花呢、啥味呢、海力蒙、巧克丁等毛精纺面料，也可选用毛涤混纺织物。

对于西装而言，缝制十分考究，缝工质量相当重要，在选购西装时必须进行严格的检查，鉴别缝工质量的要点如下。

① 领子的后颈部分缝制是否很服帖。要使领子和肩部缝制服帖，里料应按 45°斜裁。对花型面料，要检查左右领面、前胸和领面的花型是否一致，是否相称。如不符合上述要求，即为劣质缝工。

② 检查领子和肩部相连处是否有皱褶。如有皱褶，则为劣质产品。

③ 从领子起，依次检查肩膀、前胸，看其线条是否挺直；驳领是否服帖挺括，并用手抚摸西装的肩部、领子、前胸的衬垫处，如手感死板，则说明衬垫质量为劣质；如太软塌，则表明衬垫不良。

④ 将袖子翻转，检查面袖与里袖是否有足够的缝头，袖口的缝头是否宽裕。如果面袖与里袖刚好接上，说明这件服装用料不够，穿后不久将会脱缝；如果里袖太宽松，穿着时将会感到不服帖与不舒服。

⑤ 检查前身扣子钉的位置是否正确，缝线方向是否正确，扣子是否钉牢，其纽扣洞是否锁得光滑漂亮。对 3 粒扣子的西装而言，以中间一粒为最重要，因为它经常要扣用，所以这颗纽扣既要钉牢，又要容易扣上，宽松适度。

⑥ 检查西装裤裤管中折线和两侧缝线是否笔直，左右裤管的折线位置是否对称。选购西装时，不仅要注意前片，而且还要注意后片，以判断穿着是否合身、得体、舒服，行走是否灵活、方便。

⑦ 检查裤裆缝线是否牢固，是否采用包缝或来回缝缝制，是否用绸缎滚边或包边（做工精细的用绸缎滚边或包边）。在试穿时，要注意臀部周围是否做得太紧或太松，千万不可穿上后勾勒出臀部轮廓或后裆皱褶。为了判断是否合身，可以蹲下，如感到舒适自如又不吊裆、不起皱褶，则表明质量良好。

⑧ 西装后身的下摆处开衩，称为背衩。单排扣西装在背缝中央开衩，称为中衩。双排扣西装在两侧边开衩，称为边衩。衩的长度要恰到好处，才能既美观，又便于起坐。其重点检查衩至少要开足 25cm，才能给穿着者以舒适感。人以自然的姿势站立时，开衩处不应张开。

104. 如何选购衬衫？

衬衫做工讲究，缝制精细，平整挺直，缝纫线路针脚均匀，对称部分合拢，棱角分明，衣领挺括，弹性好，平整，不卷角，耐磨，耐洗，不走样。对衬衫面料总的要求为：衣料外观和悬垂性好，防污性强，色彩典雅秀丽，手感好，耐洗涤，易熨烫，伸缩性好，轻重适宜，透气性、保温性、吸湿性、吸水性均优良，耐汗性好，抗拉伸力强，顶破强力高，皮肤感觉舒适等。

衬衫色彩一般以浅淡为主，多用条格花型、印花，显得华丽重彩，鲜艳夺目。

在选择衬衫的款式时，必须注意与其他衣服的协调关系。例如，白色衬衫应用范围较广，可以随意和其他颜色相配，格、条、花布可与素色相配，青年人宜穿浅淡色的各种大、中、小花布，衬衫的穿用还应与个人的年龄、职业和身材等相称。如工作和学习时，应选择款式朴素、大方美观的衬衫，色彩要文雅柔和，给人一种落落大方的印象，可表现出穿着者的事业心和责任感。在喜庆或节日盛会的场合，则应穿着精工细做，款式新颖别致，色彩丰富多彩，能充分表现其个性化，并可渲染喜庆欢乐的愉悦气氛。在社交场合，应穿有领有袖的衬衫，具有一种既庄重又严肃

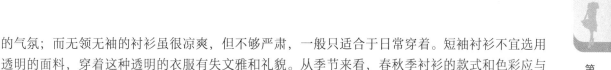

的气氛；而无领无袖的衬衫虽很凉爽，但不够严肃，一般只适合于日常穿着。短袖衬衫不宜选用透明的面料，穿着这种透明的衣服有失文雅和礼貌。从季节来看，春秋季衬衫的款式和色彩应与外衣相配，当外衣的款式和花色较朴素时，则衬衫的款式和花色可丰富多变；如果外衣的款式和色彩已经入时，则应选用款式和色彩较为朴素的衬衫。例如，身穿一套深蓝色或黑色的西装，配上一件白衬衫，会给人一种高雅纯洁和庄重恬静的沉稳感觉，若配上暖色调的大花或大格的飘带领衬衫，则给人一种热情、奔放、活泼、可亲的印象。冬季的衬衫主要是作内衣穿着，应以保暖性为主来选择衣料，其色彩应选择稍深的暖色调。

105. 如何选购羽绒服？

中国是世界上羽绒及其制品的生产和出口大国，年出口量及其出口创汇均占世界羽绒贸易总量的50%以上，并创造出一大批名、优、新、特产品，在国际羽绒市场上具有举足轻重的地位。

羽绒服的最大优点是轻软、蓬松、富有弹性、保暖性好，男女老少皆宜穿着，深受广大消费者的青睐。但是羽绒服也并非所有的人皆宜穿着，一般而言，过敏体质的人是不宜穿着羽绒服的。这是因为羽绒是指鸭、鹅、野鸭、天鹅等水禽体表皮层上被毛片所覆盖、呈晶体状的纤细而柔软的绒毛。羽绒对某些过敏体质的人会产生过敏反应，如会出现皮疹、荨麻疹、皮肤刺痒、胸闷以及鼻黏膜、眼结膜过敏炎症等症状。因为羽绒的细小纤维有机尘和微生物在与人体皮肤接触或被吸入呼吸道后，就成为一种过敏性抗原，使人体细胞产生抗原体反应。因此，对于某些过敏体质的人和对青霉素、磺胺过敏的人或有哮喘的人都不宜穿用羽绒服或使用其他羽绒制品（如被、枕、褥垫、睡袋等）。

那么，如何选购羽绒服及其他羽绒制品呢？除了从面料、款式和颜色、号型、加工工艺与质量等方面挑选外，更重要的是内在质量，即羽绒制品的填充料——羽绒，这是挑选羽绒服的关键内容。

（1）面料　羽绒的绒丝既纤细又富有弹性，很容易从面料里钻露出来，所以面料要挑选组织细密，经过防止羽绒钻出处理的面料。目前市场上的面料主要有纯棉织物、涤棉混纺织物和尼龙丝织物三大基本类型，品种有涂塑尼龙、高密度防羽绒布、防水真丝塔夫绸、涤棉防雨府绸等。

（2）款式和颜色　市场上销售的羽绒服款式很多，上衣有长的、短的，有下摆收口的、下摆敞口的，有收腰的、不收腰的，还有裤装、夹克衫、背心等许多款式。还有一些特殊用途的，例如滑雪服、登山服等。一般来说，为了提高保暖效果，羽绒服设计得都比较宽大，这样可保持和身体之间有一定的空隙。为了防止羽绒在两层衣料之间移动聚拢，羽绒服一般都会缉上各种线条，有的呈方形，有的是或横或竖的长条，同时也可起装饰作用。体型肥胖的人，穿缉有竖长条的羽绒服，可以显得较瘦些。短款的羽绒服穿着起来比较干练，但是腿部不能保暖，穿着长款的羽绒服行动起来又不是很方便。因此，在选购羽绒服时，要根据自己的具体情况选择款式，要求款式新颖，穿后显得潇洒、健美和大方，外观丰满、端庄、松紧适宜。

羽绒服的颜色繁多，近年来出现了一些非常明亮的颜色，十分受年轻人钟爱。由于羽绒服比较蓬松，因此比较肥胖的人最好选购具有收敛效果的深色。另外，由于羽绒服不便经常洗涤，所以还要考虑到它的耐脏性，如白色就很不耐脏。在选择颜色时，还要考虑到颜色的搭配，要求鲜艳、秀丽、相宜。

（3）号型　羽绒服一般分大、中、小号，没有统一的规格，在选购时一定要试穿，可根据自己冬季日常穿着的薄厚来选择号型，大小宜松不宜紧，这样的羽绒服既便于活动，保暖性又好。

（4）加工工艺与质量　羽绒服的面料和衬里要平服，填充料厚薄要均匀，袖、领接口处要圆顺、左右部位对称。要注意缝针的粗细和缝纫的针法，针距细密平整，行线顺直整齐，纽扣眼位相对，整烫平服整洁。

(5) 羽绒的质量 羽绒服挑选的重点应该是内在质量，即它的保暖性。具体选择时要注意两个指标：充绒量和含绒量。充绒量是指填充的羽绒质（重）量，含绒量是指纯绒含量。但必须指出，并非充绒量越大，保暖效果越好。因为羽绒服是靠降低导热系数来达到保暖效果的，而保暖效果的优劣与羽绒的蓬松度和厚度都有关系，但影响较大的是羽绒的蓬松度，即羽绒的含气量。在羽绒含量一定的情况下，填充到一定的程度，羽绒集合体的体积密度不断增加，羽绒间的接触状态更紧密，使导热性不断提高，这样反而影响了它的保暖效果。在羽绒中除纯绒外，还含有一定数量的飞绒和毛片，不同的羽绒其纯绒的含量是不一样的。纯绒含量越高，其蓬松性就越好，体积密度相对就小。含绒量高的羽绒是优质羽绒，其价格也会相应提高。羽绒中保暖效果最好的要数鹅绒，它的绒朵大、羽梗小，且弹性好，保暖性好。

如何根据羽绒的质量来选购羽绒服呢？根据经验可以总结出八点，即一看、二按、三摸、四拍、五揉、六闻、七掂、八试，分别说明如下。

一看是指查看羽绒服上有无产品质量标签、尺码等。标签上有无生产厂名，含绒量是多少。羽绒服的含绒量一般以超过70%为宜，具有一定的蓬松度和轻柔度。充绒量的多少直接影响羽绒服的保暖性，消费者应根据自己的穿着需求来确定。

二按是指在桌面或平板上将羽绒服放松铺平，让其在自然状态下恢复3min后，再用手按压羽绒服，随即将手松开，看其是否能迅速回弹恢复原状。如果不能恢复原样或恢复很慢，说明填充的羽绒质量较差，含绒量较低，其中可能掺有一定量的毛片或粉碎片。如果根本没有回弹性，则说明填充料不是羽绒而可能是鸡毛或是其他长毛片的粉碎毛。这种回弹性差的羽绒服，拿在手中有沉重感。

三摸是指用手摸、捏羽绒服，以手感来判定柔软程度，检查有无完整的小毛片或过大、过粗的长毛片及羽毛管等。若手感柔软但回弹性差，说明填充物大多为软化毛片而非羽绒。如果手感柔软但有短小粗硬的羽轴管，则为粉碎片。这种服装的保暖性差，不宜穿用。

四拍是指用猛力拍打羽绒服，看是否有粉尘溢出，如无粉尘溢出，则视为好产品；如有粉尘溢出，则为劣质产品。羽绒服内夹有灰尘或是用粉碎毛制作，内含有细菌、霉菌，这种服装不能穿用。

五揉是指双手揉搓羽绒服，观察是否有毛绒钻出，如有毛绒钻出，则说明面料不防绒。由于羽绒具有柔软光滑的特性，有少量的绒丝从线缝中溢出也是正常的。

六闻是指用鼻子认真地嗅一嗅，辨明是否有异味或臭味，如有明显的异味，则不宜穿用。但由于羽绒是动物的羽毛，有一定的气味也属正常。

七掂是指用手掂一掂羽绒服的质（重）量，同时观看其体积大小，质（重）量越轻，体积越大，则为优级品。一般情况下，含绒量为30%的羽绒服，同等质（重）量下，体积大于棉服一倍；含绒量在70%以上的羽绒服，则体积大于棉服两倍以上。

八试是指选购羽绒服时，尽量要试穿一下，特别是胸围要适中，试穿时，内穿毛衣一件，再穿上羽绒服，感到既不紧也不松即可认为合适。

106. 如何选购滑雪服？

滑雪服一般可分为竞技服和旅游服两种款式。竞技服是根据比赛项目的特点而设计的，主要是注重于运动成绩的提高，而旅游服主要是注重于保暖、美观、舒适、实用。滑雪服的颜色一般

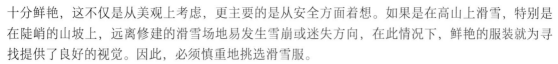

十分鲜艳，这不仅是从美观上考虑，更主要的是从安全方面着想。如果是在高山上滑雪，特别是在陡峭的山坡上，远离修建的滑雪场地易发生雪崩或迷失方向，在此情况下，鲜艳的服装就为寻找提供了良好的视觉。因此，必须慎重地挑选滑雪服。

① 内衣选择很重要。由于滑雪运动是一项在寒冷环境中进行的体育运动，因此在选择贴身内衣时，不宜采用棉制品，最好选用贴身而透气并能让汗水分子透出的内衣。它的内层有一层单向芯吸效应的化纤材料，本身不吸水、外层是棉制品，可将汗液吸收在棉制品上，效果非常好。在滑雪时难免会摔倒。如果没有连体滑雪服，摔倒后雪会从脚脖子、手腕、领子等处钻进服装里。要解决这一问题，只要采用一副由腈纶棉织成的有弹性的长筒护膝、一副宽条护腕外加一条围巾即可解决问题。

② 应选择不宜太小或紧包身体的服装（专业比赛服除外），否则会限制作滑行时的滑行动作。一般来说，上衣要宽松，衣袖的长度应以向上伸直手臂后略长于手腕部为标准，袖口应为缩口并有可调松紧的功能，领口应为直立的高领开口，以防止冷空气的进入。裤子的长短应当以人蹲下后裤脚到脚踝部长度为准。裤脚下开口有双层结构，其中内层有带防滑橡胶的松紧缩口，能紧紧地绷在滑雪靴上，可有效地防止进雪；外层内侧有耐磨的硬衬，以防止滑雪时，滑雪靴互相磕碰而导致外层破损。

③ 滑雪服有分身和连身两种形式，各有优缺点。一般而言，分身滑雪服穿用比较方便，但在选择时裤子必须是高腰式，并且最好有背带和软腰带。上衣一定要宽松，同时要选择中间收腰并要配有腰带或袖带，以防止滑雪跌倒后雪从腰部进入滑雪服内，手臂向上伸直后，袖子不能绷得太紧，宁可长一些，这样有利于全方位的运动，对初学者尤其是如此。至于连身滑雪服而言，结构简单，穿着不仅舒适，而且防止进雪的效果比分身的好，滑行时很方便，但穿起来比较麻烦。

④ 在我国，由于滑雪场大部分都位于内陆，气候寒冷、干燥。温度低，风大，雪质较硬，因此，滑雪服的外料应选用耐磨防撕裂、防风，表面经防风处理的锦纶或防撕布材料较好。鉴于我国滑雪场的运行索道绝大部分为开放式，加上空气温度低，所以滑雪服的内层保暖材料应选用中空棉或太空棉，为滑雪者在乘坐索道时提供一个良好的保暖条件。当然，连身滑雪服要比分身滑雪服的保暖效果更好。

⑤ 挑选滑雪服时，颜色也是很重要的考虑因素。应选择与白色形成较大反差的红色、橘黄色、天蓝色或用多种颜色搭配的醒目的鲜艳色调，这不仅是为滑雪运动增添迷人的魅力，更主要的是为滑雪者提供醒目的标志，以避免相互碰撞事故的发生。

⑥ 滑雪服的开口处宜采用大拉链，这样滑雪者戴手套时也可方便操作。滑雪服上要有若干个开启方便的大兜，以方便将一些常用的滑雪用品分门别类地放入其中。由于滑雪者经常需要用手去整理滑雪器材和持握雪杖滑行，因此滑雪手套需要宽大些，而且应选择五指分开的。手套腕口要长，最好能将袖口罩住，如能有松紧带封口，就能有效地防止雪的进入。滑雪帽最好选用套头式，只露出脸的上半部，能防止冷风对脸部的损伤。

107. 如何选购羊毛衫？

选购羊毛衫时，首先要鉴别其真假，其次是检查其加工质量。

（1）羊毛衫真假的鉴别　羊毛衫是春、秋以及冬季深受消费者欢迎的服装，穿着轻便、保暖、舒适，并富有弹性，但市场上也有一些假冒伪劣产品，有的在羊毛中掺入腈纶、丙纶等化学纤维，有的甚至以化学纤维织物冒充羊毛衫，因此，在购买时应注意鉴别其真假和伪劣。

第一，应看清商标。如是纯羊毛应有纯羊毛标志的五项内容；如是混纺产品，应有羊毛含量的标志。否则，可认为是假货。第二，应查质感。真羊毛衫质地柔软，富有弹性，手感好，保暖性也好；而假羊毛衫的质地、弹性、手感和保暖性都差。第三，可进行燃烧检验。羊毛中含有大量的蛋白质，从羊毛衫上抽取几根纤维，点燃后，闻一下气味，看一下灰烬，如有烧焦羽毛的气味，灰烬用手指一压即碎，就是真羊毛；如无烧焦羽毛的气味，灰烬压不碎，而呈结块状，则是化纤产品。第四，摩擦静电检查。将待检羊毛衫在纯棉衬衫上相互摩擦 5min 左右，然后将二者迅速相互脱离，如无"啪啪"响声，是真羊毛衫；如有"啪啪"响声，甚至出现静电火花的，则为化纤产品，是假冒的羊毛衫。

(2) 挑选羊毛衫的技巧 挑选羊毛衫时，主要是看羊毛衫的质量，重点检查下面的内容。①检查羊毛衫的尺码、外观和手感。看羊毛衫的表面纱线有无粗结及过大的结头，有无不良的缝接、多余的线头，有无破洞、缺口、染色、疵点和污渍等。②检查袖口、下摆处罗纹的弹性。检查时，可用手撑开袖口或下摆，然后放松，看其是否能很好地复原。同时，也应注意袖口或下摆处罗纹的收缩力不可过大，否则在穿着时会产生紧箍感。③检查缝接质量。对袖套口、前后领口、肩缝、侧缝等结合部位的缝接质量应特别注意。在检查时，手握需要检查部分的两侧，稍稍用力拉一下，可使接缝清晰地展现在眼前。④套头羊毛衫和开襟羊毛衫的检查。领圈的弹性是否合适，套口处有无漏针，套口处颜色是否正确，线头是否已清理等，这些内容应注意重点检查。在检查开襟羊毛衫时，应重点注意检查前开襟的套口线颜色是否正确，有无漏针，针组线是否松散，纽眼的质量是否符合要求，纽扣和纽眼的配合是否适合等。⑤由于使用的原料和编结结构的不同，致使羊毛衫的缩水率有较大的差异，因此，在选购时一定要了解清楚羊毛衫的缩水率，并以此为依据，来合理地选购羊毛衫的尺寸。

108. 如何选购裤子？

选购裤子时有许多考虑的因素。从外观上看，一是裤子的颜色是否符合要求，过去裤子的织物组织和颜色都很单一，随着时代的进步，人们审美观也发生了变化，在色彩上也变得丰富起来。但一般的裤子基本上还是以靛蓝和蓝黑色为主，也出现少数为流行色。主要原因是蓝色水洗的效果较好，特别是靛蓝色越洗越漂亮，因此该颜色便成为牛仔裤永恒的颜色。

裤子面料的厚度则与穿着季节有关，也与人们的穿衣习惯有关。一般分为轻型、中型和重型三类。轻型布重为 $200\sim300g/m^2$，中型为 $340\sim450g/m^2$，重型为 $450g/m^2$ 以上。

从穿着舒适性和美观性来看，有以下几点。①裤子的长短要合适，太长与太短都不美观，也不舒适，因此在购买时最好能试穿。穿长裤最好是配有跟的鞋，长裤的长度最好能到鞋跟的中上部，既方便行走，又能令腿看起来细长。②根据穿着者腿的长短，修长的双腿适合穿着翻边长裤，而短腿者则适宜穿无翻边的款式。③对于气质内敛的人，最佳选择是传统款式与能掩饰缺点的裤子，最好不要与潮流跟得太紧。④裤子颜色的深与浅应根据个人的皮肤颜色来选择，黑色适合于皮肤较白的人，浅色适合于黄色皮肤的人。

裤子的保养包括科学的洗涤和养护两方面。

裤子的基本洗涤方法如下。①深色的牛仔裤在第一次下水前，先用白醋加水（白醋与水的比例为 1∶20），或者用盐水浸泡 $20\sim30min$，这样可较好的保持原色。②深色与浅色的裤子应分开洗涤，放在一起洗会造成互相沾色。③洗涤时，不得使用漂白粉，可使用不加酶而带蓝颗粒的洗衣粉，因为加酶的洗衣粉具有漂白作用，尤其是对牛仔裤的颜色有影响。④千万不要放在阳光下直接暴晒，因为直接暴晒会造成严重氧化而产生褪色现象。⑤应晾晒于通风处，不通风会使裤子不容易干，而且还会产生异味。⑥应把裤子翻过来洗涤与晾晒，避免褪色。

裤子的基本养护法如下。深色纯棉牛仔裤穿3～5次或一周左右清洗一次即可。对于浅色、白色、驼色牛仔裤应根据脏污情况，决定是否洗涤。对于新的原色牛仔裤，第一次洗后可在将干未干时穿在身上，可以更快地产生纹路；对于已经脱浆的牛仔裤，可以简单地用些生粉加水调和后喷在牛仔裤的表面重新使牛仔裤变得硬挺。

109. 领带的选择与佩戴

领带是服装配件之一，是一种正面打结、主体呈带状的领饰品。通常戴在衬衫领下与西装配穿，是西式装束中的男性象征，但自20世纪下半叶开始，也受到一些女士们的青睐。现在，航空、铁路、邮政、金融、军队、税务、海关、工商等部门的女性在工作时所穿制服也配有领带，给人一种庄重、严肃、沉稳的感觉。

领带面料选用丝、毛、化纤、皮革等挺括材料制作，而以柔软型细毛织物作里衬，制作工艺要求较高。一般可分为三类。①传统型。尺寸规范，大领前端呈90°箭头形，单色或斜条带小花点图案，一般配领带夹，适于西服套装，使用较广泛。②新潮型。形式短宽，色彩艳丽，饰以立狮、马具、恐龙、足球、名画、名人头像的醒目图案，使用时松结呈随意状，适宜用于休闲装束。③变体型。选料别出心裁，有线环、缎带、皮条、片状或围巾状多种式样，在特殊场合使用。

领带的选择与佩戴非常考究，选配恰当，有画龙点睛的作用，相反，则会不伦不类，失去戴领带的作用。一般而言，应根据年龄、肤色和体型来科学地选择领带的花型和颜色。例如，年轻人可选择花型活泼、色彩对比强烈、颜色艳丽的领带，如红黑相间的斜条花型，可增加青年人朝气蓬勃的活力。中老年人最好选择一些庄重、大方的花型，如黑白相间的斜条式、棕色斜条式、蓝色凹凸花纹式等，可给中老年人增添几分沉稳、严肃的神态。体型肥胖者宜选择深蓝、墨绿、深黑等色调的斜条宽领带，这样可使佩戴者显得瘦些；体型瘦小者最好不要选择细线条和色彩冷暖对比强烈的领带，否则会显得更瘦弱；高个子应系朴素大方的单花领带；矮个子则宜系斜纹细条的领带，可使身材显得高一些；女性宜选用素色的领带；脖子长的人则宜系大花领带，而不宜戴蝴蝶结；脸色红润的人宜系黄素色绸布料的软质领带，而脸色欠佳的人则宜系明色的领带。同时，还应注意领带和西装配色的协调性，以增加优雅脱俗的良好效果。例如，黑色、棕色西装配以银灰色、蓝色、乳白色，或蓝黑条纹、白红条纹的领带，显得庄重大方；深蓝色、墨绿色西装配以玫瑰红色、蓝色、粉色、橘黄色、白色的领带，具有深沉的含蓄之美；褐色、深灰色西装与天蓝色、米黄色、豆黄色的领带配伍，具有秀气潇洒的绅士风度；银灰色、乳白色西装佩戴大红色、朱红色、海蓝色、墨绿色、褐黑色的领带，可给人以潇洒、文静和秀丽的感觉；红色、紫红色西装应配乳白色、乳黄色、米黄色、银灰色、翠绿色和湖蓝色的领带，具有典雅、华贵、得体的效果。因此，选用领带应围绕装饰性原则来进行，以达到锦上添花的效果。选用与佩戴领带也是一门涉及多学科的学问。领带的保养也很重要，任何质料的领带脏了，只能干洗而不能水洗，因为领带的面料和里料不一样，下水后会褪色或缩水，易使领带变形，失去原有的花色、光洁和平挺，影响美观。熨烫时，可用熨斗不用垫布进行明熨，但宜采用低中温度，熨烫速度要快，以免出现泛黄和"极光"现象。

虽然领带一直受到人们的普遍青睐，但是随着科学技术的不断发展和人们的生活、工作节奏的加快，人们对领带也提出了不同的看法。一种观点认为领带系得过紧，有碍于血液流通，会因输送到眼部的血液减少而引起一些疾病。因此，认为应该取消领带，在日本就有人建议开展"不戴领带运动"。另一种观点则认为男士的服装也和女士的服装一样，开始出现时装化，同时穿休闲服的人越来越多，显然领带与时装、休闲服不相匹配。因此，取消领带已成为当前服饰发展的趋势。这些情况不能不说是给领带的发展带来不利的因素。

领带的系法也多种多样，现选择常用的 3 种方法以图解的方式介绍，如图 6-1 所示。

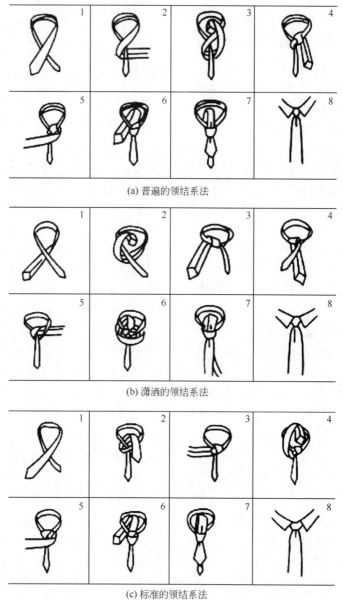

(a) 普遍的领结系法

(b) 潇洒的领结系法

(c) 标准的领结系法

图 6-1　领带的系法

鉴别领带质量好坏的方法有：①从大头起在 33cm 内无织疵和染色印花疵病的为正品；②用两手拉直领带两端后，从大头起在 33cm 内没有扭曲状的，说明缝制质量良好，在以后使用中不会出现变形的现象；③用手在领带中间捏一下，放开后能马上复原，说明领带衬的弹性较好。

110. 如何科学、合理地选用胸罩?

胸罩又称乳罩,属于女式内衣的一种,是女性人体美的重要服饰之一。1902 年的英国报纸曾刊有"女性专用胸衣"的广告,但根据史料的记载,胸罩的正式诞生是在 1914 年,美国人玛丽·菲利浦·雅各布取得第一个胸罩的发明专利,该产品是用两块手帕和粉红色的缎带合起来制作而成,取名为"露背式胸罩",这就是现在流行的胸罩的原型。这种胸罩刚一问世,便博得了广大妇女的青睐。在第一次世界大战开始后,得到了很大的普及,究其原因,由于大批男子开赴前线作战,农村妇女不得不代替男子从事农业劳动,城市妇女也纷纷进入工厂工作,妇女戴上胸罩后更便于体力劳动,这就促进了胸罩的推广与普及。胸罩可分为坎肩式和背带式两大类。坎肩式胸罩是传统紧身衣的变种,既瘦又平,不利于乳房的生理卫生,而背带式胸罩符合乳房的生理卫生,它又可分为平坦型、外凸型和锥状型等数种,其中外凸型和锥状型较为适合乳腺的发育。

正确地选择和佩戴胸罩非常重要,它是确保乳房健康的一项有效措施。从医学角度看,发育良好、丰满浑圆、对称隆起的双乳是女性健美的重要标志。

(1) 科学地选购合适的胸罩　胸罩虽有保健美饰的功能,还需要科学、合理地选用,因为每个人的体型不同,胖瘦不一,乳房的大小也就会不一致,同时,市场上销售的胸罩规格比较复杂,而且品种、花样繁多(如背带式、无带式、离肩式、露背式等),因此,在购买时需要进行科学的挑选。第一,胸罩的大小、规格尺寸要合适,能对乳房起到支托而不引起压迫作用,戴上胸罩后要感到舒适而无紧束压迫感。千万不能凑合,不要勉强戴上不合适的胸罩,如果胸罩过大,就起不到支托和保护的作用,而太小会妨碍乳房的发育。第二,要选择合适的材质,最好选用细软棉布制作的胸罩,不宜选用由化纤面料制成的胸罩,因为化纤布透气吸湿性差,易引起湿疹,甚至有人会发生皮肤过敏反应。第三,在款式上宜选用吊带式的胸罩,而且吊带要宽些(要大于 2~3cm),带子不能太短、太紧,尽可能选择有调节纽扣的带子,以便于调节胸罩的松紧度。另外,尽量不要选用有弹性的吊带,这样的吊带虽在穿戴时比较方便舒适,但对乳房的支托作用不理想。

具体选择胸罩的方法是:使用皮尺先测量通过两个乳头的顶胸围,然后测量通过两个乳房下方的底胸围(即最小胸围),测量时均以呼气后为准,取立位或端坐位。市售胸罩的号码就是底胸围数。用顶胸围数减去底胸围数,再除以 2 就是乳房的近似高度。选择胸罩除了要求号码合适外,还要量一下胸罩锥形隆起的高度是否与自己乳房高度相适应,圆锥形的底部是否能容纳乳房的绝大部分。

(2) 合理地佩戴胸罩有利于乳房的发育与健康　乳房在没有充分发育之前,不宜过早的佩戴胸罩,否则会影响乳腺的正常发育与日后的哺乳,一般宜在 16~18 岁之间开始佩戴胸罩,最正确的选择方法是用皮尺从乳房的上底部经乳头到乳房的下底部测量其距离,如果超过 15cm 就应该佩戴胸罩。在佩戴胸罩时,胸罩的各部位正好与乳房各部分相吻合,而且乳房的全部或大部分应全处于胸罩内,胸罩的圆锥形高度应与乳房的高度相适应,并留有乳头的"容身之地",不致压迫乳头。在劳动或体育运动时,吊带宜紧些,才能起到保护、托起和稳定乳房的作用;平时吊带可稍松些,睡觉时应把胸罩取下,以免妨碍睡觉时的呼吸和血液的正常流通,从而影响睡眠,如果乳房过大、下垂的人睡觉时可不解下乳罩。如果乳房大小不对称,可在乳房较小的一侧胸罩内衬一些干净的棉花或纱布,使两侧大小对称。乳房过小或乳房发育不良的人,不应佩戴胸罩。因此,正确佩戴胸罩能使乳房得到支持和扶托,使乳房的血液循环通畅,不但有利于乳房的发育,而且还可防止发生乳房疾病;可以保护乳头,防止擦伤和碰痛;可以保护、托起和固定乳房,以减轻和防止劳动或运动时乳房的过分振荡、摆动、下垂或外伤;可以在严寒的气候中起保暖作用,防止冷风钻进肌肤;可以弥补女性形体上的缺陷,调整乳峰的高度和位置,使身体线条优美。

在佩戴胸罩时还需注意，如果长期使用狭带式胸罩或胸罩偏小，由于穿戴过紧，长时间压迫胸部、乳房和皮肤，当穿戴者做各种动作时，上肢肩背部的肌肉不断运动，致使狭带式或过紧的胸罩带在皮肤的很小范围内来回摩擦，久而久之，会使这些肌肉过度劳损，再加上供血不足而容易发生老化。过紧的胸罩还会限制胸部的呼吸运动和胸廓的舒缩，影响到呼吸功能，导致肺换气不足而产生胸闷气急的感觉。胸罩的肩吊带过紧地压迫颈部肌肉、血管、神经，长期佩戴会使之受累，易诱发颈椎病，产生头晕、恶心、上肢麻木等症状。扁平或过紧的胸罩易造成乳头的内陷，这不仅会影响到哺乳，而且还容易发生乳腺导管炎，引起反复红肿、破溃。长期佩戴过紧的胸罩，易使乳房下方局部缺血、纤维化，形成横（束）条状肥厚，致使乳房常感到疼痛，而且还可引起乳腺导管阻塞。由此可见，正确、合理地佩戴胸罩有利于乳房的发育与健康。

111. 如何选购和保养鞋？

鞋是足的保护者，是人们为了保护脚部、便于行走而穿用的兼有装饰功能的足装，其主要功能是御寒防冻、保健和防止带棱带刺硬物的伤害。鞋虽然只占人们服饰的很小部分，而且处于不受人注目的"最下层"，但是鞋的设计是否合理，造型是否美观，穿着是否舒适，不仅关系到人的仪表和风度，而且也影响到人的步履和健康。因此，鞋在人们的服饰中具有"举足轻重"的作用。如何选好、穿好、保养好鞋是人们非常关心的问题。

根据制鞋的原料，我国的鞋可分为皮鞋、布鞋、胶鞋和塑料鞋四大类，即通常所说的"四鞋"。

人足各有特点，有长短、宽窄不同，足弓也有高低之分。因此，选购鞋的关键或是主要依据应是试穿时是否舒适。我国旧型鞋号的尺寸以"码"表示，新型鞋号的尺寸以"cm"（或公分）表示。现在全国统一鞋号以脚长为基础，每隔半厘米为一个规格。如"25"则表示脚长为25cm。鞋上还印有（一）、（二）、（三）、（四）、（五）等型号，（五）型表示最肥大，（四）型次之，（三）型适中，（一）型最瘦。如"25（四）"表示适合脚长25cm的稍胖的人穿用。新旧型鞋号的换算较简单，即将旧型鞋号加10，再除以2即可。例如，27码的鞋加10后再除以2，结果为18.5，相当于新型鞋号 $18\frac{1}{2}$ cm 的鞋。

应注意成年人的脚晚上要比清晨时略大的特点，选鞋时，负重时脚的宽度比不负重时要大两号，长度应增加半号（即0.5cm），鞋面上有4~5对鞋带眼的鞋，系带时晚上应比清晨松。一双比较理想的鞋还应能弥补脚在结构上的不足。例如，皮鞋底中的一条铁板，可以支持足弓，维持足的力量，防止疲劳，增强人的活动能力。选购鞋时，要注意以下事项。①鞋头的前端应该是圆的，鞋头的内缘宜直些，脚趾在鞋内应能伸缩，并有一定的活动空间。②鞋的宽度要适中，如果长期穿太窄、太尖的鞋，将会引起足趾畸形或嵌甲等毛病。③鞋面的高低也宜适中，材料要柔软，切忌太硬。若鞋面太低或材质过硬，可使足背疼痛不适，严重者还会引起足背腱鞘囊肿。④鞋后帮的两侧和后缘，其边缘要平整而柔软，不可向内收缩，应与脚后跟相吻合，不宜过紧或过高，以免长期穿用后发生跟骨皮下滑囊炎。⑤鞋底的材料要富有弹性。硬塑料底穿旧后因光滑易摔跤。⑥鞋的前半部应采用轻质材料制作，要求柔软而又有较大的伸缩性，这样既可保证脚趾有一定的活动空间，又能使行走时步态优美，富有柔韧感。⑦鞋底内面的形状要与脚底相符合，隆起部分要与足弓相吻合，否则容易形成扁平足。⑧鞋跟有高、中和平跟之分，鞋跟低于1cm的鞋称为平跟鞋或无跟鞋，鞋跟高于5cm者为高跟鞋，介于二者之间者为中跟鞋。从健康角度考虑，鞋跟不

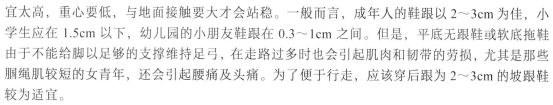

宜太高，重心要低，与地面接触要大才会站稳。一般而言，成年人的鞋跟以 2～3cm 为佳，小学生应在 1.5cm 以下，幼儿园的小朋友鞋跟在 0.3～1cm 之间。但是，平底无跟鞋或软底拖鞋由于不能给脚以足够的支撑维持足弓，在走路过多时也会引起肌肉和韧带的劳损，尤其是那些腘绳肌较短的女青年，还会引起腰痛及头痛。为了便于行走，应该穿后跟为 2～3cm 的坡跟鞋较为适宜。

以上所述是选购鞋的一般知识，下面分别介绍皮鞋、布鞋、胶鞋和塑料鞋具体的选购常识和维护保养。

(1) 皮鞋的选购与维护保养　皮鞋是指鞋帮、鞋底全部或部分用革制作，装有主跟、内包头、勾心的鞋。按用途可分为日用皮鞋、运动皮鞋、劳动保护皮鞋和军用皮鞋，还有专为畸形脚定制的医疗矫形皮鞋。按式样分，主要有耳式、舌式、浅口式、靴式皮鞋等，靴式又分高腰、半筒和高筒。各种式样有多种尺码（鞋号）和肥度（肥瘦型），以适应各种脚型和喜好的消费者。皮鞋的特点是造型美观，经久耐穿，透气性较好，鞋底具有弹性，吸水性较强，脚部不易受潮，比较符合卫生要求。因此，对皮鞋性能要求是：不仅要加工精细、式样美观大方，而且要求穿着合脚、舒适，不影响脚的健康，有助于脚能够正常发挥功能。具体地说，皮鞋内腔的形状和尺寸与脚的形状和尺寸要相对应，但又要有所区别。脚是支撑器官，又是运动器官，步行活动时脚的各部位发生扩展、弯曲、伸长、收缩等形状和尺寸变化，皮鞋必须适应脚的这些动态变化才能穿着合脚、舒适。皮鞋的吸湿、排湿性要好，皮鞋穿着时鞋内空间的相对湿度与舒适性关系密切。如果鞋帮、衬里和内底的吸湿、排湿性不好，被其吸收透散的脚汗很少，则鞋内空间相对湿度会越来越大，穿着舒适感就会下降。此外，皮鞋的重量、弯曲性、缓冲性、稳定性、随脚性等也都与穿着舒适性有着密切的关系。

在选购皮鞋时，应注意以下几点。①鞋后跟周围应留有一定的空隙，一般以脚趾碰到鞋头顶端后，在脚跟处能插进一个食指为宜。②鞋的肥瘦以不夹脚为宜；脚面不应受压。③船式、舌式等不系带的皮鞋，鞋后跟的余量应稍小点儿才会跟脚。④小圆头、小方头皮鞋的鞋头比较狭窄，脚趾达不到鞋的顶端，要选择比圆头皮鞋大半号的鞋，这样，穿起来才比较合适。⑤尖头或扁头皮鞋要比圆头皮鞋大 $1\frac{1}{2}$ 号，这样才不会夹脚。⑥在选购各式单鞋和皮棉鞋时，要挑选大 1 号的鞋，以适应穿较厚的袜子的需要。⑦光面皮鞋的颜色要一致，而且鞋帮要光亮无伤痕，手压时富有弹性，反复折挠数次应无皱纹且复原性好。⑧鞋帮与鞋底、鞋底与鞋跟连接要牢固，特别是高跟鞋，用手晃动鞋跟时应无任何偏移和松动，鞋底应富有弹性、无裂纹，鞋里和鞋面贴合时不能有皱褶和不平，触感应柔软，鞋垫材料应与鞋里一致，应紧紧贴在内底上，不能翘起。⑨将一双皮鞋放在柜台上做下列检查：两只鞋是否左右对称，长短、肥瘦是否一致；从侧面看，前掌触地位置是否在脚掌面内，翘头在 7～15mm 之间，鞋跟应与地面垂直，不可后倾，更不能前倾；从前面看，鞋帮后缝是否歪斜，后跟是否左右歪斜。⑩不宜选购后帮较高、沿口较硬的鞋，因为穿这种鞋常会磨破皮肤。⑪从皮鞋所用的材质来看，在牛皮、猪皮、羊皮、马皮和合成革为面料的各类皮鞋中，以猪皮革面透气性最好，合成革最差（只有天然革的30%），有脚癣者应禁穿。毛皮鞋的保暖性能好，柔软，不易掉毛和被虫蛀，而且皮子也比较坚牢；驼绒里的皮鞋保温性能不如狗毛，而且易掉毛。

在平日穿鞋时，要避免与酸、碱、油类接触，以防止被污染，而且尽量不要在不平的地面上行走。为了延长皮鞋的使用寿命，最好有两双或两双以上的皮鞋轮换着穿。皮鞋不要在阴雨天当作雨鞋穿，一旦淋湿了，应先用干净的布擦掉鞋上的脏污，再用干布吸去鞋面的水分，鞋内用干纸团吸水，将鞋放于干燥通风处，避免日晒，让其自然干燥，然后涂上鞋油。擦皮鞋应从新鞋开始，最好是每周一次，每月不能少于两次。擦鞋油时，应先将鞋油涂于干布上，再往皮鞋上涂上薄薄的一层，然后用软刷或软布反复擦拭，使其光亮。如发现皮鞋褪色，则可用同色染皮水涂擦，然后上油，就可恢复原有的光泽。当皮鞋出现裂纹时，可用石蜡涂擦，然后用温度不高的熨斗短时间将其熨平，同时刷上同色皮革光亮剂，最后擦鞋油即可。绒面皮鞋很容易脏污，要经常用软毛刷刷除污物，再涂以相同颜色的鞋粉；太脏时，可蘸洗衣粉溶液刷洗，然后用清水再刷数遍，放在阴凉通风处晾干，再涂上鞋粉即可。对于较长时间不穿的皮鞋，应先放在阴凉通风处晾干、擦净、上油、打上鞋楦或塞进旧布、纸团等，并在鞋内放入樟脑丸之类的杀虫剂，放入鞋盒内，放在通风干燥处收藏，并定期检查有无潮湿、发霉或干裂现象。

(2) 布鞋的选购与维护保养 布鞋又称布面鞋、便鞋。泛指以天然或化纤织物为面料制作的鞋。按成型工艺分类有缝绱布鞋、注塑布鞋、注胶布鞋、冷粘布鞋、硫化布鞋、模压布鞋、浇注布鞋。代表性的品种有双梁鞋、千层底布鞋、工艺布鞋、布拖鞋、橡胶鞋、一带鞋、五眼棉鞋、鞍棉鞋、大云棉鞋等。

布鞋具有柔软、舒适、轻便、透气等优点，但吸水性和弹性较差，容易受潮，在高低不平的地面上行走时，脚底常常会被顶痛，故较适宜于室内或一般劳动时穿用。

在选购布鞋时，应注意以下几点。①要检查两只鞋的长短、肥瘦是否相同；布底厚度、缝线针码、鞋面色泽是否一致。②鞋面、鞋里有无浆斑，附件（鞋眼、金属扣）有无锈蚀。③用手伸到鞋里弯曲数次，看其是否挺硬结实；塑料底布鞋可用双手握住布鞋反复弯曲，要求其硬度适中、无疵点，鞋底应尽量选择布底或橡胶底，特别是老年人不要选购塑料底，以免滑倒跌伤。④购买深帮鞋时可比浅帮鞋大半号，以防止因走路过多，致使脚掌发热膨胀而出现的胀紧感。⑤选购浅帮鞋时，鞋应合脚，否则走路时易掉鞋而产生疲劳。⑥在选购布棉鞋时，其号型应比单布鞋大半号至1号。

穿布鞋要注意保持干燥。穿橡胶底布鞋时切忌和汽油类接触。穿泡沫塑料底布鞋要防止接触锋利物质。要防止烟头、火柴头、燃烧的煤屑、沸腾的油滴等掉落到鞋面上。一般布鞋可用干刷刷或用布掸（拍打），脏污严重时要用洗涤剂刷洗。棉布鞋面可用肥皂刷洗，其中平绒类鞋面用洗衣粉溶液浸刷，然后用清水洗净，晾干后用毛刷刷理绒毛；合成纤维织物鞋面用洗衣粉溶液洗涤后，再用清水漂洗干净，晾干即可。在刷洗松紧式布鞋（又称"懒汉鞋"）时，不能用开水烫洗，也不宜用肥皂或碱水刷洗松紧布，洗涤后不可放在日光下暴晒，以防橡胶老化而失去弹性。对于暂时不穿的布鞋，应把布鞋刷净、晾干后收藏在干燥处。在收藏棉鞋时，还应在鞋中放些樟脑丸之类的防蛀剂，以防虫蛀和鼠咬。

(3) 胶鞋的选购与维护保养 胶鞋是指以橡胶为主要材料，采用硫化工艺制作的鞋（即雨鞋或套鞋）。胶鞋按所采用的材料和结构可分为布面胶鞋和胶面胶鞋两类。布面胶鞋是指鞋帮以纤维织物为主，鞋底为橡胶，采用黏合机硫化工艺成型，即将鞋帮套在铝楦上贴上内底、外底，黏围条后，送入硫化罐加热、加压、硫化，帮、底即黏合成鞋。布面胶鞋常作为轻便鞋和运动鞋，解放鞋即为一个主要品种。胶面胶鞋是指鞋帮、鞋底均为橡胶，采用硫化工艺生产的鞋。按用途可分为雨鞋和风雨靴等种类。雨鞋适宜于下雨天穿用，以针织汗布为内衬，以防止皮肤与胶皮摩擦。按鞋帮高度可分为高筒、中筒和低筒3种。风雨靴适宜于雨雪天气及寒带地区伐木时穿用，又称阿克提克靴。靴面为橡胶，内衬毡片或其他防寒保暖材料，靴底厚实牢固。

胶鞋的特点是质地坚韧、柔软并富有弹性，晴、雨天均可穿用，但不透气，在热天妨碍脚汗的蒸发，潮湿易诱发脚癣。而冬天则因胶质导热快易冻脚。另外，由于橡胶大多含有硫黄成分，久穿易散发臭味，遇氧、高温时，还会加速胶质的老化。所以，雨鞋只适宜于雨天穿用或在带水作业时穿用，跑鞋和球鞋只适宜在运动或锻炼时穿用，穿后还应及时洗净，放在阴凉通风处晾干，切记在烈日下暴晒。

在选购胶鞋时，布面胶鞋要求鞋底、沿条、包头表面光亮、花纹鲜明、柔软、无裂痕、皱纹和油污，无凹凸不平、歪斜走样及沙眼、气泡等现象；鞋帮表面要清洁、平整，颜色要鲜明，针线要整齐；鞋跟要与鞋帮扣牢，排列要均匀。胶面胶鞋要求鞋面平整、光亮，无麻点、气泡、皱纹、砂眼等现象。手摸不发黏；里布不脱壳，鞋面不脱胶，光亮均匀；鞋底要平，花纹要正、要清晰。在挑选胶鞋时，还应用手捏捏鞋头和鞋跟，如果捏后复原较慢或不复原，都是属于硫化不良所致，影响使用寿命。胶鞋的鞋底均以黑色橡胶为佳，因为橡胶补强剂黑炭黑的补强作用要好于白炭黑。但童鞋或女鞋可选购其他颜色。

在穿胶鞋时，切忌踩倒鞋后帮当拖鞋穿，否则会引起鞋帮、沿条的断裂，同时也要避免踩在酸、碱、油等腐蚀剂之上，不要在尖锐、锋利的路面上行走，以防刺破或割裂，影响穿用寿命。由于胶鞋影响脚汗的蒸发而易致脚臭，脚汗也会缩短胶鞋的寿命，因此胶鞋应常洗。洗涤时，布面胶鞋可用冷水和软毛刷清洗，洗刷用力要适度，以防止鞋开胶，注意要用冷水、肥皂洗净，切忌用热水、碱水浸泡。在洗涤胶面胶鞋时，可用软毛刷刷去底部的泥污，胶面上的脏污要用软布擦干净。胶鞋经洗涤后应放在阴凉通风处晾干，切忌放在日光下暴晒，以防橡胶产生老化、龟裂等现象。

（4）塑料鞋的选购与维护保养　塑料鞋是指以合成树脂为主要原料加工成型的鞋，又称全塑鞋。按用途可分为塑料凉鞋和塑料拖鞋两类。塑料凉鞋的鞋帮、鞋底均用同一种材料，借助于模具一次注射成型。通常称为一体鞋。此类鞋的工艺较简单，造型款式和色彩变化快，适合男女老少选用。塑料拖鞋按鞋底可分为泡沫塑料拖鞋和非泡沫塑料拖鞋两种。泡沫塑料拖鞋的鞋底是以PVC树脂为原料，经高压发泡而成质地轻软的底材，经冲压成带装配孔的鞋底，用与以不发泡材料通过注射成型的鞋带（鞋帮）结合固定成鞋。帮与底的固定方法有组装和黏合等。非泡沫塑料拖鞋的制作方法与塑料凉鞋基本相同。

塑料鞋的特点是透气性和吸水性都较差，导热性也不好，因此，穿塑料鞋有烧脚和发烫的灼热感，尤其是在烈日炎炎的中午时分走在柏油马路上更为显著。由于塑料鞋不含硫黄成分，不易引起脚臭，加之此类凉鞋色泽变化多，可晴雨两用，易洗易干，而且价格便宜，穿着方便，人们比较喜欢穿用。尤其是农民穿着下地劳动，回家一洗就干，非常方便、实用。

在选购塑料鞋时，可在常温（20℃左右）下先将鞋折弯，如果鞋能迅速复原，且手感柔软而富有弹性，鞋底无裂口和裂纹为合格。另外，将两只鞋放在一起对比，应左右对称，大小、厚薄、颜色应一致，金属附件应牢固、无锈蚀。

穿塑料鞋时因脚汗不易蒸发，易被灰尘等弄脏，因此要经常用清水冲洗，保持鞋不失去光泽。洗净后的鞋应放在阴凉通风处晾干，切忌在日光下晒干。由于塑料鞋易产生裂纹或破损，所以不要穿塑料鞋打球或进行其他剧烈运动。不穿时应把塑料鞋洗干净，妥善收藏。存放时切忌放樟脑丸，否则塑料鞋会发黏或变质，影响使用寿命。

112. 如何选购袜子？

古代的袜子称为"足衣"或"足袋"，经过数千年的演变，才发展成为现在形式的袜子。现在有人称袜子为"足部时装"。袜子属于纬编针织品，其特点是伸缩性强、手感柔软、穿着舒适。

现在的袜子种类很多，按袜筒的长度分长筒袜、中筒袜和短筒袜；按袜口种类分平口袜、罗口袜和橡口袜；按使用对象分男袜、女袜和童袜。圆袜子由袜口、袜筒和袜脚 3 部分组成。其中袜脚包括袜跟、袜底、袜背和袜头。袜口的作用是使袜子边缘不致脱散并紧贴腿上。袜子的主要参数有 5 个：袜号、袜底长、总长、口长和跟高。袜子的规格是用袜号来表示的，而袜号又是以袜底的实际长度尺寸为标准的，所以知道脚长后便可选购合脚的袜子。由于袜子所使用的原料不同，其在袜号系列上也有所不同。其中弹力尼龙袜系列，以袜底长相差2cm 为 1 挡；棉纱线袜、锦纶丝袜、混纺袜等的袜号系列，则以相差1cm 为 1 挡。

弹力尼龙袜系列（号）如下：

童袜：12～14、14～16、16～18；

少年袜：18～20、20～22；

成年袜：22～24、24～26、26～28、28～30。

棉纱线袜、锦纶丝袜、混纺袜系列（号）如下：

童袜：10～11、12～13、14～15、16～17；

少年袜：18～19、20～21；

女袜：21～24；

男袜：24～26、27～29。

袜子是重要的服饰之一，在选购时首先要注意其质量，可用"紧、松、大、光、齐、清"6个字来概括，即袜口和袜筒要紧，袜底松，后跟大，袜表面光滑，罗口平齐无歪斜，针纹组织清断，花纹、袜尖、袜跟无露针。具体而言，袜子的质量有内在质量和外观质量两方面。内在质量包括尺寸、干重、横向延伸和染色牢度等，外观质量主要包括色泽、花型是否鲜艳、调和、美观、大方，有无疵点等。综合袜子的内在、外观质量要求，在选购袜子时，选择的依据为：棉纱线袜应针纹清晰，规格适当，丝光强度好，耐磨牢度强，色泽鲜艳，花型大方，配色调和，穿着舒适；锦纶丝袜要口紧、筒紧、底松，后跟大，规格适当，平整度好，起毛少，缩水率小，不抽丝，薄、精、光、爽；弹力锦纶丝袜要口紧、筒紧、底松、后跟大，规格要适当，弹性要好，手感厚实，花型大方，色泽鲜艳，穿着舒适；锦纶混纺袜和锦纶短纤维袜也要规格适当，密度均匀，手感厚实丰满，延伸性强，色调和谐与典雅。其次，要根据穿用者的具体条件来选购，如汗脚者宜选购既透气又吸湿的棉线袜和毛线袜，而脚干裂者则应选购吸湿性较差的丙纶袜和尼龙袜。最后，还要根据自己的体型选购合适的袜子。脚短者宜选购与高跟鞋同一颜色的丝袜，在视觉上可产生修长的感觉，不宜选购色彩艳丽的袜子；脚粗壮者最好选购深棕色、黑色等深色的丝袜，尽量避免浅色丝袜，以免在视觉上产生脚部更显肥壮的感觉；对穿高跟鞋的女性来说，宜选购薄型丝袜来搭配，鞋跟越高，则袜子就应越薄。在选购长筒薄丝袜时，如果选择合适，可弥补脚部形状和肌肤的缺陷。例如，丝袜的长度必须高于裙摆边缘，且留有较大的余地，当穿迷你裙或开衩较高的直筒裙，则宜选配连裤袜。对于身材修长、脚部较细的女性来讲，宜选购浅色丝袜，可使腿部显得丰满些；腿部较粗壮的女性宜选用深色丝袜，最好带有直条纹，可使腿部产生苗条感；肥胖者宜选购色泽较浅的肉色丝袜；腿较短的女性最好选用深色长裙与同一颜色的袜子和高跟鞋。另外，穿一身全套黑色的衣服宜选用黑袜，穿着花裙时应选配素色丝袜可产生协调美。对于有静脉曲张的女性忌穿透明的丝袜，以避免暴露缺陷。为了提高丝袜的使用寿命，可把新丝袜在水中浸透后，放进电冰箱的冷冻室内，待丝袜冻结后取出，让其自然融化并晾干，这样在穿着时就不易损坏。对于已穿用的旧丝袜，可滴几滴食醋在温水里，将洗净的丝袜浸泡片刻后再取出晾干，这样可使尼龙丝袜更坚韧而耐穿，同时还可去除袜子的异味。

FUZHUANG

第七篇　维护保养篇

服装的维护保养包括洗涤、熨烫、保养和收藏等方面，正确的维护保养不仅能延长服装的使用寿命，而且对穿用者的身体健康和穿着的美观具有十分重要的意义，因此，必须选择科学有效的方法进行洗涤、熨烫、保养和收藏。

113. 衣服上的洗涤和熨烫标记

随着标准化工作的日益完善和服装贸易的要求，一些中高档服装内都缝有国际通用洗涤和熨烫标记，我们需要读懂它们并科学而正确地进行服装洗涤、熨烫。国际通用服装洗染、熨烫符号及含义见表7-1。

表7-1　国际通用服装洗涤、熨烫符号及含义

项　目	图形符号	中文含义
基本图形符号		洗涤符号（用洗槽表示，包括机洗和手洗）
		氯漂符号（用等边三角形表示）
		熨烫符号（用熨斗表示）
		干洗符号（用圆形表示）

项　　目	图 形 符 号	中 文 含 义
基本图形符号	◯	滚筒干燥符号（用圆形加外切正方形表示）
	▢ Ŧ	水洗后干燥符号（用正方形或悬挂的衣服表示）
附加图形符号	✕	禁止符号（用叉表示）
	◯	轻度处理符号（用圆形加外切正方形下面加一条横线表示）
	◯	极轻度处理符号（用圆形加外切正方形下面加两条横线表示）
水洗符号	〔95〕	最高洗涤温度：95℃ 漂洗：常规 机械运转：常规 脱水：常规
	〔95〕	最高洗涤温度：95℃ 漂洗：逐渐冷却 机械运转：减弱 脱水：减弱
	〔60〕	最高洗涤温度：60℃ 漂洗：常规 机械运转：常规 脱水：常规
	〔60〕	最高洗涤温度：60℃ 漂洗：逐渐冷却 机械运转：减弱 脱水：减弱
	〔50〕	最高洗涤温度：50℃ 漂洗：常规 机械运转：常规 脱水：常规
	〔50〕	最高洗涤温度：50℃ 漂洗：逐渐冷却 机械运转：减弱 脱水：减弱
	〔40〕	最高洗涤温度：40℃ 漂洗：常规 机械运转：常规 脱水：常规
	〔40〕	最高洗涤温度：40℃ 漂洗：逐渐冷却 机械运转：减弱 脱水：减弱

项　　目	图 形 符 号	中 文 含 义
水洗符号	⌴30	最高洗涤温度：30℃ 漂洗：常规 机械运转：常规 脱水：常规
	⌴30	最高洗涤温度：30℃ 漂洗：常规 机械运转：减弱 脱水：减弱
	⌴ ✕	最高洗涤温度：40℃ 只可手洗，禁止机洗，用手轻轻揉搓，洗涤时间宜短
	✕	禁止洗涤，潮湿时处理要小心
	✕	禁止用手或机械绞扭，垂直干燥，平铺晾干
氯漂符号	△Cl	洗涤过程中可加放氯基漂白剂，但仅可用冷而稀的溶液漂白
	△	使用唯一非氯基漂白剂
	▲	禁止漂白
	△	可使用任一漂白剂
水洗后干燥图形符号	⊡	以正方形和内切圆表示转笼翻转干燥
	⊠	不可转笼翻转干燥
	▭ 👕	悬挂晾干
	▥ 👕	滴干
	▭ 👕	平摊干燥
	▨ 👕	阴干
熨烫图形符号	⏢••• 高	熨斗底板最高温度：200℃（高温）
	⏢•• 中	熨斗底板最高温度：150℃（中等温度）
	⏢• 低	熨斗底板最高温度：110℃（低温）
	⏢	垫布熨烫

项　目	图形符号	中文含义
熨烫图形符号		蒸汽熨烫
		禁止熨烫、热压
		不宜蒸汽熨烫
干洗图形符号		可以干洗
	A	可使用所有类型的干洗溶剂
	P	可使用除去三氯乙烯的干洗溶剂
	F	只能使用三氟三氯乙烷和石油精干洗溶剂
		禁止干洗

114. 现代服装洗涤三部曲

　　衣服脏污需要及时洗涤，否则会影响到服装的穿着寿命和人体健康。如何进行合理而有效的洗涤很有讲究，现将现代服装的洗涤工艺介绍如下。

　　（1）洗涤前奏曲　洗涤前准备可分为分类和洗染前应注意的事项。根据服装所用材料的种类（棉、麻、毛、丝、各类化纤等）、面料的结构（机织物、针织物、非织造布）、服装类别和形态（上衣、裤子、厚薄、大小等）、颜色（深、中、浅）、脏净和新旧程度把它们分成若干类，每类服装都有一定的洗涤方式，根据不同的情况采取不同的洗涤方法。无论是进行批量洗涤，还是单件洗涤，都要做到"三先三后"，即先洗浅色后洗深色，先洗小件后洗大件，先洗比较干净的后洗比较脏的。对同一类别或相近材料的衣物，一般可采取适合于该类服装的方法去处理，这样可以提高洗涤效率，避免引起服装不必要的损伤。

　　① 分类方法。一般可按服装的纤维原料、厚薄程度和颜色等进行分类。在按服装的纤维原料分类时，应把纯毛或毛与其他纤维混纺面料的服装挑选出来，进行干洗，否则会引起缩绒，导致服装变形。在按服装厚薄程度分类时，丝织物等轻薄织物最好不要进行机洗，应进行手洗，以避免面料的损伤；毛线衣类也应挑出进行手洗，若进行机洗会使毛衫受到损伤变形；内衣、内裤、袜子、针织品等小件物品或易变形的服装也应挑选出来进行手洗，或将这些物品装入洗衣网内再与同类织物的衣物一起洗涤，以免因洗涤造成变形、损伤。在按服装的颜色进行分类时，应把颜色较深与鲜艳的服装挑选出来单独洗涤，以防掉色、串色或搭色。

　　② 水洗服装的分类。根据上述分类方法分类后，按照前面的原则可将剩下的服装分为以下6类：a. 白色纯棉、纯麻织物服装；b. 白色或浅色棉、麻及混纺织物服装；c. 中色棉、麻及混纺织物服装；d. 白色或浅色化纤织物服装；e. 深色棉、麻及混纺织物服装；f. 深色化纤织物服装。

　　③ 洗涤前应注意的事项。在服装洗涤前，还应注意以下事项：a. 检查服装口袋内是否留有物品，如有应掏出，同时应抖净服装附着的灰尘，以免在洗涤时污染服装和磨损洗衣机；b. 对附有

特殊污渍和脏污的服装应先去除污渍和脏污后，再放入同类服装内一起进行洗涤；c. 对可能要脱落的部件、附件、装饰物等应缝牢后再与同类服装一起洗涤，以免在洗涤过程中脱落；d. 为使服装不变形或不受损伤，洗涤时应尽量扣上纽扣，有拉链的服装应拉上拉链，有毛绒的服装应翻面洗；e. 不同颜色相间的服装，应使用冷水和中性洗涤剂。

(2) 洗涤进行曲

① 温度对洗涤的影响。洗涤要掌握好洗涤温度，一般根据洗涤剂性质、服装材料性质和污垢性质合理调节。众所周知，一定的温度可以加速物质分子的热运动，提高反应的速度。洗涤温度对去污作用的影响是非常大的。这是因为随着洗涤温度的升高，洗涤剂溶解速度加快，渗透力增强，水分子运动速度加快，促进了洗涤剂对污垢的进攻作用，并使固体脂肪类污垢容易溶解成液体脂肪而便于除去。试验表明，温度每升高 1℃，反应速度将加倍，因此，在不损伤被洗服装的情况下，尽可能地在其能承受的温度上限进行洗涤。具体考虑因素如下。

a. 洗涤剂性质。一般含非离子型表面活性剂的洗涤剂，最佳洗涤温度为 60℃，若超过 60℃将会影响其去污能力；阴离子型表面活性剂的最佳洗涤温度在 60℃以上，去污能力显著增强，在 60℃以下时，则温度的变化对其去污能力的影响不大。

b. 服装材料性质。每种纤维材料都有其所能承受的洗涤温度范围，例如，高温对纯棉、纯麻织物服装的去污能力具有明显的帮助，而不会产生任何不良的影响；化纤织物服装的洗涤温度最好控制在 50℃以下，否则会产生褶皱；丝织物、毛织物最好洗涤温度在 40℃以下。各种织物服装的洗涤与投漂温度见表 7-2。

c. 污垢性质。去除污垢都有一定的最佳温度，但如果洗涤温度高于一定温度，将会加快污垢的变性，增大去除污垢的难度。例如，蛋白质污垢去除最佳温度是 40℃以下，过高会引起蛋白质变性凝固，使其难以洗涤；对油性污垢而言，温度越高（如 85℃）对去除污垢越有利。去除污垢的一般原则是先以低温去污，再逐步加温去除难除的污垢。

表 7-2　各种织物服装的洗涤与投漂温度

织物种类	织物品种	洗涤温度/℃	投漂温度/℃
棉、麻织物	白色、浅色	50～60	40～50
	印花、深色	45～50	40 左右
	易褪色的	40 左右	冷水
丝织物	本色、素色	40 左右	微温
	印花、交织	35 左右	微温
	绣花	冷水	冷水
毛织物	一般织物	40 左右	30 左右
	拉毛织物	微温	微温
化纤织物	黏纤织物	冷水	冷水
	涤纶混纺织物	40～50	30～40
	锦纶混纺织物	30～40	35 左右
	腈纶混纺织物	30 左右	冷水
	维棉混纺织物	冷水	冷水
	丙纶混纺织物	冷水	冷水
	树脂整理的衣物	30～40	30 以下

② 洗涤工艺。洗涤工艺包括浸泡（又称冲洗）、主洗和投漂三个过程。

a. 浸泡。浸泡是洗涤的第一步，是为主洗做准备的。浸泡的目的在于使附着于服装表面的水溶性污垢脱离服装而悬浮于水中，从而节约洗涤剂。同时可使水充分渗透，在进入主洗之前，使织物充分膨胀，从而提高主洗的效果。通过浸泡还可发现一些染色织物水洗牢度较差的情况，便于及时采取一些有效的预防措施，以便避免被洗服装之间串色或搭色。浸泡或冲洗时间要根据服装的品种、质料、新旧程度及染色牢度来决定。对机洗的冲洗一般为 1.5～3min，进行两三次，视冲洗时水的混浊程度而定。浸泡的时间主要是根据衣物的品种和材质，具体浸泡时间见表 7-3。

表 7-3　浸泡时间

衣物品种	浸泡时间/min	衣物品种	浸泡时间/min
棉、麻织物	30	毛毯、毛线衣	20
丝绸和黏纤织物	5	羽绒服	5～10
合成纤维织物	15	棉毯	40
精纺毛织物	15～20	被里	4h 以上
粗纺毛织物	20～30	改染、易褪色的织物	随泡随洗

b. 主洗。这是去污的主要步骤，主要以水为介质，通过洗涤剂的物理化学作用、洗衣机的机械作用等多种作用的复杂过程。借助于洗涤设备、洗涤温度、洗涤剂等多种因素的密切配合、共同作用，以达到去污目的。关于主洗时服装在洗涤液中的状态可表示如下。

$$服装·污垢+洗涤液 \rightleftharpoons 服装+污垢·洗涤液$$

上述反应式表明：洗涤过程是服装上的污垢向洗涤液中扩散以及洗涤液中的污垢返回服装上的一个动态平衡的过程，该过程是可逆的。当带有污垢的服装被放入洗涤液中时，由于服装上的污垢浓度大于洗涤液中的污垢浓度，致使服装上的污垢向洗涤液中扩散，形成一个污垢由服装内部向洗涤液逐渐递减的浓度梯度，这种浓度梯度成为污垢向洗涤液移动的动力。但如果不对洗涤液施加机械力，随着时间的推移，洗涤液便在服装表面形成一层膜，限制了服装上污垢的扩散，则上述反应式就永远达不到平衡，也就无法去污了。因此，在洗涤过程中应注意作用力、温度、洗涤剂等的合理配合。

c. 投漂。投漂是一个扩散的过程。经过主洗后，即使进行高速脱水，服装中仍会残留一定的洗涤剂和含有污垢的洗涤液。投漂时，服装与水混在一起，同样会形成一个浓度梯度，致使服装中残留的洗涤剂和含有污垢的洗涤液向水中扩散，在每一次过水完成后均应更换水，以保持足够大的浓度梯度。在投漂时，合理的水温与机械作用同样有助于提高投漂的效率与质量。投漂的温度应随着投漂次数的增加而逐渐下降，但不可骤降。投漂的次数与服装材料的类别、洗涤剂的类别等有关。例如，吸湿性高的材料（如棉布服装、麻布服装等）、含碱性的洗涤剂（如碳酸钠、氢氧化钠、三聚磷酸钠等）应多次过水投漂，这样才可漂净。

（3）洗涤后续曲　经过洗涤后的服装，有的手感比较粗硬，有的还会残留一些碱性成分，致使服装的光泽、手感等受到影响，因此在洗涤投漂后干燥前可进行一定的后处理。

① 柔软处理。这是使柔软剂吸附在服装上，以增加其柔软性。经过柔软剂处理后的服装与织物，具有良好的手感、舒适、柔软、蓬松，同时还具有抗静电作用，而且不会降低服装的白度与染色牢度，不影响材料的颜色，且气味清新，对皮肤无不良的影响。柔软剂用量应合理，过量则会出现衣物泛黄、褪色、刺激皮肤等不良现象。如出现此现象，只需将被柔软剂处理过的衣物按

洗涤程序重新洗涤一次即可。在用柔软剂处理时，柔软剂不能与荧光增白剂、阴离子型表面活性剂同时使用，否则会失去柔软剂的作用。柔软剂常用于处理棉织物的内衣、床单和毛巾，合成纤维服装等经过柔软剂处理后，可大大改善其手感和抗静电性能。

② 中和处理。衣物经过水洗后，仍会残留有一定量的碱，它的存在不仅会使白色织物泛黄或发灰，影响到服装的色彩，还会使织物发硬；而且，人体皮肤呈酸性，如果服装呈碱性，会使人体感到不舒适。中和处理就是在服装洗涤后使用酸剂（一般用冰醋酸和磷酸等弱酸）与残留在服装上的碱性物质发生中和反应，可改善由于碱性物质的存在而产生的一些不良现象。同时，中和作用也有助于去除服装上的铁锈渍、钙皂等，还可减少投漂次数，调节服装的 pH 值，将其调节在人体皮肤的 pH 值为 5.8～6.5，在穿着时会感觉很舒适。但酸剂使用量也不能过大，过量使用会对棉、麻织物有损伤，使白色泛黄；同时也会腐蚀设备，损伤皮肤；在烘干后还会产生黏连现象。所以在中和处理时，酸剂的浓度一般控制在 0.2%～0.3%，温度为 30～40℃，作用时间为 2～3min，可随时使用 pH 值试纸进行检查控制。

③ 增白处理。这是一种物理现象，它并不能代替洗涤过程中的化学漂白。若未漂白的白色织物进行增白处理，其效果一定不会好。增白的关键在于服装的基础白度，如织物的基础白度为 1，漂白后的白度为 1.5，荧光增白后的白度为 2.5，故增白仅能起到锦上添花的作用。增白处理一般是在经过水洗后对白色织物尤其是白度要求较高的织物进行增白处理。增白的方法有加蓝增白与荧光增白。加蓝增白是利用黄色与蓝色互为补色的原理，当加入蓝色时，调补了织物上的黄色，使其显现白色。其方法一般是使用蓝色或紫蓝色分散染料，用适量的水溶解后缓慢地倒进正在转动的洗衣机中，直接均匀地吸附在白色织物上，致使织物外观相对更白了，但颜色并不鲜艳。荧光增白是将不可见的紫外线转变为蓝色或紫色的可见光，增加了织物的白度与反射率，给人一种洁净的感觉。实际上它是一种涂料，与纤维有较好的亲和力，故增白效果较好。其中，直接性荧光增白剂（VBL）主要用于纤维素纤维，也可用于维纶、锦纶等白色织物的增白，以及浅色或印花织物的增白；分散性荧光增白剂（常用 DT）主要用于涤纶的白色织物增白；酸性荧光增白剂（常用 WS）主要用于羊毛、锦纶、醋酯纤维、腈纶、涤纶的白色织物增白。

④ 上浆处理。经过水洗后的服装或织物，通过上浆处理后可使织物挺括，表面光滑，具有良好的外观，同时也不会影响织物表面的色泽。上浆后在织物表面形成一层保护膜，可阻挡脏污的附着，不仅可延长织物的使用寿命，而且也易洗去污垢。常用的上浆浆料有天然高聚物浆料淀粉和合成浆料聚乙烯醇（PVA）两种，上浆的方式有生浆与熟浆之分。其方法是：生浆在室温时搅拌，随后缓慢地加入转动的洗衣机中 2～3min。此法虽简单，但成膜性较差、不坚牢，而且在以后的处理中会失去一部分，熨烫时所需温度较高。熟浆是在室温搅拌再加入沸水或加热，然后倒入转动的洗衣机中，成膜性好，在以后的处理中不易失去，而且熨烫温度适中。很明显，熟浆优于生浆。并非每件衣服洗后都要进行上述 4 种处理，而是要具体情况具体分析，有的不需要进行任何处理。干燥是洗涤后处理的最后一道工序，包括脱水和干燥。脱水的方法有两种：一是用手拧绞干；二是用洗衣机滚筒脱水。用手拧绞不宜用力过大，以免损伤织物；用滚筒脱水，也不宜采用过高的转速，以防织物变形。干燥也有两种方式：一是自然干燥；二是强制干燥。一般家庭洗衣是采用自然干燥，但应注意不可将服装放在太阳下暴晒，宜挂阴凉通风处阴干。强制干燥一般为规模化洗染店采用。

115. 洗涤方法的种类及其优缺点

衣物的洗涤方法一般可分为水洗和干洗两种，如图 7-1 所示。

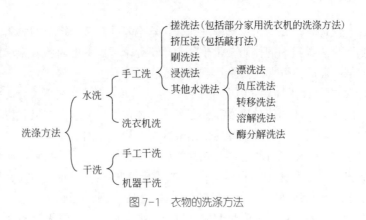

图 7-1 衣物的洗涤方法

(1) 水洗 所谓水洗，即湿洗，是指用水加洗涤用品（包括洗衣皂、洗衣粉和液体洗涤剂）并借助于机械外力和一定的温度使衣服上的脏污去掉。水洗又可分为手工洗和洗衣机洗，一般而言，手工洗对衣服的损伤较小，洗衣机洗必须掌握好水温和机械外力作用的大小（合理地使用强、弱洗），以使衣服少受损伤。水洗对水的要求较高。洗涤衣服的理想用水是软水（100 万份水中含有 1 份 $CaCO_3$，为 1 度，硬度在 8 度以上的水称为硬水，小于 8 度的水称为软水），如果用含钙镁离子含量较高的硬水和皂液洗衣服时，有 30%的皂液被硬水中的钙镁离子化合而消耗了。化合后生成的钙镁皂是一种黏性、不溶于水的物质，容易污染衣物，又很难清除，若残留在衣物上就会使衣物泛白、变黄、发脆。由于自然界中的软水极少，只能采用软化的方法，把自然界中的硬水变成软水。常用的软化方法有加热法和化学法两种。前者是将硬水装入容器内加热烧开，然后进行冷却便成为软水；后者是在硬水中加入适量的软化剂，使之与硬水中的杂质发生化学反应，从而把硬水变成软水。常用的软化剂有六偏磷酸钠，它的 pH 值接近中性，不损伤衣料，比较理想。用法是在 10L 的硬水中加入 1g 的六偏磷酸钠。此外，也可用磷酸三钠、纯碱、小苏打等作软化剂，但不适宜洗涤纯毛料服装。现代的合成洗涤剂具有软化水的性能，可以克服硬水所带来的缺点，改善洗涤条件。

① 水洗对织物的影响

a. 各种织物遇水后在抗拉强度和长度上均会产生一定的变化。由于各种织物的纤维结构和性质的不同，其抗拉强度和长度上的变化也有所不同，见表 7-4。

表 7-4　织物纤维遇水变化

织物纤维名称	伸长率/%	抗拉强度变化率/%
棉纤维	4	增长 2
桑蚕丝	46	下降 14
柞蚕丝	86	增长 4
羊毛纤维	12	下降 14
麻纤维	22	增长 5
黏胶纤维	35	下降 53

由表 7-4 可看出，各种纤维遇水后发生的变化差异很大，棉纤维所受的影响最小，强度又有所提高，这对洗涤比较有利。麻纤维和柞蚕丝所受的影响较大，虽然其强度有所增加，但伸缩性能变化也很大，所以在洗涤过程中容易变形。受水影响最大的要数羊毛纤维、桑蚕丝和黏胶纤维，

水洗后它们不但强度下降了，而且伸长率变化也很大，这是很不利于湿洗的，不仅容易变形走样，而且还会发生损伤，特别是由黏胶纤维纺织的人造丝绸和人造棉布受水的影响极大，在水洗时稍有不慎，便会出现破损。合成纤维由于亲水性较差，湿洗后的变化不大。但在洗涤合成纤维混纺织物时，一定要注意其他纤维性能的变化，以免发生损伤问题。

b. 各种纺织面料都有一定的缩水性（率）。织物的缩水性，除了纤维自身特性的原因外，还因为织物在整个加工过程中要经过纺纱、织造、染整等多道生产工序，其间都受到一定机械力的拉伸，使纱线和织物或多或少地被拉长，从而形成了一种潜在的收缩力，当织物遇水吸湿后，就会将被拉伸的全部或一部分收缩回来，这就造成了织物的缩水现象。一般情况是：亲水性（吸湿性）较强的织物，缩水性就较大；亲水性较差或疏水性较强的织物，缩水性就较小。

由此可见，水洗一般适用于棉织物做成的衣物，对合成纤维做成的服装，在不影响服装里子和衬布的前提下，也可使用水洗。至于丝绸、毛料服装及其用品的洗涤，应在采取有效的安全措施的情况下水洗。水洗是一种比较简易的洗涤方法，只有掌握正确的、科学的洗涤方法，才能达到事半功倍的效果，既省时省力、保护衣物不受损坏，又能达到彻底去污的目的。

② 水洗的过程

a. 预去渍。在水洗前要对严重污染的部位进行去渍处理。根据服装面料的性质、颜色、污垢等类型的不同，采用不同的方法进行处理。在保障衣料不受损伤，不发生脱色的情况下，对水溶性污垢和油溶性污垢，用洗涤剂和干洗剂分别进行擦洗去除。

b. 冷浸与预洗。衣物在洗涤前，放入冷水中预洗 2～3min，其目的是使衣物上的污垢与织物纤维间的结合力遭到破坏，为下一步洗涤创造良好的条件。这样既可节省洗涤剂，又有利于漂洗，但冷浸与预洗时间不宜过长，以防止出现搭色和串色现象。

c. 水洗。分机器水洗和手工水洗［包括搓洗、挤压（敲打）、刷洗、浸洗及其他（漂洗、负压洗、转移洗、溶解洗及酶分解洗等）］。

d. 漂洗与脱水。漂洗的目的是衣物与洗涤剂最终分离。适当提高漂洗用水的温度，多次漂洗可提高洗涤剂的溶解度，能使洗涤剂尽快和更彻底地脱离衣物。实际是通过漂洗与脱水两者相结合并多次交替来进行的。

e. 浸酸处理。丝绸和羊毛服装具有耐酸不耐碱的特性，而洗涤剂都有一定的碱性，无论如何漂洗，也难免在衣服上残留微量的洗涤剂。这些残液对织物纤维极为不利，使衣服存在一种潜在的破坏性，甚至会使衣服出现"花绺"。因此，利用酸碱中和的化学原理，把洗涤后的丝、毛衣服进行浸酸去碱处理。

f. 晾晒。各类服装洗后都不宜在日光下暴晒。要本着宜通风、忌日照火烤的原则，在有适当温度又通风的室内晾干，避不开太阳光时，应将衣服翻过来晾反面，或在其上罩上其他衣物亦可。

(2) 干洗　干洗又称化学清洗法。它是利用化学洗涤剂经过清洗、漂洗、脱液、烘干、脱臭、冷却等数道工序，最后达到去除污垢脏渍的目的。对一些高档衣物常采用干洗的方法去除污垢脏渍，如毛料西服、大衣、中山装、丝绸棉袄、旗袍、领带，以及古代字画和历史文物等。沾有油渍的各种面料的服装也适宜干洗。

① 手工干洗。手工干洗的工艺过程如下。

a. 干洗剂的选择。从经济角度，除在个别的情况下使用四氯乙烯之外，大多均采用价格低廉的 120 号溶剂汽油，或用高浓度的酒精，但这两种溶剂的为易燃物质，要注意防火。

b. 预去渍。干洗前要先去掉表面上的灰尘及水溶性污渍。对水溶性污渍可用酒精皂及其他去渍剂清除（酒精皂系由含84%脂肪酸的皂片加上两倍酒精泡制而成）。水溶性污渍去除后才能进行干洗。

手工干洗的方法有三种：浸洗法、刷洗法和擦洗法。

a. 浸洗法。对一些组织结构松散的毛织衣物，为防止变形走样，可把衣物放入干洗剂中，用两手拎投方法洗涤，较贵重的衣物均适用此法洗涤。此法干洗剂的损耗大，但可回收经沉淀将脏物分离后再用。

b. 刷洗法。对污染严重的衣物或对衣物上有严重污染的部位，可用软毛刷蘸上干洗剂进行刷洗。刷洗时用力不能过重且要均匀，这是手工干洗中的重要方法。

c. 擦洗法。用浸有干洗剂的毛巾擦去衣物上的污垢，使污垢被干洗剂溶解而沾在毛巾上。边擦洗边把毛巾在干洗剂中投洗，最终将衣物上的污垢通过毛巾而溶解在洗涤液中，达到清洗去污的目的。

② 机器干洗。机器干洗不同于手工干洗，其中干洗机是非常重要的因素，除了利用好它的性能外，也要采取各种不同的措施来提高洗涤的质量。机器干洗的工艺流程如下。

a. 检查与分类。首先应检查衣物是否适合干洗。检查衣物是否有破损之处，衣扣是否齐全。应把用塑料制成的衣扣拆下来。因为干洗剂四氯乙烯能够溶解塑料制品，如不把衣扣拆下来，不仅衣扣会被腐蚀，而且溶解后的塑料还能污染其他衣物。衣物经检查后，要按面料性质、颜色深浅、脏污程度、新旧程度进行分类，分别洗涤，以防止串色，并可提高洗涤质量。

b. 预去渍。干洗前应把衣物上的灰尘先去除，然后清除局部重垢（可用酒精皂、汽油及其他预去斑剂进行清除）。当使用水基洗涤剂时，要将衣物晾干后再进行洗涤，防止把水分带入干洗机内。

c. 机器干洗。根据干洗机的容量及功率，投入适量的衣物，经注液、洗涤、脱液、烘干几道工序来完成整个的洗涤过程。

d. 脱臭。干洗完毕应及时把衣物从干洗机中取出，分别挂在通风处冷却，使残留在衣物上的干洗剂挥发散去，从而达到脱臭的目的。

e. 洗后检查。检查的内容是看洗得是否干净，对没有洗净的衣物还要进行去渍或重新洗涤。

116. 洗涤衣服时应注意的几个问题

衣物的洗涤一般应注意以下几个问题。

（1）勤换勤洗，掌握好洗涤液的酸碱度 为了使衣服洗得干净，应勤换勤洗，不要等到衣服上积垢太多或脏污的时间过长才换洗；否则，不仅有碍于人体的健康，而且会使脏污进入纤维内部而洗不干净。同时，要合理控制洗涤液的 pH 值（酸碱度），这是因为 pH 值会影响到织物内纤维的膨化程度，而纤维膨化易使纤维受到损伤，因此，控制好洗涤液的 pH 值，可使衣服少受或免受损伤。洗涤液的 pH 值因纤维种类的不同而有所差异，洗涤丝、毛织物的洗涤液的最佳 pH 值为 4.5，棉、麻、竹及黏胶等纤维素纤维织物 pH 值为 6.5～7，锦纶织物 pH 值为 5。必须指出，这是从使织物少受损伤的角度来考虑的，此时的洗涤液洗涤效率不一定是最高的。

（2）衣服洗涤前应用冷水浸泡 在衣服洗涤前，应将衣服用冷水浸泡。其目的有三：一是使附着于衣服表面的尘垢和汗液脱离而进入水中，这样既可提高衣服的洗涤质量，又可节约洗涤用品；二是可促使水的渗透，衣服中的纤维在洗涤前能得到充分的膨胀，使布眼里的脏污受挤而浮于布面，易于除去；三是一些水洗牢度较差的有色衣服容易脱色，预先浸泡可及时发现，以便在洗涤过程中采取预防措施。

（3）洗涤液的浓度与温度 洗涤液的浓度对衣服的洗净力影响很大。浓度太低洗净力不足；反之，浓度太高又会使已经被洗下的污垢重新沾到衣物上，也影响到衣服的洗净。一般而言，洗净力最大的洗涤液浓度随着洗涤剂的种类不同而不同。例如，肥皂类洗涤剂，洗净力最大的浓度为 0.2%～0.5%（视肥皂等级而异），洗净力最大的 pH 值在 10.7 左右（纯皂液的 pH 值仅为 9～10，可采用另加一些纯碱以提高 pH 值，增强洗涤效果）；低级洗衣粉（烷基磺酸钠），洗净力最大的浓度为 0.3%～0.5%，洗净力最大的 pH 值为 7～9；高级洗衣粉（脂肪醇硫酸钠），洗净力最大的浓度为 0.3%～0.5%，洗净力最大的 pH 值为 7～8。洗衣粉的浓度为 0.3%～0.5%，使用时可以这样来掌握，大致是大半脸盆水（约 2L）中加入洗衣粉一汤匙（约 5～6g）。

为了提高洗净力，洗涤液的温度也不宜过高或过低，一般以 40℃左右为宜。洗涤液温度较高虽然可以提高洗净力，并可提高白色织物的白度，但是纤维的耐热程度是有限度的，超过此限度会使织物受到损伤。在已知的纺织纤维中，只有棉、麻和竹纤维在沸水中不受影响，合成纤维的耐热性较差，不宜在高温中洗涤。洗涤液的最适宜温度是：毛、丝、人造丝为 40～50℃；涤纶、锦纶在 50℃以下；腈纶在 40℃以下；维纶、氯纶和丙纶宜在室温的洗涤液中洗涤。由此可见，温度在洗涤过程中影响很大，温度低，不易洗净；但温度过高，有些纤维容易受损伤（如合成纤维），而且容易褪色，有时还会使矿物油、汗液分泌物等类的脏污更深地钻进纤维空隙里面，反而使衣服难以洗净。所以在洗涤过程中，要根据衣料的品种、色泽、脏污程度等不同情况来合理地选择不同的洗涤温度。各种织物的适宜浸泡时间、洗涤温度和漂洗温度见表 7-5。

表 7-5　各种织物的适宜浸泡时间、洗涤温度和漂洗温度

纤维种类	织物名称	浸泡时间/min	洗涤温度/℃	漂洗温度/℃
棉、麻、竹	白色、浅色织物	30	50～60	40～50
	印花、深色织物	30	-50～45	40 左右
	易染和易褪色的织物	30	40 左右	微温
丝	素色、本色织物	5	40 左右	微温
	印花、交织织物	5	35 左右	微温
	绣花、改染织物	5	微温或冷水	微温或冷水
毛	一般织物	15～20	40 左右	30 左右
	拉毛织物	15～20	微温	微温
	改染织物	随泡随洗	35 以下	微温
化纤	黏纤织物	5	微温或冷水	微温或冷水
	涤纶混纺织物	15	40～50	30～40
	锦纶混纺织物	15	30～40	35 左右
	腈纶混纺织物	15	30 左右	微温或冷水
	维纶混纺织物	15	微温或冷水	微温或冷水
	丙纶混纺织物	15	微温或冷水	微温或冷水
	经树脂整理的化纤织物	15	30～40	30 以下

被洗衣服如沾有污迹、有小撕裂或小洞，应进行预先处理或缝补好，以免扩大污迹范围或小撕裂、小洞进一步撕裂。对衣服上不能洗的附件或辅料在洗前应预先拆除，如果不知道被洗物是否会褪色，可先在不显眼的局部进行试验，对易褪色的必须改用干洗。

（4）洗涤时间与机械作用力　衣物洗涤时间的长短，要根据衣物被污染程度的不同及衣物面料性质的不同而不同。除洗涤白色棉织物和床上用品时，浸泡时间可以稍长一些外，其他如毛呢、丝绸及有色服装，在洗涤液中浸泡时间千万不可过长，以免出现花缀和串色现象。

在衣物的洗涤过程中，机械作用力过大，会造成织物纤维的损伤乃至破坏，因此，要根据衣物的纤维性质和承受作用力的大小，使用适当程度的机械作用力，既能洗净衣物，又不损伤衣料。

（5）**合理使用洗涤剂**　一般而言，对细而薄的织物宜用无碱或低碱的高级洗涤剂。因此，在洗涤时应把厚薄不同的衣物分开洗，因为二者出水清洗的次数是不一样的。

洗涤剂的主要成分是表面活性剂。表面活性剂又有阴离子型表面活性剂、非离子型表面活性剂和阳离子型表面活性剂之分。在洗涤中最常用的是阴离子型表面活性剂和非离子型表面活性剂。对洗涤剂的要求是应具备良好的润湿性、渗透性、乳化性、分散性、增容性及发泡与消泡等洗涤性能。洗涤剂洗涤性能的好坏，取决于表面活性剂的质量。为了提高衣物的洗净力，可以采用两种洗涤剂混合使用，如在皂液中混入少量的纯碱。但需注意在洗衣粉中混入纯碱或皂液，对提高洗净力是无济于事的。如果在洗涤耐碱的衣物时，先用纯碱洗除酸性污垢后再用肥皂洗，则可充分发挥肥皂的洗净力。又如在洗涤毛织物衣物时，先用肥皂洗净后再经氨水洗涤，则可将残留的皂液彻底洗净，可杜绝碱损伤衣物的后患。洗涤剂的产品种类很多，基本上可分为洗衣皂、洗衣粉和液体洗涤剂三大类。虽然品种很多，但有的仅适用于某种纤维织物的洗涤，而对其他纤维有损伤；也有的洗净力很高，但成本也很高；还有些洗涤剂对皮肤有刺激作用。常用洗涤用品的种类、特性与用途见表7-6。

表7-6　常用洗涤用品的种类、特性与用途

种类	品名	特性	适宜洗涤的衣料
洗衣皂	普通肥皂	碱性大，溶于水，用温水及软水洗涤效果好	棉、麻及棉麻混纺织物
	皂片（或皂粉）	呈中性或弱碱性，总脂肪含量为83%～84%	精细的丝绸、毛织物
	合成肥皂	去污性强，不会发生酸败变质	能克服硬水，棉、麻织物
	透明皂	碱性小，含有甘油成分	合成纤维织物
	增白皂	含有漂白及增白剂成分，有增白作用	白色棉、麻织物、浅色衣物，特别适用于夏服和床上用品的洗涤
	硫黄皂	含有硫黄成分，有药效的作用	适合洗涤人体分泌的污垢
洗衣粉	合成（一般）洗衣粉20型	碱性大	棉、麻和人造纤维织物及重垢衣物
	合成（一般）洗衣粉25型	碱性略小	棉、麻及化纤织物
	合成（通用）洗衣粉30型	呈中性，去污性强	丝、毛、合成纤维及各种混纺织物
	加酶洗衣粉	能分解去除汗渍、牛奶、肉汁、酱油、果汁、血渍等斑迹	化纤及毛、棉、麻等较脏衣物
	增白合成洗衣粉	有增白作用，增加光泽	白色棉、麻织物
	浓缩低泡洗衣粉	省水，适合洗衣机使用	棉、麻及化纤织物
液体洗涤剂	洗涤剂	呈弱碱性，相当于香皂	脏污较轻的丝、毛织物以及拉毛织物
	液体合成洗涤剂	呈弱碱性	棉、麻及化纤织物
	丝织品洗涤剂	呈中性	天然丝织物
	羊毛专用洗涤剂	呈弱酸性	羊毛衫及纯毛织物
	氨水	稀释后使用	适合于洗涤丝织物、毛织物

117. 各种类型服装的洗涤方法

(1) 棉类服装的洗涤方法 棉类服装的湿强度要比干强度高 25%左右，加上耐碱性和耐高温性均较好，不耐酸，可用各种肥皂或洗涤剂洗涤。可用手工洗涤，也可用洗衣机洗，但要选择合理的洗涤方法和适宜的洗涤温度，以避免出现褪色、串色和搭色的现象。洗涤前，可放在水中浸泡几分钟，但不宜过久，以免颜色受到破坏。贴身内衣切忌用热水浸泡，以免使汗渍中的蛋白质凝固而黏附在衣服上，出现黄色汗斑。洗涤温度视织物色泽而定，深色服装洗涤温度不宜过高，也不宜浸泡过久，以免造成褪色，白色服装可煮洗。在用洗涤剂洗涤时，最佳水温为 40～50℃。在洗涤卡其、华达呢、哔叽等斜纹织物服装时，宜在平整的板面上顺织纹方向刷洗，提花织物不宜用硬刷进行强力刷洗，以免布面起毛，机洗时，洗涤液温度应掌握在 30～50℃，开机搅拌约10min，树脂整理织物需浸透后再洗，薄型或松软结构织物宜手工洗涤。白色服装可用碱性稍强的肥皂或洗衣粉，有色服装宜用碱性较小的洗涤剂。为了确保洗涤的质量和安全，应将白色、浅色、深色的棉织物分别进行洗涤。对质地结构不同的棉织物，为了防止缎纹布类出现翻丝、并丝，绒布类出现倒绒、掉绒等现象，可以分别采用不同的方法进行洗涤。漂洗时，可使用"少量（水）多次（投漂）"的方法，漂洗干净后应在阴凉通风处晾晒衣服，以免日光暴晒使有色织物褪色。几种主要棉织物衣物的洗涤要点如下。

① 高级衬衫的洗涤。高级纯棉衬衫一般采用 80Ne 或 100Ne 纯棉府绸制作，价格较高。洗涤时要特别细心，洗涤时先用揉搓法和加酶洗涤剂进行预去渍处理，然后分开颜色用加酶洗涤剂进行机洗，洗涤 5～10min 后漂净脱水即可，在阴凉通风处晾干。白色衬衫可在脱水后用双氧水漂白，用直接性荧光增白剂 VBL 增白。麻纱衬衫的洗涤方法与此相同。

② 高档针织衫的洗涤。高档针织衫除了纯白色的以外，大多是由两种以上颜色的纱线制成的。在高档纯棉 T 恤衫上都附有商标或刺绣装饰物。为了防止串色或搭色，不能用高温洗涤，也不宜浸泡时间过长。洗涤时动作要快，脱水要净。洗涤方法一般用揉搓法和加酶洗涤剂，对衣服污染的重点部位进行去渍处理，然后按服装的颜色分别进行洗涤，水温不宜过高，以 30℃为宜，洗涤时间为 5～10min，再用清水漂净后脱水，挂在阴凉通风处晾干。

③ 色布套装的洗涤。色布套装包括羽绒服的活面，这类服装的色泽一般都比较鲜艳，应按不同颜色分别进行洗涤。洗涤方法是首先把衣服放入洗衣机内进行 2～3min 的冷浸和预洗，再用肥皂对衣服上的重点污染部位进行刷洗，然后用普通洗衣液进行机洗。洗涤温度要根据衣物的颜色来确定，颜色浅的可以提高温度，颜色深的应当降低温度。洗涤时间约 15min，再用温水和冷水漂净。此洗涤方法同样适用于纯棉卡其、华达呢和缎类制作的衣物。

④ 纯棉绒类服装的洗涤 在洗涤纯棉平绒、灯芯绒衣物时，首先宜把衣物进行冷浸，然后用肥皂刷洗污染的重点部位，用力要轻，以防局部脱色或使平绒倒伏、灯芯绒脱绒。刷洗的衣服可用洗衣液在常温下机洗约 15min，最后用温水和冷水漂净，脱水后挂在阴凉通风处晾干。

⑤ 牛仔装的洗涤。由于牛仔装比较紧密，遇水后发硬，这就给洗涤造成了一定的困难。洗涤时首先要进行冷浸，然后用肥皂刷洗污染的重点部位，刷洗完再用洗衣液进行机洗。洗涤最佳温度为 50℃，洗涤时间约 15min，最后用温水和冷水漂净，脱水后挂在阴凉通风处晾干。

⑥ 风雨衣的洗涤。纯棉风雨衣在洗涤时，先用肥皂将衣服的领口、袖口等污染重点部位刷洗干净，再用洗衣液进行机洗。洗涤温度在 40℃左右，洗涤时间约 15min，然后用清水漂净，脱水后挂起晾干。

(2) 麻类服装的洗涤方法 麻类服装的洗涤和晾晒方法与棉类服装大致相同。但麻纤维刚硬，

抱合力差，洗涤时不宜在搓板上猛力揉搓，用力程度要比棉织物轻些，切忌用硬刷和用力揉搓，以免布面起毛。投洗时也不宜用力拧绞，以免影响外观和穿着寿命。有色织物不要用热水浸泡，不宜在太阳光下暴晒，以免有色织物褪色，如果服装上含有硬挺剂、着色剂或黏合剂，洗涤温度应低于40℃。经过树脂整理的衣领（硬领），切忌用搓板搓洗，采用板刷或小毛刷蘸些肥皂或洗衣粉轻轻地刷几下就行。具体工艺如下。

① 白色纯麻织物服装的洗涤。其洗涤工艺见表7-7。该表是针对重垢衣物设计的工艺，对中、轻垢衣物可减少环节。如需漂白则在步骤3中加入；如需增白则在步骤7中加入。步骤2完成后不排水直接进入步骤3。

表7-7 白色纯麻织物服装的洗涤工艺

步骤	过程	时间/min	水位	水温/℃	化学品
1	浸泡（冲洗）	2	高	37	
2	主洗A	3	中	40	洗衣粉
3	主洗B	4～6	中	75	
4	脱水	1			
5	投漂	2	高	60	
6	投漂	2	高	50	
7	投漂	2	中	30	加酸剂
8	脱水	4～7			

② 白色或浅色麻及混纺织物服装的洗涤。其洗涤工艺见表7-8。步骤2在温度达到40℃后作用2min，不排水直接进入步骤3。

表7-8 白色或浅色麻及混纺织物服装的洗涤工艺

步骤	过程	时间/min	水位	水温/℃	化学品
1	浸泡（冲洗）	2	高	37	
2	主洗A	3	中	40	洗衣粉
3	主洗B	3～5	中	55	
4	投漂	2	高	45	
5	投漂	2	高	40	
6	投漂	3	中	30	加酸剂
7	脱水	3～6			

③ 中色麻及混纺织物服装的洗涤。表7-9为该类织物服装的洗涤工艺。

表7-9 中色麻及混纺织物服装的洗涤工艺

步骤	过程	时间/min	水位	水温/℃	化学品
1	浸泡（冲洗）	2	高	37	
2	主洗	7～10	中	45	洗衣粉
3	投漂	2	高	40	

步骤	过程	时间/min	水位	水温/℃	化学品
4	投漂	2	高	35	
5	投漂	2	中	30	加酸剂
6	脱水	3～6			

（3）深色麻及混纺织物服装的洗涤方法　表 7-10 为该类织物服装的洗涤工艺。在洗涤时，该类服装宜里朝外翻洗，根据服装的厚度可适当延长各段洗涤时间。

表 7-10　深色麻及混纺织物服装的洗涤工艺

步骤	过程	时间/min	水位	水温/℃	化学品
1	浸泡（冲洗）	2	高	37	
2	主洗	8～10	中	40	洗衣粉
3	投漂	2	高	40	
4	投漂	2	高	35	
5	投漂	2	中	37	
6	脱水	3～6			

（4）呢绒（毛织物）服装的洗涤方法　羊毛属于高档纺织原料，因此呢绒服装价格比较昂贵。由于羊毛纤维遇水后伸长率变化较大，湿强度低于干强度，故水洗后会变形走样，使呢绒服装受到损伤。另外，大部分洗涤剂呈碱性，而羊毛纤维耐酸不耐碱，洗涤剂有损于衣物的质地，所以呢绒服装一般不适宜水洗，最适宜进行干洗。在不具备干洗条件的情况下，必须采取有效的措施来克服水洗的缺点，同时又能达到去污的目的。

呢绒服装如沾污过多，不但不易洗干净，而且强力会降低，因此不宜穿得太脏后再洗，以免损坏衣服。以精纺制服和西装上衣为例，介绍其洗涤方法。手工洗涤程序为：冷水浸泡 20min，用双手挤除水分后，放入 30～40℃的洗涤液内上下拎涮几次，再浸泡 5min 左右，进行刷洗或揉洗（切忌用搓板搓洗）以后，挤除洗涤液后，用温水、清水漂洗各两次。略放些醋后，再用清水投洗一次。刷洗时，刷子要按组织纹路走，用力要适当，做到"三平一均"，即衣板要放平，衣服要铺平，刷子要走平，用力要均匀。洗涤后不要用手拧绞，用手挤压除去水分，然后沥干。用洗衣机脱水时，以半分钟为宜，脱水后挂在阴凉通风处晾干，不要在强日光下暴晒，以防止织物失去光泽和弹性以及由此引起强力的下降。

部分呢绒服装可以机洗，但用水量要多，洗涤时间不宜过长，机洗时间 2～3min 即可，以免过度的搅拌引起毡缩或失光。轻薄的呢绒服装要放入洗涤袋中再机洗。应控制洗涤水温度。粗纺呢绒一般掌握在 50℃左右，精纺呢绒一般掌握在 40℃左右，如果是易褪色面料，温度还应降低，但液温前后差异不宜过大，以免引起毡缩。可用中性洗涤剂洗涤。如用碱性皂或碱性洗涤剂洗涤，必须进行浸酸处理，即略放些醋清洗后再用清水漂洗一次，漂洗要彻底。洗涤后，要整形后阴干。下面介绍几种典型的呢绒服装的洗涤方法。

① 毛料套装的洗涤。毛料套装包括中山装、西装等，在洗涤这些服装时，需要区分服装的颜色、面料的厚薄和是否带里衬，同时还要注意服装与辅料的性质与特点，以及两者之间的连接形式。在一些高档的毛料服装中，为了增强服装某个部位的挺括度，常在面料的里侧粘上衬布（如领衬、肩

衬、胸衬等）。当遇水后，面料和衬布都会发生膨胀，由于这两者纤维性质的不同，伸长率也有所不同，在两者的膨胀和干燥后收缩不能同步时，就会发生分离，于是就在这个部位上起泡，严重影响到服装外观和穿着寿命。因此，在洗涤这类服装时，绝不可忽视面料和辅料在性能方面的差异。

在洗涤这类服装时，应选择以刷洗为主，以机洗为辅的洗涤方法。洗涤时，先将衣服冷浸2～3min，再用软毛刷蘸洗涤液对衣服的领子、袖口、前襟、下摆、膝盖、裤脚、口袋、臀部等重点部位进行轻轻刷洗。洗涤要用专用洗涤剂或中性洗涤剂，洗涤温度以20～40℃为宜。洗涤后用温水漂净再进行浸酸处理，最后脱水、整形，挂在通风处阴干。在机洗和脱水时要注意防止衬里开线拔缝。毛料风衣的洗涤方法与此相同。

② 呢料大衣的洗涤。呢料大衣的主要面料品种有拷花大衣呢、羊绒大衣呢、牦牛绒大衣呢、兔毛女大衣呢、银枪大衣呢（马海毛大衣呢）、仿拷花大衣呢、顺毛大衣呢、平厚大衣呢、雪花大衣呢、花式大衣呢等。洗涤这类大衣时，要选用专用洗涤剂或中性洗涤剂，洗涤温度在30～40℃内最为合适。洗涤时，首先将大衣进行冷水浸泡，然后放入溶解好的洗涤液中，用软毛刷对大衣的领子、口袋、下摆、衬里等重点脏污部位进行轻轻刷洗，刷完后放入洗衣机内洗涤5～10min，用温水漂净，再进行浸酸处理，最后脱水、整形，挂在阴凉通风处阴干。

③ 长绒大衣的洗涤。这种大衣是在室外穿着的防寒衣物，其脏污主要是灰尘及一些水溶性污垢。洗涤的重点是衬里的下摆，尤其是浅色的羽纱、美丽绸衬里容易脏。由于这类大衣绒长质厚，吸水量较大，因此要用充足的水量进行洗涤，以防止因水少而使大衣受挤压，绒毛倒伏。洗涤时要用专用洗涤剂或中性洗涤剂，水温以30～40℃为宜。洗涤程序是：先用刷洗法将大衣的衬里刷洗干净，然后放入洗衣机内洗涤 10min，反复漂洗多次，漂洗要彻底，直至漂净为止。经浸酸处理后脱水，脱水后要把大衣整形拉平，使绒毛蓬松，使衬里朝外挂在阴凉通风处晾干。晾干后用软毛刷顺着绒毛走向把绒毛刷平。这类大衣水洗比较彻底，但要防止变形走样，如果采用干洗法洗涤，则衬里很难洗净。

（5）丝绸（丝织物）服装的洗涤方法 丝织品是纺织品中的精品，真丝绸服装比较娇嫩。丝织品轻逸光滑，柔软舒适，光泽自然，柔和美观，无静电感，不刺激皮肤，吸汗性、透气性良好，深受人们的喜爱。

真丝绸品种繁多，有些品种不宜洗涤，如花软缎、织锦缎、古香缎、天香绢、金香绉、金丝绒等；有些品种适合于干洗，如立绒、漳绒、乔其纱等。有些虽然可以水洗，但机洗易使真丝绸受损伤，容易变形走样。为了防止这类问题的发生，在洗涤丝织物时要做到“四保护”，即保护面料材质、保护织物纹路、保护鲜艳颜色、保护天然光泽。由于丝织物的组织结构是多种多样的，因此在洗涤时应根据丝织物组织结构和颜色的不同，分别进行洗涤，以避免发生翻丝、并丝、色花、色绺等现象。

在洗涤前，应先在冷水中浸泡约 10min，浸泡时间不宜过长。由于丝织物的着色力较差，遇水后易于褪色，因此在洗涤时水温不宜过高，水温过高不仅会使丝织物严重褪色，而且还会使丝织物丧失天然光泽。洗涤时，不可使用肥皂或碱性洗涤剂，宜用专用洗涤剂或用优质中性洗涤剂，在使用中性皂或高级皂片和高级合成洗涤剂时，应先用热水溶解皂液，待冷却后将衣服全部放入浸渍，不宜使用洗衣机，或用力搓洗或刷洗，而宜用手轻轻地进行大把搓洗，洗涤后用清水投漂干净，并用双手合压织物。丝织物洗涤后要进行浸酸处理，这样可增加丝织物的鲜艳光泽。

在进行手工洗涤时，应注意以下几点：①浸泡时间不宜过长，不能用力过猛，切忌拧绞；②宜用手工大把地轻轻揉洗，对较脏污的部位，把衣服平铺后，用软毛刷蘸洗涤液按绸面纹路进行轻轻刷洗，不宜用搓板和硬刷刷洗；③最好用中性、较高级的洗衣粉或洗涤剂，以保护真丝绸所具有的独特的天然柔和光泽，如用皂片，浓度可稀些；④宜用微温或冷水洗涤，以防褪色；⑤如使用日常用的肥皂或碱性洗衣粉洗涤，洗涤后，在投漂过 3～4 次清水后，要放入含有酸的冷水内浸泡投洗 2～3min，以中和衣服内残留的碱液，不仅对真丝绸服装有保护作用，而且可以改善服装的光泽。

因真丝绸服装耐日光性能较差，应在阴凉通风处晾干，不宜在太阳光下暴晒，更不宜烘干。晾晒时应将衣服里面向外，挂在阴凉通风处，晾至八成干时取下用中温熨斗熨烫，可保持衣物光泽不变。

（6）化纤服装的洗涤方法　化学纤维包括人造纤维（再生纤维素纤维）和合成纤维两大类。由于各种纤维性能间的差异很大，由它们加工制成的服装性能也完全不一样。因此，对各种材质的服装洗涤方法也会有所差异，现分别介绍如下。

① 黏胶纤维服装的洗涤。纯黏胶织物有人造棉、人造丝、人造毛三种。它们的共同特点是织物悬垂性大、抗褶皱性很差、不耐磨、缩水率大、湿强度低等。因此，在洗涤该类服装时，在冷水和洗涤液中浸泡时间要短，宜随浸随洗，洗涤时不能施用较大的机械力，不适宜用洗衣机洗涤，应采用揉搓法洗涤。其中人造毛织物遇水后，纤维会膨胀变粗变硬，再加上静电较强的原因，污垢与纤维结合得很牢固，所以要用刷洗法对严重脏污的部位进行刷洗。洗涤时要轻洗，以免起毛或裂口，可用中性洗涤剂或低碱洗涤剂。洗涤温度不宜超过 45℃。洗净后，把衣服叠起来，大把地挤掉水分或用毛巾包卷好，将水压出，切忌拧绞。脱水后整形弄平服后，挂在阴凉通风处晾干。

② 涤纶服装的洗涤。涤纶服装包括涤纶绸、针织涤纶服装、棉的确良和毛涤服装等，由于织物结构和纤维含量的不同，其洗涤方法也略有不同。

涤纶绸表面光滑，抗褶皱性良好，用它制作的夏装笔挺流畅，别具风韵。由于涤纶绸组织结构紧密，污垢不易渗透到纤维内部，洗涤去污比较容易。洗涤时可使用普通的洗涤剂，洗涤温度以 30～40℃为宜，可以用揉搓法、刷洗法或洗衣机进行洗涤，在洗涤前先对个别污渍处理干净。漂洗后挂在阴凉通风处晾干。

针织涤纶服装宜用手工洗涤。洗涤前，先将服装浸泡在清水中。可用碱性小的皂液或高级洗衣粉洗涤，揉搓要轻，也可用软毛刷刷洗，洗涤后用清水漂洗几次，放在干净的木板上挤压掉水分，切忌拧绞。然后挂在阴凉通风处晾干，不可放在太阳光下暴晒，以防止变色或泛黄。

毛涤服装吸湿性较差，遇水后不易变形。洗涤时可先用洗衣机预洗 2～3min，然后对脏污的重点部位用软毛刷蘸洗涤液进行刷洗，再用洗衣机洗 5～10min。应选用优质中性洗涤剂，洗涤温度以 30～40℃为宜。漂洗要彻底、干净，漂洗后要进行浸酸处理，脱水后要整形，然后挂在阴凉通风处晾干。

③ 锦纶服装的洗涤。洗涤前需在冷水中浸泡 15min。粗厚服装可用机洗，但应注意线脚不要滑出，可用一般洗涤剂洗涤。洗涤、出水、脱水时间要短，以防起皱。洗涤温度除白色服装可用 70℃以外，一般洗涤温度不宜超过 45℃。白色服装经多次洗涤和穿着后，可能带灰色。可用过硼酸钠漂白。轻薄服装和针织服装宜用手工洗涤，机洗容易擦伤衣服。在进行手工洗涤时，切忌重擦硬刷，出水后轻压脱水，切勿拧绞，以免产生褶皱。尼龙衫又称锦纶弹力衫，也属于锦纶针织服装。洗涤时，应在低温洗衣粉溶液内捏揉，时间要短，切忌用搓板。洗涤和漂洗时不可拎涮，洗涤后切忌带水晾挂，以防服装变形。宜用干浴巾将衣服包卷好，挤除水分后挂在阴凉通风处晾干。

④ 腈纶服装的洗涤。腈纶的耐磨牢度和弹性都较差。洗涤时先在冷水中浸泡 10min，然后在 30℃的洗涤剂或中性洗衣粉溶液中轻轻地揉搓，切忌高温和用搓板搓擦，宜放在低温洗衣粉溶液中揉洗。洗涤时不要随便拉伸和拎涮，以免变形。其厚织物可用软毛刷刷洗。洗涤后经清水漂洗干净，用干浴巾包卷好，挤去水分后，挂在阴凉通风处晾干。

⑤ 维纶服装的洗涤。其洗涤方法与棉类服装大致相同。先用温水浸泡一下，然后在室温下进

行洗涤。洗涤剂为一般洗衣粉即可，但要避免用碱性强的肥皂，刷洗不宜过重，以防起毛。可在30～50℃时机洗。手工洗涤时，不能用热水更不能用开水冲泡，以免使维纶纤维膨胀和变硬，甚至变形。洗涤后应挂在阴凉通风处晾干，避免日晒。

⑥ 氯纶、丙纶服装的洗涤。这两种服装洗涤时应在微温或冷水中进行。可用中性洗衣粉洗涤，宜用手轻轻地大把揉搓，切忌用搓板或硬板刷，以防服装起球。漂洗干净后不可拧绞，而宜把水挤去后挂在阴凉通风处晾干。

⑦ 嵌金银丝服装的洗涤。洗涤这类服装时应选用碱性不大的肥皂，最好是选用皂片、洗涤剂。切忌使用普通的肥皂，因为它含有较多的游离碱，会使金银丝里的铝失去光泽。洗涤时将衣服浸泡在合成洗涤剂的冷水溶液中，进行轻轻搓洗，洗涤后不要拧绞，将水挤压后挂在阴凉通风处晾干。高档服装宜干洗。

⑧ 仿兽皮服装的洗涤。仿兽皮服装的底布是棉纱布，绒毛是腈纶、涤纶、锦纶。有长绒和短绒两种。其洗涤方法是：先在冷水中浸泡10min，采用中性洗衣液溶于30～40℃的温水中大把揉洗，边浸边洗，预洗2～3min，然后用刷洗法对衬里进行刷洗，用揉搓法对污染严重的部位进行搓洗，切忌用搓板和硬板刷，再放入洗衣机内洗涤5～10min。漂洗要进行多次，要彻底干净。脱水后将衣服毛朝里挂起晾干，再用干毛刷将倒伏的绒毛轻轻刷起。长绒服装晾至半干时，取下抖动几分钟，使绒毛松散后继续晾干。

（7）羊绒衫的洗涤方法　山羊绒素有"软黄金""白色的云彩"之称，纤维纤细而均匀，柔软而富有弹性，光泽柔和，集轻、暖、软、滑于一身，是纺织工业的珍贵、高档原料，由它纺织加工制成的羊绒衫具有外表美观、绒面丰满均匀、华丽高雅、手感柔软、软而不烂、穿着舒适的特点。但是，羊绒衫比较娇气，保养十分重要，稍不小心，就会受到损坏。那么，如何合理而科学地洗涤羊绒衫呢？归纳起来，有以下几点。

① 羊绒衫最好进行干洗，但也可手洗，这需要有一定的经验并掌握一定的技巧。

② 在洗涤前，必须检查是否有严重的脏污（如领口、袖口等部位），如有，则应做好记号。另外，还需用皮尺将胸围、身长、袖长尺寸量好，记录并将里面翻出。

③ 将羊绒专用洗涤剂放入温度在35℃左右的水中搅匀，然后放入已浸透的羊绒衫浸泡15～30min后，在重点脏污处及领口用浓度较高的洗涤剂，采用挤压、轻揉的方法洗涤，其余部位采取轻轻拍、揉的方法洗涤。

④ 洗完后，用30℃左右的清水漂洗，洗干净后，可将配套柔顺剂按说明书上的要求量放入，这样洗涤后的羊绒衫手感会更好。

⑤ 将洗净后的羊绒衫内的水挤压出，放入洗衣机中脱水。要注意羊绒衫在浸水状态下不要提拉，应团抱挤压出水，否则容易变形或拉坏。

⑥ 将脱水后的羊绒衫平铺在铺有毛巾被的桌子上，用皮尺测量原有尺寸，用手整理并阴干，切忌悬挂暴晒。

⑦ 待羊绒衫阴干后，可用温度在140℃左右的蒸汽熨斗整烫，熨斗与羊绒衫离开0.5～1cm的距离，不要将熨斗直接压在羊绒衫上面，如用其他熨斗熨烫，则必须垫湿毛巾。

⑧ 在洗涤提花或多色羊绒衫时，不宜浸泡，不同颜色的羊绒衫也不宜一起洗涤，以免互相串色、染色。

（8）羽绒服的洗涤方法　羽绒服具有轻软、蓬松、富有弹性、保暖性好等特点，深受广大消费者的青睐。其洗涤和保存要点如下。

① 羽绒服的洗涤次数不宜过频，在穿着时间不长又不很脏的情况下，最好采用干洗方法洗涤，

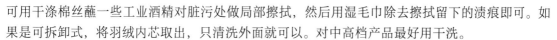
可用干涤棉丝蘸一些工业酒精对脏污处做局部擦拭，然后用湿毛巾除去擦拭留下的渍痕即可。如果是可拆卸式，将羽绒内芯取出，只清洗外面就可以。对中高档产品最好用干洗。

② 对比较脏的中低档羽绒服，则必须用手进行整体洗涤。洗涤时先将衣物浸湿，在冷水中浸泡 20min 左右除去浮尘，压出水分，然后投入皂液或洗衣粉溶液中浸泡，切忌用碱性洗涤剂洗涤。水温不宜过高，一般以 20～30℃为宜。浸泡时间不宜过长，一般以 5～10min 为宜。洗涤时不要用力揉搓，以防鸭绒或鹅绒移位堆拢结团。

③ 不可使用洗衣机洗。洗涤时，将羽绒服正反部位先用洗涤液浸湿泡透，之后平放于洗衣盆中或一块平整的木板上，用软毛刷蘸上洗涤液轻轻在衣服上刷洗，待污渍洗去后，用清水漂净。漂洗时应从下向上托起，将水挤出，换清水反复漂洗。洗净后不要暴晒，更不可烘烤。晾晒前，要用干毛巾压挤掉水分，晾晒时，要将衣物抖散、摊开、拉平，再用阔肩衣架挂在通风处阴干，待干透后轻轻拍打衣服的反面，使之恢复原来的蓬松度。

④ 在洗净晾干的羽绒服中夹放少许用纸包好的樟脑丸，以防虫蛀。

⑤ 在穿着过程中要小心，不要与尖硬物摩擦，以免破损。

⑥ 羽绒有很强的吸湿性，穿着过程中容易吸收湿气和异味，一般 1～2 周应该翻晒一次，可使其恢复干燥蓬松，但应注意日晒时间不宜过长，一般 2～3h 即可。因为羽绒长时间受热会使面料变脆，羽绒质量也会变差。

⑦ 对不穿的洗净的羽绒服，在收藏前要晾晒 2～3h，折叠平整后与防潮、防虫剂放在一起封入塑料袋中，放入衣柜或衣箱内，不要重压。平时穿用后，可在收藏前轻轻拍打其反面，除尘后放在干燥的箱柜内。

118. 服装熨烫原理与工艺

为了使新缝制的服装或洗涤后的服装平贴，穿着后富有人体的轮廓美，需要对服装进行熨烫。熨烫是洗整服装的最后一道工序。服装无论是干洗还是湿洗，晾干后均需熨烫，这是一门要求较高的技术。熨烫的目的有二：一是使服装平整挺括；二是便于服装的收藏。熨烫必须要掌握正确的步骤和方法，否则服装不仅不易熨烫得平整，甚至会造成服装的泛色和损伤。因此，熨烫的关键是在保证达到熨烫目的的前提下，保持服装的原型，更不能把服装烫焦、烫糊。

(1) 服装的熨烫机理　服装熨烫的机理就是利用服装在湿热和机械压力的作用下，纺织纤维产生热塑定形和热塑变形的现象。因为各种纺织纤维都具有吸湿的特性，纤维的吸湿可产生热力学变化、吸湿膨胀的各向异性，以及其他物理机械性能的变化。由于这些变化受到周围环境变化的影响，因此，纤维的吸湿是比较复杂的物理化学现象。

① 热塑定形。服装一般都是由棉、毛、丝、麻等天然纤维和化学纤维的纯纺或混纺织物缝制而成的，这些纺织纤维都具有热可塑性能，尤其是毛纤维的热可塑性更大，这是由于构成毛纤维的胱氨酸的双硫键经水解断裂后，再在新的位置上重新结合而连接起来，因而将毛纤维分子固定在新的平衡位置上，不再回缩，产生定型。所以，熨烫的机理主要是利用纤维受热而使弹性模量降低，从而达到使服装保持平挺的外观。对热敏性的化学纤维而言，它是由许多单个分子聚合成的链条状的高分子化合物，这种线型的分子结构具有一定的热塑性。在热的作用下，产生收缩、软化和熔融。洗涤后的服装皱褶较多，熨烫是依靠渗入纤维中的水分受高热时迅速产生汽化而产生的冲力，在熨斗和台板（或穿板）面的上下阻压间，沿着纤维水平方向横冲，从而使高温下强度较低的纤维得到拉伸和平挺。熨烫后，使服装的外形显得平直、整齐、挺括和美观。

② 热塑变形。衣料经过裁剪和缝纫加工后，一般要经过熨烫，使衣料产生热塑变形，最后形成具有立体感的服装。这种热塑变形的基本原理是利用服装中纤维的可塑性。通过熨斗的热度作用，适当改变纤维的伸缩性和织物经纬组织的密度与方向。也就是说，使缝制的服装该挺起的部位凸出，该缩拢的部位凹进，具有立体的造型，以适应人体的体型与活动需要。

此外，还可通过熨烫工艺来弥补由于裁剪和缝纫工艺中所造成的某些不足。因为服装的某些部位和形状单靠裁剪和缝纫工艺是无法完成的。服装行业常称这种热塑变形的熨烫工艺为"归拔工艺"，它常被用于制作呢绒服装的胸部、背部、腰部，以及裤子的臀部和中裆、裆缝等部位。

(2) 服装的熨烫工艺　服装的熨烫工艺主要是指熨烫时的温度、湿度、压力和时间等的合理配合选用，这是使服装产生热塑定型和热塑变形的基本条件，也是影响熨烫质量的关键因素。

① 熨烫的温度。在熨烫工艺中，温度是影响熨烫质量的重要因素。一般而言，热塑定型的效果与温度的高低成正比，温度越高，熨烫质量和定型效果就越好。但是，温度的高低是以对衣料不产生损害为界限的。因为各种纺织纤维所能承受的温度是不同的，如果超过了该纤维所能承受的温度，则会使衣料炭化，严重时还会使衣料熔融或燃烧。因此，服装熨烫的温度必须由构成衣料的纤维性质来决定。此外，还应考虑衣料的厚薄等其他各种因素，来选择适宜的熨烫温度。熨烫温度是由构成织物的纤维种类、织物的厚薄和布面的要求情况等决定的。一般来说，纹面织物的熨烫温度比绒面织物相对要求高些，厚织物的熨烫温度比薄织物要求高些，湿熨烫温度比干熨烫温度要求高些，衣裤的关键部位比一般部位熨烫温度要求高些。总之，必须根据服装面料的具体情况而定。各种衣料的热定型温度和熨烫温度列于表 7-11 中。

表 7-11　各种衣料的热定型温度和熨烫温度　　　　　　单位：℃

纤维名称	机器定型			熨烫定型		
	热水定型	蒸汽定型	干热定型	垫湿布熨烫	垫干布熨烫	直接熨烫
棉	90~100	120~130	160~170	220~240	195~220	175~195
麻	90~100	120~130	160~170	220~250	205~220	185~205
羊毛	85~95	110~120	110~120	220~250	185~200	160~180
丝	90~100	115~125	115~125	200~230	190~200	165~185
涤纶	120~130	120~130	190~210	195~220	185~195	150~170
聚酰胺 6 纤维	100~110	110~120	160~180	190~220	160~170	125~145
聚酰胺 66 纤维	100~120	110~120	170~190	190~220	160~170	125~145
腈纶	80~90	100~110	150~160	180~210	150~160	115~135
氯纶	60~80	60~80	80~90	—	80~90	45~65
丙纶	110~120	120~130	130~140	160~190	140~150	85~105

② 熨烫的湿度。在熨烫服装时，仅仅依靠温度是不行的，因为单靠温度往往会把服装熨黄、熨焦，所以在熨烫时必须给湿，一般是在服装上喷水或洒水，或是盖上一层湿布。衣料遇到水后，纤维就会被润湿、膨胀、伸展，衣料就容易变形或定型。当构成服装的衣料成分和厚薄不同时，对水分的要求是不一样的。一般来说，棉、麻、丝绸和薄型的化纤织物衣料，需要水分较少，只要喷水或洒水，并待水点化匀后即可熨烫，而呢绒织物或厚型化纤织物，因质地厚实，熨烫时的水分就要相应多一些。如果只在表面喷水或洒水，中间部分的纤维往往不够润湿。但是喷水或洒水量又不能太多，否则不仅会降低熨斗的温度，衣服不易被熨平，而且还会出现电火花。为了提高熨烫的质量，一般可在服装上覆盖湿布熨烫，通过熨斗的高温，使覆盖的湿布产生水蒸气渗透

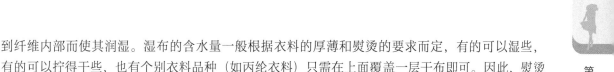

到纤维内部而使其润湿。湿布的含水量一般根据衣料的厚薄和熨烫的要求而定，有的可以湿些，有的可以拧得干些，也有个别衣料品种（如丙纶衣料）只需在上面覆盖一层干布即可。因此，熨烫有干熨和湿熨之分，主要是根据服装的熨烫部位不同和衣料质地不同而选用。干熨就是在熨烫时在服装上不覆盖湿布，而用熨斗直接熨烫。干熨主要用于熨烫用棉布、化纤布、麻布、丝绸缝制的单衣、衬衫、裙子、裤子等。湿熨就是熨烫时覆盖湿布，不可用熨斗直接熨烫。湿熨主要用于熨烫呢绒类衣裤，以及高档的西装、大衣、礼服等。干熨和湿熨对服装熨烫质量的影响是不一样的，如在熨烫较厚的呢绒服装时，一般都是先经过湿熨后再进行干熨，待干熨后，才能使服装各部位平服挺括，不起壳，不起吊，使服装保持长久平挺。如果仅采用干熨，只有热压而无水分渗透到纤维内部，这样就无法熨挺，还易产生极光。因此，在熨烫呢绒服装时宜干湿并用，以达到较好的熨烫效果。亦即湿熨是起熨平熨死的作用，而干熨是起吸水定型的作用。又如上衣的胸部与袋位及领止口、衣片止口、下摆边、长裤的前后裤线、褶裥等，应采用先湿熨后干熨，才能达到其造型美观的要求。但对丝织物必须采用干熨，因为丝织物质地软薄，如用湿熨往往会产生水渍。

③ 熨烫的压力。温度和湿度是促成织物热塑定型和热塑变形的重要条件，除此之外，在熨烫时还需要加一定的压力，才能迫使织物按要求来定型。在一定的温度和适当的湿度下，给熨斗施加一定方向的压力后，可以迫使纤维伸展（即拉伸）或折叠（即褶裥）成所需的形状，迫使构成织物的纤维往一定方向移动。熨烫一定时间后，纤维分子在新的位置上固定下来，即形成了热定形，织物就熨烫成所需的平整或折缝来。熨烫时所采用的压力轻重，应根据衣料的质地和具体的要求来灵活掌握。熨烫时所用的熨斗重 2～6kg，洗染店大多采用 5kg 左右的熨斗。一般来讲，光面和厚织物其压力应适当大些。对衣料变形或定型的部位，如上衣的领、肩、兜、前襟、贴边、袖口、长裤的前后裤线、裤脚等熨烫时要加重压力，有时需要多次熨烫才能达到上衣挺括、裤线笔直、平整如新。对一般的单衣、单裤，只需熨平即可，压力可以轻些。而对灯芯绒、平绒、长毛绒等有绒毛的衣料，用力应更轻，以免毛绒倒伏或产生极光。

④ 熨烫的时间。熨烫的时间应根据熨烫的温度、湿度、压力和衣料的品种与规格而确定。一般的原则是：熨烫时温度偏高、压力偏大、湿度偏小时，时间宜偏短，反之，宜偏长。时间一般为 5～10s。如果一次熨烫的效果不理想，可反复熨烫多次，但不宜长时间停留在一处熨烫，以防止产生极光和形成熨斗印或产生局部变色。

⑤ 熨烫的手法。由于衣料的质地及服装各个部位的不同，其熨烫的要求也不相同，在熨烫时可根据具体情况分别运用轻、重、快、慢、推、拉等熨烫手法，并在衣料上缓慢地移动，切忌过快或无规则地推来推去，否则，不仅达不到理想的熨烫效果，而且还会破坏衣料的经纬织纹，有损于美观。

119. 手工熨烫的技巧

手工熨烫是人们在材料给湿后（也有的不给湿），用手操作熨斗发热体，在熨台上通过掌握熨斗的方向、压力大小、时间长短等使服装表面平服或形成服装上各种变形需要进行的熨烫。熨烫的效果主要取决于实际操作经验。综合手工熨烫的各种技巧，可概括成 16 个字，即快、慢、轻、重、归、拔、推、送、闷、蹲、虚、拱、点、压、拉、扣。具体做法和要求如下。

快，就是熨斗和织物的接触时间要短。这是指在熨烫轻薄织物时，当熨斗的温度较高时，则熨烫的速度要快，而且不可多次重复熨烫，因为有些成衣熨烫时不能超出布料的耐热度。当熨斗加热超出所需的温度或时限时，会导致布料强度的降低，易熨坏衣料或出现极光。

慢，就是在熨烫成衣较厚的部分（如驳头、贴边等）时，要放慢熨斗的熨烫速度，要熨干熨平，否则这些部位要回潮，达不到硬挺效果。

轻，就是熨烫时将熨斗轻放或不要形成垂直方向的重压，这是指在熨烫各种呢绒成衣或布料很薄的成衣时一定要轻轻熨烫，以利于绒毛能够恢复原状。

重，就是成衣的主要部位，通常是很关键的部位，要求平整挺括，耐久不变形。因此，在熨烫这些部位时只有重压才能熨好，起到定型的效果。

归，就是成衣在加工过程中，为使平面的衣身变得符合人体造型，有些部位要在服装制作前做暂时的定型处理。"归"就是将材料经熨烫后紧缩、耸起，形成胖形弧线。

拔，就是将材料拉伸、拔开。拔和归是相互联系的，有些部位（如背的肩胛骨部位）只有运用拔的手法才能使其符合人体的要求。

推，就是通过熨斗的运动，将服装衣片的多余部分由某一部位推向另一部位。它是归拔过程中一个特定的手法，也就是将归拔的量推向一定的位置，使归拔周围的丝缕平服而均匀。

送，就是将归拔部位的松量结合推的手法，将其送向设定的部位给予定位。例如，腰吸部位的凹势只有将周围松量推送到前胸才能达到腰部的凹势、胸部的隆起，使服装曲线的立体感更加明显。

闷，就是在服装较厚的部位也是需水量大的部位，必须采用闷的方法（即将熨斗在这个部位有一段停留的时限），才能保持该部位上下两层布料的受热均衡。

蹲，就是有些服装部位出现褶皱不易熨平（如裤撑部位），在熨烫时将熨斗在该处轻轻地蹲几下以达到平服贴体的目的。

虚，就是在制作服装过程中，一些部位属于暂时性定型或毛绒类的成衣要虚熨，只有通过虚熨才能保持款式窝活的特点。

拱，就是指熨烫时有些部位不能直接用熨斗的整个底部熨烫（如裤子的后裆缝），此时只有将熨斗拱起来，才能把缝位劈开、压平、熨死。

点，就是在服装加工过程中，有些部位不需要重压和蹲的方法，采用点的方法可以减少对成衣的摩擦力，并可彻底消除熨烫中出现极光现象。

压，就是在成衣熨烫定型时，许多部位需要给予一定的压力，使面料的屈服点变形，才能达到定型的目的。

拉，就是在熨烫服装时，有些部位要适当地用左手给予拉、推、送，才能更好地发挥熨烫成型的作用。例如，裤腿的侧缝起吊，仅靠熨斗来回运动是不能实现的。只有通过用手适当地拉伸配合熨烫，才能达到平服的目的。

扣，就是指在成衣加工过程中有些部位利用手腕的力量将丝缕窝服，使这些部位更加平服贴体。

除了上述熨烫技巧外，在熨烫中还会遇到其他与熨烫有关的问题，解决方法如下。

① 在熨烫衣物前，必须将其洗涤干净，否则，衣物上的污点经过熨烫后会更为明显。

② 未洗净或未熨干的衣服，储藏时间一长便会产生霉点，可用稀的醋水溶液洗净后再熨，霉点即可去除。

③ 丝绸织物不小心被熨黄，可采用少许苏打掺水调成糊状，涂在焦痕处，待水分蒸发后再垫上湿布熨烫，便可减轻或消除黄迹。

④ 棉织物熨黄时，可在熨黄处撒一些细盐，然后用手轻轻地搓揉，再放在太阳光下晒一会儿，最后用清水洗净，则黄焦痕可减轻甚至消除。

⑤ 呢绒衣料熨烫时，如产生轻度熨焦，经刷洗后推动绒毛露出底纱，用缝衣针的针尖挑起新的绒毛，然后垫上湿布，再用熨斗顺着原织物绒毛的倒向熨烫数遍，便可基本复原。

⑥ 在熨烫毛呢服装时，稍不注意就会在某些部位产生一段段发亮的光泽，很难看。产生这种现象的原因主要是熨烫时垫熨材料太薄或是薄厚不均匀；另一原因可能是熨衣板不平或是服装的衣缝过厚而有凸起，再加上熨斗停留的时间过长而引起的。如已产生亮光，可在其上盖上湿布快速地轻熨一下，使其消失。有些毛料裤穿久以后也会在臀部产生亮光，也可采用上述同样的方法消除。如果在亮光处喷以少量乙酸后再盖湿布熨烫，效果会更好。

⑦ 化纤衣料熨黄后，可立即垫上湿毛巾再熨烫一次，轻者可恢复原状。

⑧ 羽绒服不宜用电熨斗熨，若出现褶皱时，可用一只大号搪瓷杯，盛满开水，在褶皱处垫上一块湿布再熨，这样不仅不会损伤面料，而且还可避免衣服表面出现难看的光痕。

⑨ 针织衣物易变形，不宜重重地压着熨，若要熨烫，只需轻轻按着便可。

⑩ 熨烫衣服时，若在垫布上喷少许花露水，熨过的衣服会清香宜人，香味持久。

如何评价熨烫的质量呢？一般而言，整烫良好的服装需要满足以下要求：

① 在整烫好的服装上不出现褶皱和颜色；

② 服装没有损伤；

③ 服装应保持原始设计或要求的形状，原折痕效果保持良好，服装的厚度、表面状态、风格、颜色等不发生变化，服装收缩要小；

④ 服装外观应整齐、干净和平滑。

120. 西装的熨烫方法

西装又称西服，富有立体感，肩部厚而宽，胸部挺而袒，加上尺寸严格，使穿着者显得风度翩翩。其缺点是冬天保暖性差，而夏天系上领带，几乎封住领部，会造成闷热感。

西装有男装和女装之分。西装式样的变化多表现在驳领、纽扣、开衩和口袋等处。就男西装的领子来说，有平驳领、戗驳领和蟹钳领等；就纽扣的装订部位和粒数来说，可分为单排一粒扣、单排两粒扣、单排三粒扣和双排两粒扣（每排一粒）、双排四粒扣、双排六粒扣；开衩分为背衩和摆衩，正宗的西装多在后背开衩（即背衩），单件粗花呢西装等则大多采用"摆衩"，也有的西装背衩、摆衩都不开。西装的口袋传统为开袋，现在贴袋、斜袋和其他花色袋也很流行。将上述驳头、纽扣、开衩和口袋等以不同形式组合起来，构成风格不一的西装款式，足以满足不同年龄、不同人群的人穿着要求。女西装的款式有平驳领单排双扣、戗驳领单排双扣、平驳领单排单扣和戗驳领双排双扣等。其外形必须是：领驳角左右对称，驳口大小一致，领面挺括，窝顺，止口顺直，胸部丰满圆润，身段曲线自然，袖子圆登。男西装的面料一般为呢绒或毛涤以及仿毛织物，而女西装的面料大多采用精纺毛料（如花呢、女衣呢、派力司、华达呢等），也有用全涤纶、仿毛中长花呢等。

男西装的款式和面料很多，熨烫时要根据各种款式的要求熨烫出各种风格，同时还要根据面料纤维的不同种类调整熨斗的熨烫温度。西装是挂衬里的服装，里外都要熨烫。在熨烫衬里时，要看衬里的面料，如果是尼龙绸及免熨面料的，可不必进行熨烫，直接熨烫西装的外面料即可。如果需要进行熨烫，则要根据衬里纤维的种类，调整合适的熨烫温度进行熨烫，以避免造成损伤。女西装有长也有短，款式和面料的种类也很多。因此在熨烫女西装时，必须要考虑到女西装的款式，要用不同的方法熨烫，以保持各种款式西装的风韵。同时还要根据面料纤维的种类选用合适的熨烫温度，以保证面料不受损伤。

(1) 熨烫西装的一般顺序

① 熨烫左挂面　将服装反面朝上放平，熨烫挂面，注意下摆止口要平齐、扣眼要平整、挂面整体要平整，但不要熨烫驳头。

② 熨烫里子　将服装整个里子铺平，依次为左前片、左侧缝、背缝、背部、右侧缝、右前片熨平。注意下摆折边平顺。为了安全，最好用垫一层白棉布的方法熨烫。将两袖的衬里及前后身的衬里熨平，将内袋口熨挺。

③ 熨烫右挂面　同左挂面。

④ 熨烫领子　将领脚立起，熨平领里，翻过来将领压死。

⑤ 熨烫驳头　在反面将驳头止口放平顺，熨平反转驳头，在串口线与驳头交叉处，用熨斗轻压，但不能把驳头压死。

⑥ 熨烫前片正面　首先将袋盖熨平，再将前片正面放平，盖水布，喷水，熨烫平整，衣边要拉平熨直。

⑦ 熨烫袖山、肩部　翻转袖子至衣里，熨烫袖山；将肩部放在铁凳上或是垫上棉"馒头"，顺势熨圆顺，使其有立体感。

⑧ 熨烫袖型　以后袖缝为标准，将面、里铺平，对小袖进行熨烫，但偏袖线不能发死，翻转过来熨大袖面。可用袖骨穿入衣袖内将衣袖支撑起来，转动熨圆。当衣袖被熨平后，将袖后压死，构成前圆后死的效果。由于女西装的衣袖很瘦，熨烫时可穿入袖骨或在熨烫案台边沿处滚动熨烫，把衣袖熨成圆筒形状，这与男西装的衣袖是有区别的。

⑨ 熨烫后背　将后袖笼放在铁凳上熨平，后背熨圆顺。后身的面积较大，一定要全部熨到、熨均匀，开气部位要熨直。

(2) 西装熨烫的标准

① 衣领内外平整，领部翻转后要盖住领线，并自然定型，驳头左右两边翻转处不能压死，要自然分边。

② 左右肩部自然成型，垫肩熨平，与袖子的拼缝没有曲折状。

③ 袖子熨圆顺、平服，袖口贴边平服，前胸部与背部自然平整，不留纽扣印；口袋盖熨挺，口袋面不留盖印。

④ 衣服衬里也应保持平整，不留褶皱。

⑤ 整件服装外表自然平服，不留任何褶皱、无极光。

(3) 熨烫西装的重点　西装胸部大多有黏合衬或黑炭衬等，应保持胸部的平整。用黏合衬制作的西装要把握好熨斗的温度，防止温度过高，造成黏合衬的脱落或起泡；如用黑炭衬制作的西装，也需把衬熨平。

121. 衬衫的熨烫方法

衬衫是穿着最为广泛的衣着，可分为男式衬衫和女式衬衫两种。在使用蒸汽喷雾电熨斗熨烫时，要根据衬衫面料纤维的种类，把熨斗上的刻度调到所需要的熨烫温度。熨烫男式衬衫的原则是先熨小片，后熨大片。在熨烫女式衬衫时，要特别注意使其不要受到损伤。

(1) 熨烫衬衫的顺序

① 熨烫袖口　将袖口铺平，按下列顺序熨烫：袖里、袖衩、袖正面。

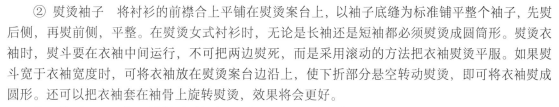

② 熨烫袖子　将衬衫的前襟合上平铺在熨烫案台上，以袖子底缝为标准铺平整个袖子，先熨后侧，再熨前侧，平整。在熨烫女式衬衫时，无论是长袖还是短袖都必须熨烫成圆筒形。熨烫衣袖时，熨斗要在衣袖中间运行，不可把两边熨死，而是采用滚动的方法把衣袖熨烫平服。如果熨斗宽于衣袖宽度时，可将衣袖放在熨烫案台边沿上，使下折部分悬空转动熨烫，即可将衣袖熨成圆形。还可以把衣袖套在袖骨上旋转熨烫，效果将会更好。

③ 熨烫领子　对男式衬衫极其重要，衣领能体现出男式衬衫的风格，因此对男式衬衫衣领的熨烫非常重要。将领子背面朝上，铺平，在熨烫时必须将领子的松度熨烫平，注意领角，要将领尖熨烫成一定弧形，而不要反翘。将领子正面朝上，领面与领脚折出，熨烫出领口线；将前领口部位熨圆顺，使领型良好。女式衬衫有一字领、开关领及立领，与熨烫男式衬衫一样，双面要一起熨平。

④ 熨烫后背　先将衬衫左右前襟打开，将衣片后背放平，喷水，先从侧缝熨出，沿袖笼至肩部、后身、后育克平整。

⑤ 熨烫前片　先将左右前襟打开，熨平内侧褶边，以侧缝为准，放平衬衣。先熨门襟，逐渐向侧缝熨去，把肩缝熨出。两前片相同。

⑥ 折叠　为了放置或携带方便，可把熨烫好的衬衫折叠起来存放。折叠方法是将熨烫好的衬衫背朝上平展在案台上，将左袖在与前后身缝合线取齐的位置为轴向横折，然后将左袖的下半部在后身中线处做90°下折，并将下折部分的袖中线与后身中线重合。右袖也采用同样的方法向左折，然后将右袖的下半部下折，使下折部分的袖中线也与后身中线重合，也就是说左右两袖的下半部分在衬衫的后背处重叠。之后分别把左右半身在衣边线与后背中线的二分之一处向内折，再把折叠后的下摆在底边与袖口位置的二分之一处向上折，最后取折叠后的衣长的二分之一处为轴将下半部分上折，为了增加挺度，可在中间放置一张厚纸板，再用大头针牢固定位。

顺便指出，在熨烫男式衬衫的过程中，用力要均匀，防止搓出死褶。熨斗的运行要稳中求快，切忌忽快忽慢，防止水热相对不均匀而影响熨烫效果。

(2) 衬衫熨烫的标准　衣领要平整挺括，翻领处盖着拼缝，整个衣领领围要熨烫成圆形，后领要熨实；两肩要平服；袖口要熨成圆形，不起褶皱，袖口纽扣部位不留印痕；衣袖沿腋下接缝处将衣袖熨平；前襟贴边整齐挺直，纽扣部位不留印痕；服装平整挺括。

122. 西服裤的熨烫方法

西服裤有男西裤与女西裤之分。前开门的女西裤及高腰萝卜裤的熨烫与男西裤方法相同。旁开门的女西裤在熨烫裤线时，必须将女西裤的旁门扣齐，找准裤腿中线的位置再压死裤线，避免将裤线熨歪或两腿不对称。除此之外与男西裤的熨烫方法相同。

在使用蒸汽喷雾电熨斗时，应根据裤子面料纤维的种类调整至准确的熨烫温度。在熨烫浅色毛料裤子时，最好垫上一层白棉布，以避免使浅色面料发黄。在熨烫化纤裤子时，也必须垫上一层白棉布，避免熨伤化纤面料。在用垫棉布熨烫时，如果温度不够，可把调温旋钮向上调一格，以满足熨烫温度的需要，达到热量的平衡。

(1) 熨烫裤子的顺序

① 翻转裤子，将反面朝外　从反面开始熨烫，这样可以避免裤子正面出现极光，也可以提高熨烫效率，这对熨烫毛料裤子尤为重要。

② 熨烫口袋　裤子的口袋一般为棉平布，熨烫时只需稍加喷水，将其两面熨平即可。

③ 熨烫裤缝　将裤子铺平，裤缝劈开，进行分缝熨烫。

④ 熨烫上裆　将裤子上裆露出，使前上裆侧放倒，喷水、分缝熨烫；后上裆放平分缝熨烫。裆底部位的缝应分开，否则会造成直裆变短。

⑤ 整体熨烫裤子的反面　熨烫时将裤子反面铺平，进行整体喷水，由后片整片逐渐转至前片及膝盖处熨烫。

⑥ 熨烫后省、裤腰、门襟、里襟　将需要熨烫的部位逐一放在"馒头"（系用白布包裹棉花制成的一种熨烫工具）上，从反面喷水财烫。

⑦ 熨烫褶裥、袋口　将需要熨烫的部位放在"馒头"上，在裤子的正面熨烫褶裥，褶裥应直、顺呈锥形，其长度在袋口的 2/3 处；袋口应合缝放平熨烫。在正面熨烫时应喷水、垫布。

⑧ 熨烫裤襻　逐一喷水、垫布、熨烫。

⑨ 翻转裤子　将裤子正面朝外整形。

⑩ 熨烫前后挺缝线　将裤缝对正，若裤子上有明显的条子，前后挺缝应与条子平行。先从里缝向上裆缝熨烫，返回；再熨烫前挺缝至腰部，与前褶裥平滑连接，返回；熨烫后挺缝分三个阶段：由裤口至中裆；中裆至横裆为臀口部位，该段有一定的松度，应将此松度归紧，先喷水，第一遍时不要压实，否则会出现鱼鳞纹，第二遍压实，将松度熨平；横裆至腰部为臀部，需熨烫圆顺，将后挺缝熨烫至后腰。最后将后挺缝整形，由下至上。

⑪ 整形　先将里熨缝朝下，喷水，熨外挺缝，由裤口至前挺缝、侧缝、后挺缝。翻转过来熨烫另一侧，要少喷水，避免另一侧已熨烫过的一面反弹起皱。

（2）西服裤熨烫的标准

① 裤子表面与袋盖平整，全裤无亮光。

② 裤线笔直，裤腿、裤腰平挺无曲折。

③ 前挺缝与前褶裥自然相连，烫迹线分明、自然垂直挺括；裤腰平整无曲折；形体美，无鱼鳞纹和熨烫折痕。

123. 熨焦斑痕的去除方法

在实际操作过程中，往往由于经验不足或一时的疏忽，把衣服熨黄或熨焦，有碍美观。为此，可以采用一些补救的措施去除或减轻黄斑或焦痕。具体方法有以下几种。

（1）毛呢服装熨焦的去除法　将白矾溶于开水，待水温凉后用软毛刷刷在熨焦的部位，然后放在太阳光下晒，就能减轻焦痕；对轻度熨焦的部位，可先刷洗，使其露出纱底，再用针尖轻轻地在无绒毛处挑起新的绒毛，然后垫上湿布，用熨斗顺着绒毛织物的倒向熨烫几次，即可复原。粗纺厚呢料熨焦后，可用优质的细目砂纸轻轻摩擦，再用旧牙刷轻刷。使其重新出现新的绒毛，然后垫上湿布，顺着呢料绒毛的原来倒向熨烫，可消除焦痕。

（2）棉布服装熨焦的去除法　棉布服装熨焦后可马上在熨焦的部位撒些细盐，然后用手揉搓，并用牙刷蘸凉水轻轻地刷洗，再放在太阳光下晒一会儿，最后用清水洗涤，一般可去除或减轻焦痕。

（3）丝绸服装熨焦的去除法　丝绸服装熨焦后可马上涂上少许苏打粉掺水调成的糊状物，待干后用牙刷轻轻刷一下，然后垫上干净的湿布熨烫，便可消除焦痕。

（4）化纤服装熨焦的去除法　化纤服装熨焦后可立即在该部位垫巾湿毛巾再熨烫几遍，焦痕轻者可恢复原状。

（5）一般服装熨焦的去除法　一般服装熨焦后，可用切成环状的洋葱擦拭熨焦的部位，然后

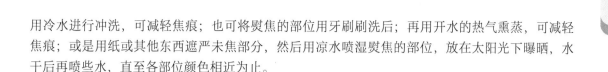

用冷水进行冲洗，可减轻焦痕；也可将熨焦的部位用牙刷刷洗后；再用开水的热气熏蒸，可减轻焦痕；或是用纸或其他东西遮严未焦部分，然后用凉水喷湿熨焦的部位，放在太阳光下曝晒，水干后再喷些水，直至各部位颜色相近为止。

124. 纯棉服装的保养与收藏

由于纯棉织物服装的湿强度比干强度高约 25%，加上耐碱性较强，可用洗涤剂洗，既可手洗也可机洗。洗涤温度根据织物的色泽而定。色布、花布和色织布最好用冷水或温水浸洗。由于棉织物的色泽受到高温或在水中长时间浸泡会导致不同程度的掉色，所以不宜用沸水浸泡或堆置过久，而且擦了肥皂或浸入洗涤液后应立即洗净。在洗涤过程中，还应注意织物的组织特点，若需刷洗的话，对卡其、华达呢、哗叽等类的斜纹织物服装，宜在平整的板面上顺织物刷洗；提花织物不宜用硬刷进行强力刷洗，以免导致织物表面起毛。机洗时，洗涤液温度也应根据棉织物的特点进行适当的选择。经过树脂整理的棉织物必须浸透后再洗。浅色、白色服装宜选用碱性稍强的肥皂或洗衣粉，而有色服装则适宜选用中性或碱性较小的洗涤剂，而稀松、薄型织物宜用手洗，尽量不用机洗。

纯棉服装大体可分为内衣、绒衣绒裤和外衣三大类型。由于它们的组织结构特点及其用途各不相同，因此其保养与收藏方法也各有所异。

(1) 纯棉内衣的保养与收藏　纯棉内衣裤多用针织汗布和薄型棉布制成，其吸汗性和透气性较好，无静电感，对皮肤无刺激，穿着舒适随体，洗涤方便，深受消费者的喜爱。内衣裤、床单和被罩等贴身的用品需要经常洗涤，特别是内衣裤更需要经常洗涤，以保持清洁卫生，既可防止汗渍日久后使织物泛黄而难以清洗，又可防止织物上的污垢污染身体而影响健康。

在洗涤这类衣物时，除使用肥皂进行手洗外，最好使用加酶洗涤剂洗涤，这对清除人体分泌物有较好的效果，同时漂洗要彻底，防止残留的碱液使织物泛黄，也可防止刺激人体皮肤。对个别特殊需要的白色织物，可进行高温消毒处理。洗涤晾干后的衣物最好进行熨烫定型，其目的：一是使织物平整挺括；二是增强织物的抗污能力；三是可以起到消毒的作用。因此，这类衣物在收藏前要晾干晾透，并根据衣形进行折叠存放，但必须与其他服装隔开，单独保管，以防止遭受污染，同时要尽量做到存放有序，取用方便。

(2) 纯棉绒衣绒裤的保养与收藏　纯棉绒衣绒裤具有优良的保暖性和穿着舒适性，随身合体，运动自如，较适宜作运动服装、儿童服装和时装。这类服装在穿着时不可反穿或贴身穿，否则会损伤绒毛或沾上人体分泌物，导致绒毛产生硬结而降低保暖性。装有罗纹领口和袖口的绒衣，在穿脱时不要用力拉扯罗纹部分，以免造成领口和袖口松弛变形而影响其保暖性和外观。这类服装可用洗衣机洗涤，也可用手洗，但用力要均匀。晾晒时要绒毛朝外，晾干后可折叠存放。如出现有小洞要及时修补，以免脱套扩大，影响使用寿命。收藏时要放一些用纸包好的樟脑丸等防蛀剂。

(3) 纯棉外衣的保养与收藏　纯棉外衣品种较多，适宜采用水洗，在收藏前要用水清洗干净，不可将穿用后的衣物直接收藏。即使是新纯棉外衣在收藏前也要用清水洗一遍，这样不仅可以洗去布料上的浮色以防止布质发硬，而且可以洗去布料上的浆料以防止虫蛀。洗后的纯棉外衣要熨烫定形，待晾干后用衣架挂起或折叠存放。折叠存放时要防止受压，如立绒、灯芯绒等服装长期受压后会使绒毛倒伏，应将其放在箱内上层。切忌将没干透的衣物收藏存放，以避免发霉变质。在存放衣物的箱柜里要放入用纸包好的防蛀剂。而且在存放过程中要经常检查，通风和晾晒。特别需注意的是使用硫化染料染色的纯棉外衣，尤其是黑色的，不宜存放过久，应及时穿用。放置久了布质容易发脆，使织物坚牢度降低，影响服装的使用寿命。

125. 呢绒服装的保养与收藏

妥善、科学地使用与保养呢绒服装，不仅可以保持其鲜艳的外观，而且还可延长其使用寿命。呢绒服装在穿着时，最好轮换着穿，使毛纤维有充分恢复原状的机会，以延长使用寿命。应从选料、裁缝、洗涤、熨烫、存放等诸方面如以注意。

(1) 选料　呢绒厚薄悬殊，是一种季节性较强的商品，穿着季节不同，选用的品种也应随之不同。例如，精纺呢绒中的凡立丁、派力司、麦斯林、薄花呢等由于纱支细、织物薄、细洁光滑、挺括、手感柔软，适宜制作男女夏季服装，毛涤纶、花呢、啥味呢、马裤呢、哔叽、华达呢等适宜制作春、秋季服装；粗纺呢绒中的海力斯、法兰绒、粗花呢、方格呢等由于呢面平整均匀，有短绒毛覆盖，质地紧密，有身骨，弹性好，光泽自然，适宜制作男女春秋季服装；而麦尔登、大衣呢、制服呢、粗花呢等适宜制作冬季服装。含黏胶纤维成分较多的薄花呢，由于黏胶纤维的湿强力较差，适宜于制作棉袄面料，可减少洗涤次数，延长使用寿命。

(2) 裁缝　各种纯毛或混纺呢绒，在成衣裁剪前，要充分喷水预缩，使其在成衣后不容易收缩走样。裁剪时，缝边空距宜略宽些，混纺织物应比纯毛织物宽些，以防止纤维的滑移。缝纫时用针要细，针距宜稍宽些，一般使用 11 号针，针距每厘米 5～6 针，以防止损伤纤维，影响成衣的牢度。缝线采用缩水率相同的线，一般用丝线。驼绒由于伸缩性较大，在尺量或裁剪时，应平放处理不可拉伸。另外，驼绒及某些大衣呢等有顺向和倒向的区别。用手抚摸，如果顺手而平，便为顺向；反之，如果感到毛乱，则为倒向。在裁剪时最好是顺向，随穿着时干刷的习惯方向安置，一般是从上到下，并注意避免一袖顺向，另一袖倒向，也应避免前后衣面倒顺各异，否则会造成绒面异样的外观。

(3) 洗涤　呢绒服装价格一般较昂贵，这类服装在水洗中和水洗后会出现一些问题。稍不注意，水洗时极易破损，洗后易变形走样。所以呢绒服装不适宜水洗，而最适合干洗。水洗时必须采取措施来克服水洗的缺点，又能达到去污的目的。其要点有：①呢绒服装的洗涤时间不宜过长，否则容易造成损坏，机洗时间 2～3min 即可；②用软毛刷刷洗呢绒服装时，刷子要按织物的纹路走，用力要适当，做到"三平一均匀"，即衣板要放平，衣服要铺平，刷子要走平，用力要均匀。

(4) 熨烫　毛织物的熨烫方法比较复杂，需要运用水、压力和热等条件，才能达到平挺美观的要求。它的熨烫温度应控制在 180℃以下，并分精纺毛织物和粗纺毛织物分别进行。

精纺毛织物又可分为薄型和中厚型两种。在熨烫薄型面料（如凡立丁、派力司等）时，采用湿布垫熨，用较低的温度（150～170℃）在织物的反面直接熨烫平整，最后在织物的正面盖干布熨平。在熨烫中厚型面料（如华达呢、哔叽）时，熨烫方法同薄型织物，但熨烫温度略高些。有时为了防止产生极光，在熨烫时还需在湿布下垫块干布进行熨烫。

粗纺毛织物一般采用湿熨法，将一块含水量很大的湿布盖在衣料上，采用温度为 220～250℃的熨斗进行熨烫，直至湿布近干或者采用较低熨烫温度（160～180℃）的蒸汽熨斗在织物的反面熨烫直至平挺。熨烫时，熨斗不宜在衣服上推动过快，而宜平稳地移动。

含黏胶纤维的织物容易干燥，不宜反复多熨，否则会影响织物的弹性和手感。含合成纤维的织物，要特别注意熨烫的温度，一般含涤纶织物熨烫温度应控制在 170℃左右，含腈纶织物温度在 125℃左右，而且熨烫时速度要快，湿度要低，压力适宜。如果超过上述熨烫温度，将会引起纤维的皱缩，织物也会因此变色以致熔化。

(5) 保养与收藏　羊毛服装可分为毛料服装和羊绒服装两大类型，因其组织结构和用途的不同，其保养与收藏方法也各有不同。

① 毛料服装的保养与收藏。含有羊毛或其他动物毛纤维的毛料服装在穿着的时候，连续穿着的时间不宜过长，否则织物易产生弹性疲劳，导致变形难以恢复原状。时间一长会造成变形走样。

毛料服装正确穿着方式，应是穿几天后悬挂起来，让其"休息"一段时间再穿，这样可以长久地保持服装的外形和弹性。收藏时应注意以下几点。a. 洗涤晾干后的毛料服装要放置在干燥的地方散热。待凉后再放到箱柜中，因有热气的织物或含潮气的织物，容易霉变。在收藏前最好干洗一遍，干洗不仅能够去污、提高服装的清洁度，也可进行一次消毒，因为干洗剂四氯乙烯、四氯化碳等有很强的杀虫灭菌功效。晾晒时，衣服里子要朝外，放在通风阴凉处晾干，避免暴晒，待凉后再收藏。b. 毛料服装是高档服装，切不可乱堆乱放，以免造成褶皱，保护衣形尤为重要，特别是长毛绒服装更怕重压。因此在保管这类服装时，应在衣柜内用衣架悬挂存放或是放在箱内上面，避免变形走样。无悬挂条件的，要用布包好放在衣箱的上层。不论采用何种方式存放毛料服装，都要反面朝外，一是可以防止风化褪色，二是对防潮防虫蛀更为有利。c. 毛料服装具有很强的吸湿性，所以在阴雨季节，应经常将其通风晾晒（一般 3～4h，盛夏 1～2h），以防虫蛀和发霉变质。d. 毛料服装在梅雨季节晾干后最好放入塑料袋中，加入少量用纸包好的樟脑丸，扎紧袋口。在长期收藏时，也应在箱柜中放入防蛀剂，以确保服装的安全。e.存放毛织物时，都应去除灰尘，在避免大阳光直接照射的环境中晾干，晾透后分别包好，装入衣箱里，再在箱子的上下左右四角放入用纸包好的樟脑丸。f.毛料服装穿着要精心维护，如出现破损小洞要及时修补，以保持服装的整洁和高档品位。g.为防止虫蛀，可在收藏前喷洒些花椒水，用熨斗将服装熨平、晾干放在衣箱里；或用纱布包一些花椒置于衣箱中。h.平时经常穿用的毛料服装，悬挂或放置在衣柜中易虫蛀，应定期将衣柜清理、扫除，特别应清除蛀虫成虫，然后在衣柜角落放上一包花椒。另备许多小包萘粉、萘丸，置于换下来的毛料衣裤口袋里，用塑料衣套将衣裤套上再挂在衣柜架上，这样可更好地防止虫蛀。

　　② 毛针织服装的保养与收藏。羊绒衫、羊绒裤、羊毛衫裤、牦牛绒衫裤、马海毛裤以及兔毛衫等，都是保暖性良好的针织服装。这类服装穿着随体，线条流畅，舒适美观。但不要贴皮肤穿着，不宜与皮肤直接接触，以免受人体分泌物的污染。另外，由于毛纤维摩擦后易起球，所以羊毛衫、羊绒衫等在内穿时，与其配套的外衣里子应尽量光滑，不能太粗糙、坚硬，以免羊毛衫、羊绒衫局部摩擦起球。在外穿时，也应避免与硬物摩擦，在表面起球后切勿撕拉毛球，否则将会导致毛纤维越拉越多，最终产生破洞。遇到起球时可用小剪刀将毛球齐根部小心剪掉或用剃毛球器清理掉，或经过一段时间摩擦后自然脱落。特别需要指出的是，羊绒衫穿起来虽然舒适、优美与高雅，但穿着时间不宜过长，一般在穿着 10 天左右宜更换一次，让其"休息"，恢复弹力，以免纤维疲劳过度。在一般情况下，毛衫可以干洗，也可水洗，以干洗为最佳。在水洗之前一定要仔细检查衣物，看其是否有油污，若有油污时，应使用棉花蘸一点乙醚在上面轻擦。去掉油污后，将毛衫放到温度不超过 30℃并加有毛织物专用洗涤剂的水中，用手轻轻揉洗，脱水后将洗净的毛衫放在铺有毛巾的平台上，用手轻轻整理至原状。阴干或用蒸汽熨斗熨烫平整即可，千万不可悬挂暴晒；也可将专用洗涤剂放入 35℃的水中搅拌均匀，把羊绒衫放入浸泡 15～30min 后，在重点脏污处及领口、袖口用浓度高的洗涤剂，采用挤揉的方法洗涤，其余部位采用轻轻拍揉的方法洗涤。提花或多色羊绒衫不宜浸泡，不同颜色的羊绒衫也不宜一起洗涤。洗完用 30℃左右的清水漂洗干净后，可放入适量的配套柔顺剂，这样可使洗后的羊绒衫手感更好。然后将羊绒衫内的水分挤出，放入网兜内进行脱水，把脱水后的羊绒衫平铺在铺有毛巾被的桌子上，用尺子量到原尺寸，用手整理到原状后阴干。阴干后用 140℃左右的中等温度蒸汽熨斗熨烫平整，熨烫时熨斗与羊绒衫要离开 0.5～1cm 的距离。切忌将熨斗直接压在羊绒衫上面，如用其他熨斗熨烫，则必须垫湿毛巾。羊绒衫在收藏前也必须洗净晾干，叠好，平放在衣物袋中，均匀与其他类物同袋混装，不能悬挂，以免悬垂变形。白色羊绒衫要用白布或白纸包好之后再存放，以避免被异色物沾污。应避免使用塑料袋，因为塑料袋不透气，会导致绒线发霉或产生污迹。在装箱保存时，应将其放在箱内最上层，避免受到重压，以免失去松软保暖的性能。存放的空间应避光、通风、干燥，放入用

纸包好的防蛀剂，并严禁防蛀剂与羊绒衫直接接触。

126. 丝绸服装的保养与收藏

丝绸是一种高档消费品，服用性能优异，在穿着丝绸服装的同时，必须了解各种丝绸的性能和使用方法，无论在缝制、洗涤、熨烫、穿用、保存等方面都与产品的穿着寿命有相当密切的关系。

(1) 缝制 在裁剪成衣前，除了纯涤纶、纯锦纶织物以外，需要先下水预缩。缝制丝绸服装的缝针，宜用 9 号或 11 号车针，针距不宜太密，因丝的纤维纤细，如果车针太粗或针距太密，容易损伤丝纤维，故一般针距选用每厘米 4～5 针。

在用丝绸（包括纯真丝织物、人造丝和真丝交织物）缝制衣、裤时，其尺寸要比用其他材质的织物缝制尺寸适当放大一些。特别是夏天穿的丝绸衣裤，腰围、臀部、直裆、裤脚都宜大不宜小。缝制的衬衫袖笼更宜放大一点，以免在洗涤时造成裂缝或破损。

在缝制由涤纶、锦纶等合成纤维织制的丝绸衣料时，需用防缩的锦纶线或涤纶线缝制，而且缝纫机的速度宜稍慢些，针脚宜稀不宜密，缝边要适当加宽，所用的辅料（如领衬、袖衬等）需先下水预缩，以免成衣洗后影响外观。

在缝制容易散边的衣料（如由锦纶丝和人造丝交织的绸缎之类的提花织物）时，凡是裁过的毛边，都必须括浆熨平以后再缝制，特别是在开扣眼处更需注意，否则缝好后容易开裂，影响成衣质量。

对于香云纱和拷绸一类丝织物宜用手缝而不宜用缝纫机缝制，因为缝纫机的缝孔大，如果缝得过密，容易使缝口折裂，而且不宜用高温熨斗熨烫，否则会压杀织纹，影响质量，引起折裂。

在缝被子时，如使用的是真丝被面、线绨被面、软缎被面等各种丝织被面时，宜选用细缝针和粗丝线，缝合时，不能把被面拉紧，线脚也不宜太紧或过松。特别值得注意的是线绨被面，因为它是以人造丝为经丝、棉纱为纬丝，经纬粗细不均匀，如果把被面铺挺拉紧后缝合，则在使用过程中常会出现被面的经丝被缝拉断，形成破损。因此，在缝被子时，应靠被面边上缝，在被面的中间适当松一些，在被面两边横向各松进 6.7cm（2 寸）左右，这样可达到经久耐用的效果。

(2) 洗涤 见"丝绸服装的洗涤"。

(3) 穿用 由于丝绸具有轻薄滑爽、穿着舒适、透气性好等特点，广泛用于夏季服装，但丝纤维比较细，经不起过分的摩擦，因此在使用方法上应注意以下方面。

① 丝绸服装不宜贴皮肤穿着，这是因为人造丝织物湿强度只有干强度的一半，夏季服装吸汗过多，汗液内含有盐、尿素等成分，不及时漂洗干净，会损伤衣服，还会让衣服变色，甚至会变质破损。因此，不宜贴皮肤穿着丝绸衣服。同时，即使不是贴皮肤穿着，出汗后也应及时洗涤，不要将衣服汗水吹干不洗再穿，必须勤换勤洗。

② 不宜穿着用丝绸制作的衣裤在席子、藤床、木板上睡觉。因为丝纤维纤细，经不起过分摩擦，也不能连衣抓痒，否则易造成并丝（也称排丝或披丝）。

③ 不宜穿着由合纤丝织物（如涤棉绸、锦合绉、弹涤绸、特纶绉等）制作的服装睡觉，虽然这种服装的坚牢度不会出现问题，但容易引起严重压杀皱印，较难熨平，影响服装的外观。

④ 身体肥胖者，在夏季穿着的丝绸裤最好选购由人造丝或合纤丝面料（如无光纺、有光纺、富春纺、锦合绉、涤棉绸等）制作，而不宜由真丝或真丝与人造丝交织的面料制作，因为肥胖者夏季出汗较多，易损伤真丝织物面料，加之肥胖者在行走时，两腿相互摩擦织物，真丝纤维本身摩擦牢度较差，加之汗液对纤维的损伤，就会出现织物先泛白、后破损的情况。

(4) 保存 不同的丝绸服装有不同的收藏方法。真丝服装应收藏在干燥通风的地方，以免造

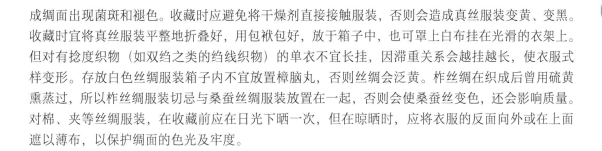

成绸面出现菌斑和褪色。收藏时应避免将干燥剂直接接触服装，否则会造成真丝服装变黄、变黑。收藏时宜将真丝服装平整地折叠好，用包袱包好，放于箱子中，也可罩上白布挂在光滑的衣架上。但对有捻度织物（如双绉之类的绉线织物）的单衣不宜长挂，因滞重关系会越挂越长，使衣服式样变形。存放白色丝绸服装箱子内不宜放置樟脑丸，否则丝绸会泛黄。柞丝绸在织成后曾用硫黄熏蒸过，所以柞丝绸服装切忌与桑蚕丝绸服装放置在一起，否则会使桑蚕丝变色，还会影响质量。对棉、夹等丝绸服装，在收藏前应在日光下晒一次，但在晾晒时，应将衣服的反面向外或在上面遮以薄布，以保护绸面的色光及牢度。

127. 化纤服装的保养与收藏

由涤纶、腈纶中长纤维织物所制成的服装，在收藏存放前要清洗干净，熨烫平整。否则，因收藏存放时间较长而使服装上的褶皱老化，最终难以熨平而影响穿用。

化纤织物的亲水性较差，但可以润湿。在湿度较大、温度较高的情况下，也有可能出现发霉的现象，所以在潮湿的季节特别是梅雨季节，要经常通风去潮。

化纤织物中的纤维都是一些有机合成的高分子化合物，不易被虫蛀。但是在一定的条件下，如衣箱、衣柜中已有蛀虫存在，或与已被虫蛀的织物存放在一起，蛀虫也可能会咬食化纤，所以就不能排除被蛀虫咬坏的可能性，因此在收藏化纤服装时也要放一些防蛀剂以防虫蛀。

（1）黏胶纤维织物服装的穿用与保养

黏胶纤维织物服装服用性能较好，但最大的缺点是缩水率高、湿强度低，因此在穿用与保养时要想避开这些缺点，必须注意以下几点。

① 成衣裁剪前需先下水预缩。黏胶纤维织物的缩水率一般在10%左右，在购买衣料时首先要考虑到它缩水率大，长度要增加10%左右，并应经预缩充分缩水后再裁剪，以避免成衣洗涤后变小不能穿，造成浪费。

② 缝制的方法。由于黏胶纤维织物中的纱线表面比较光滑，易在一些缝口的布边上脱线，或在留头上起毛，最终造成脱线开缝。为了防止这一现象的出现，应将缝头留宽些，或是采用包缝、来去缝等缝制方法。同时，缝纫机针不宜过粗，而且针脚宜稀一些，一般以每厘米4～5针为宜，以防止因针脚过密而沿针豁开的现象。缝线则宜采用丝线，若采用棉质蜡线，则在水洗以后，针脚处容易起皱而影响外观。

③ 科学的洗涤方法。黏胶纤维缩水率大，湿强度低。水洗时应随洗随浸，不可长时间浸泡。黏胶纤维织物服装遇水后会发硬，洗涤时应轻洗，不适宜用洗衣机洗涤，不能用搓板猛搓，更不可用棒槌捶打，应采取揉搓法洗涤，对严重沾污部分可进行刷洗。洗涤时，最好用碱性较小的合成洗衣粉（或洗涤剂）或中性肥皂，洗衣粉不宜放得过多。可用温水洗涤，洗涤液温度不能超过45℃，以不烫手为宜（30～40℃），切不可煮洗或用开水浸泡，洗后亦不能用力拧绞。因黏胶纤维耐日晒性能较差，日晒时间太长，容易氧化发脆，故黏胶纤维织物服装洗后不要放在太阳光下暴晒，而应把它晾在阴凉通风处，让其阴干。另外，黏胶纤维织物身骨较软，容易起皱，为了使其挺括一些，可以洗后上浆。上浆后的织物比较耐脏，而且有了污迹也容易洗去。

④ 熨烫要领。人造棉织物（包括黏胶短纤维织物、棉黏混纺织物及富强纤维织物）服装在熨烫前可以喷上水，使含水量控制在10%～15%。可在织物的反面熨烫，温度应控制在160～180℃。熨烫时用力要适当，不宜过重。在熨烫较厚或深色的人造棉织物服装正面时，要用湿熨法熨烫，才可避免产生极光并达到布面平挺。人造丝织物（包括富春纺、美丽绸等）服装在熨烫前必须喷

上水或洒上水，待水滴匀开后再进行熨烫，含水量控制在 15%～20%。熨斗可以直接熨烫服装的反面，温度宜控制在 165～185℃。人造毛织物（包括哔叽、华达呢等）服装宜采用湿熨法。熨斗在湿布上的温度宜控制在 200～220℃。熨烫时，熨斗应不停地移动，不宜固定在一处并压得过重，以免出现极光。然后把熨斗温度降低到 160～180℃，直接在织物的反面将衣料熨干。

⑤ 妥善存放。黏胶纤维织物虽有一定的防蛀和防霉性能，但不如合成纤维织物，而且黏胶纤维织物通常是经过上浆处理的，所以要妥善存放。如果存放的温度和湿度都很高，或者衣物上带有污垢，则易发霉和招致虫蛀。

(2) 涤纶织物服装的穿用与保养　涤纶的特点是强度高、弹性好、耐热性好、吸水率低、易洗快干等，其织物服装在穿用与保养时应注意以下几点。

① 缝制。采用涤纶织物制作服装时，其衬布必须先下水预缩，缝线需采用涤纶线或丝线，否则成衣后经洗涤因缩水率不同而影响服装的平整，或因缝线缩水而引起缝道起皱。

② 洗涤。涤纶织物服装洗涤时应先用冷水或温水浸泡 15min，切勿用沸水冲泡。可用一般合成洗涤剂洗涤，洗涤液温度不宜超过 45℃。领口、袖口较脏处可用毛刷刷洗。洗后需漂洗干净，可轻轻拧绞，挂在阴凉通风处晾干，不可暴晒，不宜烘干，以免因热生皱。

③ 熨烫。熨烫纯涤纶织物（如机织弹力呢、针织弹力呢等）服装时要用湿熨法，湿布含水量控制在 70%～80%。熨斗在湿布上的温度掌握在 190～210℃。然后把熨斗温度降低至 150～170℃，在反面直接把衣料熨干、熨挺。对特丽纶、涤纶绸和涤纶绉等织物服装，在熨烫前要喷水，含水量控制在 10%～20%，熨斗可直接在反面熨烫，熨斗温度宜掌握在 150～170℃。涤棉混纺织物（如涤棉府绸、卡其等）服装在熨烫前要喷水，含水量控制在 15%～20%，熨斗温度掌握在 150～170℃。正面熨烫衣料厚处时，应盖上干布或湿布，此时的熨斗温度可适当高些，掌握在 180～200℃。涤黏混纺织物（如花呢、凡立丁等）服装宜采用湿熨法，熨烫温度控制在 200～220℃。然后把熨斗温度降低至 150～170℃，直接从反面把衣料熨干、熨挺。涤毛混纺织物（如派力司、花呢等）服装宜用湿熨法，熨斗在湿布上的熨烫温度为 200～220℃。然后把熨斗的温度降低到 150～170℃，再从反面直接把衣料熨干、熨挺。最后把温度升至 180～200℃，垫干布熨烫，以修正衣服正面较厚的部位。涤纶长丝交织物（如涤丝绸、涤棉绵绸等）服装在熨烫前要喷水，含水量控制在 15%～20%。熨斗可从反面直接熨烫，温度掌握在 140～160℃。对浅色或白色织物服装，可用熨斗在正面轻轻地直接熨烫；对深色织物服装，在正面熨烫时要盖上干布，以免出现极光。

④ 保存。纯涤纶织物服装不怕虫蛀，混纺织物服装特别是与羊毛混纺织物服装存放时应放入适量用纸包好的樟脑丸，以防虫蛀。

(3) 锦纶织物服装的穿用与保养　锦纶是合成纤维中的一个重要品种，强度高，耐磨性好，但吸湿性差，在穿用和保养锦纶织物服装时应注意以下几点。

① 成衣裁剪前需先下水，使衣料先预缩，避免成衣后变形。

② 洗涤方法。将衣物先在冷水中浸泡 15min，然后用一般洗涤剂洗涤（一般洗衣皂和洗衣液均可使用），洗涤液温度不宜超过 45℃。由于这类织物的污垢容易洗除，只需轻搓即可，用力过大易使织物表面起毛、起球。对领口、袖口较脏处可用毛刷轻轻刷洗。洗干净的衣物要轻轻拧绞，然后晾在通风处阴干，不可在日光下暴晒。

③ 熨烫的方法。丝厚型锦纶织物（如头巾绉、印花锦纹绉等）服装在熨烫前要喷水或洒水，含水量控制在 15%～20%，熨斗温度掌握在 125～145℃，用熨斗从织物反面直接熨烫。对浅色服装，也可在其正面轻轻地直接熨烫，但要避免出现极光。毛厚型锦纶织物服装宜用湿熨法，湿布的含水量控制在 80%～90%，熨斗在湿布上的温度掌握在 190～220℃。熨烫时将湿布熨到含水量为 10%～20%即可。湿布不宜过干，以免出现极光。然后把熨斗的温度降低至 120～140℃，从反

面直接把衣料熨干、熨挺。熨烫时，用力要适中，不要太重，以免出现极光。

④ 存放保养。锦纶织物不怕虫蛀，存放时不需要放置樟脑丸，但毛锦混纺织物因含有毛纤维，存放时需放樟脑丸，并需用纸包好。

(4) 腈纶织物服装的穿用与保养　腈纶具有许多优异的性能，用途十分广泛。短纤维具有蓬松、卷曲、柔软等特点，与羊毛类似。腈纶织物服装在穿用与保养时应注意以下几点。

① 洗涤。洗涤时宜先在温水中浸泡 15min，然后用低碱洗涤剂洗涤（宜用皂液或洗衣粉溶液），洗时要轻揉、轻搓。厚织物可用软毛刷轻轻洗刷，最后脱水或轻轻拧去水分。纯腈纶织物可在太阳光下晾晒，腈纶混纺织物应放在阴凉处晾干。

② 熨烫。腈纶织物（如腈黏凡立丁、腈黏花呢等）宜采用湿熨法，湿布的含水量控制在 65%～75%，熨斗的温度掌握在 180～200℃。熨完正面后，把熨斗温度降低至 110～130℃，直接在反面把衣料熨干。在熨烫时要注意熨斗移动速度不能太慢，因为有些阳离子染料遇到高温时会升华而脱离织物，导致织物表面部分颜色变浅而影响美观。

③ 保存。腈纶织物不怕虫蛀，但腈纶混纺织物尤其是与羊毛混纺织物存放时，必须放入用纸包好的樟脑丸。

(5) 维纶织物服装的穿用与保养　维纶有合成棉花之称，吸湿性好，强力高，但弹性差，易折易皱，维纶织物服装在穿用和保养时应注意以下几点。

① 缝制。在成衣裁剪前应先下水预缩。

② 洗涤。洗涤时宜先用室温水浸泡一下，然后在室温下进行洗涤。洗涤剂采用一般洗衣粉即可，切忌用热开水浸泡洗涤，以免耐热性差的维纶在温度高的水中收缩，致使织物变硬和变形。洗涤时不宜用力揉搓，以产生更多的"小球"，影响外观。洗后轻轻拧绞，挂在阴凉通风处晾干，避免在太阳光下暴晒。

③ 熨烫。维纶织物（如卡其、华达呢等）服装在穿用中的保养方法，与锦纶、涤纶等合成纤维服装相似。只是维纶织物的弹性差，用维纶纯纺或混纺织物缝制的衣服，洗涤后常需要熨烫。熨烫前不需喷水而宜采用干熨，且熨斗的温度不宜太高，并且需垫一层干布，熨斗要勤移动。这是因为维纶在干燥状态下，200℃开始收缩，220～230℃开始软化，其耐热性在合成纤维中属于较高的。但在潮湿状态下，软化点仅为 110℃，遇到高温就会收缩直至熔融，而且在湿热条件下收缩很大，熨斗温度应控制在 125～145℃，可以垫干布将衣服熨烫平挺。

④ 保存。维纶织物服装穿后应洗干净，晒干后存放，以免受潮发霉变质。该类服装不怕虫蛀，存放时不用放樟脑丸。

128. 兔毛制品服装穿用时应注意什么?

由于兔毛表面光滑、卷曲少，抱合力差，容易起球掉毛，纤维表面包覆的鳞片在湿态下会张开，特别是在有表面活性剂时，经过搓洗容易毡缩。因此，兔毛制品服装特别是高档兔毛制品服装的穿用、保养应注意以下几点。

① 不宜在人群拥挤及尘埃较多的场合穿用，互相挤轧会扰乱毛绒，甚至会起球、掉毛、弄脏。作内衣穿用的兔毛制品宜选择以长兔毛为原料的精梳产品或纱支较细、捻度较大、组织较紧密、表面无绒毛或绒毛少而短的织物。

② 兔毛制品服装不宜长时间连续穿用，毛料呢绒服装也是如此，应轮换交替穿用，使其有消除疲劳的时间而不致产生严重变形。

③ 穿后不能乱堆乱放，应叠好或平摊过夜。存放时最好单件装盒，不能受压，可用较宽的衣架挂起，但应避免长时间吊在衣钩上。衣袋内不宜放重物，以防衣服变形。

④ 不宜多洗，每次外出回家后应及时拍除或吸去灰尘，如有污渍，要及时清除，受潮后要用吹风机吹干，并注意吹风时温度不宜过高。

⑤ 洗涤时宜将中性洗涤剂用 30℃左右的清水按说明配制成适当浓度的溶液，待洗涤剂完全溶解后，将兔毛制品服装小心放入，用手轻轻按压使之尽快浸湿，静止浸渍 5～10min，如脏污严重，可适当延长时间，但不宜超过 30min。

⑥ 洗涤时宜用手小心按压被洗物的各部分，在洗涤剂的作用下使脏污剥离纤维表面。千万不能用力搓揉摩擦，否则易造成衣服的毡缩变形。对于领口、袖口和下摆等处脏污较重的部位，可用手小心轻揉或用浓度较高的中性洗液局部处理，但应掌握适度。

⑦ 洗后的衣物应轻轻提离液面，不宜用力拧绞，而应用手挤压，最好用脱水机充分脱去污液，以减少漂洗的次数。漂洗时，宜在 40℃左右的温水中至少漂洗两次，采用上述同样的方法，挤出水。在最后一次漂洗时，可加少许白醋，以增加纤维表面的光泽，提高衣物的鲜艳度。

⑧ 漂洗脱水后的衣物，应平摊晾干，不可直接在日光下曝晒，因为在湿态时，某些染料容易褪色，纤维也易受损伤。也可隔一层白布再晒。兔毛衫在晒干前宜用梳子把露出织物的毛头轻轻理顺，这有助于恢复织物原有的风貌。

⑨ 晾干后的衣物可用蒸汽熨斗熨烫，温度不宜超过 120℃，也可在衣物上垫一块湿布用普通熨斗熨烫。

⑩ 熨烫好的衣物，如马上穿用可暂时用宽衣架悬挂；要存放的衣物待放凉后叠好，放置在大小合适的盒中。

⑪ 兔毛容易受到虫蛀和霉变，存放前要晾干并放入防蛀药物。

129. 如何保养和收藏羊毛衫?

要羊毛衫保持不变形、不起球、不变硬、不虫蛀，采用科学的方法进行保养显得十分重要。为了使穿着时间久了的羊毛衫不缩短变硬，可以用一块干净的白布把它裹卷起来，放在蒸笼里蒸 10min，取出后稍用力抖动一下，可将板结的纤维抖松，然后小心地把羊毛衫拉成原来的样子和大小，再平放在薄板或筛背上，晾在通风的地方将其阴干，干后就能恢复原状。羊毛衫经过多次的洗涤，会逐渐失去原来的光泽，洗涤后用清水漂洗几次后，再在清水中加几滴醋继续漂一漂，使酸碱达到中和，这样会使羊毛衫恢复原有的光泽。由于羊毛具有卷曲波形的特性，加之羊毛衫的结构疏松，在穿着过程中所经受的摩擦越大越多，则其起球现象越严重。目前常用的防起球整理工艺主要有轻度缩绒法和树脂整理法两种，后者比前者效果更好些。

羊毛衫在存放过程中，常会发生虫蛀的现象，因此，羊毛衫洗涤晾干后准备收藏时，应在羊毛衫中放几颗用布或纸包裹的樟脑丸，这样可防止虫蛀。在收藏的羊毛衫上不能压重物。

130. 如何保养和收藏棉袄?

棉袄是一种在严寒的冬季穿用的具有很强保暖作用的上衣，它由三层组成：最外一层叫面，主要用一些较厚的颜色鲜艳或有花纹的布料；中间一层是具有很强保暖作用的棉花或是喷胶棉、丝绵、太空棉；最里一层叫里，一般是用比较轻薄的布料。还有一种棉袄是把面和夹有棉花的保暖层分开制作的，这种棉袄是由四层组成的，穿的时候只要把保暖层套在里子里就行了，它们用拉链或扣子相连接。

棉袄的保养收藏需要注意以下几点。

① 如果棉袄没有明显的脏污或是新棉袄，不需要清洗，使用透气的布包好或装入整理袋内，并放入 1~2 颗樟脑丸（球）以防虫蛀，然后存放在通风干燥的衣柜内即可，但应注意上面不要压重物。

② 夏秋季节雨水多，在雨水过后，最好把收藏的棉袄拿出来晾一晾，防止霉变；如果发现有霉点，可用棉球蘸酒精擦拭，然后用干净的湿毛巾擦拭干净，待晾透后再妥善收藏。切忌直接放在阳光下暴晒，否则面料有可能褪色，新棉袄变成旧棉袄了。

③ 将收藏好的棉袄取出穿用前，应用小棍儿或手轻轻拍打，使其恢复蓬松状态。

④ 在收藏时，切忌将棉袄放入压缩袋收藏，因为长时间的压缩会使保温层失去弹性，而使保暖性能大大地降低。

⑤ 如果棉袄长时期不穿用时，每年应该整理一次，拿出来让其完全舒展并风干。

131. 如何保养和收藏裘皮服装？

裘皮是由带毛被的动物皮经鞣制加工而成的，由皮板和毛被组成。毛被由绒毛、针毛和粗毛三种体毛组成。其中绒毛生长数量多，短小而细密，主要起保持体温的作用；而针毛生长数量少，较粗长且有光泽感，可形成不同的花纹效果，其质量如何直接影响到裘皮的外观和耐用性；粗毛的数量和长度介于针毛和绒毛之间，其上半段像针毛，下半段像绒毛，其作用与针毛相同。裘皮的特点是柔软光亮，手感极好，吸湿性与透气性优良，保暖性好，服用性能优越。除了天然裘皮外，还有人造裘皮，它是由针织或机织的方法加工的，在织造时加入一些纤维束，使其在表面形成毛被一样的效果。

裘皮服装是指采用柔软的带毛哺乳动物皮制成的服装。毛面向外的称为裘皮服装；毛面向里的称为毛皮服装。裘皮服装是冬季御寒的高级服装，因此，在穿着时要防止雨雪淋湿，不要把皮板弄湿。在冬季过后要及时保养收藏，不可在外边久挂，以免受到污染。在收藏存放时必须保持干燥，切勿变潮受热。受潮后会出现反硝现象，导致皮板变硬发脆，而且还容易被细菌侵蚀而掉毛或遭虫蛀；高温则会使幼嫩的毛绒卷曲或灼坏，不仅会掉毛，而且高温还会给蛀虫创造繁殖的条件，也会导致裘皮的损坏。因此，为了保养好娇气的裘皮服装，收藏前要将裘皮的毛朝外在日光下晒 2~3h，这不仅可使毛皮干透，而且还能起到杀菌消毒的作用。然后清除裘皮上的灰尘，在通风处晾凉后折叠存放，并在夹层中放入用白纸包好的樟脑丸，再用布将其包紧后放入箱柜内，包布既可防尘，又能起到一定的防潮作用。在收藏存放时，还要注意保护好毛峰，切忌在上面放置其他服装，以免挤压。对于一些名贵的高级裘皮服装最好用衣架挂起来存放，在外面再罩上一层布，并与其他服装隔离单独保管，这样可防止沾染污垢或被虫、菌损害。如果裘皮服装是采用活里的，则应卸开里与面分开存放。

在收藏过程中，对羊皮、兔皮等粗毛裘皮服装，在夏季中要把裘皮服装取出放在日光下晒 3~4h，待晾凉后清除掉灰尘，放入防蛀剂并用布包好后放回箱柜。对紫貂皮、豹皮、黄鼠狼皮、狐皮以及灰鼠皮等细毛皮的裘皮服装，因毛细娇嫩，不宜直接放在日光下暴晒，而应放在阴凉通风处晾晒，或是在毛皮上覆盖一层布在日光下晒 1~2h，同样，待晾凉后去除灰尘，放入樟脑丸等防蛀剂后，再用布包紧后放回箱柜中。对于染色毛皮裘皮服装，则不宜暴晒，以防止褪色。注意在收藏时不可以将裘皮服装放入塑料袋内并放进一些防潮剂、防蛀剂。最好放在冷藏室中保存，也可达到专门保管裘皮服装的店里代保管。在收藏的裘皮服装取出后准备穿着时，可能会起皱，可垫上布进行低温熨烫，毛被可以喷些水，再用刷子把毛刷顺，干后便会恢复原状。

附　录

一、化学纤维名称对照

化学纤维名称对照见附表1。

附表1　化学纤维名称对照

国家统一命名			学术名称	市场上曾出现过的名称
短纤维		长丝		
人造纤维	黏胶纤维	黏胶纤维长丝	黏胶纤维	黏胶
人造纤维	铜氨纤维	铜氨纤维长丝	铜氨纤维	铜氨
人造纤维	醋酯纤维	醋酯纤维长丝	醋酯纤维	醋酯、醋酸纤维
人造纤维	三醋酯纤维	三醋酯纤维长丝	三醋酯纤维	三醋酯
人造纤维	富强纤维	富强纤维长丝	高湿模量黏胶纤维	波里诺西克纤维、虎木棉、富强纤维、天丝、莫代尔
合成纤维	聚酰胺66纤维	聚酰胺66丝	聚酰胺纤维	尼龙66
合成纤维	聚酰胺6纤维	聚酰胺6丝	聚己内酰胺纤维	尼龙66、卡普隆
合成纤维	涤纶	涤纶丝或涤丝	聚对苯二甲酸乙二酯纤维	涤纶、的确良、聚酯
合成纤维	维纶	维纶丝或维丝	聚乙烯醇缩甲醛纤维	维尼纶、妙纶
合成纤维	腈纶	腈纶丝或腈丝	聚丙烯腈纤维	奥纶、爱克司兰、开司米纶

续表

国家统一命名			学术名称	市场上曾出现过的名称
	短纤维	长丝		
合成纤维	氯纶	氯纶丝或氯丝	聚氯乙烯纤维	氯纶、天美龙
	偏氯纶	偏氯纶丝或偏氯丝	聚偏二氯乙烯纤维	沙龙、克瑞哈龙
	过氯纶	过氯纶丝或过氯丝	过氯乙烯纤维	过氯乙烯
	乙纶	乙纶丝或乙丝	聚乙烯纤维	聚乙烯
	丙纶	丙纶丝或丙丝	聚丙烯纤维	聚丙烯
	氨纶	氨纶丝或氨丝	聚氨基甲酸酯纤维	聚氨酯纤维、斯潘德克斯、乌利纶

二、常用纺织专业计量单位及其换算

常用纺织专业计量单位及其换算见附表2。

附表2　常用纺织专业计量单位及其换算

名称	原用单位		法定计量单位		换算关系
	名称	中文简称	名称	符号	
纯棉纱细度	英制支数 号数	英支 号	特（克斯） 特（克斯）	tex tex	特克斯（tex）数 $=\frac{583.1}{英制支数}$
毛纱、麻纱细度	公制支数	公支	特（克斯）	tex	特克斯（tex）数 $=\frac{1000}{公制支数}$
丝纤维	旦尼尔	旦	特（克斯） 分特（克斯）	tex dtex	特克斯(tex)数≈0.11×旦尼尔 1tex=10dtex
	公制支数	公支	特（克斯）	tex	特克斯（tex）数 $=\frac{1000}{公制支数}$
棉纤维细度、麻工艺纤维支数	公制支数	公支	特（克斯） 分特（克斯）	tex dtex	特克斯（tex）数 $=\frac{1000}{公制支数}$
羊毛细度	平均直径	微米	微米	μm	特克斯（tex）数 $=\frac{1000}{公制支数}$
	公制支数 品质支数	公支 支	特（克斯）	tex	
捻度	每米捻数 每10cm捻数	捻/米 捻/10cm	捻/米 捻/10cm	捻/m 捻/10cm	
经纬密度	每10cm根数	根/10cm	根/10cm	根/10cm	
单纤维、单纱强力	克、克力	牛（顿） 厘牛（顿）	牛 厘牛	N cN	1gf≈0.0098N≈0.98cN

三、常见服用织物的感官鉴别

常见服用织物的感官鉴别见附表3。

附表3　常见服用织物的感官鉴别

织物类别		手感目测（看、摸、捏、听）特征
棉型织物	纯棉织物	光泽较暗（如果是丝光产品则光泽亮），手感柔软有温暖感，但不光滑，弹性较差，容易产生褶皱；用手捏紧布料后再松开，可见明显折痕；从布边抽出几根纱解捻后观察，纱中纤维细而柔软、长短不一；比蚕丝重，垂感差
	涤/棉织物	光泽明亮，色泽淡雅，布面平整洁净，手摸布面有滑、挺、爽的感觉；用手捏布面能感觉出一定的弹性，放松后折痕不明显且恢复较快
	黏/棉织物	布面光泽柔和，色彩鲜艳，用手摸布面平滑光洁，触感柔软，但捏紧放松后的布面有明显折痕，不易恢复
	维/棉织物	布面光泽不如纯棉布，色泽较暗，手感较粗糙，有不匀感，捏紧布料放松后的折痕情况介于涤/棉和黏/棉织物之间
	丙/棉织物	外观类似涤/棉织物的风格，挺括，弹性好，但手摸感觉稍粗糙，弹性稍差
麻型织物	纯麻织物	具有天然麻纤维的淳朴、自然柔和的光泽，手感较棉粗硬，但具有挺括、凉爽的感觉；其纱线或纤维强力较大，湿强力更高；用手捏紧布料后再松开，折痕多，恢复慢，比蚕丝重，垂感差
	涤麻织物	布面纹路清晰，光泽较亮，手感较柔软，手捏布面放松后不易产生折痕
	棉麻织物	外观风格介于纯麻与纯棉织物之间，手感不硬不软
	毛麻织物	布面清晰明亮，弹性好，手捏紧放松后不易产生折痕
毛型织物	纯毛织物	布面平整、丰满、色泽柔和自然，手感柔软有弹性，用手捏紧布面后再松开，几乎无折痕，即使有折痕也能较快恢复原状；织物垂感较好；从织物中拆出纱线观察，其纤维较棉粗、长，有天然的弯曲、卷曲
	毛/黏织物	布面光泽较暗，手感柔软身骨差，捏紧布面后松开有折痕，可以慢慢恢复（黏胶纤维比例大时折痕明显不易恢复）
	毛/涤织物	布面光泽较明亮，织纹清晰。手感平整、光滑、稍有硬极感，弹性很好，手捏紧布面后再松开，几乎无折痕或少量折痕，迅速恢复原状
	毛/腈织物	具有毛型感强、色彩鲜艳的特点，手感蓬松，富有弹性，手捏紧布面后再松开，折痕少，恢复快
	毛/棉织物	布面平整、但毛型感差，外观似蜡样光泽，手感硬挺不柔软，用手捏紧布料后松开有一定折痕，可慢慢恢复
丝型织物	蚕丝织物	绸面平整细洁，色泽柔和、均匀、自然，悦目不刺眼，外观悬垂飘逸，手感柔软光滑，有身骨；用手捏紧绸面后再放松，无折痕产生或轻微折痕，恢复较纯毛织物慢，纤维细而长，长度在1000m左右
	黏胶丝织物	绸面光泽明亮、耀眼，但不如蚕丝柔和，手感滑爽柔软，悬垂性好，但不及真丝绸挺括、飘逸，用手捏绸面后有折痕，且恢复较慢。从纱中抽出的纤维沾湿后，很容易拉断（湿强大大低于干强）
	涤长丝织物	绸面光泽明亮，有闪光效应，手感滑爽、平挺而不柔和，用手捏紧绸面后再松开，无明显折痕；垂感较好；纱中纤维沾湿后，强力无变化，不易拉断
	锦纶丝织物	绸面光泽较暗，有蜡样光泽，色彩亦不鲜艳，手感较硬挺，身骨疲软，用手捏紧绸面后再松开出现折痕较轻，但能缓慢恢复；垂感一般；纱中纤维沾湿后，可见明显强力变化（湿强低于干强）

四、服用纤维的鉴别

用光学显微镜鉴别服用纤维见附表4。

附表4　主要服用纤维在光学显微镜下的形态特征

纤维种类	纵向形态特征	横截面形态特征
棉	扁平带状，有天然转曲	腰圆形，有中腔
丝光棉	顺直，粗细有差异	接近圆形
彩色棉	扁平带状，有天然转曲、颜色深浅不一致	不规则的腰圆形带有中腔
苎麻	有竹节，带有束状条纹，粗细有差异	腰圆形或椭圆形，有中腔和裂纹
亚麻	长带状，无转曲，有横节，竖纹，粗细较均匀	不规则三角形，中腔较小，胸壁有裂纹
大麻（汉麻）	有竹节，带有束状条纹，粗细有差异	扁平长形，有中腔
黄麻	长带状，无转曲，有横节，竖纹	不规则多边形，中腔较大
竹原纤维	有外突形竹节，有束状条纹，粗细有差异	扁平长形，有中腔，胞壁均匀
羊毛	细长柱状，有自然卷曲，表面有鳞片	圆形或近似圆形，有些有毛髓
山羊绒	鳞片边缘光滑，且紧贴毛干，环状覆盖，间距较大	圆形或近似圆形
牦牛绒	有鳞片，纤维顺直，鳞片边缘光滑	接近圆形
驼绒	有鳞片，纤维顺直，粗细差异大，鳞片边缘光滑	接近圆形或椭圆形
马海毛	表面鳞片平且紧贴毛干，很少重叠，卷曲少，触片边缘光滑	大多为圆形，且圆整度高
兔毛	表面有鳞片，鳞片边缘明显，卷曲少，有断开的髓腔，如同电影胶片一样	哑铃形，髓腔有单列和多列
羊驼毛	有鳞片，纤维顺直，粗细差异大，鳞片边缘光滑，有通体髓腔	接近圆形，且圆整度高
桑蚕丝	平直光滑	不规则三角形
柞蚕丝	平直光滑	不规则三角形，比桑蚕丝扁平，有大小不等的毛细孔
黏胶纤维	有平直沟槽	锯齿形，皮芯结构
富强纤维	平直光滑	圆形或较少为齿形，几乎全芯层
天丝	表面光滑，较细，粗细一致纤维顺直	多为圆形
莫代尔纤维	粗细一致，纤维顺直，表面带有斑点	圆形
大豆蛋白纤维	有不规则裂纹，纤维顺直，粗细一致	哑铃形
牛奶蛋白纤维	有较线的条纹，纤维顺直，粗细一致	圆形或腰圆形
铜氨纤维	表面光滑，较细，粗细一致，纤维顺直	圆形
醋酯纤维	有1～2根沟槽	不规则带形或腰子形
维纶	有较浅且均匀的条纹，纤维顺直，粗细一致	多为一致
涤纶	平直光滑	圆形
锦纶	平直光滑	圆形
腈纶	平滑或1～2根沟槽	圆形或哑铃形
改性腈纶	长形条纹	不规则哑铃形、蚕形、土豆形等

纤维种类	纵向形态特征	横截面形态特征
乙纶	表面平滑，有的带有疤痕	圆形或接近圆形
丙纶	平直光滑	圆形
氨纶	较粗且粗细一致，纤维光滑	不规则的形状，有圆形、土豆形
氯纶	平滑或1～2根沟槽	近似圆形
芳纶	纤维光滑顺直，粗细一致，较细	圆形
聚四氟乙烯纤维	表面光滑	圆形或近似圆形
聚砜酰胺纤维	表面似树枝状	似土豆状
碳纤维	黑而匀的长杆状	不规则的炭末状
甲壳素纤维	表面有不规则微孔	近似圆形

用燃烧法鉴别服用纤维见附表5。

附表5　部分纤维的燃烧状态

纤维名称	燃烧性	燃烧状态			燃烧时的气味	灰烬残留物特征
		接近火焰时	在火焰中时	离开火焰时		
棉、木棉纤维	易燃	软化、不熔、不缩	立即快速燃烧、不熔融	继续迅速燃烧	燃纸臭味	灰烬很少，呈细而柔软灰黑絮状
麻纤维	易燃	软化、不熔、不缩	立即快速燃烧、不熔融	继续迅速燃烧	燃纸臭味	灰烬少，灰粉末状，呈灰色或灰白色絮状
竹原纤维	易燃	软化、不熔、不缩	立即快速燃烧、不熔融	继续迅速燃烧	燃纸臭味	灰烬少，灰粉末状，呈灰色或灰白色絮状
毛纤维	可燃	熔并卷曲，软化收缩	一边徐徐冒烟，一边微熔、卷缩、燃烧	燃烧缓慢，有时自灭	烧毛发臭味	灰烬多，呈松脆而有光泽的黑色块状，一压就碎
黏胶纤维	易燃	软化、不熔、不缩	快速燃烧、不熔融	继续迅速燃烧	燃纸臭味	灰烬少，呈浅灰色或灰白色
醋酯纤维、三醋酯纤维	可燃	软化、不熔、不缩	熔融燃烧，燃烧速度快，并产生火花	边熔边燃	乙酸味	灰烬有光泽，呈硬而脆不规则黑块，可用手指压即碎
铜氨纤维	易燃	软化、不熔、不缩	立即快速燃烧、不熔融	继续迅速燃烧	燃纸臭味	灰烬少，呈灰白色
天丝纤维	易燃	软化、不熔、不缩	不熔融、迅速燃烧	继续迅速燃烧	燃纸臭味	灰烬少，呈浅灰色或灰白色
莫代尔纤维	易燃	软化、不熔、不缩	立即燃烧、不熔融	继续迅速燃烧	燃纸臭味	灰烬少，呈浅灰色或灰白色
大豆蛋白纤维	可燃	软化、熔并卷曲	熔融燃烧	继续燃烧	烧毛发的臭味	灰烬呈松而脆硬块，用手指可压碎

纤维名称	燃烧性	燃烧状态			燃烧时的气味	灰烬残留物特征
		接近火焰时	在火焰中时	离开火焰时		
涤纶	可燃	软化、熔融卷缩	熔融，缓慢速度燃烧，有黄色火焰，焰边呈蓝色，焰顶冒黑烟	继续燃烧，有时停止燃烧而自灭	略带芳香味或甜味	灰烬呈硬而黑的圆球状，用手指不易压碎
锦纶	可燃	软化收缩	卷缩，熔融，燃烧速度缓慢，产生小气泡，火焰很小，呈蓝色	停止燃烧而自熄	氨基味或芹菜味	灰烬呈浅褐色透明圆珠状，坚硬不易压碎
腈纶	易燃	软化收缩，微熔发焦	边软化熔融，边燃烧，燃烧速度快，火焰呈白色，明亮有力，有时略冒黑烟	继续燃烧，但燃烧速度缓慢	类似烧煤焦油的鱼腥（辛辣）味	灰烬呈脆性不规则的黑褐色块状或球状，用手指易压碎
维纶	可燃	软化并迅速收缩，颜色由白色变黄到褐色	迅速收缩，缓慢速度燃烧，火焰很小，无烟，当纤维大量熔融时，产生较大的深黄色火焰，有小气泡	继续燃烧，缓慢地停燃，有时会熄灭	带有电石气的刺鼻臭味	灰烬呈松而脆的不规则黑灰色硬块，用手指可压碎
丙纶	可燃	软化、卷缩、缓慢熔融成蜡状物	熔融，燃烧速度缓慢，冒黑色浓烟，有胶状熔融物滴落	能继续燃烧，有时会熄灭	有类似烧石蜡的气味	灰烬呈不定型硬块状，略透明，似蜡状颜色，不易压碎
氯纶	难燃	软化、收缩	一边熔融，一边燃烧，燃烧困难，冒黑浓烟	立即熄灭，不能延燃	有刺激的氯气味	灰烬呈不定型的黑褐色硬球块，不易压碎
氨纶	难燃	先膨胀成圆形，而后收缩熔融	熔融燃烧，但燃烧速度缓慢，火焰呈黄色或蓝色	边熔融边燃烧，缓慢地自然熄灭	特殊的刺激性石蜡味	灰烬呈白色橡胶块状
乙纶	可燃	软化、收缩	边熔融，边燃烧，燃烧速度缓慢，冒黑色浓烟，有胶状熔融物滴落	能继续燃烧，有时会自熄	类似烧石蜡的气味	灰烬呈鲜艳的黄褐色不定型硬块状，不易压碎
聚四氟乙烯纤维	难燃	软化、熔融、不收缩	熔融能燃烧	立即熄灭	有刺激性氟化氢气味	—
聚偏氯乙烯纤维	难燃	软化、熔融、不收缩	熔融燃烧冒烟，燃烧速度缓慢	立即熄灭	有刺鼻辛辣药味	灰烬呈黑色不规则硬球状，不易压碎
聚烯烃纤维	可燃	熔融收缩	熔融燃烧，燃烧速度缓慢	继续燃烧，有时会自熄	有类似烧石蜡气味	灰烬呈灰白色不定型蜡片状，不易压碎
聚苯乙烯纤维	可燃	熔融收缩	熔融、收缩、燃烧，但燃烧速度缓慢	继续燃烧，冒浓黑烟	略带芳香味	灰烬呈黑色而硬的小球状，不易压碎
芳砜纶（聚砜酰胺纤维）	难燃	不熔不缩	卷曲燃烧，燃烧速度缓慢	自熄	带有浆料味	灰烬呈不规则硬而脆的粒状，可压碎
酚醛纤维	不燃	不熔不缩	像烧铁丝一样发红	不燃烧	稍有刺激性焦味	灰烬呈黑色絮状，可压碎
碳纤维	不燃	不熔不缩	像烧铁丝一样发红	不燃烧	略有辛辣味	呈原来纤维束状

五、各种衣料的缩水率

各种类衣料的缩水率见附表 6～附表 11。

附表 6　印染棉布衣料的缩水率参考

印染棉布品种		最大缩水率/%	
		经向	纬向
丝光布	平布（粗支、中支、细支）	3.5	3.5
	斜纹、哔叽、贡呢	4	3
	府绸	4.5	2
	纱卡其、纱华达呢	5	2
	线卡其、线华达呢	5.5	2
本光布	平布（粗支、中支、细支）	6	2.5
	纱卡其、纱华达呢、纱斜纹	6.5	2

附表 7　色织布的缩水率参考

色织棉布品种	最大缩水率/%	
	经向	纬向
男女线呢	8	8
条格府绸	5	2
被单布	9	5
劳动布（预缩）	5	5
二六元贡（礼服呢）	11	5

附表 8　毛织物的缩水率参考

毛织物品种			最大缩水率/%	
			经向	纬向
精纺毛织物	纯毛或羊毛含量在 70%以上		3.5	3
	一般毛织品		4	3.5
粗纺毛织物	呢面或紧密的露纹织物	羊毛含量在 60%以上	3.5	3.5
		羊毛含量在 60%以下及交织物	4	4
	绒面织物	羊毛含量在 60%以上	4.5	4.5
		羊毛含量在 60%以下	5	5
	织物组织比较稀松的织物		5 以上	5 以上

附表 9　丝织物的缩水率参考

丝织物品种	最大缩水率/%	
	经向	纬向
桑蚕丝织物（真丝绸）	5	2
桑蚕丝与其他纤维交织物	5	3
绉线织物和绞纱织物	10	3

附表 10　麻织物的缩水率参考（印染涤麻布、亚麻布可参照印染棉布缩水率）

印染涤（苎）麻混纺布品种	最大缩水率/%	
	经向	纬向
本光平布	3.5	2
丝光平布	1.5	1.5
丝光线平布	2	1.5

附表 11　化纤织物的缩水率参考

化纤织物品种		最大缩水率/%	
		经向	纬向
黏胶纤维织物	人造棉、人造丝绸、有光仿人造丝	10	8
	人造丝与真丝交织物	8	3
	富纤织物	5	4
	线绨	8	4
涤纶织物	涤/黏、涤/富织物	3	3
	涤/棉平布、细纺、府绸	1.5	1
	涤/棉卡其、华达呢	2	1.2
	涤/腈中长纤维织物	2	3
	涤/黏中长化纤布	3	3
锦纶织物	化纤呢绒	3.5	3
	黏/锦华达呢	5	4.5
	黏/锦凡立丁	4.5	4.2
腈纶织物	腈/黏布	5	5
维纶织物	棉/维卡其、华达呢	5.5	2.5
	棉/维平布	3.5	3.5
	棉/维府绸	4.5	2.5
丙纶织物	棉/丙漂色、花布	5	5
	棉/丙布	3.5	3

六、各式服装用料计算参考

各式服装用料计算见附表 12～附表 21。

附表 12　男式上装用料计算　　　　　　　　单位：cm（寸）

服装种类	计算公式	胸围	胸围大 3.3cm（1 寸）加料	幅宽以 89.1cm（27 寸）为标准，幅狭 3.3cm（1 寸）加料
中山装套装	（衣长×3）+（裤长×2）-13.2（4）	108.9（33）	10（3）	16.5（5）
中山装上装	衣长×3+13.2（4）	108.9（33）	6.6（2）	9.9（3）
男长袖衬衫	衣长×2+56.1（17）	108.9（33）	6.6（2）	8.25（2.5）
男短袖衬衫	衣长×2+26.4（8）	108.9（33）	6.6（2）	6.6（2）

注：缩水另加。

附表 13　女式上装用料计算　　　　　　　　　单位：cm（寸）

服装种类	计算公式	胸围	胸围大 3.3cm（1寸）加料	幅宽以 89.1cm（27寸）为标准，幅狭 3.3cm（1寸）加料
女两用衫	衣长×2+66（20）	105.6（32）	6.6（2）	8.3（2.5）
女中西式衫	衣长×2+66（20）	108.9（33）	6.6（2）	8.3（2.5）
女长袖衬衫	衣长×2+39.6（12）	99（30）	6.6（2）	6.6（2）
女短袖衬衫	衣长×2+6.6（2）	99（30）	6.6（2）	6.6（2）

注：缩水另加。

附表 14　男女成人中心规格用料计算　　　　　　　　　单位：cm（寸）

服装种类	中心规格					用料数量/m（尺）	衣长 3.3（1）加料	衣短 3.3（1）加料	裤长 3.3（1）加料	裤短 3.3（1）加料	胸围大 3.3（1）加料	幅宽以 90（27）为标准，幅狭 3.3（1）加料
	衣长	胸围	裤长	裤腰	臀围							
中山装套装	72.6（22）	108.9（33）	104（31.5）	75.9（23）	105.6（32）	4.2（12.5）	10（3）	10（3）	6.6（2）	6.6（2）	10（3）	16.5（5）
中山装上装	72.6（22）	108.9（33）	袖长 59.4（18）			2.3（7）	10（3）	10（3）	—		6.6（2）	10（3）
男长袖衬衫	71（21.5）	108.9（33）	袖长 38.6（11.7）			2（6）	6.6（2）	6.6（2）			6.6（2）	8.3（2.5）
男短袖衬衫	71（21.5）	108.9（33）	袖长 21.5（6.6）			1.7（5.1）	6.6（2）	6.6（2）			6.6（2）	6.6（2）
女两用衫	66（20）	108.9（33）	袖长 54.5（16.5）			2（6）	6.6（2）	6.6（2）	—		6.6（2）	8.3（2.5）
女中西式衫	66（20）	108.9（33）	袖长 54.5（16.5）			2（6）	6.6（2）	6.6（2）			6.6（2）	8.3（2.5）
女长袖衬衫	62.7（19）	100（30）	袖长 52.8（16）			1.66（5）	6.6（2）	6.6（2）			6.6（2）	6.6（2）
女短袖衬衫	62.7（19）	100（30）	袖长 19.8（6）			1.33（4）	6.6（2）	6.6（2）	—		6.6（2）	6.6（2）

注：1.缩水另加。

2. 计算用料要求，计算用料尾数到 3.3cm（1 寸），不满 3.3cm（1 寸）作为 1 寸计算。如遇布幅换算时，应先加料后再换算。

3. 青年装、军便装与中山装用料相同，如做双层本色荡袋，加料 10cm（3 寸）；学生装、春秋衫减料 6.6cm（2 寸）。

4. 男长袖两用领衬衫按长袖衬衫用料加料 6.6cm（2 寸），如果做衬衫备领，另加料 13.2cm（4 寸）；短袖两用领衬衫与短袖衬衫用料相同；女式衬衫做斜格门襟加料 6.6cm（2 寸）。

5. 倒顺毛衣料加料 6.6cm（2 寸），倒顺花纹加料 6.6cm（2 寸），格子料加一格料，倒顺格者加料两格。

附表 15　儿童上衣用料计算

服装种类	用料数量/m（尺）	衣长 3.3cm（1寸）加料/cm（寸）	衣短 3.3cm（1寸）加料/cm（寸）	年龄大一岁加料/cm（寸）	年龄小一岁加料/cm（寸）	布幅狭 3.3cm（1寸）加料/cm（寸）	备注
男上装	1.33（4）	10（3）	10（3）	5（1.5）	5（1.5）		① 胸围标准：衣长加33cm（10寸）［其中风雪大衣是按1/2衣长加66cm（20寸），胸围大3.3cm（1寸）加料6.6cm（2寸）］
女两用衫	1.23（3.7）	10（3）	10（3）	5（1.5）	5（1.5）		
男长袖衬衫	1.23（3.7）	10（3）	10（3）	5（1.5）	5（1.5）		② 臀围标准：［2/10裤长+13.2cm（4寸）］×3=臀围大；［2/10裤长+11.88cm（3.6寸）］=横裆
女长袖衬衫	1.17（3.5）	10（3）	10（3）	5（1.5）	5（1.5）	按用料数量加4%	
男短袖衬衫	1（3）	10（3）	10（3）	5（1.5）	5（1.5）		③ 夹里用料：棉人民装按面料数量打8折，风雪大衣按面料数打7.5折
女短袖衬衫	0.93（2.8）	10（3）	10（3）	5（1.5）	5（1.5）		④ 倒顺料加6.6cm（2寸），格子料加1格，倒顺格加2格，如遇92.4cm（28寸）及以上布幅，换算后再加料
套装	2.4（7.4）	20（6）	20（6）	10（3）	10（3）		⑤ 娃娃衫用料与女两用衫相同
棉人民装	1.6（4.8）	13.2（4）	13.2（4）	6.6（2）	6.6（2）		⑥ 幅宽89.1cm（27寸）为标准，缩水另加
风雪大衣	2.2（6.6）	13.2（4）	13.2（4）	6.6（2）	6.6（2）		

注：儿童上衣用料以8岁儿童为计算依据，衣长49.5cm（15寸）［其中棉人民装56.1cm（17寸），风雪大衣75.9cm（23寸）］，年龄大1岁长1.65cm（0.5寸），小1岁短1.65cm（0.5寸）。裤长69.3cm（21寸），年龄大1岁长3.3cm（1寸），小1岁短3.3cm（1寸）。

附表 16　男女长裤用料计算

计算方法	计算公式
两幅一条	一般以75.9cm（23寸）门幅的布料，幅宽比较狭，不能套裁 计算公式：用料=（裤长+贴边）×2 臀围标准为115.5cm（35寸），超过115.5cm（35寸）时，大3.3cm（1寸），加料6.6cm（2寸）
三幅两条	一般以89.1cm（27寸）门幅的布料，因幅宽较阔，可以采用套裁，三幅做两条裤子 计算公式：两条裤子用料=（裤长+贴边）×3 臀围标准为105.6cm（32寸），超过105.6cm（32寸），不宜套裁，如遇裤子一条长一条短，裤长的算两幅，短的算一幅
四幅三条	一般以105.6cm（32寸）门幅的布料，因幅宽特阔，可以采用套裁，四幅做三条裤子 计算公式：三条裤子用料=（裤长+贴边）×4 臀围标准为105.6cm（32寸），超过105.6cm（32寸），不宜套裁，如遇长、短裤套裁，凡是一长两短，长的算两幅，短的算两幅；两长一短，则长的算三幅，短的算一幅；一长一中一短，可分两步计算，第一步，长短相加为第一数，中间×2为第二数；第二步，两数相比，区别长短，如果中间长，两数就相加，若中间短，第一数×2

续表

计算方法	计算公式
一幅一条	一般以141.9cm（43寸）门幅的料子，主要指呢绒141.9cm（43寸）的双幅料计算公式：用料=裤长+贴边 臀围标准为110.6cm（33.5寸），超过110.6cm（33.5寸），臀围大3.3cm（1寸）加料3.3cm（1寸） 长裤的贴边尺寸计算：卷脚裤（即翻边）贴边为10cm（3寸），平脚裤（不翻边）贴边为5cm（1.5寸），女裤帖边为3.3cm（1寸），童装裤贴边为3.3cm（1寸）

附表17　中式棉袄用料计算　　　　　　　　单位：cm（寸）

名称	门幅标准	计算公式	备注
男式棉袄和罩衫	89.1（27寸）	[衣长+5（1.5寸）]×2+49.5（15寸）+23.1（7寸）	上腰超过29.7（9寸），每大3.3（1寸）加料6.6（2寸）
女式棉袄和罩衫	89.1（27寸）	[衣长+1.65（0.5寸）]×2+42.9（13寸）	上腰超过26.4（8寸），每大3.3（1寸）加料6.6（2寸）

注：缩水另加。

附表18　棉背心用料计算　　　　　　　　单位：cm（寸）

裁法名称	计算公式	门幅标准
两幅料	（衣长+1）×2幅	不足两个肩阔
两幅减挂肩（套袖笼）	衣长×2-16.5（5寸）	两个肩阔加5（1.5寸）
一幅半料（套中腰）	衣长×1.5幅	一个肩阔，两个下摆+5（1.5寸）
一幅料（掉头裁）	衣长+3.3cm（1寸）	整个下摆+5（1.5寸）

注：棉背心式样有肩缝、有叠门、装挂面（门襟加贴边）；参考规格，一般肩阔40cm（12寸），下摆27.4cm（8.3寸），上腰25.7cm（7.8寸）。缩水另加。

附表19　呢绒（双幅料）服装用料计算　　　　　　　　单位：cm

服装种类	计算公式	胸围标准	胸围大1cm加料	备注
中山装上装	衣长×2	113	1	
中山装套装	衣长×2+裤长	113	2	胸大加料（包括臀大）
单排纽男式短大衣	衣长×2	120	2	贴袋（中长大衣计算相同）
双排纽男式短大衣	衣长×2+10	120	2	贴袋（中长大衣计算相同）
女中西式衫	衣长+袖长	107	1	凡是格子料加1格
女两用衫	衣长+袖长+5	107	1	倒顺格加2格
女短大衣	衣长+袖长+10	115	2	倒顺毛料加10
女中长大衣	衣长+袖长+15	115	2	波浪式加30
女马甲	衣长+5	107	1	

注：男式西装、长袖猎装、卡曲衫用料与中山装相同；西装连马甲，加料30cm。

附表 20　呢绒西长裤和短裤的用料计算　　　　　　　单位：cm

裤子种类	计算公式	臀围标准	臀围大 1cm 加料
男式西长裤（卷脚）	裤长+10	108	1.5
男式西长裤（平脚）	裤长+5	108	1.5
男式西短裤	裤长+12	108	1.5
女西长裤	裤长+8	110	1.5

注：1. 臀围标准是指排料时裤片长度与经向平行，不宜歪斜且不拼裆。

2. 西裤也可用腰围计算，以 80cm 腰围为标准，腰围大 1cm 加料 1.5cm。

附表 21　西式棉服用料计算　　　　　　　单位：cm

服装种类	计算公式	胸围标准	胸围大 1cm 加料	袖长标准	袖长大 1cm 加料	幅宽以 90cm 为标准，幅狭 1cm 加料
棉列宁装	衣长×2+115	119	3	64	2	4
男风雪短大衣	衣长×2+158	119	3	64	2	4
男风雪长大衣	衣长×2+158	125	3	64	2	5
女风雪大衣	衣长×2+132	119	3	58	2	4
女中西式棉袄	衣长×2+59	106	2	54	2	2.5
切线棉袄	衣长×2+73	112	2	61	2	2.5

注：1.男女风雪大衣可做脱卸、明纽、贴袋、无帽。如要做风帽加料 26cm。

2．夹里按同等门幅计算，切线棉袄与面料一样，女中西式里布料打 9 折，棉列宁装衣里打 8 折，风雪大衣为 7.5 折计算用料。

参考文献

[1] 邢声远，吴宏仁. 化工产品手册——纺织纤维[M]. 4 版. 北京：化学工业出版社，2005.

[2] 邢声远，江锡夏，文永奋. 邹渝胜. 纺织新材料及其识别[M]. 2 版. 北京：中国纺织出版社，2010.

[3] 邢声远，董奎勇，杨萍. 新型纺织纤维[M]. 北京：化学工业出版社，2013.

[4] 陈远能，范雪荣，高卫东. 新型纺织原料[M]. 北京：中国纺织出版社，1999.

[5] 郁铭芳，孙晋良，邢声远等. 纺织新境界——纺织新原料与纺织应用领域新发展[M]. 北京：清华大学出版社，2002.

[6] 邢声远. 21 世纪大型纤维[J]. 北京纺织，2006（6）：59～60.

[7] 邢声远，王锐. 纤维辞典[M]. 北京：化学工业出版社，2007.

[8] 邢声远，孔丽萍. 纺织纤维鉴别方法[M]. 北京：中国纺织出版社，2004.

[9] 邢声远. 服装面料的选用与维护保养[M]. 北京：化学工业出版社，2007.

[10] 邢声远，郭凤芝. 服装面料与辅料手册[M]. 2 版. 北京：化学工业出版社，2020.

[11] 邢声远. 服装服饰辅料简明手册[M]. 北京：化学工业出版社，2011.

[12] 邢声远. 服装面料简明手册[M]. 北京：化学工业出版社，2012.

[13] 邢声远等. 非织造布[M]. 北京：化学工业出版社，2003.

[14] 邢声远. 如何打理你的衣物[M]. 北京：化学工业出版社，2009.

[15] 赵翰生，邢声远. 服装·服饰史话[M]. 北京：化学工业出版社，2018.

[16] 万融，邢声远. 服用纺织品质量分析与检测[M]. 北京：中国纺织出版社，2006.

[17] 郑雄周，邢声远. 实用毛织物手册[M]. 长春：吉林科学技术出版社，2005.

[18] 郭凤芝，邢声远，郭瑞良. 新型服装面料开发[M]. 北京：中国纺织出版社，2014.

[19] 邢声远，邢宇新. 经纬连着我和你[M]. 合肥：安徽科学技术出版社，2002.

[20] 邢声远，周硕，曹小红. 纺织纤维与产品鉴别应用手册[M]. 北京：化学工业出版社，2012.

[21] 邢声远，董奎勇，史丽敏. 常用纺织品手册[M]. 北京：化学工业出版社，2012.

[22] 邢声远，张嘉秋，梁绘影，邢宇新. 服装基础知识手册[M]. 北京：化学工业出版社，2014.

[23] 季龙. 中国大百科全书（轻工）[M]. 北京：中国大百科全书出版社，1991.